DIETER PÖTSCHKE · FRED SOBIK

MATHEMATISCHE INFORMATIONSTHEORIE

ELEKTRONISCHES RECHNEN UND REGELN

Herausgegeben von

Prof. Dr. HANS FRÜHAUF · Prof. Dr. WILHELM KÄMMERER
Prof. Dr. HELMUT THIELE · Prof. Dr. HORST VÖLZ

Band 16

MATHEMATISCHE INFORMATIONSTHEORIE

Probleme und neuere Ergebnisse

von

Dr. rer. nat. DIETER PÖTSCHKE und Dipl.-Math. FRED SOBIK

MATHEMATISCHE INFORMATIONSTHEORIE

Probleme und neuere Ergebnisse

von

Dr. rer. nat. DIETER PÖTSCHKE

und

Dipl.-Math. FRED SOBIK

Berlin

Mit 13 Abbildungen und 11 Tabellen

AKADEMIE-VERLAG · BERLIN

1980

Erschienen im Akademie-Verlag, DDR-1080 Berlin, Leipziger Str. 3–4
Lektor: Dipl.-Math. Gesine Reiher

Lizenznummer: 202 · 100/401/80
Gesamtherstellung: VEB Druckhaus Köthen
Bestellnummer: 762 7900 (6306) · LSV 1075
Printed in GDR
DDR 38,– M

Vorwort

Die mathematische Informationstheorie ist eine noch sehr junge Disziplin. Sie entstand mit der Arbeit von C. E. SHANNON (1948).

In der vorliegenden Monographie werden einige neuere Ergebnisse und Entwicklungstendenzen der diskreten Informationstheorie dargestellt. Es ging uns in erster Linie darum, zu zeigen, daß die Entwicklung auf diesem Gebiet nicht stehengeblieben ist. So wurden einige Probleme, wie z. B. die Existenz perfekter Codes, die Existenz von Erzeugern von σ-Algebren und das Isomorphieproblem dynamischer Systeme erst kürzlich einer Lösung zugeführt.

Als Quellen dienten vor allem die uns von vielen Autoren zugesandten, z. T. noch unveröffentlichten Arbeiten, für die wir uns an dieser Stelle ganz herzlich bedanken möchten.

Unser besonderer Dank gilt Prof. IMRE CSISZÁR und Dr. JANOS KÖRNER (beide Budapest), Prof. ALBERT PEREZ (Prag), Prof. M. S. PINSKER (Moskau), Prof. KAREL WINKELBAUER (Prag), Prof. ROBERT M. GRAY (Stanford/California) und Prof. KONRAD JACOBS (Erlangen) für die anregenden Diskussionen zu informationstheoretischen Problemen. Bedanken möchten wir uns auch bei Prof. HORST VÖLZ (Berlin) für die stetige Förderung unserer Arbeit.

Den Mitarbeiterinnen der Bibliothek des Zentralinstituts für Kybernetik und Informationsprozesse der Akademie der Wissenschaften der DDR (Berlin) danken wir für die bereitwillige Hilfe bei der Literaturbeschaffung. Weiterhin sind wir der Lektorin, Dipl.-Math. Gesine Reiher, für die Hilfe bei der Herstellung des druckreifen Manuskripts und dem Druckhaus Köthen für die gediegene Ausführung zu Dank verpflichtet.

Berlin, im Mai 1980

D. PÖTSCHKE
F. SOBIK

Inhalt

Einleitung

Wer't mag, de mag't;
Un wer't nich mag,
De mag't jo woll nich mägen.

Fritz Reuter (1810–1874)
Läuschen un Rimels

1. Seit dem Erscheinen von C. E. SHANNONS grundlegender Arbeit „A mathematical theory of communication" (1948) hatte die Informationstheorie eine enorme Entwicklung zu verzeichnen, so daß sie heute zu Recht als eine selbständige Disziplin der mathematischen Kybernetik angesehen werden kann.

CHINTSCHIN, dessen Arbeit „Über grundlegende Sätze der Informationstheorie" (1956) die Forschungen zu dieser Theorie in der DDR stark beeinflußt hat, ordnet die Leistung von SHANNON folgendermaßen ein: „Selten kann man in der Mathematik die Erscheinung beobachten, daß eine entstehende Disziplin schon in den ersten ihr gewidmeten Untersuchung den Charakter einer reifen und verzweigten wissenschaftlichen Theorie annimmt. Das war seinerzeit mit der Theorie der Integralgleichungen nach der grundlegenden Arbeit von FREDHOLM der Fall; ebenso war es mit der Informationstheorie nach der Arbeit von SHANNON".

Diese Einschätzung wurde durch die dreißigjährige Entwicklung der Informationstheorie bestätigt. So hatte sich z. B. die Distorsionstheorie, die auf SHANNON (1948, 1959) zurückgeht, bis zum Jahre 1970 so weit entwickelt, daß BERGER bei der Darstellung der wesentlichen Ergebnisse zu einer umfangreichen Monographie kam, BERGER (1971).

2. Der Gegenstand der Informationstheorie ist die Übertragung von Nachrichten, die von einer Quelle ausgesandt und über einen gestörten Kanal übertragen werden. „Die Informationstheorie stellt der Mathematik eine ganze Reihe neuer, darunter auch schwieriger Aufgaben", schreibt CHINTSCHIN (1956).

Nachdem von SHANNON, McMILLAN (1953), FEINSTEIN (1958) und CHINTSCHIN (1956) die grundlegenden mathematischen Begriffsbildungen der Informationstheorie wie Quelle, Kanal, Code, Entropie, Information, Kanalkapazität entwickelt worden waren, konnten der begrifflich-formale Zusammenhang zu anderen mathematischen Gebieten hergestellt und systematisch Methoden aus diesen Gebieten angewandt werden. So erwies sich der von McMILLAN vorgeschlagene Begriff der stationären Quelle $[X^{\mathfrak{g}z}, \mathfrak{X}, \pi, T]$ als spezieller *stationärer stochastischer Prozeß*. So konnte er den Satz von DOOB über Martingale anwenden. Andererseits sind derartige Quellen *dynamische Systeme* mit dem speziellen Grundraum $\Omega = X^{\mathfrak{g}z}$, daher war der Ergodensatz von BIRKHOFF auf Quellen anwendbar, und mit beiden Methoden konnte für die ergodischen Quellen die stochastische Konvergenz der Funktion $-\frac{1}{n} \operatorname{ld} \pi^n(a[1, n])$ gegen $h(X, \pi)$, die Entropie der Quelle nachgewiesen werden (Satz von McMILLAN, Abschnitt 3.1.). Eine Tatsache, die sich für die Codierung von Quellen als grundlegend erwies.

3. In der vorgelegten Monographie sind Ergebnisse der diskreten Informationstheorie und der algebraischen Codierungstheorie dargelegt. Da sich beide Zweige der Informationstheorie von der Problemstellung her und von den Methoden unterscheiden, haben wir die Ergebnisse in Teil I und II zusammengefaßt. Eine Verbindung beider Zweige besteht z. B. in der Untersuchung der Kanalkapazität algebraischer Codes, Kapitel 12, AHLSWEDE (1971) und in der Berechnung der Distorsionsfunktion von Gruppencodes, vgl. Kapitel 4, GOBLICK (1962) und BERGER (1971).

Auf die nachrichtentechnischen und systemtheoretischen Grundlagen der Informationstheorie wird hier nicht weiter eingegangen, vgl. dazu CARLSON (1975), SCHNEEWEISS (1974) und den in dieser Reihe erschienenen Band von SOLODOW (1972).

Bedauerlicherweise fand die neuere Entwicklung der diskreten Informationstheorie kaum Widerspiegelung in der deutschsprachigen Literatur.

So wurden die Ergebnisse der Distorsionstheorie bis heute in keinem deutschsprachigen Artikel oder Buch publiziert, obwohl gerade in den letzten 20 Jahren hier vor allem in den USA, der Sowjetunion und neuerdings auch in der VR Ungarn eine ganze Reihe neuer Resultate erzielt wurden, vgl. Kapitel 4. Ähnlich verhält es sich mit vielen mathematisch interessanten Ergebnissen zur topologischen Entropie, zu nichtklassischen Entropiemaßen und zur algebraischen Codierungstheorie. Eine gewisse Auswahl wird der Leser in dem vorliegenden Band finden. Aufnahme fanden auch längenvariable Codierungen und Ergebnisse der Shannonschen Informationstheorie. Aus Gründen des Umfanges konnten Ergebnisse zu folgenden Gebieten hier keine Darstellung erfahren: ε-Entropie; Anwendungen der Informationstheorie in der mathematischen Statistik, in der Ergodentheorie, in der Wahrscheinlichkeitstheorie; algorithmische Ansätze zur Zufälligkeit und Information (Kolmogorowsche Komplexität) und Entropie von Chomsky-Sprachen. Vielleicht findet sich die Möglichkeit, insbesondere auf die innermathematischen Anwendungen der Informationstheorie einzugehen, an anderer Stelle.

Codierung mit Nebeninformationen beim Decoder unter Berücksichtigung der Distorsion, degradierte Rundfunkkanäle (degraded broadcast channels) und Mehrfachzugriffkanäle sind in der 3. Auflage von WOLFOWITZ (1978) in den Kapiteln 12–15 behandelt. Sie werden nach Mitteilung der Autoren auch Gegenstand der im Druck befindlichen Monographie von I. CSISZÁR und J. KÖRNER (Budapest) sein.

4. Unser Interesse gilt hier den *mathematischen Grundlagen der Informationstheorie* und der Frage, welche mathematischen Probleme sich hinter den zunächst nachrichtentechnisch formulierten Aufgaben verbergen.

So wurde in Punkt 2. erwähnt, daß Quellen sich sehr bald als dynamische Systeme erwiesen, für deren Studium in der Ergodentheorie ein reichhaltiges Methodenrepertoir entwickelt wurde. Eine dieser Methoden ist die auf J. v. NEUMANN (1932) zurückgehende ergodische Dekomposition stationärer Maße. Im Jahre 1961 wandten dann auch PARTHASARATHY (1961a) und JACOBS (1962) diese Methode auf stationäre Quellen an und konnten damit die Entropie dieser Quellen zerlegen.

Im Jahre 1970 konnte WINKELBAUER den Satz über die S-Rate für stationäre Quellen mit Hilfe der ergodischen Dekomposition verallgemeinern, mit dessen Hilfe man den ersten und zweiten Shannonschen Satz für stationäre Quellen beweisen kann, PÖTSCHKE (1977a). In der Distorsionstheorie wurde der Codierungssatz für stationäre Quellen, Satz 4.15, 1974 von GRAY und DAVISSON durch ergodische Dekomposition bewiesen. Auch auf die topologische Entropie kann die ergodische Zerlegung angewendet werden, Abschnitt 5.5. PARTHASARATHYS eleganter Beweis für $C_e = C_s$ erfolgt ebenfalls mit ergodischer Zerlegung. Der Beweis zeigte außerdem, daß die Gedächtnistiefe an der Eingabe des Kanals dafür nicht benötigt wird.

Erst relativ spät stellte man fest, daß die ergodischen Kanäle genau die Extremalpunkte in der konvexen Menge der stationären Kanäle sind, NAKAMURA (1969), UMEGAKI (1968), und daß die bisher studierten Gedächtnistypen bei Kanälen genau den bekannten Mischungseigenschaften der Ergodentheorie entsprechen.

Aussagen über rekurrente Kanäle, ergodische Dekomposition von MARKOWschen Kernen und Ergodensätze im nichtstationären Fall harren auch heute noch der Anwendung auf informationstheoretische Probleme.

5. Andererseits konnten informationstheoretische Begriffe und Methoden mit Erfolg in der Zahlentheorie, Ergodentheorie, Statistik und Wahrscheinlichkeitstheorie angewendet werden. Da die Anwendungen in den drei letzten Gebieten aus Platzgründen in diese Monographie nicht aufgenommen werden konnten, wollen wir hier kurz darauf eingehen.

Die S-Entropie trat schon vor SHANNON (1948) bei der Berechnung der Hausdorff-Dimension von Mengen aus dem Intervall [0, 1] auf, die durch *zahlentheoretische* Eigenschaften charakterisiert sind,

Besicovitch (1935). Billingsley (1960) zeigte, daß der Satz von McMillan die Ursache dafür ist, daß bei der Berechnung der Hausdorff-Dimension dieser Mengen vom Lebesgueschen Maße Null die S-Entropie auftritt, vgl. Abschnitt 3.2.

Im Jahre 1958 benutzte Kolmogorow die S-Entropie, um ein Isomorphieproblem zu lösen, das lange Zeit offen war. Er zeigte damit, daß nichtisomorphe Bernoulli-Systeme existieren. Die Einführung des Entropiebegriffes in die Theorie dynamischer Systeme belebte diesen Zweig der *Ergodentheorie* und warf eine Reihe von Problemen auf, die erst kürzlich durch Ornstein und andere einer Lösung zugeführt wurden.

Die Isomorphie zweier dynamischer Systeme bedeutet, daß sich beide Systeme nach Modifikation um Nullmengen nur in der Bezeichnung unterscheiden, sie sind maßtheoretisch nicht unterscheidbar. Aus der klassischen Mechanik ergibt sich die folgende Problemstellung: Wie kann man entscheiden, ob zwei vorliegende dynamische Systeme isomorph sind?

Eine erste Antwort auf diese Frage gab J. v. Neumann (1932), der eine für die Ergodentheorie wichtige Invariante dynamischer Systeme, den *Spektraltyp*, einführte. Sei $[\Omega, \mathfrak{A}, \pi, T]$ ein dynamisches System, das heißt, Ω eine Menge, $\mathfrak{A}$ eine σ-Algebra über Ω, π ein Wahrscheinlichkeitsmaß auf $\mathfrak{A}$ und T eine meßbare Abbildung von Ω in Ω. Dann wird von T durch

$$U(h(\omega)) =_{\mathrm{Df}} h(T\omega), \quad \omega \in \Omega,$$

ein isometrischer Operator U im Hilbertraum $H = \mathscr{L}_2(\pi)$ aller quadratisch π-integrierbaren Funktionen h auf Ω induziert. $[H, U]$ heißt Spektraltyp des dynamischen Systems, er ist eine Isomorphieinvariante, aber alle Bernoulli-Systeme mit $X = \{1, \ldots, n\}$, $\pi_1 = \ldots = \pi_n = \frac{1}{n}$, $n \in \mathrm{nz}$, haben den gleichen Spektraltyp. Allgemeiner haben sogar alle K-Systeme den gleichen Spektraltyp, vgl. Smorodinsky (1971), Jacobs (1962/63). Kolmogorow führte als neue Isomorphieinvariante die S-Entropie ein (J. v. Neumann hatte bereits viel früher die gleiche Idee, konnte aber die Invarianz nicht zeigen; Mitteilung von Kakutani an Jacobs) und warf damit das Problem auf, ob Bernoulli-Quellen gleicher Entropie isomorph sind. Dieses Problem wurde erst von Ornstein (1974) gelöst, der allgemeiner zeigen konnte, daß endlich gemischte Markow-Systeme Bernoullisch sind. Zu diesen und weiteren Ergebnissen vgl. Ornstein (1974) und die von Jacobs in Prag (1974) und Repino (1976).

In der *mathematischen Statistik* fanden Methoden der Informationstheorie vor allem bei asymptotischen Abschätzungen Anwendung. Bei der asymptotischen Abschätzung des Fehlers für den Maximum-Likelihood-Test tritt die α-Divergenz auf. Die B-Rate, vgl. Abschnitt 6.1.4, stellt in einem Spezialfall gerade den minimalen Fehler 2. Art bei vorgegebenem Fehler 1. Art beim Neyman-Pearson-Test dar, so daß der Satz über die exponentielle Konvergenz der B-Rate gegen die Divergenz zu einer Verallgemeinerung des bekannten Satzes von Chernoff für abhängige Hypothesen führt, vgl. Pötschke (1974). Die Erschöpftheit eines Kerns wurde von Csiszár informationstheoretisch charakterisiert. Die Existenz eines verallgemeinerten Sequential Probability Ratio Test (S.P.R.T.) kann ebenfalls informationstheoretisch nachgewiesen werden, Pötschke (1978b).

Auch in der *Wahrscheinlichkeitstheorie* werden Informationsmaße verwendet. Man kann zeigen, daß das Null-Eins-Gesetz für einen stochastischen Prozeß genau dann gilt, wenn er von vollständig positiver Entropie ist. Krieger (1970) und Winkelbauer (1978) zeigten, daß eine invertible maßerhaltende Transformation genau dann einen endlichen Erzeuger besitzt, wenn sie von endlicher Entropie ist.

Liese (1972) untersuchte die Frage, ob die Konvergenz der Entropie einer Folge von Wahrscheinlichkeitsmaßen, die in einer konvexen Menge liegen, gegen die Entropie eines Wahrscheinlichkeitsmaßes maximaler Entropie die Konvergenz der Verteilungen gegen die Verteilung maximaler Entropie zur Folge hat.

6. Im Kapitel 1 werden die Ergebnisse zu den längenvariablen Codierungen dargestellt, wobei der Konstruktion optimaler Codes besondere Aufmerksamkeit gewidmet wird.

Die für die spätere Darlegung von Resultaten notwendigen Konvergenzbegriffe und andere Grundbegriffe findet der Leser im Kapitel 2. Insbesondere haben wir den Eindeutigkeitssatz für die S-

Entropie von Diderich (1975) aufgenommen, da statt der Stetigkeit nur die Beschränktheit gefordert wird.

Ergodische Dekomposition, Abschnitt 2.4, und Mischungsbegriffe für Quellen und Kanäle sind notwendige Hilfsmittel aus der Ergodentheorie.

Im Kapitel 3 wird nach dem Satz von McMillan (Satz 3.1) gleich das Lemma von Winkelbauer (Lemma 3.3) gebracht, um im Abschnitt 3.4 die Shannonschen Sätze allgemein für stationäre, anstatt, wie bisher üblich, nur für ergodische Quellen zu beweisen. Die Resultate des Abschnitts 3.4 sind Pötschke (1975, 1977a) entnommen. Im Abschnitt 3.2 wird ausführlich auf den wenig bekannten Zusammenhang zwischen der S-Entropie und der Hausdorff-Dimension eingegangen.

Im Kapitel 4 werden neuere Ergebnisse der Distorsionstheorie dargestellt, die uns z. T. von Prof. Gray (Stanford) und Dr. Marton (Budapest) zur Verfügung gestellt wurden.

Im Kapitel 5 werden viele interessante Eigenschaften der im Jahre 1965 von Adler, Konheim und McAndrew eingeführten topologischen Entropie studiert. Wir haben hier metrische, kompakte Räume vorausgesetzt, die Theorie läßt sich aber zum großen Teil für beliebige topologische kompakte Räume aufbauen. Für nichtkompakte topologische Räume hat Bowen (1973) die topologische Entropie nach dem Vorbild der Hausdorff-Dimension definiert. Eine vorzügliche systematische Behandlung erfährt die topologische Entropie in dem Buch „Ergodic Theory on Compact Spaces" von Denker, Grillenberger und Sigmund, auf das uns vor seinem Erscheinen Herr Dueck (Bielefeld) freundlicherweise hinwies.

Der größte Teil von Kapitel 6 über nichtklassische Entropiemaße ist Pötschke (1977a) entnommen, dort finden sich auch Anwendungen der hier bewiesenen Resultate.

7. Auf dem Gebiet der algebraischen Codierungstheorie besteht im deutschsprachigen Raum ein gewisser Nachholebedarf. Einige Ansätze findet man z. B. bei Fey (1968). Zu nennen wären auch noch Kameda, Weihrauch (1973), v. Ammon, Tröndle (1974) und Henze, Homuth (1974). In der DDR erschien die Übersetzung des Buches von Borodin (1972). Allerdings wird mit diesen Büchern noch nicht das Niveau von Standardwerken wie Berlekamp (1968), van Lint (1971/73), Peterson, Weldon (1972), Blake, Mullin (1975) oder MacWilliams, Sloane (1976) erreicht. Einen gewissen Durchbruch stellt wohl auf dem Gebiet der sequentiellen Codierungen das Buch von Lindner, Staiger (1977) dar.

Wir hatten das Ziel, Problemstellungen und neuere mathematisch interessante Ergebnisse der algebraischen Codierungstheorie vorzustellen und damit Anregungen für die Beschäftigung mit dieser Thematik zu geben.

8. Die Vielzahl der inzwischen erschienenen Arbeiten auf dem Gebiet der algebraischen Codierungstheorie und die Entwicklung zahlreicher Teilgebiete zwingen uns dazu, auf eine wirklich umfassende Darstellung der Entwicklung dieser Theorie zu verzichten. Auch wenn hier im wesentlichen nur Definitionen und Resultate angegeben werden, würde der uns zur Verfügung stehende Platz dafür bei weitem nicht ausreichen. Selbst in der zweibändigen Monographie von MacWilliams, Sloane (1976) findet man eine Liste von Teilgebieten, die nicht behandelt werden konnten.

Entsprechend schwierig war die Entscheidung, welche Teilgebiete ausführlicher dargestellt werden sollten und welche nicht. Wir haben versucht, Gebiete in den Vordergrund zu stellen, für die mathematisch interessante Ergebnisse vorliegen und die in einigermaßen geschlossener Form dargestellt werden können. Dabei stehen dann notgedrungen praktische Aspekte etwas im Hintergrund. So haben wir auf die Darstellung von Problemen der Decodierung, die uns zur Aufzählung einer ganzen Reihe von Algorithmen und deren Vergleich gezwungen hätte, verzichtet. In einigen Kapiteln wird aber auch Literatur zu dieser Problematik angegeben. Auf Komplexitätsbetrachtungen und Untersuchungen der Fehlerwahrscheinlichkeit haben wir verzichtet. Auch Probleme der Korrektur von Fehlerbündeln und von Synchronisationsfehlern klammern wir hier aus.

Wir haben versucht, algebraische und kombinatorische Aspekte in den Vordergrund zu stellen. Natürlich konnten auch diese Gebiete nicht erschöpfend behandelt werden. Man muß auch bedenken, daß auf dem Gebiet der algebraischen Codierungstheorie international intensiv gearbeitet wird. So ist die Aktualität der einzelnen Kapitel verschieden. Für uns kam es darauf an, einerseits die wichtigsten Definitionen anzugeben und in die Problemstellungen der algebraischen Codierungstheorie einzuführen und andererseits in einigen Punkten einen möglichst aktuellen Entwicklungsstand darzustellen.

Für ein großes Teilgebiet, nämlich die Theorie der sequentiellen Codierungen, können wir auf die Monographie von LINDNER und STAIGER (1977) verweisen, in der diese Problematik umfassend behandelt wird. Dieses Gebiet klammern wir völlig aus.

9. Ausgehend von den üblichen Definitionen werden die Grundbegriffe der algebraischen Codierungstheorie dargestellt. Die Betrachtung von Codes als Elemente der Gruppenalgebra stellt einen recht eleganten Ansatz dar, der eine Reihe von Resultaten besser durchschaubar macht.

Von der Klasse der linearen Codes werden in Abschnitt 7.4 nur einige wesentliche Eigenschaften behandelt. Auch in den Abschnitten über Gewichts- und Distanzspektren und über Schranken für Codeparameter können nur grundsätzliche Aussagen dargestellt werden. Für einige ausgewählte Klassen von linearen Codes werden dann detailliertere Aussagen gemacht. Diese Klassen sind einerseits durch spezielle Eigenschaften (zyklische Codes, selbstduale Codes) und andererseits durch ihre Konstruktionsverfahren (BCH-, Goppa-, Helgert-, Symmetrie-Codes) charakterisiert.

10. Auf dem Gebiet der perfekten Codes konnten gerade in letzter Zeit wichtige Resultate erzielt werden. So wurde die Frage der Existenz perfekter Codes für Alphabete von Primzahlpotenzordnung vollständig gelöst. Die in diesem Fall existierenden perfekten Codes sind in algebraischer und kombinatorischer Hinsicht gut untersucht. Für andere Alphabete und für die Lee-Metrik wurden Teilresultate erzielt. Ein abschließendes Ergebnis ist hier aber noch nicht in Sicht.

Die gleichmäßig gepackten Codes entstanden aus einer Verallgemeinerung der perfekten Codes. Auch hier gibt es für einige Teilklassen abschließende Nichtexistenzaussagen; viele Probleme sind jedoch noch offen.

11. Die arithmetischen Codes nehmen eine Randstellung ein. Gerade hier konnte nur ein kleiner Ausschnitt der bestehenden Theorie dargestellt werden. Wünschenswert wäre vor allem eine vereinheitlichende Behandlung der arithmetischen Codes mit den übrigen algebraischen Codes, zumal es z. B. bei den zyklischen Codes und den zyklischen arithmetischen Codes durchaus Parallelen gibt.

12. Mit den Aussagen über Codierungssätze für algebraische Codes wurde im wesentlichen auf eine Arbeit von AHLSWEDE (1971) zurückgegriffen, in der gezeigt wurde, daß Gruppencodes die Übertragungsmöglichkeiten eines Kanals im allgemeinen nicht vollständig ausschöpfen können. Es sollten damit Resultate hervorgehoben werden, die die Verbindung von algebraischer Codierungstheorie und klassischer Informationstheorie in den Vordergrund gestellt haben.

1. Längenvariable Codes

In diesem Kapitel werden eindeutig decodierbare längenvariable Codierungen für unabhängige, stationäre Quellen untersucht. Ausgehend von dem Lemma von Fano-Kraft (Lemma 1.1) werden im Abschnitt 1.1 die Eigenschaften einer wichtigen Klasse von eindeutig decodierbaren Codes, der Klasse der *Präfixcodes* behandelt. Zu jedem eindeutig decodierbaren Code existiert ein Präfixcode mit denselben Codewortlängen. Daher genügt es, im Sinne des Codieraufwandes optimale Codes in der Klasse der Präfixcodes zu suchen, Abschnitt 1.2. Dem Algorithmus von Huffman zur Konstruktion optimaler Präfixcodes und der Untersuchung der Eigenschaften dieser Codes ist breiter Raum gewidmet, da diese Codes in der deutschsprachigen Literatur wenig oder keine Beachtung fanden, vgl. Fey (1968), Meyer-Eppler (1970).

Abschnitt 1.3 ist der Abzählung längenvariabler Codes und den Zusammenhängen zur Such- und Fragebogentheorie, vgl. Picard (1972) gewidmet.

Es sind durchaus nicht alle Probleme, die längenvariable Codes betreffen, gelöst. Dazu zählt das Problem der expliziten Formel für den Codieraufwand optimaler Codes; Satz 1.7 und 1.8 geben Teillösungen an. Es ist gegenwärtig auch nicht die genaue Anzahl der Klassen längenäquivalenter regulärer Suchcodes bekannt, Satz 1.14 gibt nur die Zahl aller regulären Suchcodes vom Grade N an.

Die Abzählung von Graphen wird ausführlich in Harary (1967), Harary, Palmer (1973) und ungelöste Abzählungsprobleme werden in Harary (1960) behandelt.

1.1. Eindeutig decodierbare längenvariable Codes

Sei X ein endliches Alphabet und $[X, \pi]$ eine unabhängige stationäre Quelle, vgl. Abschnitt 2.3. Wenn die von der Quelle ausgesandten Nachrichten über einen Kanal übertragen werden sollen, so muß aus technischen Gründen häufig eine Codierung der Nachrichten mit Hilfe eines endlichen Alphabetes Y vorgenommen werden. Sei die Anzahl N von Y kleiner als die von X; für $Y = \{0, 1\}$, also $N = 2$, sprechen wir von einer *Binärcodierung*. Sei $W(Y)$ die Menge aller endlichen Wörter über Y einschließlich des leeren Wortes e, und sei $W(Y)$ eine freie Halbgruppe mit dem freien Erzeugendensystem Y.

Sei $\gamma: X \to W(Y)$ eine injektive Funktion, dann ist die Fortsetzung γ^* von γ auf $W(X)$ durch

$$\gamma^*(e) =_{\mathrm{Df}} e,$$

$$\gamma^*(x_1 \dots x_n) =_{\mathrm{Df}} \gamma(x_1) \dots \gamma(x_n) \text{ für } x_1 \dots x_n \in W(X),$$

$n \geqq 1$, ein Homomorphismus von der freien Halbgruppe $W(X)$ mit dem freien Erzeugendensystem X in die freie Halbgruppe $W(Y)$ mit dem freien Erzeugendensystem Y. γ^* wird als *kombinatorische Codierung* von X mittels Y bezeichnet. Möchte man aus einer erhaltenen Codewortfolge wieder eindeutig auf die ausgesandte Nachrichtenfolge schließen, so muß man fordern, daß $W(\gamma(X))$ durch $\gamma(X)$ frei erzeugt wird.

Denn γ^* ist im allgemeinen kein Isomorphismus auf die Halbgruppe $W(\gamma(X))$ mit dem freien Erzeugendensystem $\gamma(X)$, d.h., $\gamma(X)$ ist kein freies Erzeugendensystem dieser Halbgruppe.

Definition 1.1. Eine kombinatorische Codierung γ^* heißt *eindeutig decodierbar* (e.d.) genau dann, wenn $W(\gamma(X))$ eine freie Halbgruppe mit $\gamma(X)$ als freiem Erzeugendensystem ist, d.h., die Elemente von $W(\gamma(X))$ sind eindeutig durch Elemente von $\gamma(X)$ darstellbar.

Selbst wenn γ eine injektive Abbildung ist, muß γ^* nicht eindeutig decodierbar sein. Denn sei für $X = \{x_1, x_2, x_3\}$ γ die folgende injektive Abbildung: $x_1 - 1$, $x_2 - 0$, $x_3 - 01$, dann ist γ^* nicht eindeutig decodierbar. Es genügt auch nicht, für eindeutige Abbildungen γ die eindeutige Decodierbarkeit zu fordern. Bei der Zuordnung $x_1 - 0$, $x_2 - 0$, $x_3 - 1$ ist zwar γ eindeutig, aber bei Empfang des Codewortes 0 kann nicht eindeutig auf die gesendete Nachricht geschlossen werden.

Für eindeutig decodierbare Codierungen gilt nun das grundlegende

Lemma 1.1. (Fano, Kraft, McMillan). *1. Wenn γ^* eine e.d. Codierung ist, dann gilt*

$$\sum_{x \in X} N^{|\gamma^*(x)|} \leqq 1. \tag{1.1}$$

2. Gilt für die Familie $(\lambda(x))_{x \in X}$ von natürlichen Zahlen

$$\sum_{x \in X} N^{-\lambda(x)} \leqq 1, \tag{1.2}$$

so existiert eine e.d. Codierung $\gamma^*: W(X) \to W(Y)$ mit

$$|\gamma^*(x)| = \lambda(x).$$

Dabei bezeichnet $|q|$ die Länge des Wortes $q \in W(Y)$.

Beweis. ad 1. Sei L eine beliebige positive ganze Zahl, dann gilt für $n_i =_{\mathrm{Df}} |\gamma^*(x_i)|$, $i = 1, \ldots, M$ mit $M = |X|$,

$$\left(\sum_{k=1}^{M} N^{-n_k}\right)^L = \sum_{k_1=1}^{M} \sum_{k_2=2}^{M} \cdots \sum_{k_L=1}^{M} N^{-(n_{k_1}+n_{k_2}+\ldots+n_{k_L})}. \tag{1.3}$$

Jedem Summanden auf der rechten Seite entspricht eine Folge von L Codewörtern. Außerdem ist $(n_{k_1} + n_{k_2} + \ldots + n_{k_L})$ die Gesamtlänge der Folge von Codewörtern gemessen in Codesymbolen. Wenn A_i die Anzahl der Folgen von L Codewörtern ist, die eine Gesamtlänge von i Codesymbolen haben, dann kann (1.3) auch in der folgenden Form geschrieben werden:

$$\left(\sum_{k=1}^{M} N^{-n_k}\right)^L = \sum_{i=1}^{Ln_{\max}} A_i N^{-i}, \tag{1.4}$$

wobei $n_{\max} =_{\mathrm{Df}} \max_{i=1,\ldots,M} n_i$ ist.

Wenn die Codierung eindeutig decodierbar ist, dann sind alle Folgen von Codewörtern der Länge i verschieden, und somit ist $A_i \leqq N^i$. Setzt man dies in (1.4) ein, so ergibt sich

$$\left(\sum_{k=1}^{M} N^{-n_k}\right)^L \leqq \sum_{i=1}^{Ln_{\max}} 1 = Ln_{\max}$$

und somit

$$\sum_{k=1}^{M} N^{-n_k} \leqq (Ln_{\max})^{\frac{1}{L}}. \tag{1.5}$$

Die Ungleichung (1.5) gilt für alle natürlichen Zahlen L, damit ergibt sich für $L \to \infty$ die Behauptung.

ad 2. vgl. FEINSTEIN (1958). □

Man kann leicht zeigen, daß zu Codewortlängen, die der Ungleichung (1.1) von FANO-KRAFT genügen, stets eine Codierung γ^* so gewählt werden kann, daß $\gamma(X)$ ein Präfixcode ist. Dabei heißt eine nichtleere Teilmenge A von X^+ *Präfix(Suffix)code* über X genau dann, wenn $A \cap AX^+ = \emptyset$ (bzw. wenn $A \cap X^+A = \emptyset$) ist, wobei

$$X^+ =_{\mathrm{Df}} W(X) \setminus \{e\}$$

gesetzt wird. Ist $\gamma(X)$ ein Präfixcode, so wird γ^* als Präfixcodierung bezeichnet. Ein Präfixcode ist also eine Wortmenge, bei der kein Codewort Anfangsstück eines anderen ist. Somit kann ein Präfixcode durch einen baumartigen Graphen dargestellt werden, dessen vollständige Kantenfolgen die Codewörter darstellen.

Beispiel. Sei $X = \{x_1, x_2, x_3, x_4, x_5\}$, dann ist durch

$$x_1 - 00,\ x_2 - 01,\ x_3 - 10\ x_4 - 110,\ x_5 - 111,$$

eine Präfixcodierung gegeben, die durch den folgenden ungerichteten, markierten Graphen, einen Baum, dargestellt wird, vgl. Abb. 1.1.

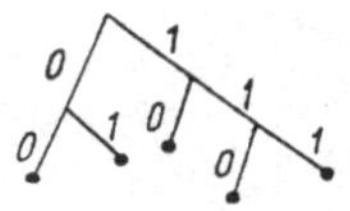

Abb. 1.1. Codebaum zu der im obigen Beispiel angegebenen Präfixcodierung

Beispiel. Sei

$$C_1 = \{00, 10, 11, 011, 010\},$$

$$C_2 = \{00, 10, 11, 110, 100\} \text{ und}$$

$$C_3 = \{0, 001, 100, 110\}.$$

Dann ist C_1 ein Präfixcode, C_2 ist eindeutig decodierbar, aber kein Präfixcode, da 11 Präfix von 110 ist, und C_3 ist nicht eindeutig decodierbar, da 001 100 geschrieben werden kann als $0 \cdot 0 \cdot 110 \cdot 0$ oder als $001 \cdot 100$.

Die Darstellung von Präfixcodes durch Bäume ist der durch eine Menge von Codewörtern äquivalent, da jedem endlichen homogenen Baumgraphen ein Präfixcode zugeordnet werden kann.

Die Codewortlängen einer eindeutig decodierbaren Codierung γ genügen nach Lemma 1.1 der Ungleichung (1.1) von FANO-KRAFT, und zu jeder Menge von Codewortlängen, die der Ungleichung (1.2) genügen, existiert ein Präfixcode mit eben diesen Codewortlängen. Daher kann jeder eindeutig decodierbare Code durch einen Präfixcode mit denselben Codewortlängen ersetzt werden. Das hat z.B. zur Folge, daß wir uns später bei der Konstruktion von optimalen eindeutig decodierbaren Codierungen auf die Klasse der Präfixcodes beschränken können.

Definition 1.2. Ein Präfixcode C über einem endlichen Alphabet Y heißt *maximal* genau dann, wenn für jedes $q \in W(Y) \setminus C$ die Menge $C \cup \{q\}$ kein Präfixcode ist.

Es gilt der folgende

Satz 1.2 (CHA, SHYR (1973)). 1. *Jede Teilmenge eines Präfixcodes ist ein Präfixcode.*

2. *Wenn B und C Präfixcodes über Y sind, so ist $B \circ C$ ein Präfixcode.*
3. *Jeder Präfixcode ist in einem maximalen Präfixcode enthalten.*
4. *Sei C ein Präfixcode mit der maximalen Codewortlänge n. Dann existiert ein maximaler Präfixcode M mit $C \subseteq M$ und der gleichen maximalen Codewortlänge n.*
5. *Sei M ein maximaler Präfixcode und $q \in M$, dann ist auch*

$$(M \setminus \{q\}) \cup \{qY\})$$

ein maximaler Präfixcode.

6. *Sei M ein maximaler Präfixcode und $\{qY\} \subseteq M$, dann ist auch $(M \setminus \{qY\}) \cup \{q\})$ ein maximaler Präfixcode.*

Sei $P(Y)$ die Menge aller endlichen Präfixcodes über Y, dann bildet $P(Y) \cup \{e\}$ nach Satz 1.2 eine Halbgruppe bezüglich der Multiplikation $\circ$.

Jeder Präfixcode kann als Durchschnitt endlich vieler maximaler Präfixcodes dargestellt werden. Dies lehrt der folgende

Satz 1.3 (Cha, Shyr (1973)). *Sei C ein Präfixcode über Y mit der maximalen Codewortlänge n. Dann existieren maximale Präfixcodes $M_1, \ldots, M_k$ mit*

$$C = \bigcap_{i=1}^{k} M_k,$$

wobei die maximalen Codewortlängen der M_i, $i = 1, \ldots, k$, nicht größer als $n + 1$ sind.

Diese Darstellung eines Präfixcodes ist aber im allgemeinen nicht eindeutig. Dies zeigt das folgende

Beispiel. Sei $Y = \{a, b\}$ und $C = \{ab, a^2b, a^3b, ba\}$, dann ist C ein Präfixcode mit der maximalen Codewortlänge 4. Für C gilt

$$C = M_1 \cap M_3 = M_2 \cap M_4,$$

wobei

$$M_1 = \{ab, a^2b, a^3b, ba, b^2, a^4\}, \quad M_2 = \{ab, a^2b, a^3b, ba, b^2a, b^3, a^4\},$$

$$M_3 = \{ab, a^2b, a^3b, ba, a^5, a^4b, b^2\} \text{ und } M_4 = \{ab, a^2b, a^3b, ba, a^5, a^4b, b^2a, b^3\}$$

maximale Präfixcodes sind.

Weitere algebraische Untersuchungen von Codes finden sich bei Shyr (1974), Shyr und Thierrin (1974), Nivat (1966) und Perrin (1972). Banerji (1964) verallgemeinerte die Ungleichung von Fano-Kraft für Präfixcodes, die von endlichen determinierten Medwedjew-Automaten erzeugt werden. Die Erzeugung von Präfixcodes durch endliche Automaten wurde auch durch Perrot (1969, 1970) studiert. Die Ungleichung von Fano-Kraft erhielt Rényi (1973) für den Fall eines abzählbaren Alphabetes X als Spezialfall eines „uniform flow theorem", das als einen anderen Spezialfall eine Verallgemeinerung von Sperners Theorem enthält.

Bisher wurden die Symbole von X unabhängig von der Wahrscheinlichkeit ihres Auftretens so codiert, daß $\gamma(X)$ ein eindeutig decodierbarer Code ist. Sei $[X, \pi]$ eine unabhängige stationäre Quelle, vgl. Abschnitt 2.3, dann bezeichnen wir

$$\mathrm{CAW}(\gamma, \pi) = \sum_{x \in X} \pi(x) \cdot |\gamma(x)|$$

als mittleren *Codieraufwand* von γ bezüglich π. Aus praktischen Gründen ist man nun interessiert, solche Codierungen zu wählen, für die der Codieraufwand für eine vorgegebene Quelle minimal ist oder wenigstens in der Nähe des optimalen liegt.

Beschränken wir uns auf eindeutig decodierbare Codierungen, so wird der Codieraufwand einer Quelle nach unten durch die Shannon-Entropie

$$H(X, \pi) =_{\mathrm{Df}} - \sum_{x \in X} \pi(x) \log_N \pi(x)$$

beschränkt, wie der folgende Satz zeigt.

Satz 1.4. *Wenn γ eine eindeutig decodierbare Codierung von X in $W(Y)$ ist, so gilt stets*

$$\mathrm{CAW}(\gamma, \pi) \geqq H(X, \pi). \tag{1.6}$$

Zum Beweis des Satzes vgl. etwa FEINSTEIN (1958).

Damit entsteht das Problem, einen Algorithmus zu finden, der zu π einen solchen e.d. Code γ konstruiert, für den der Codieraufwand möglichst nahe bei der Shannon-Entropie (S-Entropie) liegt. Man kann zeigen, daß die Gleichheit in (1.6) dann und nur dann erreicht werden kann, wenn natürliche Zahlen $N, k_1, \ldots, k_M$ existieren, so daß die Wahrscheinlichkeiten der Quelle sich als

$$\pi(x_i) = N^{-k_i}, \quad i = 1, \ldots, M,$$

darstellen lassen, vgl. PÖTSCHKE (1975).

SHANNON (1948) gab einen Algorithmus an (S-Algorithmus), bei dem die Längen $l(x)$ der Codewörter von $x \in X$ so zu wählen sind, daß gilt

$$-\log_N \pi(x) \leqq l(x) < -\log_N \pi(x) + 1. \tag{1.7}$$

Da die linke Seite

$$\sum_{x \in X} N^{-l(x)} \leqq 1$$

impliziert, existiert nach dem Lemma von FANO-KRAFT eine eindeutig decodierbare Codierung mit $|\gamma(x)| = l(x)$. Für diese Codierung gilt dann

$$H(X, \pi) \leqq \mathrm{CAW}(\gamma, \pi) < H(X, \pi) + 1, \tag{1.8}$$

wobei die linke Seite der Ungleichung wegen Satz 1.4 für jede e.d. Codierung gilt. Eine bessere Abschätzung in der rechten Seite von (1.8) erhält man, wenn zu dem Produktraum X^n, $n \in \mathbf{nz}$, übergegangen wird, $\mathbf{nz} = \{1, 2, 3, 4, \ldots\}$.

Wenden wir den S-Algorithmus auf die Wörter $p \in X^n$ an, so sind natürliche Zahlen $l(p)$ so zu bestimmen, daß nach (1.7)

$$-\log_N \pi^n(p) \leqq l(p) < -\log_N \pi^n(p) + 1 \tag{1.9}$$

für die Codewortlängen $l(p)$ gilt. Nach dem Lemma von FANO-KRAFT existiert wegen (1.9) auf X^n eine eindeutig decodierbare Codierung γ_n mit

$$H(X^n, \pi^n) \leqq \mathrm{CAW}(\gamma_n, \pi^n) < H(X^n, \pi^n) + 1.$$

Die S-Entropie ist für unabhängige stationäre Quellen additiv, daher gilt

$$\frac{1}{n} H(X^n, \pi^n) = H(X, \pi) = h(X, \pi) \leqq \frac{1}{n} \mathrm{CAW}(\gamma_n, \pi^n) < h(X, \pi) + \frac{1}{n}.$$

Damit haben wir den folgenden Satz bewiesen.

Satz 1.5. *Sei $[X^{\mathfrak{gz}}, \mathfrak{X}, \pi]$ stationäre unabhängige Quelle. Dann existiert zu jedem n, $n \in \mathbf{nz}$, auf X^n eine eindeutig decodierbare Codierung γ_n mit*

$$h(X, \pi) \leqq \frac{1}{n} \mathrm{CAW}(\gamma_n, \pi^n) < h(X, \pi) + \frac{1}{n}. \tag{1.10}$$

Nach Satz 1.5 können also unabhängige stationäre Quellen für hinreichend große n mit Hilfe einer längenvariablen Codierung so codiert werden, daß sich der mittlere Codieraufwand und die S-Entropie nur um eine beliebige vorgegebene positive Konstante unterscheiden. Dies ist unabhängig von der funktionalen Charakterisierung eine weitere, codierungstheoretische Rechtfertigung für die S-Entropie, vgl. Abschnitt 2.5.

Das folgende Beispiel zeigt aber, daß der S-Algorithmus nicht immer zu einer e.d. Codierung mit *minimalem* Codieraufwand führt.

Beispiel. Sei $X = \{x_1, x_2, x_3\}$, dann enthält die Tabelle 1.1 in der ersten Spalte die Wahrscheinlichkeiten, in der zweiten den mit Hilfe des S-Algorithmus aus den Wahrscheinlichkeiten konstruierten Code und in der dritten Spalte einen weiteren eindeutig decodierbaren Präfixcode.

Tabelle 1.1. Zwei längenvariable Codes

	$\pi(x)$	S-Code (γ_S)	H-Code (γ_H)
x_1	$\frac{2}{3}$	0	0
x_2	$\frac{2}{9}$	100	10
x_3	$\frac{1}{9}$	1010	11

Für die Quelle $[X, \pi]$ gilt:

$$H(X, \pi) = 1{,}22, \quad \mathrm{CAW}(\gamma_S, \pi) = 1{,}78, \quad \mathrm{CAW}(\gamma_H, \pi) = 1{,}33.$$

Der mittlere Codieraufwand von γ_H liegt also unter dem von γ_S. Ein anderer Algorithmus zur Konstruktion von Präfixcodes ist der von Fano (1961). Dazu werden die Wahrscheinlichkeiten der Quelle der Größe nach geordnet und in N etwa gleichwahrscheinliche Gruppen aufgeteilt. Diese Aufteilung ist bei $\pi(x_i) = N^{-k_i}$, $i = 1, \ldots, M$, genau möglich.

Den N Gruppen werden die N verschiedenen Codesymbole, der Reihenfolge nach geordnet, zugeordnet. Diese Aufteilung wird in jeder der N Gruppen fortgesetzt und den Untergruppen in gleicher Weise das zweite Codesymbol zugeordnet. Die Aufteilung ist abgeschlossen, wenn jede der Untergruppen nur noch N oder weniger Symbole enthält.

Im allgemeinen liegt der Codieraufwand eines Codes, der mit dem Fano-Algorithmus erzeugt wurde, unter dem eines Codes, der mit dem S-Algorithmus konstruiert wurde. Aber auch der Fano-Algorithmus[1]) führt nicht immer zu einem Präfixcode mit minimalem Codieraufwand. Dies zeigt das folgende

Beispiel. Code 1 wurde nach dem Fano-Algorithmus konstruiert und Code 2 nach dem Algorithmus von Huffman (1952), vgl. Abb. 1.2. Dabei sind die Codewörter durch die vollständigen Kantenfolgen und die Wahrscheinlichkeiten durch die Zahlen an den Endknoten gegeben. Man rechnet nach

$$\mathrm{CAW}(\gamma_1, \pi) = 2{,}38, \quad \mathrm{CAW}(\gamma_2, \pi) = 2{,}29, \quad H(X, \pi) = 2{,}27.$$

[1]) Manchmal wird fälschlicherweise behauptet, daß der Fano-Algorithmus stets zu einem optimalen Code führt, z.B. Meyer-Eppler (1970), Markow (1965), oder es werden nur die Algorithmen von Shannon und Fano genannt, nicht aber der von Huffman, der ja stets optimale Codes liefert, z.B. Fey (1968).

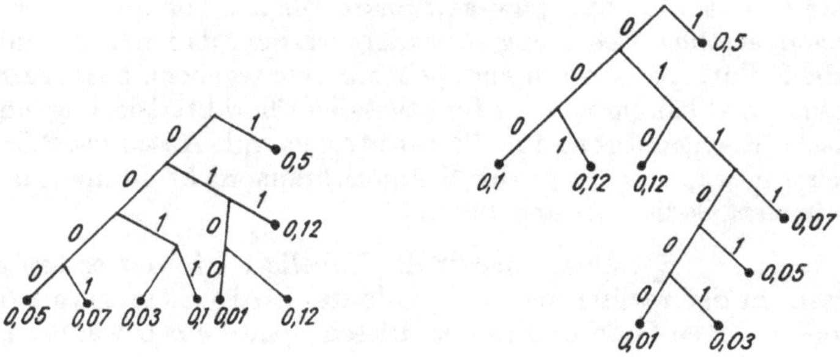

Code 1 Code 2

Abb. 1.2. Zwei Codebäume, die nach dem Algorithmus von FANO bzw. von HUFFMAN entwickelt wurden

1.2. Konstruktion optimaler längenvariabler Codes

HUFFMANN (1952) gab einen Algorithmus an (nachfolgend als *H-Algorithmus* bezeichnet), der zu jedem π stets eine optimale e.d. Codierung γ_H erzeugt, d.h. für den

$$\mathrm{CAW}(\gamma_H, \pi) = \mathrm{CA}(\pi)$$

gilt, wobei

$$\mathrm{CA}(\pi) =_{\mathrm{Df}} \min_{\gamma} \mathrm{CAW}(\gamma, \pi) \tag{1.11}$$

und sich das Minimum über alle eindeutig decodierbaren Codierungen von $[X, \pi]$ bezüglich Y erstreckt. Da jeder e.d. Code durch einen Präfixcode mit denselben Codewortlängen ersetzt werden kann, darf in (1.11) das Minimum auf die Klasse der Präfixcodes eingeschränkt werden, ohne daß $\mathrm{CA}(\pi)$ sich verändert. So liefert auch der H-Algorithmus stets einen optimalen Präfixcode.

Wir weisen darauf hin, daß das Grenzverhalten des Codieraufwandes keinen Einfluß darauf hat, ob ein Präfixcode optimal ist oder nicht. Optimale Präfixcodes sind redundanzfrei, das bezieht sich aber nur auf die Codierung von Symbolen oder Wörter der Quelle *in einem Schritt* ohne wiederholte Anwendung der Codierung.

Wir wollen den H-Algorithmus angeben, wobei wir uns auf den binären Fall, d.h. $Y = \{0, 1\}$, und auf $M \geqq 3$ beschränken. Dazu betrachten wir die M Symbole $x_1, \ldots, x_M$ der Quelle Q, wobei die Wahrscheinlichkeiten $p_1, \ldots, p_M$ der Größe nach geordnet seien:

$$p_1 \geqq p_2 \geqq \cdots \geqq p_M.$$

Die letzten beiden Wahrscheinlichkeiten p_M und p_{M-1} werden addiert, dadurch entsteht eine neue „reduzierte" Quelle mit den Wahrscheinlichkeiten $p_1, p_2, \ldots, p_{M-2}, p'_{M-1}$ wobei $p'_{M-1} = p_M + p_{M-1}$ ist. Die Wahrscheinlichkeiten der „reduzierten" Quelle werden nun wieder der Größe nach geordnet, und auf diese Folge von nicht wachsenden Wahrscheinlichkeiten wird die Prozedur erneut angewendet. Dies wird so oft wiederholt, bis die reduzierte Quelle nur noch zwei Symbole enthält. Tab. 1.2 zeigt die Konstruktion der reduzierten Quellen in einem Beispiel.

Bei M Symbolen erhalten wir insgesamt $M-2$ reduzierte Quellen. Die Konstruktion der reduzierten Quellen $Q_1, \ldots, Q_{M-2}$ ist der erste Schritt bei der Konstruktion eines optimalen Präfixcodes für die Ausgangsquelle. Im zweiten Schritt ordnen wir jeder Quelle einen optimalen Präfixcode zu. Wir beginnen mit der letzten Quelle Q_{M-2}, die

Tabelle 1.2. Eine Quelle und ihre Reduktionen

Ausgangsquelle		Reduzierte Quellen			
Symbole	Wahrscheinlichkeiten	Q_1	Q_2	Q_3	Q_4
x_1	0,5	0,5	0,5	0,5	0,5
x_2	0,2	0,2	0,2	0,3	0,5
x_3	0,1	0,1	0,2	0,2	
x_4	0,1	0,1	0,1		
x_5	0,07	0,1			
x_6	0,03				

nur zwei Symbole enthält. Offensichtlich entsteht ein optimaler Code, wenn wir diesen beiden Symbolen die Codesymbole 1 und 0 zuordnen. Angenommen, wir haben für die Quelle Q_j, eine der reduzierten Quellen, einen optimalen Präfixcode konstruiert. Dann entspricht ein Symbol der Quelle Q_j, das wir mit r_i bezeichnen, zwei Symbolen der Quelle Q_{j-1}, aus denen r_i erzeugt wurde. Diese beiden bezeichnen wir mit r_{i1} und r_{i0}. Jedes andere Symbol der Quelle Q_j entspricht genau einem der restlichen Symbole von Q_{j-1}. Der optimale Code für Q_{j-1} wird dann aus dem von Q_j folgendermaßen konstruiert:

> Wir ordnen jedem Symbol von Q_{j-1} (ausgenommen r_{i1} und r_{i0}) das Codewort des entsprechenden Symbols von Q_j zu. Die Codewörter von r_{i1} und r_{i0} werden aus dem von r_i erzeugt, indem eine 1 bzw. eine 0 angehängt wird. (1.12)

Es ist leicht einzusehen, daß bei diesem Vorgehen aus einem Präfixcode wieder ein Präfixcode erzeugt wird. Es ist schwieriger zu zeigen, daß dabei auch die Optimalität nicht verlorengeht. Dies zeigen wir später. Durch das folgende Beispiel wird die Konstruktion der Folge von optimalen Präfixcodes illustriert.

Tabelle 1.3. Konstruktion eines optimalen Codes (Code 1)

Ausgangsquelle			Reduzierte Quellen							
Symbole	Wahrscheinlichkeiten	Code	Q_1		Q_2		Q_3		Q_4	
x_1	0,5	0	0,5	0	0,5	0	0,5	0	0,5	1
x_2	0,2	10	0,2	10	0,2	10	0,3	11	0,5	0
x_3	0,1	110	0,1	110	0,2	111	0,2	10		
x_4	0,1	1111	0,1	1111	0,1	110				
x_5	0,07	11101	0,1	1110						
x_6	0,03	11100								

Der optimale Code auf der linken Seite wurde in zwei Schritten, die vorher beschrieben wurden, konstruiert. Im ersten Schritt wurde eine Folge von reduzierten Quellen von Q gebildet, s. Tab. 1.2. Im zweiten Schritt wurden der letzten Quelle (in diesem Fall Q_4) die Codewörter 1 und 0 zugeordnet. Dann wurde Schritt für Schritt von der letzten Quelle bis Q für jede der reduzierten Quellen ein optimaler Code konstruiert, indem in jedem Schritt ein Codewort benutzt wurde, um zwei neue Codewörter zu erzeugen.

Dieser Algorithmus von Huffman zeigt verschiedene Eigenschaften von optimalen Codierungen. Man kann z. B. die Rolle von 0 und 1 vertauschen und erhält einen neuen optimalen Präfixcode, dessen Codebaum aber zu dem des ersten Codes isomorph ist. Es handelt sich also nur um eine Umbenennung der Codesymbole. Es ist aber auch möglich, zu gewissen Quellen zwei völlig verschiedene optimale Präfixcodes zu konstruieren. Dabei geht man so vor, daß die Einordnung der neuen Wahrscheinlichkeiten an einer anderen Stelle vorgenommen wird. Ein Beispiel dafür wird in Tab. 1.4 gegeben.

Tabelle 1.4. Konstruktion eines optimalen Codes (Code 2)

Ausgangsquelle			Reduzierte Quellen							
Symbole	Wahrscheinlichkeiten	Code	Q_1		Q_2		Q_3		Q_4	
x_1	0,5	0	0,5	0	0,5	0	0,5	0	0,5	1
x_2	0,2	10	0,2	10	0,2	10	0,3	11	0,5	0
x_3	0,1	1111	0,1	110	0,2	111	0,2	10		
x_4	0,1	1110	0,1	1111	0,1	110				
x_5	0,07	1101	0,1	1110						
x_6	0,03	1100								

Diese Konstruktion stimmt mit der in Tab. 1.3 bis auf den Übergang vom Code für Q_1 zu dem für Q überein. Bei diesem Übergang kann jedes der drei Codewörter

110, 1111, 1110

benutzt werden, um die beiden neuen Codewörter zu erzeugen.

Wenn das erste Codewort gewählt wird, so ergibt sich ein Code (Code 2) mit den Codewortlängen

1, 2, 4, 4, 4, 4.

Wird das zweite oder dritte Codewort gewählt, so ergibt sich ein Code (Code 3 bzw. 1) mit den Codewortlängen

1, 2, 3, 4, 5, 5.

Die zu diesen Präfixcodierungen gehörigen Codebäume sind in Abb. 1.3 dargestellt.

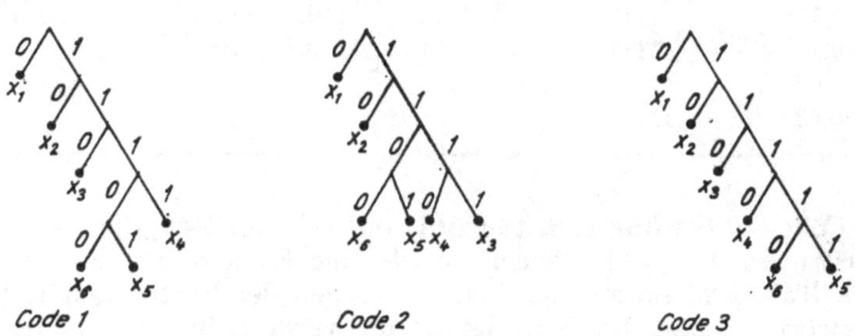

Abb. 1.3. Codebäume der Codes 1, 2 und 3

Die mittleren Codewortlängen der drei Codes sind alle gleich:

$$\mathrm{CAW}(\pi, \gamma_1) = 1(0{,}5) + 2(0{,}2) + 3(0{,}1) + 4(0{,}1) + 5(0{,}07) + 5(0{,}03) = 2{,}1,$$

$$\mathrm{CAW}(\pi, \gamma_2) = \mathrm{CAW}(\pi, \gamma_3) = 1(0{,}5) + 2(0{,}2) + 4(0{,}1) + 4(0{,}1) + 4(0{,}07) + 4(0{,}03) = 2{,}1.$$

Es existiert auch kein Präfixcode für diese Quelle mit einer kleineren mittleren Codewortlänge.

Nachdem wir den Algorithmus von HUFFMAN angegeben haben, wollen wir nun beweisen, daß er stets zu optimalen Codes führt.

Satz 1.6. *Wenn $[X, \pi]$ eine unabhängige stationäre Quelle ist, dann führt der Algorithmus von Huffman, auf π angewendet, stets zu einem optimalen Präfixcode, d.h., es existiert kein Präfixcode mit einem kleineren mittleren Codieraufwand.*

Beweis. Wir bemerkten bereits, daß bei der Konstruktion der Codes für die reduzierten Quellen aus den Präfixcodes neue Präfixcodes erzeugt werden. Da $\{0, 1\}$ ein Präfixcode ist, so ist auch der letzte erzeugte Code ein Präfixcode. Es genügt daher zu beweisen, daß die Anwendung von Regel (1.12) auf einen optimalen Code wieder zu einem optimalen Code führt. Angenommen, C_j ist ein optimaler Code für die reduzierte Quelle Q_j, $j \in \{1, \ldots, M - 2\}$. Der mittlere Codieraufwand dieses Codes betrage L_j. Eines der Symbole von Q_j, wir bezeichnen es mit r_i, wurde von zwei Symbolen von Q_{j-1} mit den beiden kleinsten Wahrscheinlichkeiten gebildet. Wir bezeichnen diese beiden Symbole mit r_{i1} und r_{i0} und ihre Wahrscheinlichkeiten mit P_{i1} und P_{i0}. Die Wahrscheinlichkeit von r_i beträgt dann $P_i = P_{i1} + P_{i0}$. Sei C_{j-1} der Code für Q_{j-1}, der gemäß der Regel (1.12) erzeugt wird, und L_{j-1} sein mittlerer Codieraufwand. C_{j-1} enthält alle Codewörter von C_j außer r_i, das zu r_{i1} und r_{i0} um eine Stelle verlängert wird, damit gilt

$$L_{j-1} = L_j + P_{i1} + P_{i0}. \tag{1.13}$$

Nun ist zu zeigen, daß aus dem optimalen Code C_j ein optimaler Code C_{j-1} entsteht. Das heißt, wenn L_j der kleinste mittlere Codieraufwand eines Präfixcodes für Q_j ist, so ist auch L_{j-1}, das durch (1.13) gegeben ist, der kleinste mittlere Codieraufwand eines Präfixcodes für Q_{j-1}. Angenommen, es gibt einen optimalen Code für Q_{j-1} mit dem mittleren Codieraufwand $L'_{j-1} < L_{j-1}$. Seien $q_1, q_2, \ldots, q_m$ die Codewörter mit den Längen $l_1, l_2, \ldots, l_m$. Wir nehmen an, daß die Codewörter nach aufsteigenden Indizes geordnet sind, so daß gilt

$$l_1 \leqq l_2 \leqq \cdots \leqq l_m.$$

Eines der Codewörter, wir bezeichnen es mit q_0, muß mit q_m bis auf die letzte Stelle übereinstimmen. Wäre dem nicht so, so könnte die letzte Stelle von q_m weggelassen werden und damit der mittlere Codieraufwand verkleinert werden, ohne daß die Präfixeigenschaft verloren geht.

Somit können wir einen neuen Code C'_j für Q_j bilden, indem q_0 und q_m zusammengefaßt werden und die letzte Stelle weggelassen wird, wobei alle anderen Codewörter unverändert bleiben. Dies führt zu einem Präfixcode für Q_j mit dem mittleren Codieraufwand L'_{j-1}, wobei

$$L'_{j-1} = L'_j + P_{i1} + P_{i0}. \tag{1.14}$$

gilt. Dabei sind P_{i1} und P_{i0} die Wahrscheinlichkeiten, die zu den Codewörtern q_0 und q_m gehören.

Aus (1.13), (1.14) und der Annahme $L'_{j-1} < L_{j-1}$ folgt, daß wir einen Code mit dem Codieraufwand $L'_j < L_j$ konstruieren können. Dies widerspricht aber der Voraussetzung, daß C_j ein optimaler Code ist. □

Es sei noch auf zwei Eigenschaften von optimalen Codes hingewiesen. Die erste besteht darin, daß für die geordnete Folge der Wahrscheinlichkeiten der Quelle

$$p_1 \geqq p_2 \geqq \cdots \geqq p_M$$

die Codewortlängen ebenfalls geordnet sind, so daß gilt

$$l_1 \leqq l_2 \leqq \cdots \leqq l_M .$$

Diese Eigenschaft zeigt, daß das kürzeste Codewort einem Symbol mit einer größten Wahrscheinlichkeit zugeordnet wird. Die zweite Eigenschaft, die sich aus dem letzten Beweis ergibt, besteht darin, daß die Codewörter der beiden letzten Wörter (nach nicht wachsenden Wahrscheinlichkeiten geordnet) gleich sind:

$$l_M = l_{M-1} . \tag{1.15}$$

Wenn $N > 2$ ist, d.h., das Alphabet Y enthält mehr als zwei Symbole, dann kann der Algorithmus von Huffman in modifizierter Form zur Konstruktion von optimalen Präfixcodes herangezogen werden. Dazu werden statt der Zweiergruppen Gruppen von jeweils N Wahrscheinlichkeiten gebildet. Die Bildung von reduzierten Quellen erfolgt, bis die letzte Quelle genau N Elemente besitzt. Dies ist nur möglich, wenn die Ausgangsquelle Q genau $N + k(N - 1)$ Elemente besitzt mit $k \in \mathbf{Nz}$. Wenn also kein $k \in \mathbf{Nz}$ existiert, so daß $N + k(N - 1)$ die Symbolanzahl der Quelle Q ist, dann wird die Liste der Symbole von Q mit Hilfssymbolen x_i, $i > M$, aufgefüllt, bis dies der Fall ist. Die Hilfssymbole werden mit der Wahrscheinlichkeit 0 versehen, und die resultierenden Codewörter fallen später weg. In Tab. 1.5 ist die Konstruktion der reduzierten Quellen in einem Beispiel mit $N = 3$ durchgeführt.
Sei für diesen Fall $Y = \{0, 1, 2\}$.
Wenn die reduzierten Quellen konstruiert sind, dann wird auf ähnliche Weise wie im binären Fall ein optimaler Präfixcode konstruiert. Dazu werden den Symbolen der letzten reduzierten Quelle (mit dem größten Index) die N verschiedenen Codesymbole zugeordnet usw.

Tabelle 1.5. Eine Quelle mit ihren Reduktionen

Ausgangsquelle			Reduzierte Quellen		
Symbole		Wahrscheinlichkeiten	Q_1	Q_2	Q_3
	x_1	0,32	0,32	0,32	→0,44
	x_2	0,17	0,17	→0,24	0,32
	x_3	0,15	0,15	0,17	0,24
	x_4	0,12	0,12	0,15	
	x_5	0,11	0,11	0,12	
	x_6	0,08	0,08		
	x_7	0,03	→0,05		
Hilfs-	x_8	0,02			
symbol:	x_9	0,00			

In Tab. 1.6 ist die Konstruktion eines ternären Präfixcodes für das Beispiel in Tab. 1.5 gezeigt.

Tabelle 1.6. Konstruktion eines ternären optimalen Codes

Ausgangsquelle			Reduzierte Quellen					
Symbole	Wahrscheinlichkeiten	Code	Q_1		Q_2		Q_3	
x_1	0,32	1	0,32	1	0,32	1	→0,44	0
x_2	0,17	00	0,17	00	→0,24	2	0,32	1
x_3	0,15	01	0,15	01	0,17	00	0,24	2
x_4	0,12	02	0,12	02	0,15	01		
x_5	0,11	20	0,11	20	0,12	02		
x_6	0,08	21	0,08	21				
x_7	0,03	220	→0,05	22				
x_8	0,02	221						
x_9	0,00	222						

Der dem ternären Präfixcode aus Tab. 1.6 entsprechende Codebaum ist in Abb. 1.4 dargestellt.

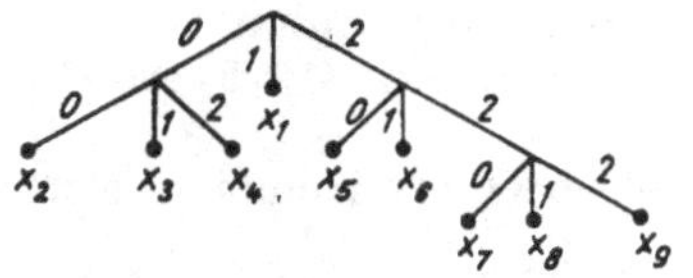

Abb. 1.4. Codebaum zu dem ternären Präfixcode aus Tab. 1.6

Um mit optimalen Codes rechnen zu können, ist es zweckmäßig, wenn man für eine fixierte Verteilung π den minimalen Codieraufwand CA(π) als explizite Funktion von π kennt. Denn um den Codieraufwand für eine Quelle zu berechnen, muß man bisher stets mit Hilfe des Huffmanschen Algorithmus einen optimalen Code konstruieren und dessen Codieraufwand ausrechnen.

Wenn die tatsächlich vorliegende Verteilung π nicht bekannt ist, der Coder aber über eine Hypothese σ bezüglich π verfügt, so kann zunächst auf die Hypothese σ der Huffmansche Algorithmus ebenfalls angewendet werden, da er für jede unabhängige stationäre Wahrscheinlichkeitsverteilung definiert ist.

Verfügt man für die Klasse von Verteilungen, in der π und σ enthalten sind, über eine explizite Formel für den Codieraufwand, der bei Anwendung des Huffman-Algorithmus entsteht, so kann auch eine Aussage über die Differenz des (mit π gemittelten) Codieraufwands gemacht werden, der entsteht, wenn der Code aus der Hypothese σ statt aus π konstruiert wird. Wir werden auf dieses Problem später noch zurückkommen, wenn wir Entropiemaße für tatsächlich vorliegende Verteilungen und Hypothesen darüber einführen, vgl. Abschnitt 6.1.3.

Ein anderer Vorteil der Kenntnis der expliziten Form von CA(π) besteht darin, daß man aus ihr direkt einen optimalen Code konstruieren kann, ohne den Algorithmus von Huffman abzuarbeiten.

Dies soll für eine spezielle Klasse von Verteilungen nun gezeigt werden.

Für ein Wahrscheinlichkeitsmaß α über X mit $M = |X| > 2$ formulieren wir

Bedingung A. Es gilt $\alpha(x_1) \geqq \alpha(x_2) \geqq \ldots \geqq \alpha(x_M)$ für $M > 2$ und $\alpha(x_1) < \alpha(x_{M-1}) + \alpha(x_M)$.

Dann gilt der folgende

Satz 1.7 (Kislizyn (1962)). *Wenn ein Wahrscheinlichkeitsmaß π über X der Bedingung A genügt, dann gilt für den mit Hilfe des Huffmanschen Algorithmus konstruierten Code γ_π*

$$\mathrm{CAW}(\gamma_\pi, \pi) =]\mathrm{ld}\, M[- \sum_{i=1}^{s} \pi(x_i), \tag{1.16}$$

wobei $s = -M + \exp_2]\mathrm{ld}\, M[$ ist und $]c[$ die kleinste ganze Zahl größer oder gleich c ist.

Beispiel. Sei

	x_1	x_2	x_3	x_4
π	0,35	0,29	0,20	0,16

Wegen Satz 1.7 gilt $\mathrm{CAW}(\gamma_\pi, \pi) = 2{,}0$. Nun ist wegen Formel (1.16)

$$\mathrm{CAW}(\gamma_\pi, \pi) = \sum_{i=1}^{s} \pi(x_i)\,(]\mathrm{ld}\, M[- 1) + \sum_{i=s+1}^{M} \pi(x_i)\,]\mathrm{ld}\, M[\,. \tag{1.17}$$

Aus dieser Formel kann man also die Codewortlängen entnehmen, mit deren Hilfe ein Code konstruiert werden kann, der dann bezüglich π optimal ist. Damit ist (1.17) ein Beispiel für eine explizite Formel für $\mathrm{CA}(\pi)$ in dem oben erwähnten Sinn.

Bisher sind explizite Formeln für den minimalen Codieraufwand nur für gewisse Klassen von Quellen bekannt, vgl. Sandelius (1961) und Picard (1972, Abschnitt 9.4.3) im Fall der Gleichverteilung.

Dabei wird die Klasse der betrachteten Quellen entweder durch einfache arithmetische Forderungen ($\log \frac{p}{q}$ rational oder p, q N-darstellbar für binäre Quellen mit den Wahrscheinlichkeiten p und q), siehe etwa Kritschewski (1966) oder durch Ungleichungen in den Wahrscheinlichkeiten eingeschränkt wie in Satz 1.7.

Eine weitere Lösung ist der folgende

Satz 1.8 (Kislizyn (1965)). *Sei*

$$N = n^k + d \text{ mit } 0 \leqq d < (n-1)\, n^k \text{ und } N \geqq n.$$

Wenn $\pi(x_1) \leqq \pi(x_{N-n+1}) + \ldots + \pi(x_N)$ ist, dann gilt

$$\mathrm{CA}(\pi) = k + \sum_{j=t}^{N} \pi(x_j) + \min\,(0, -\pi(x_t) + \pi(x_{N-r+n+1}) + \pi(x_N)),$$

wobei r der kleinste nichtnegative Rest der Zahl $(N-1)$ modulo $(n-1)$ und

$$t = n^k - \frac{d+r}{n-1} + 1$$

ist. Wenn $t = N + 1$ ist (d.h. $N = n^k$), so ist $\mathrm{CA}(\pi) = k$.

Ein Zusammenhang zwischen den Fibonacci-Zahlen und der Codewortlänge von optimalen Codes wird durch den folgenden Satz hergestellt.

Sei $(a_i)_{i \in \mathbf{N}}$ die durch

$$a_{i+1} = a_i + a_{i-1}, \quad a_1 = a_2 = 1, \quad i \geqq 2,$$

rekursiv definierte Folge natürlicher Zahlen, d.h., a_i ist die i-te Fibonacci-Zahl.

Satz 1.9. *Für die Wahrscheinlichleit $\sigma(x)$ des Symbols $x \in X$ gelte die Ungleichung*

$$\frac{1}{a_{k+1}} \leqq \sigma(x) < \frac{1}{a_k}, \quad 2 \leqq k, \tag{1.18}$$

wobei a_i die i-te Fibonacci-Zahl ist. Für die Codewortlänge $l(x)$ des Symbols x gilt dann in einem mit Hilfe des Huffman-Algorithmus konstruierten Code

$$l(x) \leqq k - 1 \quad \textit{und} \tag{1.19}$$

$$\overline{\lim_{\sigma(x)\to 0}} \frac{l(x)}{\mathrm{ld}\, \sigma(x)} = \frac{1+\sqrt{5}}{2}. \tag{1.20}$$

Zum Beweis von (1.19) und (1.20) sei auf KATONA und NEMETZ (1980) verwiesen. Wir wollen aber eine Wahrscheinlichkeitsverteilung zu $\sigma(x)$ angeben, so daß die Codewortlänge $l(x)$ in einem mit dem Algorithmus von HUFFMAN konstruierten Code $k - 1$ beträgt. Damit wird die Schranke in (1.19) angenommen und ist somit die universell beste.

Sei $\pi(x_1') = \frac{a_{k-2}}{a_k}$, $\pi(x_2') = \frac{a_{k-3}}{a_k}$, ..., $\pi(x_{k-2}') = \frac{a_1}{a_k}$, $\pi(x_{k-1}') = \frac{1}{a_k} - \sigma(x)$ und $\pi(x_k') = \sigma(x)$. Wegen (1.18) ist $\pi(x_{k-1}') > 0$, und die beiden kleinsten Wahrscheinlichkeiten sind $\pi(x_{k-1}')$ und $\pi(x_k')$. Außerdem gilt $\pi(x_k') + \pi(x_{k+1}') = \frac{1}{a_k}$. Bei der weiteren Anwendung des Huffman-Algorithmus können wir $\pi(x_{k-2}')$ und $\pi(x_k') + \pi(x_{k-1}')$ als die beiden kleinsten Wahrscheinlichkeiten nehmen. Da

$$\pi(x_{k-2}') + \pi(x_{k-1}') + \pi(x_k') = \frac{a_{1+1}}{a_k} = \frac{a_3}{a_k}$$

ist, können wir im nachfolgenden Schritt der Prozedur $\pi(x_{k-3}')$ und $\pi(x_{k-2}') + \pi(x_{k-1}') + \pi(x_k')$ als die beiden kleinsten Wahrscheinlichkeiten auffassen usw. Auf diese Weise erhalten wir einen optimalen Code, der in Abb. 1.5 graphisch dargestellt ist.

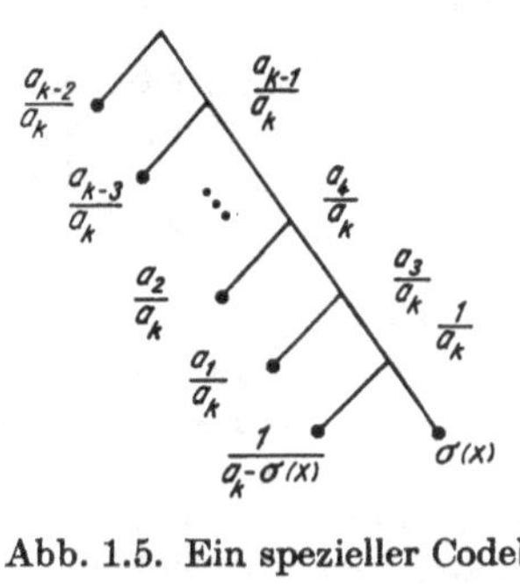

Abb. 1.5. Ein spezieller Codebaum

Offensichtlich beträgt die Codewortlänge des zu $\pi(x_k')$ gehörigen Codewortes $k - 1$. Eine ähnliche Aussage wie von Satz 1.9 gilt auch für den Quotienten zweier Wahrscheinlichkeiten.

Satz 1.10 (KATONA, NEMETZ (1980)). *Wenn für zwei Wahrscheinlichkeiten $\sigma(x)$ und $\sigma(x')$, $x, x' \in X$, gilt*

$$\frac{1}{a_{k+1}} \leqq \frac{\sigma(x)}{\sigma(x')} < \frac{1}{a_k}, \quad k \geqq 2,$$

dann beträgt die Differenz der Codewortlängen von x und x' in einem mit Hilfe des Algorithmus von Huffman konstruierten Code höchstens k, d.h.

$$l(x) - l(x') \leqq k, \tag{1.21}$$

und dies ist die beste obere Schranke.

Wir geben eine Wahrscheinlichkeitsverteilung zu $\sigma(x)$ und $\sigma(x')$ an, für die in (1.21) das Gleichheitszeichen steht. Sei $\pi(x_1') = \sigma(x) = s\frac{a_k}{a_{k+2}}$, $\pi(x_2') = \frac{1}{a_{k+2}} - s\frac{a_k}{a_{k+2}}$, $\pi(x_3') = \frac{a_1}{a_{k+2}}$, $\pi(x_4') = \frac{a_2}{a_{k+2}}, \ldots, \pi(x_{k+1}') = \frac{a_{k-1}}{a_{k+2}}$, $\pi(x_{k+2}') = \sigma(x') = \frac{a_k}{a_{k+2}}$, wobei $s = \frac{\sigma(x)}{\sigma(x')}$ ist. Man sieht leicht ein, daß $\pi(x_i') > 0$ ist für $1 \leqq i \leqq k + 2$. Ein optimaler längenvariabler Code für die Verteilung π ist in Abb. 1.6 graphisch dargestellt.

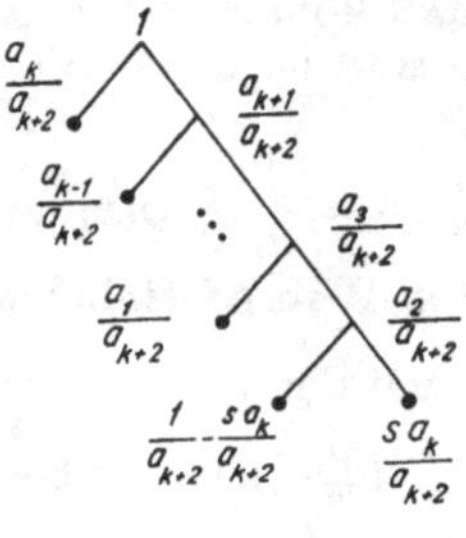

Abb. 1.6. Ein optimaler Code, für den die obere Schranke in (1.21) angenommen wird

Die Differenz der Codewortlängen, die zu $\pi(x_1')$ und zu $\pi(x_{k+2}')$ gehören, beträgt genau k.

Wir merken an, daß Satz 1.10 nichts über den Fall $\sigma(x) = \sigma(x')$ aussagt. Es ist leicht zu sehen, daß in diesem Fall die beste Schranke für die Codelängendifferenz 1 ist. Die Verteilung $\left(\frac{1}{3}, \frac{1}{3}, \frac{1}{3}\right)$ zeigt, daß die Gleichheit gelten kann.

Wir wollen uns nun der Frage zuwenden, wann fixierte Präfixcodes optimal sind. Es sind also Bedingungen für Wahrscheinlichkeiten gesucht, unter denen der gegebene Präfixcode für diese Wahrscheinlichkeitsverteilung optimal ist. Dabei wollen wir uns hier auf zwei Fälle beschränken. Wir werden Bedingungen angeben, bei denen der Blockcode bzw. der sogenannte Standardcode optimal ist.

Wenn das Alphabet $M = N^m$ Symbole gleicher Wahrscheinlichkeit enthält, wobei N die Anzahl des Codealphabets Y ist, dann wird man erwarten, daß ein Blockcode der Länge m optimal ist. Dies ist tatsächlich der Fall. Damit entsteht die Frage, um wieviel die Wahrscheinlichkeiten voneinander abweichen dürfen, damit ein Blockcode noch optimal ist. Durch die beiden folgenden Sätze wird diese Frage beantwortet, indem notwendige und hinreichende Bedingungen dafür angegeben werden, daß ein Blockcode bzw. der Standardcode optimal ist.

Satz 1.11 (Geçkinli (1975)). *Sei X eine Menge von $M = N^m$ Symbolen, $m \geqq 1$, mit den Wahrscheinlichkeiten $\pi(x_1), \ldots, \pi(x_M)$, für die gilt*

$$\pi(x_1) \geqq \pi(x_2) \geqq \ldots \geqq \pi(x_M).$$

Für ein Codealphabet der Mächtigkeit N ist ein Blockcode optimal genau dann, wenn

$$\pi(x_1) \leqq \sum_{i=M-N+1}^{M} \pi(x_i)$$

gilt.

Damit ist der Fall $M \neq N^m$ noch offen. Für diesen Fall gibt a) in dem folgenden Satz eine notwendige und hinreichende Bedingung, und b) gibt der Einfachheit halber nur eine hinreichende Bedingung an.

Satz 1.12 (GEÇKINLI (1975)). *Sei X ein Alphabet mit M Symbolen, so daß $N^m < M < N^{m+1}$, $m \geqq 2$, und $\pi(x_1) \geqq \pi(x_2) \geqq \ldots \geqq \pi(x_M)$ gilt. Sei n_0 eine natürliche Zahl, so daß $\frac{M - n_0}{N - 1}$ eine ganze Zahl ist und $2 \leqq n_0 \leqq N$. Sei weiterhin*

$$K = N^m - \left[\frac{M - N^m - 1}{N - 1}\right],$$

wobei der Ausdruck in der Klammer den ganzen Teil des inneren Ausdrucks bezeichnet, und $L = M - n_0 + 1$ ist. Der Code, der den Symbolen $x_1, x_2, \ldots, x_{K-1}$ Codewörter der Länge m und den übrigen Codewörter der Länge $m + 1$ zuordnet, ist optimal

a) *genau dann, wenn $\pi(x_K) \leqq \sum_{i=L}^{M} \pi(x_i)$ und*

$$\max\left\{\pi(x_1), \sum_{i=K}^{K+N-1} \pi(x_i)\right\} \leqq \textit{Summe der } N \textit{ kleinsten Terme von}$$

$$\left\{\pi(x_{K-1}), \pi(x_{K-2}), \ldots, \pi(x_{K-N}), \sum_{i=L}^{M} \pi(x_i), \sum_{i=L-N}^{L-1} \pi(x_i), \sum_{i=L-2N}^{L-N-1} \pi(x_i), \ldots, \sum_{i=L-(N-1)N}^{L-(N-2)N-1} \pi(x_i)\right\}$$

mit $\pi(x_n) = 0$ für alle $n > M$ gilt;

b) *wenn $\pi(x_{K-N}) \leqq \sum_{i=L}^{M} \pi(x_i)$ und $\pi(x_1) \leqq \sum_{i=K-N}^{K-1} \pi(x_i)$ gilt.*

Wenn die Wahrscheinlichkeiten einer Quelle einer der Bedingungen in Satz 1.11 bzw. Satz 1.12 genügen, dann kann man ohne Zuhilfenahme des Algorithmus von HUFFMAN relativ einfach einen entsprechenden Blockcode bzw. einen Standardcode, der in Satz 1.12 beschrieben wird, angeben.

Ein *Standardcode* besteht also aus $K - 1$ Wörtern der Länge $[\log_N M]$ und $M - K + 1$ Wörtern der Länge $[\log_N M] + 1$. Weitere Resultate über die Optimalität des Standardcodes im binären und auch im nichtbinären Fall finden sich bei BARANYAI (1974).

1.3. Abzählungsprobleme längenvariabler Codes und Zusammenhänge zur Suchtheorie

Nachdem wir uns mit Problemen des expliziten Codieraufwands von optimalen Präfixcodes und mit der Optimalität von bestimmten Codes beschäftigt haben, wollen wir uns mit der Zuordnung von Präfixcodes zu vorgegebenen Wahrscheinlichkeitsverteilungen und mit Anzahlfragen von Präfixcodes beschäftigen. Auch diese Probleme sind wie das des expliziten Codieraufwandes nicht gelöst, es existieren aber interessante Teillösungen.

Man kann leicht Quellen angeben, für die zwei oder mehr optimale Codes existieren. In Abb. 1.7 sind die Codewortbäume von drei Präfixcodes dargestellt, die bezüglich einer Quelle mit den Wahrscheinlichkeiten $\left(\frac{3}{8}, \frac{2}{8}, \frac{1}{8}, \frac{1}{8}, \frac{1}{8}\right)$ optimal sind. Der Codieraufwand aller drei Codes beträgt $\frac{9}{4}$.

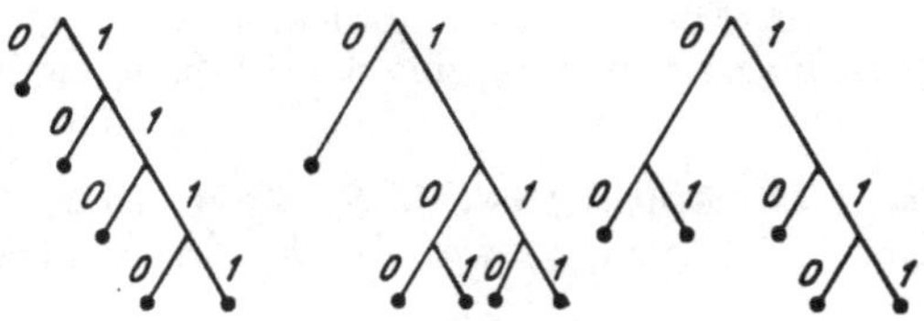

Abb. 1.7. Drei optimale Präfixcodes für $\left(\frac{3}{8}, \frac{2}{8}, \frac{1}{8}, \frac{1}{8}, \frac{1}{8}\right)$

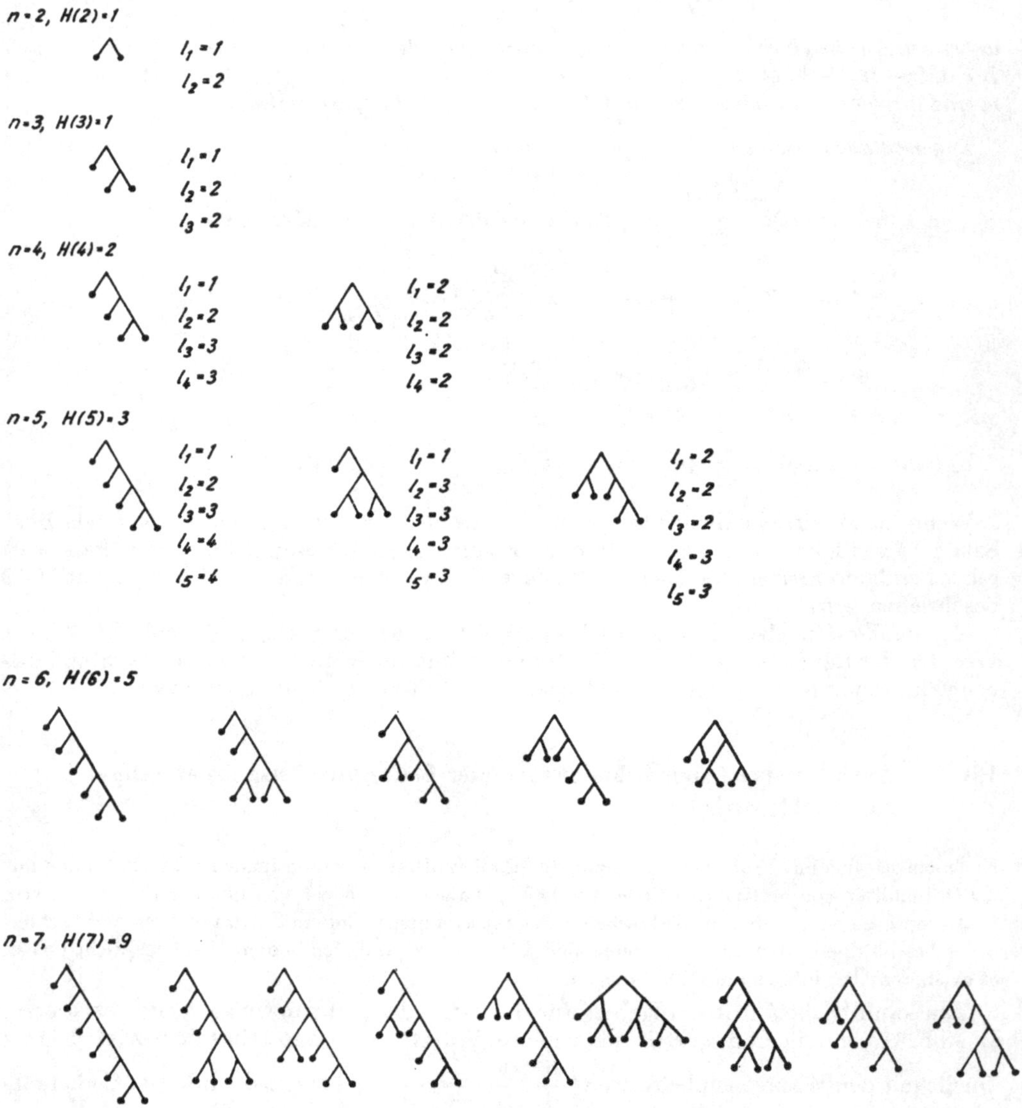

Abb. 1.8. Alle Repräsentanten der Klassen von längenvariablen Codes für $n = 2, 3, 4, 5, 6, 7$ die bei optimalem Codieren auftreten

Ergodentheorie über eine Reihe zufälliger Ergodensätze (random ergodic theorems), vgl. Ulam und v. Neumann (1945), Jacobs (1962/63, S. 449), für die aber bisher keine informationstheoretische Interpretation bekannt ist. Jacobs (1959) gelang der Beweis des Satzes von McMillan im schwach ergodischen, periodischen und fastperiodischen Fall. Notwendige und hinreichende Bedingungen für diesen Satz wurden von Ziv (1968) studiert. Erwähnenswert sind auch die Verallgemeinerungen des Satzes von McMillan für ergodische Gruppen von Transformationen bei Katznelson und Weiss (1972), Conze (1972) und Thouvenot (1972).

Verallgemeinerungen in einer anderen Richtung stellen die Sätze von McMillanschem Typ für die Divergenz, vgl. Kapitel 6, und die B-Entropie dar. Diese werden für Anwendungen in der Statistik und in der Distorsionstheorie, Kapitel 4, benötigt.

Der Satz von McMillan (Satz 3.1) wird im ergodischen Fall direkt zur Konstruktion eines Blockcodes benutzt, um die Nachrichten einer ergodischen Quelle über einen gestörten Kanal zu übertragen. Im stationären Fall bedient man sich zweier anderer Methoden.

Zum einen wird eine ergodische Dekomposition der stationären Quelle vorgenommen. Und zum anderen führt die Konstruktion eines geeigneten Blockcodes nicht über den Satz von McMillan, sondern sie wird unter Ausnutzung der Eigenschaften der S-Rate der stationären Quelle durchgeführt.

Der erste allgemeine Satz darüber, daß sich jede kontinuierliche stationäre Strömung in vollständigen separablen metrischen Räumen in ergodische Bestandteile zerlegen läßt, wurde bereits 1932 von John v. Neumann bewiesen, wobei im Gegensatz zu allen späteren Arbeiten die Endlichkeit des Maßes nicht vorausgesetzt wurde. Für den Fall eines metrischen kompakten Raumes und einer Transformation (topologischer Automorphismus) wurde die Dekompositionstheorie von Kryloff-Bogoljuboff (1937) weiterentwickelt, vgl. auch die zusammenfassende Arbeit von Oxtoby (1952). Diese Theorie, vgl. Abschnitt 2.4, ist die entscheidende Grundlage für die Behandlung des allgemeinen stationären Falls. Dabei hat sich gezeigt, daß nicht der Satz von McMillan, sondern Theorem 4 von Shannon (1948) die Grundlage für die Behandlung nichtergodischer stationärer Quellen und Kanäle ist.

Jede konvexe Linearkombination $\pi = \alpha\pi_1 + (1 - \alpha)\,\pi_2$, $0 < \alpha < 1$, von verschiedenen ergodischen W-Maßen π_1 und π_2 auf $[X^{gz}, \mathfrak{X}, T]$ ist nach Satz 4.11 nicht ergodisch. Dies läßt sich unmittelbar auf eine endliche konvexe Linearkombination übertragen und liefert somit eine Methode zur Konstruktion nichtergodischer Quellen.

Sei etwa $X = \{0, 1\}$, $\pi_1^1(0) = \frac{1}{2} = \pi_1^1(1)$ und $\pi_2^1(0) = \frac{1}{4}$ $\pi_2^1(1) = \frac{3}{4}$, dann lassen sich π_1^1 und π_2^1 zu unabhängigen und stationären W-Maßen auf $[X^{gz}, \mathfrak{X}]$ fortsetzen. $\pi = \frac{1}{2}(\pi_1 + \pi_2)$ ist dann aber nicht unabhängig und daher nicht ergodisch.

Zur Übertragung von Signalen von nicht notwendig ergodischen, stationären Quellen über stationäre Kanäle steht kein Satz von McMillan zur Verfügung, da seine Gültigkeit nur für den ergodischen Fall nachgewiesen ist. In diesem Fall ist es nützlich, die von Shannon definierte S-Rate und ihre Eigenschaften zu untersuchen. Sei $[X^{gz}, \mathfrak{X}, \pi]$ eine stationäre Quelle, dann bezeichnen wir für ε, $0 < \varepsilon < 1$, und $n \in \mathsf{nz}$

$$S^\pi(n, \varepsilon) = \min\{|E| \mid E \subseteq X^n \wedge \pi^n(\overline{E}) < \varepsilon\}$$

als *S-Rate der Quelle.* Falls π ergodisch und Markowsch ist, so gilt

$$\lim_{n\to\infty} \frac{1}{n} \operatorname{ld} S^\pi(n, \varepsilon) = h(X, \pi).$$

Aus inhaltlichen Gründen führen wir noch in Verallgemeinerung der S-Rate die B-Rate zweier Verteilungen ein, deren asymptotisches Verhalten für Anwendungen in der Statistik untersucht wurde, vgl. Abschnitt 6.1.4. Wir werden nun mit Hilfe der S-Rate unter gewissen Voraussetzungen die Übertragbarkeit von Nachrichten stationärer nicht notwendig ergodischer Quellen über stationäre Kanäle zeigen.

Lemma 3.2. *Sei $[X^{gz}, \mathfrak{X}, \pi]$ stationäre Quelle. Dann gilt:*

1. $\overline{\lim\limits_{n\to\infty}} \frac{1}{n} \operatorname{ld} S^\pi(n, \varepsilon_1) \leqq \underline{\lim\limits_{n\to\infty}} \frac{1}{n} \operatorname{ld} S^\pi(n, \varepsilon_2)$ *für* $0 < \varepsilon_2 < \varepsilon_1 < 1$.

2. *Der Grenzwert*

$$\lim_{n\to\infty} \frac{1}{n} \operatorname{ld} S^\pi(n, \varepsilon) = S(\pi, \varepsilon)$$

existiert, ausgenommen eine höchstens abzählbare Menge von Zahlen ε.

3. *Die Funktion $S(\pi, \varepsilon)$ wächst monoton für $\varepsilon \to 0$ gegen einen Grenzwert, den wir mit $S(\pi)$ bezeichnen.*

Beweis Siehe WINKELBAUER (1970).

Sei E aus $\mathfrak{X}$, f meßbare Funktion auf X^{gz} und π W-Maß auf $[X^{gz}, \mathfrak{X}]$, dann definieren wir für $\pi(E) = 1$

$$\pi\text{-ess}\sup_{a\in E} f(a) =_{\mathrm{Df}} \inf\{t \mid \pi\{a \mid a \in E \wedge f(a) \leqq t\} = 1\}.$$

Lemma 3.3. 1. *Wenn π ergodisch ist, so gilt für jedes ε, $0 < \varepsilon < 1$,*

$$\lim_{n\to\infty} \frac{1}{n} \operatorname{ld} S^\pi(n, \varepsilon) = S(\pi) = h(X, \pi).$$

2. *Wenn π stationär ist, so gilt*

$$\lim_{\varepsilon\to 0} \lim_{n\to\infty} \frac{1}{n} \operatorname{ld} S^\pi(n, \varepsilon) = S(\pi) = \pi\text{-ess}\sup_{a\in R} h(X, \pi_a).$$

Man weist leicht nach, daß die Doppelquelle D und die Senke S ebenfalls stationäre Quellen sind.

Damit können wir für $n \in \mathbf{nz}$ definieren

$$H(X^n, \pi^n) =_{\mathrm{Df}} - \sum_{r\in X^n} \pi^n(r) \operatorname{ld} \pi^n(r),$$

$$H(Y^n, \alpha^n) =_{\mathrm{Df}} - \sum_{s\in Y^n} \alpha^n(s) \operatorname{ld} \alpha^n(s) \quad \text{und}$$

$$H((X\times Y)^n, \mu^n) =_{\mathrm{Df}} - \sum_{v\in(X\times Y)^n} \mu^n(v) \operatorname{ld} \mu^n(v).$$

Für stationäre Quellen existiert die S-Entropie pro Takt, und wir bezeichnen

$$h(X, \pi) = \lim_{n\to\infty} \frac{1}{n} H(X^n, \pi^n), \quad h(Y, \alpha) = \lim_{n\to\infty} \frac{1}{n} H(Y^n, \alpha^n) \quad \text{und}$$

$$h(X\times Y, \mu) = \lim_{n\to\infty} \frac{1}{n} H((X\times Y)^n, \mu^n)$$

als die *S-Entropie* der Quelle Q, der Senke S und der Doppelquelle D.

Dann kann die durch

$$I(Y, X, \pi, \varkappa) =_{\mathrm{Df}} h(X, \pi) + h(Y, \alpha) - h(X\times Y, \mu)$$

definierte Größe als die vom Kanal über die Quelle im Mittel übertragene *S-Information* aufgefaßt werden. Die obere Grenze der Werte $I(Y, X, \pi, \varkappa)$ bezüglich einer festgehaltenen Klasse von stationären Quellen ist eine für den Kanal charakteristische Größe, da sie nur noch von dem Kanal abhängt – sie wird als *Kapazität* des Kanals bezeichnet.

Speziell nennen wir

$$C_e(K) =_{\mathrm{Df}} \sup_{\pi\in\mathfrak{Q}_e(X)} I(Y, X, \pi, \varkappa)$$

die *ergodische Kanalkapazität* und

$$C_s(K) =_{\mathrm{Df}} \sup_{\pi \in \mathfrak{Q}_s(X)} I(Y, X, \pi, \varkappa)$$

die *stationäre Kanalkapazität* des Kanals K.

Falls nur von einem Kanal die Rede ist, schreiben wir auch kurz C_s bzw. C_e.

Die ergodische Dekomposition einer stationären Quelle $Q = [X^{gz}, \mathfrak{X}, \pi]$ führt auch zu einer Integraldarstellung der S-Information, vgl. Abschnitt 3.3, Lemma 3.8.

3.2. Shannon-Entropie und Hausdorff-Dimension

Mit Hilfe der Hausdorff-Dimension, die 1919 von Hausdorff eingeführt wurde, kann man die „Größe" von Mengen im Intervall $[0, 1]$ vergleichen, die das Lebesguesche Maß Null haben. Sei M eine Teilmenge eines metrischen Raumes X. Sei $\alpha > 0$, dann bezeichnen wir eine abzählbare Überdeckung von M durch abgeschlossene Umgebungen S_i mit Durchmesser kleiner als $\varepsilon > 0$ als ε-Überdeckung von M. Sei

$$l_\alpha(M, \varepsilon) =_{\mathrm{Df}} \inf \sum_{i=1}^{\infty} (\operatorname{diam} S_i)^\alpha \text{ für } \alpha \geqq 0, \tag{3.2}$$

wobei sich das Infimum über alle ε-Überdeckungen erstreckt. Man zeigt nun leicht, daß $l_\alpha(M, \varepsilon)$ eine monoton fallende Funktion von ε ist. Daher existiert auch der Grenzwert (endlich oder unendlich)

$$l_\alpha(M) =_{\mathrm{Df}} \lim_{\varepsilon \to 0} l_\alpha(M, \varepsilon)$$

und heißt *α-dimensionales äußeres Maß*. $l_\alpha(M)$ ist monoton, d.h., wenn $M \subset M'$ ist, dann gilt $l_\alpha(M) \leqq l_\alpha(M')$. Außerdem ist $l_\alpha(M)$ subadditiv, d.h., es gilt

$$l_\alpha\left(\bigcup_{n=1}^{\infty} M_n\right) \leqq \sum_{n=1}^{\infty} l_\alpha(M_n).$$

Damit erfüllt l_α die Bedingungen eines *äußeren Maßes* auf X, vgl. Bauer (1974).

Zur Definition der Hausdorff-Dimension betrachten wir l_α nicht als Funktion von M, sondern von α. Wenn $l_\alpha(M)$ endlich ist, so gilt $l_{\alpha'}(M) = 0$ für $\alpha' > \alpha$. Daher existiert ein „Wechselpunkt" α_0:

$$l_\alpha(M) = \begin{cases} +\infty & \text{für } \alpha < \alpha_0, \\ 0 & \text{für } \alpha > \alpha_0. \end{cases}$$

$l_\alpha(M)$ kann 0, endlich oder $+\infty$ werden. Wir bezeichnen

$$\dim(M) =_{\mathrm{Df}} \sup\{\alpha \mid l_\alpha(M) = +\infty\} = \inf\{\alpha \mid l_\alpha(M) = 0\}$$

als die *Hausdorff-Dimension der Menge M*. Die Hausdorff-Dimension hat folgende Eigenschaften.

Satz 3.4

a) *Wenn* $l_\alpha(M) > 0$, *dann gilt* $\dim(M) \geqq \alpha$.
b) *Wenn* $\dim(M) > \alpha$, *dann gilt* $l_\alpha(M) = \infty$.
c) *Wenn* $l_\alpha(M) < \infty$, *so* $\dim(M) \leqq \alpha$.
d) *Wenn* $\dim(M) < \alpha$, *dann* $l_\alpha(M) = 0$.

e) $\dim(M) \leqq \dim(M')$, *wenn* $M \subset M'$.

f) $\dim\left(\bigcup_{i=1}^{\infty} M_n\right) = \sup_n \dim(M_n)$.

Beispielsweise ist die Hausdorff-Dimension einer Lipschitz-stetigen Fläche im dreidimensionalen Raum gleich 2.

Sei M eine Teilmenge des Intervalls $[0, 1]$, dann ist $l_1(M)$ das gewöhnliche *äußere Maß von M*, so daß $l_1(M) \leqq 1$ gilt. Dabei war

$$l_1(M) = \lim_{\varepsilon \to 0} \inf \sum_{i=1}^{\infty} (\operatorname{diam} S_i)^1.$$

Somit ist $0 \leqq \dim(M) \leqq 1$.

Wenn M eine Borelsche Menge von positivem Lebesgueschen Maß ist, dann ist $l_1(M) > 0$ und somit $\dim M = 1$ (wegen Satz 3.4)). Andererseits hat jede einpunktige Menge und folglich jede abzählbare Menge die Dimension 0. Dazwischen liegt die Cantorsche Menge, von der Hausdorff nachwies, daß sie die Dimension $\frac{\log 2}{\log 3}$ besitzt.

Somit kann man mit Hilfe der Hausdorff-Dimension die „Größe" von Mengen im Einheitsintervall vergleichen, die das Lebesguesche Maß Null haben.

Sei $M(p)$ die Menge aller Zahlen aus dem Intervall $[0, 1]$, deren dyadische Darstellung die 1 im Verhältnis p enthält, d.h., sei

$$w = \sum_{i=1} \frac{w_i}{2^i},$$

dann ist

$$M(p) =_{\mathrm{Df}} \left\{ w \,\middle|\, w = \sum_{i=1}^{\infty} \frac{w_i}{2^i} \wedge \lim_{n\to\infty} \frac{1}{n} \sum_{i=1}^{n} w_i = p \right\}.$$

$M\left(\frac{1}{2}\right)$ ist per definitionem gerade die Menge der Zahlen, die zur Basis 2 *normal* sind, daher ist ihr Lebesguesches Maß 1, d.h.

$$\dim\left(M\left(\frac{1}{2}\right)\right) = 1.$$

Wenn $p \neq \frac{1}{2}$ ist, so besteht $M(p)$ aus nichtnormalen Zahlen und hat also das Lebesguesche Maß 0. Somit ist es sinnvoll, nach seiner Hausdorff-Dimension zu fragen.

Satz 3.5 (Eggleston (1949))

a) $\dim(M(p)) = -\frac{1}{\log 2}(p \log p + (1-p)\log(1-p))$.

b) $\dim M(p_0, \ldots, p_{r-1}) = -\frac{1}{\log r} \sum_{i=0}^{r-1} p_i \log p_i$.

Sei dazu r eine beliebige Basis und $a(n)$ die n-te Stelle der r-adischen Entwicklung von a, d.h. $a = \sum_{n=1}^{\infty} \frac{a(n)}{r^n}$. Sei $N_i(a, n)$ die Anzahl des Vorkommens der Ziffer i in $a(1) \ldots a(n)$, $\sum_{i=0}^{r-1} p_i = 1$ und

$$M(p_0, \ldots, p_{r-1}) =_{\mathrm{Df}} \left\{ a \,\middle|\, a \in [0, 1] \wedge a = \sum_{n=1}^{\infty} \frac{a(n)}{r^n} \wedge \lim_{n\to\infty} \frac{N_i(a, n)}{n} = p_i \right\}.$$

Um den engen Zusammenhang zwischen dem Resultat von EGGLESTON und dem Satz von MCMILLAN aufzudecken, werden wir zunächst eine äquivalente Definition der Hausdorff-Dimension geben und diese dann verallgemeinern.

Im Einheitsintervall ist eine Umgebung ein Intervall und ihr Durchmesser seine Länge, daher reduziert sich $l_\alpha(M, \varepsilon)$ auf

$$l_\alpha(M, \varepsilon) = \inf \sum_{i=0}^{\infty} |v_i|^\alpha ,$$

wobei sich das Infimum über alle Überdeckungen von M mit Intervallen v_i mit der Länge $|v_i| < \varepsilon$ erstreckt.

Sei nun r eine feste Basis. Dann werden wir ein r-adisches Intervall

$$v = \left[\frac{j}{r^n}, \frac{j+1}{r^n}\right), \quad n = 1, 2, \ldots, j = 0, 1, \ldots, r^n - 1 ,$$

eine Zylindermenge nennen, da es die Form $\{a \mid a(k) = i_k,\ k = 1, \ldots, n\}$ hat für geeignete i_k. Sei nun

$$L_\alpha(M, \varepsilon) =_{\mathrm{Df}} \inf \sum_{i=0}^{\infty} |v_i|^\alpha , \tag{3.3}$$

wobei sich das Infimum über alle Überdeckungen von M mit *Zylindern* der Länge kleiner als ε erstreckt. Dann unterscheidet sich L_α zwar von l_α, aber nicht in einer für die Dimension signifikanten Weise.

Man weist nun leicht nach, daß

$$l_\alpha(M, \varepsilon) \leqq L_\alpha(M, \varepsilon) \leqq 2r l_\alpha(M, \varepsilon)$$

gilt. Sei

$$L_\alpha(M) =_{\mathrm{Df}} \lim_{\varepsilon \to \infty} L_\alpha(M, \varepsilon) .$$

Wenn $\alpha < \dim M$ ist, so ist $L_\alpha(M) = \infty$, und wenn $\alpha > \dim M$ gilt, so ist $L_\alpha(M) = 0$. Insbesondere ist

$$\dim M = \inf \{\alpha \mid L_\alpha(M) = 0\} .$$

Man kann also bei der Definition der Hausdorff-Dimension auf L oder auf l zurückgehen!

Wir kommen nun zur Verallgemeinerung der Hausdorff-Dimension. Sei dazu π ein Wahrscheinlichkeitsmaß auf den Borel-Mengen des Einheitsintervalls und

$$\pi_\alpha(M, \varepsilon) = \inf \sum_{i=0}^{\infty} \pi(v_i)^\alpha ,$$

wobei sich das Infimum über alle π-ε-Überdeckungen von M erstreckt; eine π-ε-Überdeckung ist eine Überdeckung mit Zylindermengen v_i mit $\pi(v_i) < \varepsilon$.

Wenn π das Lebesguesche Maß ist, so erhalten wir (3.3). Man kann nun wieder zeigen, daß

$$\pi_\alpha(M) =_{\mathrm{Df}} \lim_{\varepsilon \to 0} \pi_\alpha(M, \varepsilon)$$

ein äußeres Maß ist und definieren:

$$\dim_\pi (M) =_{\mathrm{Df}} \inf \{\alpha \mid \pi_\alpha(M) = 0\} = \inf \left\{\alpha \,\middle|\, \lim_{\varepsilon \to 0} \inf \sum_{i=0}^{\infty} \pi(v_i)^\alpha \right\} .$$

Diese Hausdorff-Dimension ist für beliebige metrische Maßräume definiert. Insbesondere gilt $\dim_\lambda (M) = \dim (M)$ für das Lebesguesche Maß λ und für beliebige M aus $[0, 1]$. Für jedes Wahrscheinlichkeitsmaß π gilt $0 \leqq \dim_\pi (M) \leqq 1$. Wenn M abzählbar ist, dann gilt

$$\dim_\lambda (M) = 0.$$

Wenn M eine Borel-Menge mit $\pi(M) > 0$ ist, so gilt

$$\dim_\pi (M) = 1.$$

Wir kommen nun zu dem Satz von BILLINGSLEY, der eine Aussage über die Hausdorff-Dimension macht, die bezüglich von Wahrscheinlichkeitsmaßen definiert wurde. Sei $a[1, n]$ der Zylinder der Länge $\left(\frac{1}{r}\right)^n$, der a enthält, d. h. das eindeutig bestimmte Intervall der Form $\{a \mid a(k) = i_k,\ k = 1, \ldots, n\}$, das a enthält. Somit liegt a' genau dann in $a[1, n]$, wenn die r-adischen Darstellungen von a und a' in den ersten n Stellen übereinstimmen.

Satz 3.6 (BILLINGSLEY). *Seien π und σ zwei Wahrscheinlichkeitsmaße auf* $[[0, 1], \mathfrak{B}]$ *und*

$$M \subset \left\{a \;\middle|\; \lim_{n\to\infty} \frac{\log \sigma(a[1, n])}{\log \pi(a\,[1, n])} = \delta\right\},$$

dann gilt

$$\dim_\pi (M) = \delta \dim_\sigma (M).$$

Wir geben hier nur einen „intuitiven" Beweis, zum vollständigen Beweis vgl. BILLINGSLEY (1960, 1961).

Sei für alle n

$$\frac{\log \sigma(a[1, n])}{\log \pi(a[1, n])} = \delta,$$

so gilt $\sigma(a[1, n]) = \pi(a[1, n])^\delta$ für $a \in M$. Dann ist

$$\dim_\pi (M) = \inf \{\alpha \mid \pi_\alpha(M) = 0\}$$

und

$$\pi_\alpha(M) = \lim_{\varepsilon\to 0} \inf \sum_{i=0}^{\infty} \pi(v_i)^\alpha.$$

Sei $\{v_i \mid i = 1, \ldots\}$ eine Überdeckung von M durch Zylindermengen, die in M liegen, dann hat jedes v_i die Form $v_i = a'[1, n'] \subset M$ für gewisses n' und a'. Dann gilt aber

$$\sigma(v_i) = \pi(v_i)^\delta, \quad \sum_{i=0}^{\infty} \sigma(v_i) = \sum_{i=0}^{\infty} \pi(v_i)^\delta \quad \text{und}$$

$$\sigma_\alpha(M) = \lim_{\varepsilon\to 0} \left(\inf \sum_{i=0}^{\infty} \sigma(v_i)^\alpha\right) = \lim_{\varepsilon\to 0} \left(\inf \sum_{i=0}^{\infty} \pi(v_i)^{\alpha\delta}\right)$$

und somit $\sigma_\alpha(M) = \pi_{\alpha\delta}(M)$. Damit erhalten wir die Behauptung:

$$\dim_\sigma (M) = \inf \{\alpha \mid \sigma_\alpha(M) = 0\} = \inf \left\{\frac{\alpha\delta}{\delta} \;\middle|\; \pi_{\alpha\delta}(M) = 0\right\}$$

$$= \frac{1}{\delta} \inf \{\alpha\, \delta \mid \pi_{\alpha\delta}(M) = 0\} = \frac{1}{\delta} \inf \{\beta \mid \pi_\beta(M) = 0\} = \frac{1}{\delta} \dim_\pi (M). \qquad \square$$

Wir wollen nun zeigen, wie man aus Satz 3.6 das Resultat von EGGLESTON gewinnen kann. Sei λ das Lebesguesche Maß. Dann ist $\lambda(a[1, n]) = r^{-n}$. Setzt man nun $\delta = \frac{\theta}{\log r}$, so ergibt sich

Folgerung 3.7. *Wenn*

$$M \subset \left\{a \,\middle|\, \lim_{n\to\infty} \left[-\frac{1}{n} \log_r \pi(a[1, n])\right] = \theta\right\} \tag{3.4}$$

ist, so gilt die Gleichung

$$\dim(M) = \frac{\theta}{\log r} \dim_\pi(M)$$

für ein beliebiges Wahrscheinlichkeitsmaß auf $[[0, 1], \mathfrak{B}]$.

Folgerung 3.7 liefert nun eine allgemeine Methode, um unter Kenntnis eines Satzes vom Typ des Satzes von McMILLAN die Hausdorff-Dimension zu berechnen. Wenn nämlich π ein Wahrscheinlichkeitsmaß ist, für das (3.4) gilt und für das $\pi(M) > 0$ ist, dann ist $\dim_\pi(M) = 1$ und daher

$$\dim(M) = \frac{\theta}{\log r}.$$

Wir kommen nun zu der angekündigten Herleitung des Resultats von EGGLESTON. Sei π ein unabhängiges stationäres Wahrscheinlichkeitsmaß mit

$$\pi\{a \mid a(n) = i\} = p_i, \quad i = 0, \ldots, r-1, \quad \sum_{i=0}^{r-1} p_i = 1.$$

Das heißt, die Wahrscheinlichkeit, daß an der i-ten Stelle der r-adischen Darstellung ein i steht, sei p_i. Sei weiterhin $M = M(p_0, \ldots, p_{r-1})$ und $\theta = -\sum_{i=0}^{r-1} p_i \log p_i$. Es ist

$$M = \left\{a \,\middle|\, a \in [0, 1] \wedge a = \sum_{n=1}^{\infty} \frac{a(n)}{r^n} \wedge \lim_{n\to\infty} \frac{N_i(a, n)}{n} = p_i\right\}.$$

$N_i(a, n)$ ist die Anzahl des Vorkommens der Ziffer i in $a[1, n]$. Nun gilt

$$-\frac{1}{n} \log \pi(a[1, n]) = -\sum_{i=0}^{r-1} \frac{N_i(a, n)}{n} \log p_i.$$

Damit ist nach dem Gesetz der großen Zahlen (Satz von McMILLAN)

$$M \subset \left\{a \,\middle|\, a \in [0, 1] \wedge \lim_{n\to\infty} \left[-\frac{1}{n} \log \pi(a[1, n])\right] = H(X, \pi)\right\}.$$

Andererseits ist $\pi(M) = 1$ nach dem starken Gesetz der großen Zahlen. Somit gilt

$$\dim(M(p_0, \ldots, p_{r-1})) = \frac{H(X, \pi)}{\log r}.$$

Dank des Satzes von BILLINGSLEY kann dieses Resultat aber auch im *Markowschen Fall* erhalten werden.

Sei $N_{ij}(a, n)$ die Anzahl der Stellen $k \leqq n$ für die $a[k, k+1] = ij$ ist. Wenn

$$\lim_{n\to\infty} \frac{1}{n} N_{ij}(a, n) = \pi_{ij}, \quad i, j = 0, \ldots, r-1, \tag{3.5}$$

gilt, dann ist für $p_i = \sum_{j=0}^{r-1} \pi_{ji}$ auch $\sum_{i=0}^{r-1} p_i = 1$.

Seien $p_{ij} = \frac{\pi_{ij}}{p_i}$ die bedingten Wahrscheinlichkeiten, dann ist (p_{ij}) eine stochastische Matrix mit den p_i als stationärer Anfangsverteilung. Wir setzen nun $p_{ij} > 0$ voraus. Sei π der entsprechende Markow-Prozeß, dann ist

$$\lim_{n\to\infty} \left[-\frac{1}{n} \pi(a[1, n])\right] = -\sum_{i,j} p_i p_{ij} \log p_{ij} = H(X, \pi)$$

für jedes a, für das (3.5) gilt. Diese Menge der a bezeichnen wir mit $M(\pi)$. Nach dem Ergodensatz ist $\pi(M(\pi)) = 1$, und wir erhalten letztendlich für ergodisches Markowsches π

$$\dim (M(\pi)) = \frac{1}{\log r} H(X, \pi).$$

Kinney (1958) erhielt als erster den Satz von Eggleston für Markow-Prozesse. Dym (1968) konnte den Satz allgemein für ergodische stationäre Prozesse beweisen. Kinney hat in derselben Arbeit gezeigt, daß die Hausdorff-Dimension einer gewissen Menge, die codierten Nachrichten entspricht, gleich der Shannonschen Kapazität (for noiseless channels) ist. Smorodinsky (1968) hat diesen Satz für sehr allgemeine ungestörte Kanäle bewiesen.

Conner (1970) zeigte, daß die Hausdorff-Dimension der Menge von Wörtern, die über einen speziellen endlichen determinierten Automaten übertragen werden (discrete noiseless channel), gleich der Kapazität des Automaten ist. Dies ist eine Untersuchung des Zusammenhangs zwischen ungestörten Kanälen mit Gedächtnis und dem Einheitsquadrat.

Weitere Resultate finden sich bei Fischer (1973), Kinney und Pitcher (1966), Dutta und Sen (1967) und Waterman (1970).

Colebrook (1970) hat unter Kemperman Beziehungen zwischen der Hausdorff-Dimension und gewissen Mengen von nichtnormalen Zahlen hergestellt. Billingsley (1961) konnte unter Ausnutzung der oben dargestellten Beziehungen Verschärfungen des Satzes von McMillan beweisen.

3.3. Der Codierungssatz für Kanäle (Satz von Feinstein)

Im Abschnitt 3.1 hatten wir für einen vorgegebenen stationären Kanal $K = [X, Y, \varkappa]$ die ergodische Kanalkapazität C_e und die stationäre Kanalkapazität C_s eingeführt.

Mit Hilfe der ergodischen Dekomposition kann man zeigen, daß für eine große Klasse von Kanälen die ergodische Kanalkapazität mit der stationären zusammenfällt. Das erste Resultat in dieser Richtung erzielte Zaregradski (1958), der diese Eigenschaft für stationäre Kanäle ohne Vorgriff und mit endlicher Gedächtnistiefe nachwies. Jedoch zeigt eine genaue Analyse des Beweises, daß er ohne die zusätzliche Annahme, daß der Kanal 0-gemischt ist, nicht haltbar ist.

Wir werden zeigen, daß bei der Anwendung der Dekompositionsmethode diese Annahme und die endliche Gedächtnistiefe an der Eingabe des Kanals entbehrlich sind.

Lemma 3.8. *Wenn $[X^{gz}, \mathfrak{X}, \pi]$ eine stationäre Quelle und $[X, Y, \varkappa]$ ein stationärer Kanal sind, dann gilt*

$$I(X, Y, \pi, \varkappa) = \int_{a \in R} I(X, Y, \pi_a, \varkappa) \, \mathrm{d}\pi(a). \tag{3.6}$$

Beweis. Unter der Benutzung des Satzes von McMILLAN gewinnt man zunächst eine Integraldarstellung der Entropie der Quelle und damit die Behauptung. □

Satz 3.9. *Wenn $K = [X, Y, \varkappa]$ ein stationärer Kanal ist, so gilt stets*

$$C_e(K) = C_s(K).$$

Beweis. Wegen $C_e(K) \leqq C_s(K)$ genügt es zu zeigen, daß $C_s \leqq C_e$ gilt. Da π_a aus (3.6) für $a \in R$ ergodisch ist, gilt

$$I(Y, X, \pi_a, \varkappa) \leqq \sup_{\pi \in \mathfrak{Q}_e} I(Y, X, \pi, \varkappa) = C_e.$$

Wir erhalten mit Lemma 3.8

$$C_s = \sup_{\pi \in \mathfrak{Q}_s} I(Y, X, \pi, \varkappa) = \sup_{\pi \in \mathfrak{Q}_s} \int_R I(Y, X, \pi_a, \varkappa) \, d\pi(a).$$

Wegen der Isotonie des Integrals ergibt sich $C_s \leqq \sup_{\pi \in \mathfrak{Q}_s} C_e \pi(R) = C_e$. □

Bemerkung. Die Stationarität des Kanals wird beim Beweis von Satz 3.9 nicht explizit benutzt, sie wird nur für die Existenz von $h(X \times Y, \mu)$ und $h(Y, \alpha)$ benötigt.

Es wird in der Voraussetzung nicht die endliche Gedächtnistiefe am Ein- oder Ausgang des Kanals und keine Eigenschaft *ohne Vorgriff* wie bei ZAREGRADSKI gefordert.

Wir wollen nun die Ergebnisse des Abschnitts 2.3 über Mischungsbegriffe für Kanäle anwenden, um mit Hilfe der *klassischen* Beweismethode den Satz von FEINSTEIN für eine möglichst große Klasse von Kanälen zu beweisen. Aus den eingangs des Abschnitts 2.3 genannten Gründen kann durch die Voraussetzung der Nakamura-Ergodizität ein gewisser Abschluß der mit dieser Methode erzielbaren Resultate erreicht werden.

Definition 3.1. Sei $K = [X, Y, \varkappa]$ ein stationärer Kanal mit der Gedächtnistiefe m, $m \in \mathbf{N}z$, und ohne Vorgriff. Für ε, $\varepsilon > 0$, heißt $M_n = \{u_1, \ldots, u_r\} \subseteqq X^{n+m}$, $n > 0$, *ε-trennbare Menge* für K genau dann, wenn

1. zu jedem u_j, $j = 1, \ldots, r$, ein $V_j \subseteqq Y^n$ mit $V_i \cap V_j = \emptyset$ für $i \neq j$, $i, j = 1, \ldots, r$, existiert und
2. für alle $i = 1, \ldots, r$ gilt $\varkappa(u_i, V_i) > 1 - \varepsilon$.

Satz 3.10. *$K = [X, Y, \varkappa]$ sei ein Nakamura-ergodischer Kanal ohne Vorgriff und mit der Gedächtnistiefe $m \geqq 0$. Dann existiert zu jedem $\varepsilon > 0$ ein n_ε derart, daß für jedes $n \geqq n_\varepsilon$ eine ε-trennbare Menge $M_n = \{u_1, \ldots, u_r\} \subseteqq X^{n+m}$ existiert mit*

$$r > \exp\left[n(C_s(K) - \varepsilon)\right].$$

Satz 3.10 stellt eine Verallgemeinerung des Satzes von FEINSTEIN dar, da statt der $m(\cdot)$-Schritt-Abhängigkeit die Nakamura-Ergodizität gefordert wird (zur Hierarchie der Mischungsbegriffe vgl. Folgerung 2.4) und die untere Abschätzung der Mächtigkeit der ε-trennbaren Menge M_n sich auf die Klasse der stationären anstatt auf die der ergodischen Quellen bezieht.

Beweis. Nach Definition der ergodischen Kanalkapazität C_e gibt es zu jedem $\varepsilon > 0$ eine ergodische Quelle $Q = [X^{\mathfrak{g}z}, \mathfrak{X}, \pi]$ mit

$$I(Y, X, \pi, \varkappa) = h(X, \pi) + h(Y, \alpha) - h(X \times Y, \mu) > C_e - \frac{\varepsilon}{8} = C_s - \frac{\varepsilon}{8}, \tag{3.7}$$

da die Voraussetzung von Satz 3.9 erfüllt ist. Da Q ergodisch ist, sind auch die Voraussetzungen von Satz 3.1 erfüllt. Aus der Fast-überall-Konvergenz folgt aber die stochastische Konvergenz. Daher existiert ein $n_1(\varepsilon)$ derart, daß zu jedem $n \geqq n_1(\varepsilon)$ ein $W_n \subseteqq X^n$ existiert mit der folgenden Eigenschaft: Für alle $p \in W_n$ gilt

$$\left|\frac{1}{n} \operatorname{ld} \pi^n(p) + h(X, \pi)\right| < \frac{\varepsilon}{8}, \tag{3.8}$$

und außerdem ist $\pi^n(W_n) > 1 - \varepsilon$.

Da K Nakamura-ergodisch ist, folgt die Ergodizität der von π und $\varkappa$ erzeugten Doppelquelle $\mu = \mu(\pi, \varkappa)$. Aus beweistechnischen Gründen soll nachfolgend nicht zwischen μ und μ' unterschieden werden.

Nach Satz 3.1 existiert dann wieder ein $n_2(\varepsilon)$, so daß es für alle $n \geqq n_2(\varepsilon)$ ein $Z_n \subseteqq X^n \times Y^n$ mit der folgenden Eigenschaft gibt: Für alle $[p, s] \in Z_n$ gilt

$$\left|\frac{1}{n} \operatorname{ld} \mu^n(p, s) + h(X \times Y, \mu)\right| < \frac{1}{8} \quad \text{und} \quad \mu^n(Z_n) > 1 - \frac{\varepsilon^2}{4}. \tag{3.9}$$

Mit D ist aber auch die Senke $S = [Y^{gz}, \mathfrak{X}, \alpha]$ mit $\alpha(N) = \int \varkappa(a, N) \, d\pi(a)$, $N \in \mathfrak{X}$ und $a \in X^{gz}$, ergodisch, und es existiert ein $n_3(\varepsilon)$, so daß für alle $n \geqq n_3(\varepsilon)$ ein $V_n \subseteqq Y^n$ existiert, so daß für jedes $s \in V_n$ gilt:

$$\left|\frac{1}{n} \operatorname{ld} \alpha^n(s) + h(Y, \alpha)\right| \leqq \frac{1}{8} \quad \text{und} \quad \alpha^n(V_n) > 1 - \frac{\varepsilon^2}{4}. \tag{3.10}$$

Sei im folgenden $n \geqq n_4(\varepsilon) =_{\mathrm{Df}} \max\{n_2(\varepsilon), n_3(\varepsilon)\}$ und $B_n =_{\mathrm{Df}} Z_n \cap (X^n \times V_n)$, d.h. die Menge aller Paare, für die (3.8) und (3.9) gilt. Dann erhalten wir für B_n

$$\begin{aligned} \mu^n(B_n) &= \mu^n(\overline{\overline{Z_n} \cup \overline{X^n \times V_n}}) = 1 - \mu^n(\overline{Z_n} \cup \overline{X^n \times V_n}) \\ &\geqq 1 - \mu^n(\overline{Z_n}) - \mu^n(\overline{X^n \times V_n}) = \mu^n(Z_n) - 1 - \mu^n(X^n \times \overline{V_n}) > 1 - \frac{\varepsilon^2}{2}. \end{aligned}$$

Sei $A_p =_{\mathrm{Df}} \{s \mid [p, s] \in B_n\}$ für $p \in X^n$ und

$$W_n' =_{\mathrm{Df}} \left\{p \mid p \in W_n \wedge \pi^n(p) > 0 \wedge \frac{\mu^n(\{p\} \times A_p)}{\pi^n(p)} > 1 - \frac{\varepsilon}{4}\right\}.$$

Die Wahrscheinlichkeit der Menge A_p schätzen wir nach oben ab mittels

Lemma 3.11 (Feinstein (1958, S. 48)). *Sei*

$$N \subseteqq X^n \times Y^n \text{ mit } \mu^n(N) > 1 - \delta_1$$

und $M \subseteqq X^n$ *mit* $\pi^n(M) > 1 - \delta_2$,

$$E_p =_{\mathrm{Df}} \{s \mid [p, s] \in N\} \text{ und}$$

$$M_b =_{\mathrm{Df}} \left\{p \,\middle|\, p \in M \wedge \pi^n(p) > 0 \wedge \frac{\mu^n(\{p\} \times A_p)}{\pi^n(p)} \geqq 1 - b\right\}.$$

Dann gilt $\pi^n(M_b) > 1 - \dfrac{\delta_1}{b} - \delta_2$.

Wir setzen nun $N = B_n$, $\delta_1 = \frac{1}{2}\varepsilon^2$, $M = W_n$, $\delta_2 = \varepsilon$, $E_p = A_p$ und $b = \frac{\varepsilon}{4}$; dann erhalten wir

$$\pi^n(W_n') > 1 - 3\varepsilon. \tag{3.11}$$

Wenn nun $p \in W'_n$ und $s \in A_p$ gilt, so ist $[p, s] \in B_n$, und wegen $W'_n \subseteq W_n$ ist für $[p, s]$ (3.8) bis (3.10) erfüllt, d.h., es gilt

$$\frac{1}{n} \operatorname{ld} \pi^n(p) + h(X, \pi) \leqq \frac{\varepsilon}{8}, \quad \frac{1}{n} \operatorname{ld} \alpha^n(s) + h(Y, \alpha) \leqq \frac{\varepsilon}{8} \quad \text{und}$$

$$\frac{1}{n} \operatorname{ld} \mu^n(p, s) + h(X \times Y; \mu) \geqq -\frac{\varepsilon}{8},$$

und wir erhalten bei $\pi^n(p), \alpha^n(s) > 0$

$$\operatorname{ld} \frac{\mu^n(p, s)}{\pi^n(p)\, \alpha^n(s)} + n[h(X \times Y, \mu) - h(X, \pi) - h(Y, \alpha)] \geqq -\frac{3}{8} n\varepsilon.$$

Da $I(Y, X, \pi, \varkappa) = h(X, \pi) + h(Y, \alpha) - h(X \times Y, \mu)$ ist, so gilt auch

$$\operatorname{ld} \frac{\mu^n(p, s)}{\pi^n(p)\, \alpha^n(s)} \geqq n \left[I(Y, X, \pi, \varkappa) - \frac{3}{8} \varepsilon \right],$$

d.h.

$$\frac{\mu^n(r, s)}{\pi^n(p)} \geqq \exp \left[n \left(I(Y, X, \pi, \varkappa) - \frac{3}{8} \varepsilon \right) \right] \alpha^n(s)$$

und wegen (3.7)

$$\frac{\mu^n(p, s)}{\pi^n(p)} > \exp \left[n \left(C_s - \frac{\varepsilon}{2} \right) \right] \alpha^n(s).$$

Wenn wir über $a \in A_p$ summieren, so erhalten wir für $p \in W'_n$

$$1 \geqq \frac{\mu^n(\{p\} \times A_p)}{\pi^n(p)} > \alpha^n(A_p) \exp \left[n \left(C_s - \frac{\varepsilon}{2} \right) \right] \quad \text{und}$$

$$\alpha^n(A_p) < \exp \left[n \left(C_s - \frac{\varepsilon}{2} \right) \right]. \tag{3.12}$$

Wir wollen nun die Anzahl von maximalen *ε-ausgezeichneten Mengen* abschätzen.

Definition 3.2. $M = \{p_1, \ldots, p_r\} \subseteq X^n$, $n \geqq 1$, heißt *ε-ausgezeichnete* Menge, wenn es Mengen V_i, $i = 1, \ldots, r$, gibt mit:

1. $V_i \subseteq Y^n$ und $V_i \cap V_j = \emptyset$ für $i \neq j$, $i, j = 1, \ldots, r$,
2. $\dfrac{\mu^n(\{p_i\} \times V_i)}{\pi^n(p_i)} > 1 - \dfrac{\varepsilon}{2}$ und $\pi^n(p_i) > 0$ für $i = 1, \ldots, r$ und
3. $\alpha^n(V_i) < \exp \left[-n \left(C_s - \dfrac{\varepsilon}{2} \right) \right]$.

Sei $p \in W'_n$ und $V_p = A_p$, dann ist wegen der Definition von W'_n

$$\frac{\mu^n(\{p\} \times A_p)}{\pi^n(p)} > 1 - \frac{\varepsilon}{4} > 1 - \frac{\varepsilon}{2} \tag{3.13}$$

und wegen (3.12)

$$\alpha^n(p) < \exp \left[-n \left(C_s - \frac{\varepsilon}{2} \right) \right].$$

Somit bildet schon jede Einermenge $\{p\}$, $p \in W'_n$, eine ε-ausgezeichnete Menge, d.h., es existieren ε-ausgezeichnete Mengen.

Eine ε-ausgezeichnete Menge M heißt *maximal*, wenn es kein $p_0 \in X^n \setminus M$ gibt, so daß $M \cup \{p_0\}$ wieder ε-ausgezeichnet ist. Sei nun $M = \{p_1, \ldots, p_r\}$ eine maximale ε-ausgezeichnete Menge, und für $p \in X^n$ sei

$$B_p =_{\mathrm{Df}} A_p \setminus A_p \cap \bigcup_{i=1}^{j} V_i,$$

wobei V_i die zu M gehörigen Mengen sind. Offensichtlich ist $B_p \subset Y^n$ und $B_p \cap V_i = \emptyset$ für $i = 1, \ldots, r$. Für $r \in W_n'$ gilt wegen (3.12)

$$\alpha^n(B_p) \leqq \alpha^n(A_p) - \exp\left[-n\left(C_s - \frac{\varepsilon}{2}\right)\right].$$

Wir zeigen nun, daß für jedes $p \in W_n' \setminus M \cap W_n'$

$$\frac{\mu^n(\{p\} \times B_p)}{\pi^n(p)} \leqq 1 - \frac{\varepsilon}{2} \tag{3.14}$$

gilt. Angenommen, es gilt $\dfrac{\mu^n(\{p\} \times B_p)}{\pi^n(p)} > 1 - \dfrac{\varepsilon}{2}$. Dann wäre $M \cup \{p\}$ eine ε-ausgezeichnete Menge, was der Maximalität von M widersprechen würde.

Sei $\bigcup V_i =_{\mathrm{Df}} \bigcup_{i=1}^{r} V_i$, dann ist

$$\mu^n(\{p\} \times B_p) = \mu^n(\{p\} \times A_p) = \mu^n(\{p\} \times (A_p \cap \bigcup V_i)).$$

Für $p \in W_n' \setminus M \cap W_n'$ erhalten wir wegen (3.13) und (3.14)

$$\begin{aligned} \mu^n(\{p\} \times [A_p \cap \bigcup V_i]) &= -\mu^n(\{p\} \times B_p) + \mu^n(\{p\} \times A_p) \\ &> -\pi^n(p)\left(1 - \frac{\varepsilon}{2}\right) + \pi^n(p)\left(1 - \frac{\varepsilon}{4}\right) = \frac{\varepsilon}{4}\pi^n(p). \end{aligned} \tag{3.15}$$

Damit ergibt sich

$$\begin{aligned} \alpha^n(\bigcup V_i) &= \mu^n(X^n \times \bigcup V_i) \geqq \mu^n(W_n' \times \bigcup V_i) \\ &= \mu^n([W_n' \setminus M \cap W_n'] \times \bigcup V_i) + \mu^n([M \cap W_n'] \times \bigcup V_i) \\ &= \sum_{p \in W_n' \setminus M \cap W_n'} \mu^n(\{p\} \times \bigcup V_i) + \sum_{p \in M \cap W_n'} \mu^n(\{p\} \times \bigcup V_i) \end{aligned}$$

und wegen (3.15)

$$\begin{aligned} &> \frac{\varepsilon}{4} \sum_{p \in W_n' \setminus M \cap W_n'} \pi^n(p) + \sum_{p \in M \cap W_n'} \mu^n(\{p\} \times \bigcup V_i) \\ &> \frac{\varepsilon}{4}[\pi^n(W_n') - \pi^n(MW_n')] + \left(1 - \frac{\varepsilon}{2}\right)\pi^n(MW_n'), \end{aligned} \tag{3.16}$$

denn für $p \in MW_n' \subset M$ gilt

$$\mu^n(\{p\} \times \bigcup V_i) \geqq \mu^n(\{p\} \times V_p) > \pi^n(p)\left(1 - \frac{\varepsilon}{2}\right) \quad \text{und}$$

$$\sum_{p \in MW_n'} \mu^n(\{p\} \times \bigcup V_i) > \left(1 - \frac{\varepsilon}{2}\right)\pi^n(MW_n').$$

Aus (3.16) erhält man wegen (3.11)

$$\alpha^n(\bigcup V_i) > \frac{\varepsilon}{4}\pi^n(W_n') + \left(1 - \frac{3}{4}\varepsilon\right)\pi^n(MW_n') > \frac{\varepsilon}{4}\pi^n(W_n') > \frac{\varepsilon}{4}(1 - 3\varepsilon).$$

Nach der Definition einer ε-ausgezeichneten Menge gilt $\alpha^n(V_i) < \exp\left[-n\left(C_s - \frac{\varepsilon}{2}\right)\right]$ für $i = 1, \ldots, r$, also

$$\alpha^n(\bigcup V_i) < r \exp\left[-n\left(C_s - \frac{\varepsilon}{2}\right)\right].$$

Sei $\gamma =_{\mathrm{Df}} \frac{\varepsilon}{4}(1 - 3\varepsilon)$, dann erhalten wir für $n \geqq n_4(\varepsilon)$

$$r > \alpha^n(\bigcup V_i) \exp\left[n\left(C_s - \frac{\varepsilon}{2}\right)\right] > \gamma \exp\left[n\left(C_s - \frac{\varepsilon}{2}\right)\right].$$

Dann existiert aber ein $n_5(\varepsilon)$, so daß für alle $n \geqq n_5(\varepsilon)$

$$r > \exp\left[n(C_s - \varepsilon)\right]$$

gilt, d.h., für die Anzahl einer maximalen ε-ausgezeichneten Menge $M = \{p_1, \ldots, p_r\}$ gilt

$$r > \exp\left[n(C_s - \varepsilon)\right].$$

Man kann nun leicht zeigen, daß es zu jedem $p_i \in M$ eine geeignete Verlängerung u_i um m Takte (m ist die Gedächtnistiefe) nach links gibt, so daß eine Menge $M' = \{u_1, \ldots, u_r\} \subseteqq X^{n+m}$ konstruiert wird, die ε-trennbar ist und für die die Behauptung gilt. □

Für endlich gemischte fastperiodische bzw. für unabhängige nicht notwendig stationäre Kanäle haben Jacobs (1959) bzw. Ahlswede (1968) den Satz von Feinstein bewiesen. Das letztere Resultat wurde mit einer anderen Methode als der hier verwendeten, nämlich mit der von Wolfowitz (1978) entwickelten, erhalten. Man kommt aber auch in diesem Fall mit der klassischen Beweismethode aus und sogar bezüglich der Informationsübertragung von unabhängigen Quellen etwas weiter, Pötschke (1973). Zu Codierungssätzen für andere Kanaltypen vgl. Wolfowitz (1978).

3.4. Die Shannonschen Sätze für stationäre, nicht notwendig ergodische Quellen und stationäre Kanäle

In diesem Abschnitt wollen wir die Ergebnisse aus den Abschnitten 3.1 und 3.3 auf das folgende Codierungsproblem anwenden. Sei eine stationäre, nicht notwendig ergodische Quelle gegeben. Die von ihr ausgesandten Nachrichten sollen über einen vorgegebenen Kanal übertragen werden. Da der Kanal gestört ist, muß eine Codierung der Quellnachrichten, eine *Datenkompression*, vorgenommen werden. Wie diese Datenkompression vorgenommen wird, das entscheidet der Coder anhand des statistischen Charakters der Quelle, ihrer Verteilung. Das Übertragungskriterium soll das Kriterium der Fehlerwahrscheinlichkeit sein, wobei wir uns, wie z.B. in der mathematischen Statistik üblich, eine Fehlerschranke für den mittleren zu erwartenden Fehler vorgeben. Auf entsprechende Codierungsprobleme bei einem allgemeineren Kriterium, nämlich eines mittleren Verlusts bei der Übertragung (*Distorsion*), wie es durch die mathematische Entscheidungstheorie nahegelegt wird, gehen wir in Kapitel 4 näher ein.

Zuvor wollen wir noch eine Bezeichnung vereinbaren. Unter einem n-$(n + m)$-*Blockcode* verstehen wir eine Funktion $\gamma_n: X_0^n \to X^{n+m}$, X_0 ein endliches Alphabet, $n \in \mathsf{nz}$, $m \in \mathsf{Nz}$.

Die nachfolgenden Shannonschen Sätze wurden von McMillan (1953), Feinstein (1958), Chintschin (1956) und Takano (1958) für ergodische Quellen und 0-gemischte Kanäle mit endlicher Gedächtnistiefe und ohne Vorgriff bewiesen. Mit Hilfe der ergodischen Dekomposition und der Kenntnis des Verhaltens der S-Rate werden wir sie allgemeiner für *stationäre* Quellen beweisen.

Satz 3.12 (1. Shannonscher Satz im stationären Fall; Pötschke (1974b, 1977b)). *Sei*
1. $Q = [X^{gz}, \mathfrak{X}_0, \pi]$ *stationäre Quelle und*
2. $K = [X, Y, \varkappa]$ *Nakamura-ergodischer Kanal mit der Gedächtnistiefe* m, $m \geqq 0$, *und ohne Vorgriff.*
3. π-ess sup $h(X_0, \pi_a) < C_s$, *wobei* R *die Menge der regulären Punkte von* X^{gz} *ist.*

Dann gibt es zu jedem $\varepsilon > 0$ *ein* $N(\varepsilon)$, *so daß für jedes* $n \geqq N(\varepsilon)$ *ein* γ_n *und ein* φ_n *existieren mit*
1. γ_n *ist eine n-(n + m)-Blockcodierung von* X_0^n *in* X^{n+m} *und*
2. φ_n *ist eine n-n-Decodierung von* Y^n *in* X_0^n *mit folgender Eigenschaft: Wenn man die von* Q *ausgesandten Wörter* $p_0 \in X_0^n$ *mittels* γ_n *codiert, über den Kanal* K *überträgt und das erhaltene Wort mittels* φ_n *decodiert, so beträgt die mittlere Fehlerwahrscheinlichkeit der Wiedererkennung weniger als* ε.

Beweis. 1. Die Quelle $Q = [X^{gz}, \mathfrak{X}_0, \pi]$. Wegen der Stationarität von Q gilt

$$\lim_{\varepsilon'\to 0}\lim_{n\to\infty}\frac{1}{n}\operatorname{ld} S^\pi(n, \varepsilon') = \pi\text{-ess}\sup_{a\in R} h(X_0, \pi_a).$$

Der Grenzwert $S(\pi, \varepsilon') =_{\mathrm{Df}} \lim\limits_{n\to\infty}\frac{1}{n}\operatorname{ld} S^\pi(n, \varepsilon')$ wächst für fallendes ε' monoton gegen π-ess sup $h(X_0, \pi_a)$, d.h., für alle ε', $\varepsilon' > 0$, gilt

$$S(\pi, \varepsilon') \leqq \pi\text{-ess sup}\, h(X_0, \pi_a),$$

falls die linke Seite existiert.

In diesem Fall gibt es aber zu jedem δ ein $n(\delta)$, so daß für alle $n \geqq n(\delta)$ gilt

$$\left|\frac{1}{n}\operatorname{ld} S^\pi(n, \varepsilon') - S(\pi, \varepsilon')\right| < \delta,$$

also speziell

$$\frac{1}{n}\operatorname{ld} S^\pi(n, \varepsilon') < S(\pi, \varepsilon') + \delta \leqq \pi\text{-ess sup}\, h(X_0, \pi_a) + \delta. \tag{3.17}$$

Sei ε, $\varepsilon > 0$, nach Voraussetzung 3 o.B.d.A. so gewählt, daß

$$\pi\text{-ess sup}\, h(X_0) + 2\varepsilon < C_s$$

ist. Sei in (3.17) $\delta = \varepsilon$ und $\varepsilon' < \frac{\varepsilon}{2}$, dann existiert ein $n(\varepsilon)$, so daß für alle $n \geqq n(\varepsilon)$ gilt:

$$\frac{1}{n}\operatorname{ld} S^\pi(n, \varepsilon') < C_s - \varepsilon. \tag{3.18}$$

Nach Lemma 3.2 existiert der Grenzwert $S(\pi, \varepsilon')$, ausgenommen eine höchstens abzählbare Menge von Zahlen ε'. Da zwischen 0 und $\frac{\varepsilon}{2}$ mehr als abzählbar viele reelle Zahlen liegen, können wir mit Hilfe einer Auswahlfunktion ein $\varepsilon' < \frac{\varepsilon}{2}$ wählen, für das (3.18) gilt.

2. Die Blockcodierung γ_n. Wegen Voraussetzung 2 gibt es nach Satz 3.10 zu jedem ε'', $\varepsilon'' > 0$, ein $n_1(\varepsilon'')$ derart, daß für alle $n > n_1(\varepsilon'')$ eine ε''-trennbare Menge $M = \{u_1, \ldots, u_r\} \subseteq X^{n+m}$ existiert mit

$$\exp[n(C_s - \varepsilon'')] < r.$$

Somit existieren paarweise disjunkte Mengen $V_1, \ldots, V_r \subseteq Y^n$ mit

$$\varkappa(u_i, V_i) > 1 - \varepsilon'' \text{ für } i = 1, \ldots, r.$$

Es ist $S^\pi(n, \varepsilon') = \min\{|E_n| \mid E_n \subseteq X_0^n \wedge \pi^n(\overline{E_n}) < \varepsilon'\}$. Wegen (3.18) existiert ein $n(\varepsilon)$ derart, daß für alle $n \geqq n(\varepsilon)$ gilt

$$|E_n| < \exp[n(C_s - \varepsilon)], \tag{3.19}$$

wobei E_n eine der Mengen aus X_0^n ist mit

$$j =_{\mathrm{Df}} |E_n| = S^\pi(n, \varepsilon') \text{ und } \pi^n(\overline{E_n}) < \varepsilon'.$$

Sei nun $\varepsilon'' = \frac{\varepsilon}{2}$, dann gibt es zu jedem $n \geqq \max\{n(\varepsilon), n_1(\varepsilon)\}$ eine $\frac{\varepsilon}{2}$-trennbare Menge $\{u_1, \ldots, u_r\}$ mit $\exp[n(C_s - \varepsilon)] < \exp\left[n\left(C_s - \frac{\varepsilon}{2}\right)\right] < r$, d.h., es gilt $|E_n| < r$. Damit können wir folgende Blockcodierung $\gamma_n : X_0^n \to X^{n+m}$ konstruieren:

$$\gamma_n(p_0^{(i)}) =_{\mathrm{Df}} u_i, \quad i = 1, \ldots, j,\ p_0^{(i)} \in E_n,$$

$$\gamma_n(p_0) =_{\mathrm{Df}} u_r \text{ für } p_0 \in X_0^n \setminus E_n.$$

Durch Zusammenfassen des Kanals mit dem Coder erhält man einen neuen Kanal $K' = [X_0, Y, \varkappa']$ mit

$$\varkappa'(a_0, N) =_{\mathrm{Df}} \varkappa(\gamma(a_0), N) \text{ für } a_0 \in X^{gz}, N \in \mathfrak{X},$$

und die von γ_n erzeugte Blockcodierung $\gamma : X^{gz} \to X^{gz}$. Wenn γ_n ein n-$(n + m)$-Blockcode von X_0^n in X^{n+m} ist, so wird durch

$$\gamma(a) =_{\mathrm{Df}} \cdots \gamma_n(a[-n+1, 0])\, \gamma_n(a[1, n])\, \gamma_n(a[n+1, 2n]) \ldots, a \in X_0^{gz},$$

in eindeutiger Weise eine Blockcodierung γ von X^{gz} in X^{gz} bestimmt. Wir sprechen daher von der durch γ_n definierten Blockcodierung.

Wie im Fall der ergodischen Quellen zeigt man nun, daß $\varkappa'(p_0^{(i)}, V_i) = \varkappa(p_i, V_i)$ für $p_0^{(i)} \in E_n$, $V_i \subseteq Y^n$, $u_i \in X^n$ und $i = 1, \ldots, r$ gilt. Man erhält daher

$$\varkappa'(p_0^{(i)}, V_i) > 1 - \frac{\varepsilon}{2} \text{ für } i = 1, \ldots, j. \tag{3.20}$$

3. Fehlerabschätzung der Decodierung. Sei

$$\varphi_n(s) =_{\mathrm{Df}} \begin{cases} p_0^{(i)}, & \text{falls } s \in V_i \text{ und } i = 1, \ldots, j, \\ f(X^n \setminus E_n) & \text{sonst}, \end{cases}$$

wobei f eine Auswahlfunktion ist. Weiterhin sei $D_n =_{\mathrm{Df}} \bigcup_{s \in Y^n} [\varphi_n(s), s]$, dann ist zu zeigen, daß $\beta^n(D_n) > 1 - \varepsilon$ gilt, wobei $\beta = (\pi, \varkappa')$ die erzeugte Doppelquelle ist.

$$\beta^n(D_n) = \beta^n\Big(\bigcup_{s \in Y^n} [\varphi_n(s), s]\Big) = \sum_{s \in Y^n} \beta^n(\varphi_n(s), s) \geqq \sum_{s \in V_1 \cup \ldots \cup V_j} \beta^n(\varphi_n(s), s)$$

$$= \sum_{i=1}^{j} \sum_{s \in V_i} \beta^n(\varphi_n(s), s) = \sum_{j=1}^{i} \sum_{s \in V_i} \beta^n(p_0^{(i)}, s) = \sum_{i=1}^{j} \beta^n(\{p_0^{(i)}\} \times V_i)$$

$$= \sum_{i=1}^{j} \pi^n(p_0^{(i)})\, \varkappa'(p_0^{(i)}, V_i) > \pi^n(E_n)\left(1 - \frac{\varepsilon}{2}\right) > (1 - \varepsilon')\left(1 - \frac{\varepsilon}{2}\right).$$

Nun war aber $\varepsilon' < \frac{\varepsilon}{2}$, d.h. $1 - \varepsilon' > 1 - \frac{\varepsilon}{2}$, und wir erhalten somit

$$\beta^n(D_n) > (1 - \varepsilon')\left(1 - \frac{\varepsilon}{2}\right) > \left(1 - \frac{\varepsilon}{2}\right)^2 = 1 - \varepsilon + \frac{\varepsilon^2}{4} > 1 - \varepsilon. \quad \square$$

Bemerkungen. 1. Satz 3.12 ist eine Verallgemeinerung der von CHINTSCHIN (1963) und TAKANO (1958) bewiesenen Form des 1. Shannonschen Satzes, die darin besteht, daß nun statt der Ergodizität nur die Stationarität der Quelle und statt der 0-Mischung ($m(\cdot)$-Schrittabhängigkeit bei TAKANO) die Nakamura-Ergodizität des Kanals vorausgesetzt wird.

Der im Beweis angegebene Decoder arbeitet auch nicht nach dem Maximum-Likelihood-Prinzip, d.h., *er funktioniert auch dann, wenn ihm π und $\varkappa$ nicht zur Verfügung stehen.* Statt dessen muß er nur das Feinstein-System $[u_i, V_i]$, $i = 1, \ldots, r$, und wie bisher die Blockcodierung γ_n kennen. Damit wird ein von FEINSTEIN (1958, S. 36) aufgeworfenes Problem auf einfache Weise gelöst.

2. Nach dem Satz von MCMILLAN gibt es bei einer ergodischen Quelle $[X^{gz}, \mathfrak{X}, \pi]$ für jedes $\varepsilon > 0$ und zu jedem hinreichend großen n eine Zerlegung $\{W_n, W_n'\}$ von X^n derart, daß

(1) $\pi^n(W_n) > 1 - \varepsilon$ ist und

(2) für alle $p \in W_n$ gilt $\left|\frac{1}{n} \operatorname{ld} \pi^n(p) + h(X, \pi)\right| < \varepsilon$.

Die hier verwendete *Methode der Rate* $S^n(n, \varepsilon)$ zeigt, daß die Eigenschaft (2) nicht notwendig ist. Statt dessen wird nur die kleinste Menge oder, wenn es mehrere davon gibt, eine der kleinsten Mengen mit der Eigenschaft (1) durch γ_n eineindeutig codiert. Zur Lösung des Übertragungsproblems kommt es also nur auf die *Datenkompression* der Menge X_0^n auf eine minimale Menge E_n mit $\pi^n(E_n) > 1 - \varepsilon$ an. Mit anderen Worten, der Satz von MCMILLAN wird zum Beweis des 1. Shannonschen Satzes *nicht explizit benötigt.*

Wir wenden uns nun dem entsprechenden Analogon zum 2. Shannonschen Satz zu. Dieser besagt, daß sich bei Übertragung von Nachrichten einer ergodischen Quelle über einen stationären Kanal unter gewissen Voraussetzungen die S-Information der S-Entropie der Quelle beliebig nähern kann, d.h., der Informationsverlust kann für hinreichend große n beliebig klein gehalten werden.

Dazu benötigen wir

Lemma 3.13 (TAKANO (1958)). *Für nichtnegative reelle Zahlen $x_1, \ldots, x_n$ gilt stets*

$$-\sum_{i=1}^{n} x_i \operatorname{ld} x_i \leqq -\sum_{i=1}^{n} x_i \operatorname{ld}\left(\sum_{i=1}^{n} x_i/n\right).$$

Sei $K' = [X_0, Y, \varkappa']$ der durch den stationären Kanal $K = [X, Y, \varkappa]$ und durch die Blockcodierung γ erzeugte Kanal, vgl. Beweis von Satz 3.12, dann können wir nun den 2. Shannonschen Satz für *stationäre* Quellen beweisen.

Satz 3.14 (PÖTSCHKE (1974b, 1977b)). *Unter den Voraussetzungen von Satz* 3.12 *existiert zu jedem ε, $\varepsilon > 0$, eine n_ε derart, daß es zu jedem $n \geqq n_\varepsilon$ eine Blockcodierung γ_n und eine Decodierung φ_n gibt, so daß*

$$\frac{1}{n} H_{Y^n}(X_0^n) \leqq \frac{1}{n} + \varepsilon \operatorname{ld} A$$

gilt. Dabei ist $A = |X|$.

Beweis. Sei β das durch $\varkappa'$ und π definierte Maß auf dem Produkt $\mathfrak{X} \otimes \mathfrak{Y}$ und $[(X \times Y)^{gz}, \mathfrak{X} \otimes \mathfrak{Y}, \omega]$ die durch π und $\varkappa'$ erzeugte Doppelquelle. Für $p \in X_0^n$ und $q \in Y^n$ setzen wir $\nu_q^n(p) = \dfrac{\beta^n(p, q)}{\alpha^n(q)}$, falls $\alpha^n(q) \neq 0$ ist.

5. *π reflektiert jede Zylindermenge aus X^{gz}.*
6. *π ist Nakamura-ergodisch.*
7. *Es gibt kein von π verschiedenes stationäres W-Maß π', das bezüglich π totalstetig ist.*

Beweis. Zur Äquivalenz von 1., 2. und 3. siehe Feinstein (1958) und von 4. und 5. Chintschin (1956). Die Formulierung dort weicht an einer Stelle von 2. und 3. ab. Da π aber stationär und T invertibel ist, gilt

$$\sum_{j=0}^{n-1} \pi(T^{-j}A \cap B) = \sum_{j=0}^{n-1} \pi(T^j(T^{-j}A \cap B)) = \sum_{j=0}^{n-1} \pi(A \cap T^jB).$$

1. $\to$ 4. Da π bezüglich T ergodisch ist, so folgt die Behauptung aus dem Ergodensatz von Birkhoff.

4. $\to$ 1. Die Quelle $[X^{\mathrm{gz}}, \mathfrak{X}, \pi]$ möge jede Menge $A \in \mathfrak{X}$ reflektieren, dann ist zu zeigen, daß π ergodisch ist. Wäre π nicht ergodisch, so würde es eine invariante Menge $B \in \mathfrak{X}$ geben mit $0 < \pi(B) < 1$. Wegen der Invarianz von B gilt dann für jedes $a \in B$ und jedes $j \in \mathsf{nz}$ $\chi_B(T^ja) = 1$, und daher gilt auch

$$\lim_{n\to\infty} \frac{1}{n} \sum_{j=0}^{n-1} \chi_B(T^ja) = 1 \neq \pi(B).$$

Da aber auch $\pi(B) > 0$ gilt, so wird B nicht durch die Quelle reflektiert.

2. $\leftrightarrow$ 6. gilt per definitionem.

1. $\to$ 7. π sei ergodisch, und wir nehmen an, daß ein $\pi' \neq \pi$ existiert mit $\pi' \ll \pi$. Dann ist auch π' ergodisch. Wegen $\pi' \ll \pi$ können aber π' und π nicht gegenseitig singulär sein; da aber beide Maße ergodisch sind, folgt nach Lemma 2.8, daß sie auch gleich sind.

7. $\to$ 1. Sei π nicht ergodisch, dann genügt es zu zeigen, daß ein von π verschiedenes stationäres W-Maß π' existiert mit $\pi' \ll \pi$.

Wenn π nicht ergodisch ist, dann existiert eine invariante Menge A mit $0 < \pi(A) < 1$. Sei $\pi'(B) =_{\mathrm{Df}} \pi(B \mid A)$, dann ist auch π' stationär, da

$$\pi'(TB) = \pi(TB \mid A) = \frac{\pi(TB \cap TA)}{\pi(A)} = \pi'(B)$$

wegen der Invarianz der Menge A gilt. π' ist auch verschieden von π, etwa auf $B = \overline{A}$, denn es gilt $\pi'(\overline{A}) = 0$, aber $0 < \pi(\overline{A})$. Sei $\pi(B) = 0$, dann ist auch $\pi'(B) = \dfrac{\pi(AB)}{\pi(A)} \leqq \dfrac{\pi(B)}{\pi(A)} = 0$, und somit ist $\pi' \neq \pi$, $\pi' \ll \pi$ und π' stationär.

Damit ist Satz 2.9 bewiesen. □

Die Äquivalenz von 1. und 7. kann auch folgendermaßen ausgedrückt werden: Eine endliche Kette von totalstetigen W-Maßen

$$\pi_1 \ll \pi_2 \ll \pi_3 \ll \dots \ll \pi_n, \quad n \in \mathsf{nz},$$

soll *links mit der Eigenschaft* E *abbrechend* heißen, wenn es kein von π_1 verschiedenes W-Maß π_0 mit $\pi_0 \ll \pi_1$ gibt, so daß π_0 die Eigenschaft E hat. Die Kette heißt *stationär*, wenn jedes Element der Kette stationär ist. Dann folgt aus Satz 2.9, daß eine endliche stationäre Kette $\pi_1 \ll \pi_2 \ll \dots \ll \pi_n$ genau dann links stationär abbricht, wenn π_1 ergodisch ist.

In Jacobs (1960), S. 84, ist ein Beispiel für ein ergodisches System angegeben, das nicht schwach mischend ist.

Ein wichtiges Problem bei der Anwendung der klassischen Beweismethode für Verallgemeinerungen des Satzes von FEINSTEIN besteht im Auffinden von Eigenschaften des Kanals derart, daß bei Anschluß des Kanals $K = [X, Y, \varkappa]$ an die ergodische Quelle $Q = [X^{gz}, \mathfrak{X}, \pi]$ die erzeugte Doppelquelle $D = D(Q, K)$ mit der Wahrscheinlichkeitsverteilung $\mu = \mu(\pi, \varkappa)$ ergodisch ist.

Dieses Problem soll jetzt genauer untersucht werden. Sei Q eine stationäre Quelle und K ein stationärer Kanal. Für Kanäle ist die Funktion $\varkappa(\cdot, N)$ für festes $N \in \mathfrak{Y}$ per definitionem meßbar, und das durch

$$\mu'(M \times N) =_{\mathrm{Df}} \int_M \varkappa(a, N)\, \mathrm{d}\pi(a),\ M \in \mathfrak{X},\ N \in \mathfrak{Y},\ a \in X^{gz},$$

definierte Maß μ' auf dem Produkt $\mathfrak{X} \otimes \mathfrak{Y}$ der Meßräume läßt sich wegen des Verpflanzungssatzes für Maße eindeutig zu einem Maß μ auf $\mathfrak{D}$, der durch $(X \times Y)^{gz}$ erzeugten σ-Algebra der Zylindermengen, fortsetzen. Die so definierte Quelle $D = [(X \times Y)^{gz}, \mathfrak{D}, \mu]$ nennen wir die von Q und K erzeugte *Doppelquelle* und die durch

$$\alpha(N) =_{\mathrm{Df}} \int \varkappa(a, N)\, \mathrm{d}\pi(a),\ N \in \mathfrak{X},\ a \in X^{gz},$$

definierte Quelle $S = [Y^{gz}, \mathfrak{Y}, \alpha]$ die zu Q und K gehörige *Senke* S.

Definition 2.8. Ein Kanal $K \in \mathfrak{K}_s(X, Y)$ heißt *ergodisch*, wenn für jedes $Q \in \mathfrak{Q}_e(X)$ die Doppelquelle $\mu = \mu(\pi, \varkappa)$ ergodisch ist.

Die von CHINTSCHIN (1956, S. 63) aufgestellte Behauptung, daß Kanäle mit endlicher Gedächtnistiefe ergodisch seien, erwies sich als falsch, vgl. NAKAMURA (1969). Tab. 2.1 informiert über die in diesem Zusammenhang erzielten Resultate.

Tabelle 2.1. Übersicht über die Eigenschaften einer Doppelquelle, die von einer ergodischen Quelle und einem stationären Kanal erzeugt wird

Quelle	Kanal	Doppelquelle	
ergodisch	endlich gemischt	ergodisch	TAKANO (1958)
ergodisch	stark gemischt	ergodisch	JACOBS (1962/63)
ergodisch	schwach gemischt	ergodisch	ADLER (1961)
ergodisch	Adler-gemischt	nicht ergodisch	ADLER (1961)
ergodisch	Nakamura-ergodisch	ergodisch	NAKAMURA (1969) und UMEKAGI (1968)
stark gemischt	Adler-gemischt	nicht ergodisch	NAKAMURA (1970)

Schon für von der Quelle unabhängig arbeitende Kanäle gilt:

Satz 2.10 (KAWADA (1943)). *Seien $[X^{gz}, \mathfrak{X}, \pi]$ und $[Y^{gz}, \mathfrak{Y}, \alpha]$ stationäre Quellen und $\mu = \mu(\pi, \alpha) = \pi \otimes \alpha$ die erzeugte Doppelquelle. Dann ist π genau dann schwach gemischt, wenn die Ergodizität von α die von μ impliziert.*

Im abhängigen Fall wurde von NAKAMURA (1970) ein Beispiel konstruiert, bei dem die von einer stark gemischten Quelle Q und einem Adler-ergodischen Kanal K erzeugte Doppelquelle $\mu = \mu(\pi, \varkappa)$ nicht ergodisch ist.

Das oben genannte Problem bezüglich der Doppelquelle wurde bei NAKAMURA (1969) vollständig durch die Angabe von notwendigen und hinreichenden Bedingungen für den Kanal mit maßtheoretischen Methoden gelöst. Es besteht aber ein enger Zusammenhang zu den funktionalanalytisch-topologischen Methoden, vgl. UMEGAKI (1968), indem man in X^{gz} eine Metrik einführt.

Sei $X = \{x_1, \ldots, x_n\}$, $n \in \mathsf{nz}$,

$$d(x_i, x_j) =_{\mathrm{Df}} \frac{|i - j|}{2n} \text{ für } x_i, x_j \in X$$

und

$$\varrho(a, a') =_{\mathrm{Df}} \sum_{j=-\infty}^{\infty} \frac{d(a(j), a'(j))}{2^{|j|}} \text{ für } a, a' \in X^{\mathrm{gz}}.$$

Damit ist X^{gz} ein total nichtzusammenhängender und kompakter nichtmetrischer Raum bezüglich der Metrik ϱ, und die Menge aller Zylindermengen bildet eine topologische Basis in X^{gz}. Die Transformation T ist in diesem Fall ein Homöomorphismus, und die von der Menge aller Zylindermengen erzeugte σ-Algebra fällt mit der σ-Algebra der Baireschen Mengen in X^{gz} zusammen. Ebenso kann man auch Y^{gz} als kompakten Hausdorffschen Raum auffassen.

Von einem Kanal über dem Paar $[X^{\mathrm{gz}}, Y^{\mathrm{gz}}]$ von kompakten Hausdorffschen Räumen mit einem Paar von Homöomorphismen kann man nun eineindeutig zu einem **av**-Operator (*averaging operator*) übergehen, vgl. UMEGAKI (1963).

Sei A_T die Menge aller den Kanälen $K \in \mathfrak{K}_s(X, Y)$ entsprechenden **av**-Operatoren, dann läßt sich folgendes zeigen: *$A \in A_T$ ist ein Extremalpunkt der konvexen Menge A_T genau dann, wenn der zugehörige Kanal ergodisch ist.* Dies ist analog zu der Aussage, daß die ergodischen Quellen in der konvexen Menge der stationären Quellen genau die Extremalpunkte sind. Wir geben diesen Satz nun in der informationstheoretischen Terminologie an. Doch zunächst noch zwei Definitionen:

Definition 2.9. Sei $\mathfrak{Q}$ eine nichtleere Teilmenge von $\mathfrak{Q}_s(X)$. Zwei stationäre Kanäle $K = [X, Y, \varkappa]$ und $K' = [X, Y, \varkappa']$ heißen *äquivalent* mod $\mathfrak{Q}$ genau dann, wenn für jedes $\pi \in \mathfrak{Q}$ die Doppelquellen $\mu = \mu(\pi, \varkappa)$ und $\mu' = \mu'(\pi, \varkappa')$ als Wahrscheinlichkeitsmaße auf $\mathfrak{D}$ übereinstimmen. In diesem Fall schreiben wir auch

$$\varkappa \equiv \varkappa' \bmod \mathfrak{Q}.$$

Definition 2.10. Seien $K = [X, Y, \varkappa]$ und $K' = [X, Y, \varkappa']$ stationäre Kanäle, dann heißt K *$\mathfrak{Q}_e(X)$-fast überall absolut stetig bezüglich* K' genau dann, wenn eine Menge $D \in \mathfrak{X}$ existiert mit $\pi(D) = 1$ für alle $Q = [X^{\mathrm{gz}}, \mathfrak{X}, \pi] \in \mathfrak{Q}_e(X)$, und für jedes $a \in D$ ist das Maß $\varkappa(a, \cdot)$ totalstetig bezüglich des Maßes $\varkappa'(a, \cdot)$ auf $[Y^{\mathrm{gz}}, \mathfrak{Y}]$. Wir schreiben dafür auch

$$\varkappa(a, \cdot) \ll \varkappa'(a, \cdot) \text{ für } \mathfrak{Q}_e(X)\text{-fast alle } a \in X.$$

Satz 2.11 (NAKAMURA (1969)). *Wenn $K = [X, Y, \varkappa]$ ein stationärer Kanal ist, dann sind die folgenden Aussagen äquivalent:*

1. *K ist ergodisch.*
2. *Wenn $C \in \mathfrak{X} \otimes \mathfrak{Y}$ und $(T \times T)\, C = C$ ist, dann gilt $\varkappa(a, C_a) = 0$ oder $\varkappa(a, C_a) = 1$ für $\mathfrak{Q}_e(X)$-fast alle $a \in X^{\mathrm{gz}}$, wobei C_a der a-Schnitt von C ist.*
3. *Wenn $\varkappa \equiv \alpha\varkappa_1 + (1 - \alpha)\, \varkappa_2 \bmod \mathfrak{Q}_e(X)$ für $\varkappa_1, \varkappa_2 \in \mathfrak{K}_s(X, Y)$ und $0 < \alpha < 1$ gilt, dann ist $\varkappa \equiv \varkappa_1 \equiv \varkappa_2 \bmod \mathfrak{Q}_e(X)$.*
4. *K ist Nakamura-ergodisch.*
5. *Wenn für $\mathfrak{Q}_e(X)$-fast alle $a \in X^{\mathrm{gz}}$*

$$\varkappa(a, \cdot) \ll \varkappa'(a, \cdot)$$

gilt, so ist $\varkappa \equiv \varkappa' \bmod \mathfrak{Q}_e(X)$ für alle $\varkappa' \in K_s(X, Y)$.

Die Behauptung 5 stellt ein Analogon für Kanäle zu der in Satz 2.9, Punkt 7, für ergodische Quellen nachgewiesenen Eigenschaft dar.

Satz 2.11 zeigt außerdem, daß Kanäle mit endlicher Gedächtnistiefe nicht ergodisch sein müssen, wie es von CHINTSCHIN (1956, S. 63) behauptet wurde, und daß die endliche Gedächtnistiefe an der Eingabe des Kanal für die Ergodizität nicht notwendig ist. Ausschlaggebend dafür ist nur das Gedächtnis an der Ausgabe des Kanals.

2.4. Ergodische Dekomposition stationärer Quellen

Nachdem im letzten Abschnitt gezeigt wurde, daß die Klasse der Nakamura-ergodischen Kanäle die *maximale* Klasse von Kanälen mit Mischungseigenschaften ist, die zur Ergodizität der Doppelquelle führt, soll nun die Bedeutung der *ergodischen Quellen* innerhalb der Klasse der stationären Quellen gezeigt werden.

Die Mengen $\mathfrak{Q}$ und $\mathfrak{Q}_s$ aller bzw. aller stationären Wahrscheinlichkeitsmaße auf $[X^{gz}, \mathfrak{X}]$ sind konvex, denn mit π_1 und π_2 aus $\mathfrak{Q}$ ist auch $\pi = \alpha\pi_1 + (1 - \alpha)\,\pi_2$ für $0 < \alpha < 1$ aus $\mathfrak{Q}$, und mit π_1 und π_2 ist auch π stationär. Es entsteht daher die Frage nach den Extremalpunkten von $\mathfrak{Q}$ bzw. von $\mathfrak{Q}_s$.

Definition 2.11. Sei $\mathfrak{Q}' \subseteq \mathfrak{Q}$ eine konvexe Menge, dann heißt π aus $\mathfrak{Q}'$ *Extremalpunkt* von $\mathfrak{Q}'$, wenn es keine Darstellung von π als konvexe Linearkombination in $\mathfrak{Q}'$, d. h. eine Darstellung $\pi = \alpha\pi_1 + (1 - \alpha)\,\pi_2$ mit $\pi_1, \pi_2 \in \mathfrak{Q}'$, $\pi_1 \neq \pi_2$, und $0 < \alpha < 1$, gibt.

Definition 2.12. Eine Quelle $[X^{gz}, \mathfrak{X}, \pi, T]$ heißt *schwach ergodisch*, wenn jede meßbare invariante Menge das Maß Null oder Eins hat, d. h.

$$\forall A(A \in \mathfrak{X} \wedge TA = A \rightarrow \pi(A) = 0 \vee \pi(A) = 1).$$

Folgerung 2.12. *Jede ergodische Quelle ist schwach ergodisch.*

Der folgende, für dynamische Systeme bekannte Satz besagt, daß in der konvexen Menge der stationären Quellen genau die ergodischen die Extremalpunkte sind.

Satz 2.13. *Wenn $[X^{gz}, \mathfrak{X}, \pi]$ eine nicht notwendig stationäre Quelle ist, dann gilt:*
1. *Wenn π Extremalpunkt von $\mathfrak{Q}$ ist, dann ist π schwach ergodisch.*
2. *Wenn π Extremalpunkt von $\mathfrak{Q}_s$ ist, dann ist π ergodisch.*
3. *Wenn π ergodisch ist, so ist π Extremalpunkt von $\mathfrak{Q}_s$.*

Da der Beweis für Quellen als spezielle dynamische Systeme nicht sehr lang, aber besonders im Fall 3 instruktiv ist, wollen wir ihn hier anführen. Dazu benötigen wir das folgende

Lemma 2.14. *Sei α gegeben, $0 < \alpha < 1$, und seien π_1 und π_2 verschiedene ergodische Maße, dann ist*

$$\pi = \alpha\pi_1 + (1 - \alpha)\,\pi_2$$

nicht ergodisch.

Beweis. Wir konstruieren eine invariante Menge, die weder das π-Maß Null noch Eins hat. Da π_1 und π_2 verschieden sind, gibt es ein $E \in \mathfrak{X}$ mit $\pi_1(E) \neq \pi_2(E)$. Sei

$$A_i =_{\mathrm{Df}} \left\{a \mid a \in X^{gz} \wedge \lim_{n\to\infty} \frac{1}{n} \sum_{j=0}^{n-1} \chi_E(T^j a) = \pi_i(E)\right\}$$

für $i = 1, 2$. Wegen der Ergodizität von π_1 und π_2 können wir den individuellen Ergodensatz anwenden und erhalten $\pi_i(A_i) = 1$, $i = 1, 2$. Andererseits ist $A_1 \cap A_2 = \emptyset$. Daraus folgt $\pi_1(A_2) = \pi_2(A_1) = 0$. Damit ist A_1 eine invariante Menge mit $\pi(A_1) = \alpha$. □

Beweis von Satz 2.13. ad 1. Wenn π nicht schwach ergodisch ist, so gibt es eine invariante Menge $A \in \mathfrak{X}$ mit $0 < \pi(A) < 1$, und es gilt für $B \in \mathfrak{X}$

$$\pi(B) = \pi(A)\, \pi(B \mid A) + \pi(\bar{A})\, \pi(B \mid \bar{A}),$$

wobei $\pi(B \mid A)$ und $\pi(B \mid \bar{A})$ verschiedene Maße z.B. auf $B = \bar{A}$ sind. Damit ist dies eine nichttriviale konvexe Darstellung von π, das somit kein Extremalpunkt ist.

ad 2. Der Beweis verläuft analog zu dem von 1.

ad 3. Es ist zu zeigen, daß aus der Ergodizität von π die Extremalpunkteigenschaft von π in $\mathfrak{Q}_s$ folgt. Angenommen, π wäre kein Extremalpunkt in $\mathfrak{Q}_s$, dann gibt es ein α, $0 < \alpha < 1$, und π_1 und $\pi_2 \in \mathfrak{Q}_s$ mit $\pi_1 \neq \pi_2$ und

$$\pi = \alpha \pi_1 + (1 - \alpha)\, \pi_2 .$$

Damit sind π_1 und π_2 total stetig bezüglich π, und aus der Ergodizität von π folgt auch die von π_1 und π_2, was einen Widerspruch zu der Aussage von Lemma 2.14 darstellt. □

Wir wenden uns nun der ergodischen Dekomposition einer stationären Quelle mit Hilfe der auf J. v. Neumann zurückgehenden Methode zu.

Ein Theorem von Minkowski besagt, daß jeder Punkt einer konvexen kompakten Menge A in einem endlichdimensionalen linearen Raum V^n, $n \in \mathbf{nz}$, als Baryzentrum einer endlichen Anzahl von Punktmassen, die über die Extremalpunkte von A verteilt sind, dargestellt werden kann. Dies ist ein Spezialfall des Satzes von Krein-Milman, vgl. Jacobs (1960, S. 148).

Da wir oben gesehen haben, daß die ergodischen Quellen genau die Extremalpunkte in der konvexen Menge der stationären Quellen sind, könnte man vermuten, daß es analog zum Satz von Minkowski möglich ist, jede stationäre Quelle als Baryzentrum einer Massenverteilung über die ergodischen Quellen darzustellen.

Dies ist in der Tat unter Hinzuziehung von Methoden der Funktionalanalysis möglich, wenn man auch den Begriff des Baryzentrums auf den unendlichen Fall überträgt, vgl. Jacobs (1962/63).

Der erste allgemeine Satz darüber, daß sich jede kontinuierliche stationäre Strömung in separablen metrischen absolut Borelschen Räumen in ergodische Bestandteile (verbunden mit einer baryzentrischen Integraldarstellung des Maßes) zerlegen läßt, wurde von J. von Neumann (1932) bewiesen. Dabei wurde, im Gegensatz zu allen späteren Arbeiten, die Endlichkeit des Maßes nicht vorausgesetzt.

Für den Fall eines metrischen kompakten Raumes und einer Transformation, wie er in diesem Abschnitt vorliegt, wurde die Dekompositionstheorie weiterentwickelt, vgl. Oxtoby (1952). Die benötigten Sätze werden hier ohne Beweise zitiert.

Sei Z_n die Klasse der $(2n + 1)$-dimensionalen Zylindermengen in den Koordinaten $-n$ bis $+n$, $n \in \mathbf{nz}$, d.h. aller Mengen der Form

$$\bigcap_{j=-n}^{n} \{a \mid a \in X \quad \wedge a(j) = x_j\}, \quad x_{-n}, \ldots, x_n \in X .$$

Offensichtlich bildet die Klasse Z_n eine endliche Zerlegung des Grundraumes $X^{\mathbf{gz}}$. Die Vereinigung dieser Klassen bezeichnen wir mit

$$Z =_{\mathrm{Df}} \bigcup_{n \in \mathbf{Nz}} Z_n .$$

Definition 2.13. $a \in X^{\mathbf{gz}}$ heißt *quasi-regulärer Punkt* genau dann, wenn ein stationäres Maß $\pi_a \in \mathfrak{Q}_s(X)$ existiert mit

$$\pi_a(E) = \lim_{n \to \infty} \frac{1}{n} \sum_{j=0}^{n-1} \chi_E(T^j a) \text{ für alle } E \in Z . \tag{2.8}$$

Dabei ist χ_E die Indikatorfunktion der Menge E.

Das Maß π_a ist durch den quasi-regulären Punkt a und durch die Bedingung (2.8) eindeutig bestimmt.

Sei B die Menge aller quasi-regulären Punkte von X^{gz}.

Lemma 2.15. *Die Menge B aller quasi-regulären Punkte ist meßbar, d.h. $B \in \mathfrak{X}$, und es gilt $\pi(B) = 1$ für jedes $\pi \in \mathfrak{Q}_s(X)$.*

Zum Beweis vgl. Oxtoby (1952).

Definition 2.14. $a \in X^{gz}$ heißt *regulär* genau dann, wenn a quasi-regulär und das zugehörige Maß π_a ergodisch ist.

Lemma 2.16. *Die Menge R aller regulären Punkte ist meßbar, d.h., $R \in \mathfrak{X}$ und $\pi(R) = 1$ für jedes $\pi \in \mathfrak{Q}_s(X)$.*

Lemma 2.17. *Für jedes ergodische Maß π ist die Menge derjenigen regulären Punkte, für die $\pi_a = \pi$ gilt, meßbar und hat das Maß 1, d.h.*

$$\pi\{a \mid a \in R \wedge \pi_a = \pi\} = 1.$$

Lemma 2.18. *Für jedes $E \in \mathfrak{X}$ ist $\pi_a(E)$ eine meßbare Funktion auf R und*

$$\pi(E) = \int_R \pi_a(E)\, \mathrm{d}\pi(a) \text{ für } \pi \in \mathfrak{Q}_s(X).$$

Dieses Lemma folgt aus dem allgemeineren

Satz 2.19. *Sei $[X^{gz}, \mathfrak{X}, \pi]$ eine stationäre Quelle und f eine reellwertige, meßbare, beschränkte Funktion auf X^{gz}. Dann gilt*

a) $\int f\, d\pi_a$ *ist eine meßbare Funktion von a auf B.*

b) $$\int f\, \mathrm{d}\pi = \int_R \left[\int f\, \mathrm{d}\pi_a\right] \mathrm{d}\pi(a). \tag{2.9}$$

Von Oxtoby (1952) wurde die Integraldarstellung (2.9) von f allgemeiner für kompakte metrische Räume nachgewiesen.

Im Kapitel 3 werden wir die Dekomposition von stationären Quellen in ergodische Bestandteile benutzen, um auch für die Entropie bzw. die Information eines stationären Kanals über eine stationäre Quelle eine Integraldarstellung zu gewinnen. Insbesondere wird diese Methode später dazu dienen, den Satz von Feinstein für stationäre Kanäle und die Shannonschen Sätze für stationäre, nicht notwendig ergodische Quellen zu beweisen, vgl. Kapitel 3. Aber auch in der Distorsionstheorie wird die ergodische Dekomposition zum Beweis des Codierungssatzes für stationäre Quellen unter Berücksichtigung der Distorsion dienen, vgl. Kapitel 4.

Zum Ende dieses Abschnitts wollen wir noch einmal auf die Rolle kommen, die ergodische Systeme in der konvexen Menge aller stationären Systeme über einem fixierten Grundraum spielen. Nach Satz 2.13 sind die ergodischen Quellen genau die Extremalpunkte in der Menge der stationären Quellen. Wir wollen uns nun der Frage zuwenden, wieviele ergodische Quellen existieren.

Sei $[A, \mathfrak{A}]$ ein Meßraum und T eine eineindeutige beidseitig meßbare Abbildung von A auf sich selbst.

Wenn A ein topologischer Raum ist, dann nehmen wir als $\mathfrak{A}$ die Borelsche σ-Algebra. Seien $\mathfrak{P}_s$, $\mathfrak{P}_e$, $\mathfrak{P}_{st}$ die Mengen der stationären, der ergodischen und der stark gemischten Wahrscheinlichkeitsmaße auf $\mathfrak{A}$.

Wenn A ein topologischer Raum ist, dann ordnen wir $\mathfrak{P}_s$ die *schwache Topologie* mit Hilfe der folgenden Konvergenz zu: Eine Folge (p_α) in $\mathfrak{P}_s$ konvergiert gegen p genau dann, wenn

$$\int f\, \mathrm{d}p_\alpha \to \int f\, \mathrm{d}p$$

für jede beschränkte stetige Funktion f auf A.

Wenn A ein separabler metrischer Raum ist, dann wird die schwache Topologie auf $\mathfrak{P}_s$ separabel und metrisch. Wenn A vollständig ist, dann ist auch $\mathfrak{P}_s$ vollständig.

Wir können nun unsere Ausgangsfrage mathematisch präzis beantworten, indem wir die topologische Natur der ergodischen Maße auf einem separablen metrischen Raum klären. PARTHASARATHY (1961b) konnte zeigen: Wenn A ein separabler metrischer Raum und T ein Homöomorphismus von A auf sich selbst ist, dann ist $\mathfrak{P}_e$ eine G_δ-Menge in $\mathfrak{P}_s$ unter der schwachen Topologie. Ist nun speziell, was ja gerade für die Informationstheorie von Interesse ist, $A = X^{gz}$, X ein vollständiger und separabler metrischer Raum und T die Verschiebung in A, dann ist $\mathfrak{Q}_e$ eine dichte G_δ-Menge in $\mathfrak{Q}_s$ unter der schwachen Topologie, und folglich ist $\mathfrak{Q}_s \setminus \mathfrak{Q}_e$ von 1. Kategorie. Der Beweis für beide Aussagen findet sich bei PARTHASARATHY (1961b). Die letztere der beiden besagt, daß über dem Raum A mit der Verschiebung T die *ergodischen Maße in einem gewissem Sinne den allgemeinen Fall darstellen.* (Zur Definition der vorkommenden Begriffe vgl. Standard-Lehrbücher über Topologie oder Kapitel 5).

Man kann sogar zeigen, daß die Menge der stark gemischten Wahrscheinlichkeitsmaße (unter gleichen Voraussetzungen wie bei der zweiten obigen Aussage) von 1. Kategorie in $\mathfrak{Q}_s$ unter der schwachen Topologie ist, vgl. PARTHASARATHY (1961b).

2.5. Ein Eindeutigkeitssatz für die Shannon-Entropie

Im 1. Kapitel stießen wir auf die Shannon-Entropie als eine universelle untere Schranke für den Codieraufwand von eindeutig decodierbaren längenvariablen Codes, vgl. Abschnitt 1.1. Diese Funktion eines Wahrscheinlichkeitsmaßes stellt einen zentralen Begriff der Informationstheorie dar. Daher ist die Frage naheliegend, ob nicht andere Funktionen eines Wahrscheinlichkeitsmaßes die Shannon-Entropie (S-Entropie) in einem bestimmten Zusammenhang ersetzen können. Derartige „nichtklassische" Entropiemaße werden im Kapitel 6 studiert. Sie spielen im Gegensatz zu der von SHANNON vorgeschlagenen Entropiefunktion eine wichtige Rolle bei Anwendungen in der mathematischen Statistik, vor allem, wenn mehr als eine Wahrscheinlichkeitsverteilung in das Entropiemaß eingehen, PÖTSCHKE (1974a).

In diesem Abschnitt geht es nun um eine Rechtfertigung für die explizite Form der S-Entropie. Dies ist mehr ein axiomatisches Problem für ein gegebenes Entropiemaß.

Das Problem der axiomatischen Untersuchungen in der Informationstheorie besteht in der Bestimmung eines endlichen Systems von Funktionalgleichungen für eine Funktion, die als Maß für die Unbestimmtheit in einer vorgegebenen Situation angesehen werden kann. Dabei wird man an solchen Funktionalgleichungen interessiert sein, die einerseits inhaltlich naheliegend und vernünftig und andererseits von möglichst einfacher Form sind. Für viele Entropiemaße werden derartige funktionale Charakterisierungen angegeben. Diese Charakterisierungen stellen aber nur eine Möglichkeit für die Rechtfertigung eines Entropiemaßes dar. Eine andere Art der Rechtfertigung besteht darin, daß das Entropiemaß als universelle untere Schranke für einen bestimmten Codieraufwand einer Quelle hergeleitet wird, vgl. Abschnitt 1.1 bezüglich der S-Entropie und CAMPBELL (1965, 1966) bezüglich der α-Entropie, Abschnitt 6.3. Rechtfertigungen ganz anderer Art stellen Codierungssätze für Quellen und Kanäle dar, bei denen Entropiemaße eine entscheidende Rolle für die Existenz von Codierungen spielen, vgl. Kapitel 3. *In diesem Sinne ist die funktionale Charakterisierung nur eine Seite der Rechtfertigung eines bestimmten Entropiemaßes.*

Angenommen, wir haben eine endliche Menge von möglichen Versuchsausgängen $A_1, \ldots, A_n$, deren Wahrscheinlichkeiten wir mit $p_1, \ldots, p_n$ bezeichnen, $n \geqq 1$. Für diese Wahrscheinlichkeiten gilt

$$\sum_{i=1}^{n} p_i = 1 \quad \text{und} \quad p_i \geqq 0 \quad \text{für} \quad i \in \{1, \ldots, n\}.$$

Sei F die Menge aller n-Tupel $(p_1, \ldots, p_n)$ mit dieser Eigenschaft. Wenn wir uns nun fragen, wie groß die Unbestimmtheit für das Eintreten eines einzelnen Ereignisses ist, so wäre es nützlich, ein Maß für diese Unbestimmtheit zu haben.

Wenn $H(p_1, \ldots, p_n)$ ein derartiges Maß ist, so ist es naheliegend zu fordern, daß H die folgenden Eigenschaften besitzt.

[1] (3-Symmetrie) Die Funktion $H(p_1, p_2, p_3)$ ist symmetrisch in p_1, p_2 und p_3 für $(p_1, p_2, p_3) \in F$.

[2] (Normierung) Sei $f\left(\frac{1}{2}\right) = 1$, wobei $f(x) =_{\text{Df}} H(x, 1-x)$ für $x \in [0, 1]$ ist.

[3] (Verzweigungseigenschaft) Sei $(p_1, \ldots, p_n) \in F$, $n \geqq 2$, und $p_1 + p_2 > 0$. Dann gilt

$$H(p_1, \ldots, p_n) = H(p_1 + p_2, \ldots, p_n) + (p_1 + p_2)\, H\left(\frac{p_1}{p_1 + p_2}, \frac{p_2}{p_1 + p_2}\right).$$

[4] (Beschränktheit) f ist im Intervall $[0, 1]$ beschränkt, d.h., es existiert eine positive Konstante B mit $|f(x)| \leqq B$ für alle $x \in [0, 1]$.

Dabei bedarf allein die Verzweigungseigenschaft einer Erläuterung. Sei A' ein Versuchsausgang mit der Wahrscheinlichkeit p' und A_1, A_2 sei eine Aufspaltung (Verzweigung) von A', wobei für die Wahrscheinlichkeiten $p' = p_1 + p_2$ gelte. Dann beträgt die Unbestimmtheit des Versuchs mit den Ausgängen $(A', A_3, A_4, \ldots, A_n)$

$$H(p_1 + p_2, \ldots, p_n).$$

Die Wahrscheinlichkeit für das Auftreten des Ausgangs A_1 bzw. A_2 beträgt $p_1/(p_1 + p_2)$ bzw. $p_2/(p_1 + p_2)$, daher beträgt die Unbestimmtheit des Versuchs (A_1, A_2)

$$H(p_1/(p_1 + p_2), p_2/(p_1 + p_2)).$$

Die Eigenschaft [3] von H besagt nun, daß sich bei Verzweigung des Versuchsausgangs A' in A_1 und A_2 die Entropie des verzweigten Versuchs aus der Entropie des unverzweigten Versuchs und der Entropie der Verzweigung (A_1, A_2) zusammensetzt, die mit der Wahrscheinlichkeit $(p_1 + p_2)$ stattfindet. Wir werden nun zeigen, daß die Eigenschaften [1] bis [4] ausreichen, um die explizite Form von H zu bestimmen. Dies ist eine Verbesserung des Resultates von Daróczy und Katai (1970), die außerdem noch forderten, daß f nichtnegativ ist.

Bemerkenswert ist, daß bei diesen Axiomen nur die Beschränktheit [4] von f gefordert wird.

Wir kommen damit zu

Satz 2.20 (Diderrich 1975a). *Wenn eine Schar von Funktionen $H(p_1, \ldots, p_n)$ den Forderungen* [1] *bis* [4] *genügt, so gilt stets*

$$H(p_1, \ldots, p_n) = -\sum_{i=1}^{n} p_i \operatorname{ld} p_i, \textit{ wobei } 0 \cdot \operatorname{ld} 0 =_{\text{Df.}} 0.$$

Die Voraussetzungen in Satz 2.20 zur funktionalen Charakterisierung der S-Entropie lassen sich weiter abschwächen. So wurde von Diderrich (1975b) nachgewiesen, daß die Beschränktheit [4] sich dadurch ersetzen läßt, daß f auf einem beliebig kleinen nichtverschwindenden Intervall in $(0, 1)$ beschränkt ist. Diese Forderung kann ihrerseits dadurch ersetzt werden, daß f fast überall auf dem Intervall beschränkt ist, vgl. Diderrich (1975b, Corollary 1.3).

An dieser Stelle wollen wir kurz noch einmal auf die historische Entwicklung der axiomatischen Behandlung der S-Entropie eingehen.

Einstein hat 1905 die Entropie von Gasen und verdünnten Lösungen axiomatisch mit Hilfe der Cauchyschen Funktionalgleichung

$$f(x \cdot y) = f(x) + f(y)$$

eingeführt.

Das erste Axiomensystem für die S-Entropie wurde von SHANNON (1948) angegeben und von CHINTSCHIN (1953) und FADDEJEW (1956) verbessert.

Zunächst ging man von folgenden Eigenschaften der S-Entropie aus:

(1) $H^2(p, 1-p)$ ist stetig in p, $0 \leqq p \leqq 1$ und

(2) in mindestens einem Punkte positiv.

(3) $H^n(p_1, \ldots, p_n)$ ist symmetrisch in p_i, $i = 1, \ldots, n$.

(4) Für $n \geqq 2$ ist

$$H^{n+1}(p_1, \ldots, p_{n-1}, q_1, q_2) = H^n(p_1, \ldots, p_{n-1}, p_n) + p_n H^2\left(\frac{q_1}{p_n}, \frac{q_2}{p_n}\right),$$

wenn $p_n = q_1 + q_2 > 0$ ist.

(1) und (4) stammen von SHANNON (1948) und (2) und (3) von CHINTSCHIN. (4) ist die Verzweigungseigenschaft, auf deren naheliegende Interpretation wir bereits bei Satz 2.20 hinwiesen.

In den nachfolgenden Jahren wurde systematisch die Theorie der Funktionalgleichungen herangezogen, um dieses Axiomensystem zu vereinfachen.

TVERBERG (1958) ersetzte (1) durch die Forderung, daß $h(p) = H^2(p, 1-p)$ Lebesgue-integrierbar in $[0, 1]$ ist, KENDALL (1963) durch die Eigenschaft, daß h monoton wachsend in $\left(0, \frac{1}{2}\right)$ ist, FADDEJEW (1956) verlangte die Stetigkeit, LEE (1964) forderte statt (1), daß h Lebesgue-meßbar in $(0, 1)$ ist. DARÓCZY (1969) und BORGES (1967) ersetzten (1) durch „h ist monoton in $\left(0, \frac{1}{2}\right)$" bzw. durch

$$\lim_{p \to 0} h(p) = 0.$$

Eine Übersicht über die in dieser Richtung erzielten Resultate findet man in der Monographie von ACZÉL und DARÓCZY (1975).

Man kann die explizite Form der Shannon-Entropie auch gewinnen, ohne den Begriff der Wahrscheinlichkeit zu benutzen. So gaben INGARDEN und URBANIK (1963) ein System von Funktionalgleichungen für eine Funktion H auf Booleschen Ringen und Unterringen an, die in expliziter Form die S-Entropie darstellt. Dieses System wurde von INGARDEN (1963, 1965) vereinfacht und in INGARDEN (1964, 1965) in Beziehung zur Thermodynamik des Lichts gesetzt.

Dieser Ansatz der *Entropie ohne Wahrscheinlichkeit* wurde von KAMPÉ DE FÉRIET und HUNG (1973), KAMPÉ DE FÉRIET und FORTE (1967), HUNG (1972), LANGRAND (1972) und URBANIK (1972, 1973) fortgeführt. Dabei wurden von KAMPÉ DE FÉRIET und HUNG (1973) Informationstypen nach dem Vorbild der Hausdorff-Dimension definiert, vgl. Kapitel 3, und gezeigt, daß sie unter vorher betrachtete Klassen von Informationsmaßen *ohne Wahrscheinlichkeit* fallen.

SALLANTIN (1972) konnte die Atomarität von *Haken* (*croc* = orthokomplementärer, vollständiger, schwach modularer Verband) mit Hilfe der von KAMPÉ DE FÉRIET eingeführten Entropiefunktion charakterisieren. Die Struktur von Haken wird durch gewisse Betrachtungen auf klassischen Phasenräumen gerechtfertigt. Der Stand der Theorie bis 1974 wird in dem Sammelband von KAMPÉ DE FÉRIET und PICARD (1974) dargestellt.

Für die weitere Darstellung der Ergebnisse der Informationstheorie ist die axiomatische Charakterisierung einer Entropie nicht wesentlich, jedoch im Sinne einer Vervollständigung der mathematischen Theorie nicht völlig abzulehnen.

2.6. Entropie, Information

In diesem Abschnitt wollen wir die grundlegenden Größen der Informationstheorie Entropie und Information definieren und einige ihrer elementaren Eigenschaften behandeln. Diese Begriffe werden insbesondere im nächsten Kapitel benötigt.

Wir hatten die Entropie einer Quelle im Kapitel 1 als universelle untere Schranke für den minimalen Codieraufwand für eindeutig decodierbare Codierungen kennengelernt. Wir wollen nun die Shannon-Entropie allgemeiner auf nicht notwendig endlichen Grundräumen einführen, die dann als Ausgangspunkt für die Kolmogoroff-Sinai-Invariante fast-überall-isomorpher dynamischer Systeme dient.

Sei $[A, \mathfrak{A}, \pi]$ ein Wahrscheinlichkeitsraum, $[A', \mathfrak{A}']$ ein Meßraum und $f:[A, \mathfrak{A}] \to [A', \mathfrak{A}']$ eine Zufallsfunktion, die eine endliche Zerlegung

$$\mathfrak{z}_f =_{\mathrm{Df}} \{f^{-1}(a') \mid a' \in A'\}$$

von A bewirke. Diese Zerlegung ist meßbar. Dann heißt

$$H(f) =_{\mathrm{Df}} \sum_{a' \in A'} - \pi(f^{-1}(a')) \log \pi(f^{-1}(a'))$$

die *Shannon-Entropie* (S-Entropie) der Zufallsfunktion f.

π kann mit Hilfe des Maßverpflanzungssatzes mittels f auf $[A, \mathfrak{A}]$ übertragen werden. Da f eine endliche, $\mathfrak{A}$-meßbare Zerlegung von A induziert, kann man sich auch gleich auf solche beschränken, da der Wert von H nur von den Werten abhängt, die π auf der endlichen Zerlegung annimmt. Wir kommen daher zu

Definition 2.15. Sei $\mathfrak{z}$ eine endliche $\mathfrak{A}$-meßbare Zerlegung von A, dann heißt

$$H^\pi(\mathfrak{z}) =_{\mathrm{Df}} - \sum_{Z \in \mathfrak{z}} \pi(Z) \log \pi(Z)$$

S-Entropie der Zerlegung $\mathfrak{z}$.

Wir nehmen folgende Interpretation der S-Entropie vor: $\mathfrak{z}$ beschreibt bezüglich $[A, \mathfrak{A}, \pi]$ den Ausgang eines Experiments, wie es in der Wahrscheinlichkeitstheorie betrachtet wird, vgl. Bauer (1974, Kapitel 4). $Z \in \mathfrak{z}$ sind die möglichen Experimentausgänge und $\pi(Z)$ die Wahrscheinlichkeiten des Eintretens. Dann ist $-\log \pi(Z) \geqq 0$, und H wird als Unbestimmtheit interpretiert, die über den Ausgang des Experiments besteht. Es ist dies die objektive Unbestimmtheit; wie man die subjektive Unbestimmtheit messen kann, darauf gehen wir in Kapitel 6 näher ein.

Die S-Entropie einer Zerlegung $\mathfrak{z}$ (im folgenden stets als $\mathfrak{A}$-meßbar vorausgesetzt) besitzt folgende Eigenschaften.

Satz 2.21. *Sei $\mathfrak{z}$ eine endliche Zerlegung von A, dann gilt*

a) $H^\pi(\mathfrak{z}) \geqq 0$;

b) $H^\pi(\mathfrak{z}) = 0$ *genau dann, wenn ein* $Z \in \mathfrak{z}$ *existiert mit* $\pi(Z) = 1$;

c) $H^\pi(\mathfrak{z})$ *ist maximal genau dann, wenn* π *die Gleichverteilung auf* $\mathfrak{z}$ *ist.*

Beweis. ad b) $H^\pi(\mathfrak{z}) = 0$ gdw. $\forall Z\, (Z \in \mathfrak{z} \to \pi(Z) \log \pi(Z) = 0)$

gdw. $\forall Z\, (Z \in \mathfrak{z} \to \pi(Z) = 0 \vee \pi(Z) = 1)$

gdw. $\exists Z\, (Z \in \mathfrak{z} \wedge \pi(Z) = 1)$.

ad c) Sei $\mathfrak{z} = \{Z_1, \ldots, Z_r\}$ und $p_k = \pi(Z_k)$, $k = 1, \ldots, r$. π_0 sei die Gleichverteilung auf $\mathfrak{z}$, und sei $\pi \neq \pi_0$; $p_1, \ldots, p_r$ seien alle von Null verschieden. Nach der Jensenschen Ungleichung gilt dann

$$H^\pi(\mathfrak{z}) = - \sum p_k \log p_k < \log \sum_{k=1}^{r} \frac{p_k}{p_k} = \log r = \sum_{k=1}^{r} \frac{1}{r} \log r = H^{\pi_0}(\mathfrak{z}).$$

Seien $\mathfrak{z}_1$ und $\mathfrak{z}_2$ endliche $\mathfrak{A}$-meßbare Zerlegungen von A.

$$\mathfrak{z}_1 \wedge \mathfrak{z}_2 =_{\mathrm{Df}} \{Z_1 \cap Z_2 \mid Z_1 \in \mathfrak{z}_1 \wedge Z_2 \in \mathfrak{z}_2\}$$

heißt die *Summe der Zerlegungen* und ist selbst wieder eine meßbare Zerlegung. (Haben $\mathfrak{z}_1$ l und $\mathfrak{z}_2$ m Experimentausgänge, so hat $\mathfrak{z}_1 \wedge \mathfrak{z}_2$ als Verfeinerung $l\,m$ Ausgänge.) Es gilt

$$H(\mathfrak{z}_1 \wedge \mathfrak{z}_2) = -\sum_{\substack{Z_i \in \mathfrak{z}_i \\ \pi(Z_i) > 0}} \pi(Z_1)\, \pi(Z_2 \mid Z_1) \log \pi(Z_1) \cdot \pi(Z_2 \mid Z_1)$$

$$= -\sum_{Z_1} \pi(Z_1) \log \pi(Z_1) \sum_{Z_2} \pi(Z_2 \mid Z_1)$$

$$-\sum_{Z_1, \pi(Z_1) > 0} \pi(Z_1) \sum_{Z_2} \pi(Z_2 \mid Z_1) \log \pi(Z_2 \mid Z_1) = H(\mathfrak{z}_1) + \sum \pi(Z_1)\, H_{Z_1}(\mathfrak{z}_2),$$

wobei $H_{Z_1}(\mathfrak{z}_2) =_{\mathrm{Df}} -\sum \pi(Z_2 \mid Z_1) \log \pi(Z_2 \mid Z_1)$ ist.

$$H_{\mathfrak{z}_1}(\mathfrak{z}_2) =_{\mathrm{Df}} \sum_{\substack{Z_1 \in \mathfrak{z}_1 \\ \pi(Z_1) > 0}} \pi(Z_1)\, H_{Z_1}(\mathfrak{z}_2)$$

heißt *bedingte S-Entropie von* $\mathfrak{z}_2$ *bezüglich* $\mathfrak{z}_1$.

Satz 2.22 (Eigenschaften der bedingten Entropie).

a) $H(\mathfrak{z}_1 \wedge \mathfrak{z}_2) = H(\mathfrak{z}_1) + H_{\mathfrak{z}_1}(\mathfrak{z}_2)$ (*Additivität der S-Entropie*).
b) $H_{\mathfrak{z}_1}(\mathfrak{z}_2) \geqq 0$.
c) $H(\mathfrak{z}_1 \wedge \mathfrak{z}_2) = H(\mathfrak{z}_2 \wedge \mathfrak{z}_1)$.
d) $H(\mathfrak{z}_1) + H_{\mathfrak{z}_1}(\mathfrak{z}_2) = H(\mathfrak{z}_2) + H_{\mathfrak{z}_2}(\mathfrak{z}_1)$.
e) $H(\mathfrak{z}_2) - H(\mathfrak{z}_1) \leqq H_{\mathfrak{z}_1}(\mathfrak{z}_2)$.
f) $H_{\mathfrak{z}}(\mathfrak{z}) = 0$.
g) $H_{\mathfrak{z}_1}(\mathfrak{z}_2) \leqq H(\mathfrak{z}_2)$ (*Shannonsche Ungleichung für die S-Entropie*).
h) *Wenn* $\mathfrak{z}_1$ *und* $\mathfrak{z}_2$ *unabhängige Zerlegungen sind, so gilt*

$$H_{\mathfrak{z}_1}(\mathfrak{z}_2) = H(\mathfrak{z}_2).$$

i) $H(\mathfrak{z}_1 \wedge \mathfrak{z}_2) \leqq H(\mathfrak{z}_1) + H(\mathfrak{z}_2)$.
j) $H_{\mathfrak{z}_1 \wedge \mathfrak{z}_2}(\mathfrak{z}) \leqq H_{\mathfrak{z}_1}(\mathfrak{z})$.

Beweis. a) und b) folgen aus der Definition der bedingten S-Entropie, c) aus a), d) aus a) und c), e) aus b) und d).

ad f) $H_{\mathfrak{z}}(\mathfrak{z}) = H(\mathfrak{z} \wedge \mathfrak{z}) - H(\mathfrak{z}) = H(\mathfrak{z}) - H(\mathfrak{z}) = 0$.

ad g) Die Shannonsche Ungleichung beweist man leicht mit Hilfe der Jensenschen Ungleichung.

ad h) Seien Z_1 und Z_2 unabhängig, dann gilt $\pi(Z_2 \mid Z_1) = \pi(Z_2)$, und daher gilt für $\pi(Z_1) > 0$ und für alle $Z_1 \in \mathfrak{z}_1$:

$$H_{\mathfrak{z}_1}(\mathfrak{z}_2) = -\sum_{Z_1} \pi(Z_1) \sum_{Z_2} \pi_{Z_1}(Z_2) \log \pi_{Z_1}(Z_2)$$

$$= -\sum_{Z_1} \pi(Z_1) \sum_{Z_2} \pi(Z_2) \log \pi(Z_2) = H(\mathfrak{z}_2).$$

ad i) $H(\mathfrak{z}_1 \wedge \mathfrak{z}_2) = H(\mathfrak{z}_1) + H_{\mathfrak{z}_1}(\mathfrak{z}_2) \leqq H(\mathfrak{z}_1) + H(\mathfrak{z}_2)$.

ad j) Dies ergibt sich durch Anwendung der Shannonschen Ungleichung g).

Mit Hilfe der bedingten S-Entropie können wir die S-Information definieren.

Definition 2.16. $I(\mathfrak{z}_1, \mathfrak{z}_2) =_{\mathrm{Df}} H(\mathfrak{z}_2) - H_{\mathfrak{z}_1}(\mathfrak{z}_2)$ heißt die *S-Information* (oder kurz Information), die in der Zerlegung $\mathfrak{z}_1$ über die Zerlegung $\mathfrak{z}_2$ enthalten ist.

Man kann $I(\mathfrak{z}_1, \mathfrak{z}_2)$ auch als Erwartungswert einer zufälligen Funktion $f: \mathfrak{z}_1 \to \mathsf{R}^1$, genauer $f: [A, \mathfrak{A}, \pi] \to [\mathsf{R}^1, \mathfrak{B}^1]$ auffassen mit $f(Z_1) = H(\mathfrak{z}_2) - H_{Z_1}(\mathfrak{z}_2)$.

Satz 2.23 (Eigenschaften der Information). *Seien $[A, \mathfrak{A}, \pi]$ ein Wahrscheinlichkeitsraum und $\mathfrak{z}, \mathfrak{z}_1, \mathfrak{z}_2$ endliche $\mathfrak{A}$-meßbare Zerlegungen von A. Dann gilt:*

a) $I(\mathfrak{z}_1, \mathfrak{z}_2) \geqq 0$.

b) $I(\mathfrak{z}, \mathfrak{z}) = H(\mathfrak{z})$.

c) $I(\mathfrak{z}_1, \mathfrak{z}_2) = I(\mathfrak{z}_2, \mathfrak{z}_1)$ (*Symmetrie der Information*).

d) $I(\mathfrak{z}_1, \mathfrak{z}_2) = H(\mathfrak{z}_1) + H(\mathfrak{z}_2) - H(\mathfrak{z}_1 \wedge \mathfrak{z}_2)$.

e) *Wenn* $I(\mathfrak{z}_1 \wedge \mathfrak{z}_2, \mathfrak{z}) = I(\mathfrak{z}_1, \mathfrak{z})$ *gilt, so ist* $I(\mathfrak{z}_2, \mathfrak{z}) = I(\mathfrak{z}_1, \mathfrak{z})$.

Beweis. a) bis d) weist man leicht selbst nach.

ad e) $I(\mathfrak{z}_1 \wedge \mathfrak{z}_2, \mathfrak{z}) = H(\mathfrak{z}) - H_{\mathfrak{z}_1 \wedge \mathfrak{z}_2}(\mathfrak{z}) = H(\mathfrak{z}) - H_{\mathfrak{z}_1}(\mathfrak{z})$. Also gilt

$$H_{\mathfrak{z}_1}(\mathfrak{z}) = H_{\mathfrak{z}_1 \wedge \mathfrak{z}_2}(\mathfrak{z}) \leqq H_{\mathfrak{z}_2}(\mathfrak{z}).$$

Daraus ergibt sich

$$I(\mathfrak{z}_2, \mathfrak{z}) = H(\mathfrak{z}) - H_{\mathfrak{z}_2}(\mathfrak{z}) \leqq H(\mathfrak{z}) - H_{\mathfrak{z}_1}(\mathfrak{z}) = I(\mathfrak{z}_1, \mathfrak{z}). \quad \square$$

Wir können nun die Begriffe Entropie, bedingte Entropie und Information auf Quellen und Kanäle beziehen.

Seien X und Y nichtleere endliche Mengen, π ein Wahrscheinlichkeitsmaß auf $\mathfrak{P}(X)$ und $\varkappa: X \to \mathrm{DWM}(Y)$, also $\varkappa_x$ ein Wahrscheinlichkeitsmaß auf $\mathfrak{P}(Y)$. Seien also die Quelle $[X, \mathfrak{P}(X), \pi]$ und der Kanal $[X, Y, \varkappa]$ gegeben. Dann ist $[X \times Y, \mu]$ die *Doppelquelle* mit

$$\mu(x, y) =_{\mathrm{Df}} \pi(x)\, \varkappa_x(y) \text{ für } x \in X \text{ und } y \in Y.$$

π ergibt sich als Randverteilung von μ:

$$\pi(x) = \sum_{y \in Y} \mu(x, y),$$

und

$$\alpha(y) =_{\mathrm{Df}} \sum_{x \in X} \mu(x, y)$$

ist die Wahrscheinlichkeit dafür, daß der Kanal y ausgibt.

1. Sei $\mathfrak{z}_X = \{\{x\} \mid x \in X\}$, dann ist

$$H^\pi(X) =_{\mathrm{Df}} H^\pi(\mathfrak{z}_X) = -\sum_{x \in X} \pi(x) \log \pi(x)$$

die *S-Entropie der Quelle.*

2. Sei $\mathfrak{z}_Y = \{\{y\} \mid y \in Y\}$, dann ist

$$H^\alpha(Y) =_{\mathrm{Df}} H(\mathfrak{z}_Y) = -\left[\sum_{y \in Y} \alpha(y) \log \alpha(y)\right.$$

die *S-Entropie des Kanalausgangs.*

3. Sei $\mathfrak{z} = \{[x, y] \mid x \in X \wedge y \in Y\}$, dann heißt

$$H^\mu(X \times Y) =_{\mathrm{Df}} H^\mu(\mathfrak{z}) = -\sum_x \sum_y \mu(x, y) \log \mu(x, y)$$

die *S-Entropie der Doppelquelle.*

Weiterhin sei $H_x(Y) =_{\mathrm{Df}} H^\mu(X \times Y) - H^\pi(X)$.

Man kann nun leicht die Aussagen von Satz 2.22 und 2.23 auf die Entropie und Information über endlichen Alphabeten beziehen. Zu erwähnen sind insbesondere die Additivität $H(X \times Y) = H(X) + H_X(Y)$ und die Shannonsche Ungleichung $H_X(Y) \leqq H(Y)$.

Für die Information gilt $I(Y, X) \geqq 0$ und $I(X, X) = H(X)$. Die S-Information ist symmetrisch:

$$I(Y, X) = I(X, Y),$$

und es gilt

$$I(Y, X) = H(X) + H(Y) - H(X \times Y).$$

$I(Y, X)$ interpretieren wir als die *S-Information, die im Kanalausgang über die Quelle enthalten ist.*

Zur Interpretation des Begriffs S-Entropie. Die S-Entropie besitzt, wie wir oben gesehen haben, folgende wichtige Eigenschaften:

1. $H^\pi(\mathfrak{z}) \geqq 0$ für alle π über $\mathfrak{z}$.
2. $H^\pi(\mathfrak{z})$ ist maximal genau dann, wenn π die Gleichverteilung über $\mathfrak{z}$ ist.
3. $H^\pi(\mathfrak{z}) = 0$ genau dann, wenn π für ein $Z \in \mathfrak{z}$ den Wert 1 annimmt.
4. Wenn $\mathfrak{z}_1$ und $\mathfrak{z}_2$ unabhängige Zerlegungen sind und π ein Wahrscheinlichkeitsmaß über $\mathfrak{z}_1 \wedge \mathfrak{z}_2$ ist, so ist

$$H^\pi(\mathfrak{z}_1 \wedge \mathfrak{z}_2) = H^\pi(\mathfrak{z}_1) + H^\pi(\mathfrak{z}_2).$$

Damit ist die eingangs vorgenommene Interpretation von H^π als Maß für die Unbestimmtheit über den Ausgang eines Versuchs mit der Ausgangsmenge $\mathfrak{z}$ und dem Wahrscheinlichkeitsmaß π über $\mathfrak{z}$ gerechtfertigt:

a) H^π nimmt dann den größten Wert an, wenn alle Ausgänge des betreffenden Versuchs gleichwahrscheinlich sind.

b) H^π ist gleich Null, wenn der Versuchsausgang *determiniert* ist, sonst größer als Null.

c) Sind $\mathfrak{z}_1, \mathfrak{z}_2$ Ausgänge unabhängiger Versuche, so addieren sich die Unbestimmtheiten über die Ausgänge der Einzelversuche zur Unsicherheit über den Ausgang des gekoppelten Experiments.

Wegen der Additivität der S-Entropie ist

$$H_{\mathfrak{z}_1}(\mathfrak{z}_2) = H(\mathfrak{z}_1 \wedge \mathfrak{z}_2) - H(\mathfrak{z}_1).$$

Stellt man sich die Kopplung von Experimenten als zeitliche Aufeinanderfolge vor, so ist $H_{\mathfrak{z}_1}(\mathfrak{z}_2)$ die erwartete Unsicherheit, die nach Ausführung des Versuchs $\mathfrak{z}_1$ noch über den Ausgang von $\mathfrak{z}_2$ bleibt.

Die Shannonsche Ungleichung besagt dann, daß die Unbestimmtheit über den Ausgang des Versuchs $\mathfrak{z}_2$ durch vorherige Ausführung eines Versuchs mit den Ausgängen $\mathfrak{z}_1$ höchstens vermindert werden kann. Sind die Versuche unabhängig, so erfolgt keine echte Verminderung. Im Kapitel 6 werden wir Entropiemaße kennenlernen, für die die Shannonsche Ungleichung nicht immer erfüllt sein muß.

Im nachfolgenden Kapitel werden die hier definierten Größen der Entropie und der Information als charakteristische Größen für Probleme der Informationsübertragung herangezogen. Insbesondere zeigt sich, daß das Verhalten der Entropie einer Nachrichtenquelle zu der Kanalkapazität eines Kanals, die mit Hilfe der übertragbaren S-Information definiert wird, entscheidend dafür ist, ob die Nachrichten über den Kanal übertragbar sind oder nicht.

3. Shannonsche Informationstheorie

In diesem Kapitel soll in groben Zügen die von SHANNON vorgeschlagene Richtung der Informationstheorie dargestellt werden. Während man in klassischen Arbeiten, vgl. FEINSTEIN (1958), CHINTSCHIN (1956), TAKANO (1958), vor allem die Eigenschaften der Entropie und der Information in den Vordergrund stellte (*Entropie-Aspekt*), wollen wir hier parallel dazu die Eigenschaften der Rate einer Quelle studieren (*Raten-Aspekt*), was sich im nichtergodischen Fall als notwendig erwiesen hat. Die parallele Behandlung beider Aspekte findet sich übrigens schon bei SHANNON (1948) in der Originalarbeit, weshalb wir die Rate einer Quelle auch als *Shannon-Rate* (S-Rate) bezeichnen werden.

Im Abschnitt 3.1 wird der Satz von MCMILLAN, der erste grundlegende Satz über die S-Entropie einer ergodischen Quelle, angegeben.

Die S-Entropie trat schon vor SHANNONS Arbeit (1948) bei der Berechnung der Hausdorff-Dimension von Mengen aus dem Intervall [0, 1], die durch zahlentheoretische Eigenschaften charakterisiert sind, auf. Hier sind insbesondere die Arbeiten von BESICOVITSCH (1935) und EGGLESTON (1949, 1952) zu nennen. BILLINGSLEY (1960) zeigte, daß der Satz von MCMILLAN die Ursache dafür ist, daß bei der Berechnung der Hausdorff-Dimension dieser Mengen vom Lebesgueschen Maß Null die S-Entropie auftritt. Daher soll im Abschnitt 3.2 die Beziehung zwischen der Hausdorff-Dimension und der S-Entropie aufgezeigt werden.

Darüber hinaus hat sich der Satz von MCMILLAN auch für das Isomorphieproblem dynamischer Systeme, für asymptotische Fehlerabschätzungen in der mathematischen Statistik, für den Beweis von Erzeugersätzen in der Wahrscheinlichkeitstheorie und nicht zuletzt für die Konstruktion von Blockcodierungen für stationäre Kanäle, vgl. Abschnitte 3.3 und 3.4, als grundlegend erwiesen.

Obwohl seine Gültigkeit nur für ergodische Quellen nachgewiesen ist, spielt der Satz von MCMILLAN auch im stationären, nicht notwendig ergodischen Fall eine große Rolle, wie wir im Abschnitt 3.4 zeigen werden.

Im Abschnitt 3.3 wird zunächst eine allgemeinere Form des Satzes von FEINSTEIN für ergodische Kanäle bewiesen.

CHINTSCHINS Beweis des Satzes von FEINSTEIN war bekanntlich in einem Punkt nicht korrekt: Er benutzte die Unabhängigkeit (in unserer Terminologie 0-gemischt) am Kanalausgang, ohne sie vorauszusetzen. TAKANO (1958) zeigte, daß die $m(\cdot)$-Schrittabhängigkeit (d.h. endlich gemischt) am Ausgang genügt. Im Abschnitt 3.3 wird nun gezeigt, daß diese Eigenschaft nicht notwendig für die Gültigkeit der Shannonschen Sätze ist. Der Beweis zeigt, daß allein die Ergodizität der Doppelquelle entscheidend für die Anwendbarkeit der klassischen Beweismethode von FEINSTEIN ist.

Um auch den Satz von FEINSTEIN für eine größere Klasse von Kanälen zur Verfügung zu haben, wurde die Nakamura-Ergodizität für den Kanal vorausgesetzt, da die von einer ergodischen Quelle und einem stationären Kanal erzeugte Doppelquelle genau dann ergodisch ist, wenn der Kanal Nakamura-ergodisch ist, NAKAMURA (1969). Damit wird im Abschnitt 3.3 ein gewisser Abschluß der mit der klassischen Methode behandelbaren Klasse von Kanälen erreicht.

Um die in der Literatur dazu vorhandenen Resultate klar einordnen zu können, wurden im Abschnitt 2.3 Mischungsbegriffe für Kanäle (Markowsche Kerne) definiert, wie sie für dynamische Systeme in der Ergodentheorie bekannt sind.

Unbekannt ist unseres Wissens, unter welchen Bedingungen eine Dekomposition stationärer Kanäle in ergodische Bestandteile möglich ist (gemeint ist eine zur ergodischen Dekomposition von stationären Quellen analoge Integraldarstellung für Markowsche Kerne), Ansätze finden sich z.B. in YOSIDA (1974). Damit ließe sich der Satz von FEINSTEIN vielleicht noch unter allgemeineren Voraussetzungen über die Gedächtnisstruktur des Kanals beweisen. KIEFFER (1974) und WINKELBAUER (1971) haben erste Resultate in dieser Richtung vorgelegt. Eine vorzügliche Übersicht über die wichtigsten erzielten Resultate wurde von GRAY und ORNSTEIN (1978) veröffentlicht. Dort wird vor allem auf andere Definitionen der Kanalkapazität (chap. 1) und Umkehrungen des Codierungssatzes für Kanäle eingegangen, vgl. dazu auch WOLFOWITZ (1978) und AHLSWEDE (1968).

Im Abschnitt 3.4 werden der 1. und 2. Shannonsche Satz für stationäre statt wie bisher, vgl. CHINTSCHIN (1956), TAKANO (1958), für ergodische Quellen bewiesen. Dabei wird im Beweis ein anderer Weg als im ergodischen Fall gegangen. Beim Beweis der Shannonschen Sätze im Fall einer ergodischen Quelle wird die stochastische Konvergenz der Funktion

$$f_n(a) = \frac{1}{n} \log \pi^n(a\,[1, n]), \quad a \in X^{gz},$$

für die Konstruktion einer hochwahrscheinlichen Menge an der Quelle ausgenutzt (Satz von MCMILLAN). Wir werden zeigen, daß im stationären, nicht notwendig ergodischen Fall das asymptotische Verhalten der S-Rate

$$S^\pi(n, \varepsilon) = \min \{|E| \mid E \subseteq X^n \wedge \pi^n(\overline{E}) < \varepsilon\}, \quad \varepsilon > 0,$$

wesentlich ist.

Die Übertragung von Nachrichten *stationärer* Quellen wird im Grunde genommen durch die Anwendung der aus der Ergodentheorie bekannten Methode der ergodischen Dekomposition stationärer Maße behandelbar. Diese Methode wurde in der Informationstheorie erstmals von PARTHASARATHY (1961a) beim Studium von speziellen Kanälen angewendet.

Die Ergebnisse der Abschnitte 3.3 und 3.4 zur Erweiterung der Shannonschen Informationstheorie auf den Fall stationärer, nicht notwendig ergodischer Quellen wurden PÖTSCHKE (1977a) entnommen. Dort wurden auch in Kapitel 3 Analoga zu den Shannonschen Sätzen für den Fall bewiesen, daß dem Coder die Verteilung π der Quelle nicht bekannt ist, er aber über eine *Hypothese* (Schätzung) σ verfügt. Dabei spielt die B-Entropie eine Rolle, die in Kapitel 6 behandelt wird.

Die Diskussion im Anschluß an Satz 3.14 zeigt, daß es bei der Informationsübertragung im klassischen Sinne auf die Datenkompression auf eine minimale hochwahrscheinliche Menge ankommt. Dies gilt auch bereits im ergodischen Fall, in dem bisher in der Literatur der Satz von MCMILLAN herangezogen wurde, vgl. CHINTSCHIN (1956), um eine entsprechende hochwahrscheinliche Menge zu konstruieren.

Die hier benutzten Beweistechniken führen zu einem tieferen Verständnis des klassischen Shannonschen Übertragungsproblems. Zum einen wird bei stationärem π die Voraussetzung $H < C$ durch ess sup $H(\pi_a) < C$ ersetzt, wobei das Supremum über die regulären Punkte $a \in R$ gebildet wird. Zum anderen wird der Satz von MCMILLAN (wie im ergodischen Fall üblich) nicht explizit zur Codierung der Quelle herangezogen, sondern die asymptotischen Resultate über die S-Rate. Wir haben die Hoffnung, daß diese Techniken auch zu allgemeineren Formen des Satzes von FEINSTEIN führen, um auch dort die Ergodizität zu eliminieren, aber ohne die simple Voraussetzung, daß der Kanal in ergodische Bestandteile zerlegbar sei. Dann weiß man immer noch nicht, für welche Klasse von Kanälen das Resultat gilt. Hier dürfte die oben diskutierte ergodische Dekomposition (auch für Markowsche Kerne) nützlich sein.

JACOBS (1959) hat den 1. Shannonschen Satz für schwach ergodische fastperiodische Quellen und endlich gemischte fastperiodische Kanäle mit endlicher Gedächtnistiefe bewiesen. AHLSWEDE (1968) gab einen Beweis für den Satz von FEINSTEIN im unabhängigen, nicht notwendig stationären Fall mit Hilfe der von WOLFOWITZ entwickelten Methode. Das letztere Resultat kann aber mit Hilfe der klassischen Methode ebenfalls erzielt werden. Dazu wurden von PÖTSCHKE (1973) der Satz von MCMILLAN für die entsprechende Klasse von nichtstationären Quellen und weiterhin die Shannonschen Sätze für diesen Fall unabhängiger, nicht notwendig identisch verteilter Quellen und Kanäle bewiesen.

Da die in Kapitel 3 benutzten Resultate über verschiedene Zeitschriften verstreut und z. T. schwer lesbar sind, ist dieses Kapitel ausführlicher gehalten, um den aktuellen Stand der Theorie darzustellen.

3.1. Der Satz von McMillan und die Shannon-Rate von ergodischen und stationären Quellen

Sei $[X^{gz}, \mathfrak{X}, \pi]$ eine ergodische Quelle.

Satz 3.1 (SHANNON (1948), MCMILLAN (1953), BREIMAN (1957)). *Für π-fast alle $a \in X^{gz}$ gilt*

$$\lim_{n\to\infty} -\frac{1}{n} \operatorname{ld} \pi^n(a[1, n]) = h(X, \pi), \tag{3.1}$$

wobei $h(X, \pi)$ die S-Entropie der Quelle ist (Definition s.u.).

SHANNON (1948) wies diese Eigenschaft für ergodische Markowsche Ketten nach, und MCMILLAN (1953) zeigte die $\mathscr{L}^1$-Konvergenz für ergodische Quellen. BREIMAN (1960) konnte die Fast-überall-Konvergenz zeigen. Sowohl aus der $\mathscr{L}^1$-Konvergenz als auch aus der Fast-überall-Konvergenz folgt die stochastische Konvergenz, vgl. Abschnitt 2.2. Die stochastische Konvergenz in (3.1) impliziert, daß es für jedes $\varepsilon > 0$ und jedes $\delta > 0$ ein $N(\varepsilon, \delta)$ derart gibt, daß man für alle $n \geqq N(\varepsilon, \delta)$ die Menge X^n in zwei Teilmengen W_n und $\overline{W}_n$ zerlegen kann, so daß gilt:

(1) $W_n \cap \overline{W}_n = \emptyset$.

(2) Wenn $p \in W_n$ ist, dann gilt $\left|\frac{1}{n} \operatorname{ld} \pi^n(p) + h(X, \pi)\right| < \varepsilon$.

(3) $\pi^n(\overline{W}_n) < \delta$.

Somit ist W_n eine *hochwahrscheinliche* und $\overline{W}_n$ eine niedrigwahrscheinliche Menge (für kleine δ).

Die Menge W_n spielt eine wichtige Rolle für den Beweis der Shannonschen Sätze, vgl. Abschnitt 3.4; ihre Wörter werden eineindeutig codiert und mit Hilfe eines ε-trennbaren Systems, dessen Existenz gerade der Satz von FEINSTEIN garantiert, über einen vorgegebenen gestörten Kanal „wiedererkennbar" übertragen. MCMILLAN benötigte für den Beweis von Satz 3.1 ein Martingaltheorem von DOOB und den Ergodensatz von BIRKHOFF. Elementare Beweismethoden, die ohne die Martingaltheorie auskommen, wurden von GALLAGER (1968) (Markowsche Approximation) und THOMASIAN (1960) entwickelt.

Von den zahlreichen Verallgemeinerungen des Satzes von MCMILLAN seien hier die von CHUNG (1961) für abzählbare Alphabete mit endlicher S-Entropie bei Fast-überall-Konvergenz, von ALEXANDRA IONESCU-TULCEA (1961) für beliebige Alphabete mit Fast-überall-Konvergenz und BELINSKAJA (1973) für schiefe Produkt-Quellen hervorgehoben. FRITZ (1970) verallgemeinerte den Satz für zufällige Mengenfunktionen (*random set functions*). PEREZ (1964) gab Verallgemeinerungen des McMillanschen Satzes an, zu denen J. C. KIEFFER (1973) allerdings Gegenbeispiele konstruierte, vgl. KIEFFER (1976). Der aktuelle Stand von PEREZ' Resultaten wurde in PEREZ (1974a, 1974b) dargelegt.

Auch im nicht notwendig stationären Fall lassen sich Analoga zum Satz von MCMILLAN beweisen. Im unabhängigen Fall kann man die Aussage mit Hilfe der Ungleichung von TSCHEBYSCHEW gewinnen, vgl. PÖTSCHKE (1973). Allgemeinere Fälle bergen in sich die Schwierigkeit, daß der Ergodensatz von BIRKHOFF im nichtstationären Fall nicht mehr gilt. Für schwach ergodische Quellen, für die jede invariante Menge trivial ist, gilt der Ergodensatz von HUREWICZ (1944), mit dessen Hilfe man ein Analogon zum Satz von MCMILLAN ableiten kann, vgl. PARRY (1963) und DOWKER (1950). Dieses liefert aber keine brauchbare Aussage für Codierungssätze. Andererseits verfügt man in der

Golomb (1961) hat Bedingungen angegeben, unter denen zu einer Quelle mehrere optimale Codes existieren. Außerdem versuchte er, die Anzahl von verschiedenen optimalen Codes für eine vorgegebene Quelle zu bestimmen.

Zunächst erstreckt sich die Suche nach einem optimalen Code zu einer gegebenen Quelle auf die Klasse der eindeutig decodierbaren Codierungen. Wegen des Lemmas von Fano-Kraft kann man sich aber auf Präfixcodes, d.h. auf Codes, die sich durch homogene Bäume darstellen lassen, beschränken. Dabei bedeutet die Homogenität, daß von jedem inneren Knoten des Baumes die gleiche Anzahl N von Kanten ausgeht.

Stellen wir uns also die Frage, wieviel „verschiedene“ optimale Codes zu der Klasse der Quellen mit n Symbolen gehören, so ist dies die Frage nach der Anzahl der *verschiedenen* Codebäume mit n Endknoten, da die Menge der vollständigen Kantenfolgen eines Baumes gerade einer Codewortmenge entspricht. Dabei sollen zwei Codewortbäume verschieden heißen, wenn sie nicht *längenäquivalent* sind, d.h., die Folgen ihrer Kantenlängen lassen sich nicht durch eine Permutation ineinander überführen. Sei $H(n)$ die Anzahl der verschiedenen Präfixcodes der Mächtigkeit n. In Abb. 1.8 sind die nicht längenäquivalenten Codewortbäume für $n = 2, 3, 4, 5, 6, 7$ dargestellt.

Dabei zeigt sich, daß z.B. für die Klasse der Quellen mit fünf Symbolen nur drei nicht längenäquivalente Codes existieren. Tab. 1.7 zeigt, wie die Anzahl $H(n)$ der nicht längenäquivalenten Codebäume wächst. Zum Vergleich wurde die Folge der Fibonacci-Zahlen a_n, $n = 2, \ldots, 16$, angegeben.

Tabelle 1.7. Anzahl der Klassen von längenäquivalenten regulären Suchcodes vom Grad 2 (zur Definition vgl. 1.6), d.h. die Anzahl der verschiedenen Klassen von längenäquivalenten Codes, die beim optimalen Codieren auftreten. Die Zahlen für $H(n)$ sind Pötschke (1974) entnommen und wurden auf einem Rechner vom Typ BESM 6 ermittelt. Das Programm wurde von J. Süss (Berlin) geschrieben. $c_2(n)$ ist die gesamte Anzahl aller Suchcodes, vgl. Satz 1.14 bzw. Formel (1.23).

n	a_n	$H(n)$	$c_2(n)$
2	1	1	1
3	1	1	2
4	2	2	5
5	3	3	14
6	5	5	42
7	8	9	132
8	13	16	429
9	21	28	1430
10	34	50	4862
11	55	89	16796
12	89	159	58782
13	144	285	208012
14	233	510	742894
15	377	914	2674299
16	610	1639	9694875

Ein eindeutig decodierbarer Code $C \subsetneqq W(Y)$ heiße **nz**-*perfekt* (exhaustiv), wenn jede Folge $a \in X^{\mathrm{nz}}$ als Codewortfolge über C aufgefaßt werden kann. Man kann zeigen, daß jeder Huffman-Code **nz**-perfekt ist, Pötschke (1977c). Algebraisch ausgedrückt stellt also jeder Huffman-Code ein endliches Erzeugendensystem von X^{nz} dar. Während es im wesentlichen gelang, sich eine Übersicht über die bezüglich der Hamming-Metrik perfekten Codes zu verschaffen, vgl. Kapitel 9, hat man bisher keine Übersicht über die optimalen nz-perfekten eindeutig decodierbaren Codes.

Andererseits ist jeder nz-perfekte binäre Codes C ein Präfixcode mit

$$\sum_{q \in C} 2^{-|q|} = 1.$$

In Abb. 1.8 und Tab. 1.7 ist das Wachstum der Anzahl $H(n)$ der nicht längenäquivalenten Codebäume bis $n = 16$ dargestellt. Wir wenden uns nun der allgemeineren Frage zu, wie man die überhaupt auftretenden Codebäume abzählen kann, d.h., wir lassen dabei auch die Längenäquivalenz zu. Dazu ändern wir die Definition des Codebaumes geringfügig ab. Für $Y = \mathsf{Nz}$ heiße jede endliche Menge $C \subsetneq W(Y)$ *Code*. Wir führen nun den Begriff des Suchcodes nach Rényi ein. Die bisher betrachteten Codebäume entsprechen dann den regulären Suchcodes vom Grad 2 sei $\mathsf{Nz} = \{0, 1, 2, \ldots\}$.

Definition 1.3. Sei

$$C_p =_{\mathrm{Df}} \{q \mid q \in W(Y) \wedge pq \in C\}$$

mit $C \subsetneq W(Y)$ und $p \in W(Y)$. Wenn C ein Code ist, dann heißt C_p *Schnitt von C mit dem Wort p.*

Man erhält C_p dadurch, daß man von den Codewörtern s von C mit dem Präfix p eben diesen Präfix entfernt, d.h. in C_p alle Suffixe aufnimmt, die auf p folgen. Offensichtlich gilt

$$C_e = C \quad \text{und} \quad (C_p)_q = C_{pq} \text{ für } p, q \in W(Y).$$

Es gibt stets ein Wort $p \in W(Y)$ mit $C_p = \emptyset$. Wenn $p \in C$ ist, so ist C_p stets nichtleer, da es mindestens e enthält, aber C_p kann der triviale Code sein. Wenn C_p für jedes $p \in C$ der triviale Code ist, d.h. nur e enthält, dann heißt C *Präfixcode.*

Somit ist C ein Präfixcode, wenn kein Codewort Anfangsstück eines anderen Codewortes ist.

Definition 1.4. Ein Code C heißt *verzweigt,* wenn eine der drei folgenden Bedingungen erfüllt ist:

1. C ist der leere Code;
2. C ist der triviale Code, d.h., er enthält nur das leere Wort e;
3. C enthält nicht das leere Wort e, und es existiert eine ganze Zahl $v(C)$ – die *Verzweigungszahl* von C – mit $v(C) \geqq 2$, und der Code C_k ist nicht leer, wenn $k < v(C)$ ist, und C_k ist leer, wenn $k \geqq v(C)$ ist, $k = 0, 1, 2, \ldots$

Für den leeren Code setzen wir $v(C) = 0$ und für den trivialen $v(C) = 1$. Damit ist die Verzweigungszahl für jeden verzweigten Code definiert.

Definition 1.5. Eine Code heißt *Suchcode* genau dann, wenn C_p für jedes $p \in W(Y)$ verzweigt ist.

Beispiele. 1. $C = \{0, 21\}$ ist nicht verzweigt, da $C_1 = \emptyset$ und $C_2 = \{1\}$ ist.

2. $C = \{00, 1\}$ ist verzweigt, da $C_0 = \{0\}$ und $C_1 = \{e\}$ ist, aber kein Suchcode, da C_0 nicht verzweigt ist.

3. $\{0, 11, 2\}$ ist verzweigt, da $C_0 = \{e\}$, $C_1 = \{1\}$, $C_2 = \{e\}$ ist, aber kein Suchcode, da C_1 nicht verzweigt ist.

4. $C = \{0, 10, 11, 2\}$ ist ein Suchcode, da C, C_0, C_1 und C_2 verzweigt sind.

5. $C = \{0, 10, 2\}$ ist verzweigt. C ist auch ein *Pseudo-Suchcode* im Sinne von Chor-

NEYKO und MOHANTY (1972), für den als Verzweigungszahl nach Definition 1.4 auch $v(C) = 1$ zugelassen ist. Da $C_{10} = \{e\}$ und $C_{11} = \emptyset$ ist, gilt $v(C_1) = 1$, dies ist aber für Suchcodes nicht zulässig, daher ist C Pseudo-Suchcode, aber kein Suchcode.

Offensichtlich ist jeder Suchcode C auch ein Präfixcode. Denn für $p \in C$ ist C_p ein verzweigter Code, und da C_p auch das leere Wort e enthält, muß es der triviale Code sein - damit ist C ein Präfixcode. Andererseits ist nicht jeder Präfixcode ein Suchcode: Beispielsweise ist der Code, der aus einem einzelnen Codewort besteht, das vom leeren Wort verschieden ist, ein Präfixcode, aber kein Suchcode.

Definition 1.6. Wenn C ein Suchcode ist, so bezeichnen wir alle $p \in W(Y)$ mit $v(C_p) \geqq 2$ als *Verzweigungspunkte* von C. Die Anzahl aller Verzweigungspunkte von C bezeichnen wir mit $V(C)$. Ein Suchcode C heißt *regulär vom Grad N*, wenn jeder seiner Verzweigungspunkte die Verzweigungszahl N hat, d.h., für jedes $p \in W(Y)$ gilt: Wenn $v(C_p) \geqq 2$ ist, dann gilt $v(C_p) = N$.

Der triviale Code ist dann per definitionem regulär von jedem Grad $N \geqq 2$.
Das Studium der Suchcodes wurde durch den Zusammenhang zwischen Suchcodes und der mathematischen Theorie der Suchprozesse motiviert, vgl. RÉNYI (1970).
Wir wenden uns nun der Abzählung von Suchcodes zu. Sei C ein regulärer Suchcode vom Grad $N \geqq 2$. Dann gilt zunächst das

Lemma 1.13. *Wenn C ein regulärer Suchcode vom Grad N ist, dann genügt die Anzahl $A(C)$ des Codes C der folgenden Kongruenzrelation*

$$A(C) \equiv 1 \bmod (N-1).$$

Wenn umgekehrt n eine natürliche Zahl ist, so daß $n-1$ durch $N-1$ teilbar ist, dann existieren reguläre Suchcodes vom Grad N und der Anzahl n.

Der folgende Satz gibt eine Formel für die Anzahl $C_N(n)$ der regulären Suchcodes vom Grad N und der Anzahl n an, wobei natürlich $n \equiv 1 \bmod (N-1)$ ist.

Satz 1.14 (RÉNYI (1970)). *Für jede natürliche Zahl n mit $n = k(N-1) + 1$ ($k = 0, 1, \ldots$) gilt*

$$C_N(n) = \frac{(k \cdot N)!}{k!\, n!}. \tag{1.22}$$

Im Fall $N = 2$, also binärer Suchcodes, gilt nach Lemma 1.13 $A(C) = V(C) + 1$, damit existieren reguläre binäre Suchcodes jeder Anzahl $n \geqq 1$, und aus (1.22) ergibt sich für ihre Gesamtanzahl

$$C_2(n) = \frac{\binom{2n-1}{n}}{(2n-1)} = \frac{(2n-3)!!\, 2^{n-1}}{n!}. \tag{1.23}$$

Diese Formel war schon CAYLEY (1857/59 und 1889) bekannt, der das entsprechende Problem für die den Suchcodes entsprechenden Codebäume löste. CAYLEY wies auch darauf hin, daß $C_2(n)$ gleich der Anzahl der möglichen Interpretationen von einem *Produkt* von n Faktoren bezüglich einer nichtassoziativen Operation ist, d.h., $C_2(n)$ ist gleich der Anzahl der möglichen Klammerungen eines derartigen Produktes.
Damit ist Satz 1.14 eine Verallgemeinerung des klassischen Resultates von CAYLEY.

Nachdem wir Formeln für die Anzahlen der regulären Suchcodes mit gegebenem Grad N und gegebener Größe n angegeben haben, wenden wir uns nun dem allgemeineren Fall zu.

Sei $D(n, k)$ die Gesamtanzahl aller Suchcodes des Umfangs n mit k Verzweigungspunkten. Offensichtlich gilt $k \leqq n - 1$, da für eine gegebene Anzahl n der binäre Code die maximale Anzahl von Verzweigungspunkten besitzt. Man sieht leicht, daß $D(1, 0) = 1$ und $D(n, 0) = 0$ für $n \geqq 2$ gelten, und für $n \geqq 2$ gilt die folgende Rekursionsformel

$$D(n, k) = \sum_{l=2}^{n} \sum_{\substack{n_1+n_2+\ldots+n_l=n,\\ k_1+\ldots+k_l=k-1}} D(n_1, k_1)\, D(n_2, k_2) \ldots D(n_l, k_l).$$

Mit Hilfe dieser Formel kann der folgende Satz bewiesen werden, vgl. RÉNYI (1970).

Satz 1.15. *Für $n \geqq 2$ und $k \geqq 1$ gilt für die Anzahl $D(n, k)$ der Suchcodes vom Umfang n mit k Verzweigungspunkten*

$$D(n, k) = \frac{1}{n}\binom{n-2}{k-1}\binom{n+k-1}{k}.$$

Für $n \geqq 2$ gilt für die Anzahl $D(n)$ aller Suchcodes vom Umfang n

$$D(n) = \frac{1}{n}\sum_{k=1}^{n-1}\binom{n-2}{k-1}\binom{n+k-1}{k}.$$

Insbesondere gilt für $D(n)$ die asymptotische Formel

$$D(n) \sim \frac{\sqrt{3 - 2\sqrt{2}}\,(3 + 2\sqrt{2})^n}{4\sqrt{\pi}\, n^{3/2}}.$$

Die ersten Werte von $D(n)$ sind $D(2) = 1$, $D(3) = 3$, $D(4) = 11$, $D(5) = 45$, $D(6) = 197$.

Auch für

- $D_r(n)$, die Anzahl der Suchcodes vom Umfang n mit maximaler Länge r, $r = 1, 2, \ldots$ und
- $B_N(n, r)$, die Anzahl der regulären Suchcodes vom Grad N und des Umfangs n

kann man explizite Formeln herleiten, vgl. RÉNYI (1970). Insbesondere gilt für $B_2(r)$, die Anzahl der binären Suchcodes, deren Codewörter höchstens die Länge r haben, die Rekursionsformel

$$B_2(0) = 1,$$

$$B_2(r + 1) = 1 + B_2^2(r) \text{ für } r \geqq 0,$$

woraus man sukzessiv die Werte für $B_2(r)$ berechnen kann, vgl. Tab. 1.8.

Dazu muß bemerkt werden, daß der triviale Code hier als einziger binärer Code gezählt wurde, der aus einem einzelnen Codewort der Länge 0 besteht.

Sei $b_2(r)$ die Gesamtanzahl der binären Suchcodes, bei denen das längste Codewort genau die Länge r hat, dann ist $b_2(r) = B_2(r) - B_2(r - 1)$, und es ergibt sich $b_2(1) = 1$, $b_2(2) = 3$, $b_2(3) = 21$, $b_2(4) = 651$ usw., vgl. Tab. 1.8.

Es sei angemerkt, daß die Abzählung von binären Wurzelbäumen durch $B_2(r)$ mit zwei anderen Abzählungsproblemen im Zusammenhang steht.

Betrachten wir eine *kontextfreie Grammatik* $\mathfrak{G}$ mit den beiden Produktionsregeln $N \to NN$ und $N \to t$, wobei N ein Symbol des Hilfsvokabulars und t ein terminales Symbol ist. Damit ist $B_2(r)$ die Anzahl der Erzeugungsbäume von $\mathfrak{G}$, die Wege der maximalen Länge r besitzen.

Andererseits besteht ein kanonischer Zusammenhang zwischen binären Wurzelbäumen und der Klammerung in einem Satz, der zu der bereits erwähnten Inter-

Tabelle 1.8. $B_2(r)$ ist die Anzahl der binären Suchcodes, deren Codewörter höchstens die Länge r haben, während $b_2(r)$ die Gesamtzahl der binären Suchcodes bezeichnet, bei denen das längste Codewort genau die Länge r hat

r	$B_2(r)$	$b_2(r)$
0	1	1
1	2	1
2	5	3
3	26	21
4	677	651
5	458330	457653
6	$\sim 21006 \cdot 10^7$	$\sim 21001 \cdot 10^5$
7	$\sim 44127 \cdot 10^{22}$	$\sim 44127 \cdot 10^{14}$
8	$\sim 19472 \cdot 10^{45}$	$\sim 19472 \cdot 10^{33}$
9	$\sim 37917 \cdot 10^{90}$	$\sim 37917 \cdot 10^{71}$

pretation von $C_2(n)$ führte. In diesem Zusammenhang ist $B_2(r)$ die Anzahl der Möglichkeiten, ein Wort der Länge größer als r so zu klammern, daß die Tiefe der Klammern höchstens $r + 1$ ist.

Zum Schluß dieses Abschnitts über Abzählprobleme von Suchcodes wollen wir noch eine Bemerkung über die Abzählmethoden anfügen. Für den Beweis der Sätze 1.14 und 1.15, die explizite Formeln für $C_N(n)$ und $D(n, k)$ bzw. $D(n)$ angeben, benutzte Rényi (1970) die *Methode der Erzeugendenfunktionen*. Da man jedem Suchcode einen Wurzelbaum zuordnen kann, ist es prinzipiell möglich, die *Abzählungsmethoden für baumartige Graphen* zu benutzen. Dabei kann man zwar auch zu expliziten Formeln für die Erzeugendenfunktionen der Bäume gelangen, aber es ist weitaus schwieriger, daraus explizite Formeln für die Anzahl der Bäume zu erhalten, vgl. Rényi (1970).

Eine völlig andere Methode zur Abzählung von Pseudo-Suchcodes benutzten Chorneyko und Mohanty (1972). Für die Definition eines Pseudo-Suchcodes wird die des Suchcodes (Definition 1.5) dahingehend abgeändert, daß für die Verzweigungszahlen $v(C_p)$, $p \in W(Y)$, die Forderung $v(C_p) \geqq 2$ durch $v(C_p) \geqq 1$ ersetzt wird.

Es kann eine eineindeutige Entsprechung zwischen der Menge der Pseudo-Suchcodes und gewissen Mengen von Gitterwegen im Gitter der Punkte (m, n) mit natürlichen Zahlen als Koordinaten nachgewiesen werden, Theorem 3.1 in Chorneyko, Mohanty (1972). Daraus erhält man explizite Formeln für die Anzahlen von Pseudo-Suchcodes. Als Spezialfall davon ergibt sich für die Anzahl $C_N(n)$ der regulären Suchcodes vom Grad N und der Anzahl n:

$$C_N(n) = \frac{1}{k(N-1)+1}\binom{kN}{k}, \tag{1.24}$$

wobei $n = k(N-1) + 1$, $k = 0, 1, 2, \ldots$, ist. Nun gilt aber

$$\frac{1}{k(N-1)+1}\binom{kN}{k} = \frac{1}{n}\,\frac{kN(kN-1)\ldots(kN-(k-1))}{k!}$$

$$= \frac{(kN)!}{n\,k!(n-1)!} = \frac{(kN)!}{k!\,n!}.$$

Damit stimmt die Formel (1.24) für $C_N(n)$ mit der durch Satz 1.14 gegebenen überein.

Bei der Abzählung der gewissen Präfixcodes entsprechenden Codebäume hatten wir den Begriff des Suchcodes, Definition 1.5, eingeführt und damit angedeutet, daß ein enger Zusammenhang zwischen der Theorie längenvariabler Codes und der mathematischen Suchtheorie besteht. Auch der Algorithmus von HUFFMAN ist von großer Wichtigkeit für die *Fragenbogentheorie*, vgl. PICARD (1972), da sich die Konstruktion eines bezüglich der mittleren Weglänge optimalen homogenen Büschelfragebogens für das Identifizierungsproblem $[X, \pi]$ als äquivalent zum Auffinden eines optimalen eindeutig decodierbaren Codes für die unabhängige und stationäre Quelle $[X, \pi]$ erwiesen hat. Dabei ist ein homogener Büschelfragebogen im Sinne der Graphentheorie ein endlicher Wurzelbaum mit gleicher Anzahl von Ausgängen an jedem Verzweigungsknoten und einer Wahrscheinlichkeitsverteilung π über der Menge der Endknoten. Wegen der oben dargestellten Zusammenhänge ist die S-Entropie eine untere Schranke für die mittlere Weglänge, und das Ziel der Fragebogentheorie besteht darin, „Fragebogen zu konstruieren, die im Mittel zur Trennung der Ereignisse eines vollständigen Systems (d.h. $\sum_{x \in X} \pi(x) = 1$) die geringste Anzahl von Fragen benötigen“, PICARD (1973).

Der Algorithmus von HUFFMAN eignet sich auch zur Konstruktion von heterogenen optimalen Fragebögen, PICARD (1973, S. 104) und PICARD (1972). Dabei entsprechen den homogenen Fragebögen vom Grad N gerade die in Definition 1.6 eingeführten regulären Suchcodes vom Grad N. Daher kann man die in diesem Kapitel dargestellten Resultate, z.B. zur Abzählung von Suchcodes oder zum expliziten Codieraufwand, in die Fragebogentheorie übertragen und umgekehrt.

Eine spezielle Klasse von Blockcodes stellen die *kommafreien Blockcodes* dar. Sei X ein Alphabet und k eine natürliche Zahl, $k \geqq 1$.

Definition 1.7. Eine Menge $C \subseteqq X^k$ heißt *kommafreier Blockcode* genau dann, wenn mit je zwei Wörtern $a_1 \ldots a_k$, $b_1 \ldots b_k$ aus C die „Überlappungen“ nicht in C liegen, d.h.,

$$\begin{aligned} &a_2 a_3 \ldots a_k b_1, \\ &a_3 a_4 \ldots a_k b_1 b_2, \\ &\vdots \\ &a_k b_1 \ldots b_{k-2} b_{k-1} \end{aligned}$$

liegen nicht in C.

Bildet man eine beidseitig unendliche Folge aus Wörtern eines kommafreien Codes, so ist diese Folge eindeutig „decodierbar“ in dem Sinne, daß ihr genau eine Folge von Wörtern aus C zugeordnet werden kann. Dabei setzen wir voraus, daß die Blocklänge bekannt ist. Darüber hinaus ist auch jedes endliche Teilstück einer beidseitig unendlichen oder einseitig unendlichen Folge über C eindeutig decodierbar, wenn die Wörter ohne Komma hintereinander geschrieben werden.

Bei dieser Art von Blockcodes entsteht die Frage nach maximalen kommafreien Blockcodes. Sei dazu $W_k(M)$ die Anzahl eines maximalen kommafreien Blockcodes $C \subseteqq X^k$ mit $|X| = M$.

Der folgende Satz gibt eine obere Schranke für $W_k(M)$ an.

Satz 1.16 (GOLOMB, GORDON, WELCH (1958)). *Es gilt stets*

$$W_k(M) \leqq \frac{1}{k} \sum_{d|k} \mu(d) \cdot M^{\frac{k}{d}},$$

wobei sich die Summation über alle Teiler d von k erstreckt und μ die Möbius-Funktion ist mit

$$\mu(d) = \begin{cases} 1, & \text{wenn } d = 1, \\ 0, & \text{wenn } d \text{ durch ein Quadrat einer Primzahl teilbar ist,} \\ (-1)^r, & \text{wenn } d = p_1 \cdots p_r, \text{ wobei } p_1, \ldots, p_r \text{ verschiedene Primzahlen} \\ & \text{sind.} \end{cases}$$

Satz 1.16 gibt eine allgemeine obere Schranke für $W_k(M)$, die für einige Werte die folgende Form hat

$$W_1(M) \leqq M, \qquad W_2(M) \leqq \frac{1}{2}(M^2 - M),$$

$$W_3(M) \leqq \frac{1}{3}(M^3 - M), \qquad W_4(M) \leqq \frac{1}{4}(M^4 - M^2).$$

In einigen Fällen wird diese obere Schranke auch angenommen. Golomb et al. (1958) vermuten, daß dies für alle ungeraden k gilt, konnten es aber nur für $k \leqq 15$ beweisen. Damit gilt der folgende

Satz 1.17. a) *Für $M \geqq 1$ gilt*

$$W_k(M) = \frac{1}{k} \sum_{d|k} \mu(d)\, M^{\frac{k}{d}},$$

wenn $k = 1, 3, 5, 7, 9, 11, 13, 15$ ist.

b) $W_2(M) = \left[\frac{1}{3} M^2\right]$, *wobei $[x]$ den ganzen Teil von x bezeichnet.*

c) *Wenn k eine gerade Zahl ist, dann wird die obere Schranke, die durch Satz* 1.16 *gegeben ist, von $W_k(M)$ nicht angenommen, wenn nur $M > 3^{\frac{1}{2}k}$ ist.*

Über das asymptotische Verhalten von $W_k(M)$, wobei k fixiert ist und $M \to \infty$, ist ebenfalls für gerade k mehr bekannt als für ungerade. Zunächst kann man zeigen, vgl. Golomb et al. (1958), daß der Grenzwert

$$\lim_{n \to \infty} \frac{1}{M^k} W_k(M) = g_k$$

existiert. Wenn k gerade ist, so gilt $g_k = \frac{1}{k}$, und wenn k ungerade ist, so gilt zumindest $\frac{1}{ek} < g_k \leqq \frac{1}{k}$ mit $e = 2{,}71828\ldots$

Anwendungen dieser Resultate über kommafreie Blockcodes bei der Speicherung von genetischer Information in Folgen von Nukleotiden werden u.a. bei Golomb et al. (1958) aufgezeigt.

Kommafreie Blockcodes können auch als algebraische Codes benutzt werden, vgl. Stiffler (1965).

Weitere Ergebnisse zur Abzählung kommafreier Codes findet man bei Eastman (1965) und für Codes der Codelänge 2 bei Ball und Cummings (1976). Bei Cummings (1977) werden maximale kommafreie Codes als Comengen von linearen Codes aufgefaßt, und dadurch wird eine Beziehung zur algebraischen Codierungstheorie hergestellt. Ball und Cummings (1976) zeigten, daß zwischen extremalen Digraphen und kommafreien Codes enge Beziehungen bestehen.

2. Grundbegriffe der Informationstheorie

In diesem Kapitel werden, ausgehend von dem Modell der Informationsübertragung, Abschnitt 2.1, die mathematischen Grundbegriffe der Informationstheorie definiert. Es werden mathematische Modelle für diskrete Nachrichtenquellen und -kanäle eingeführt. Dabei erweisen sich stationäre Quellen und Kanäle als spezielle dynamische Systeme bzw. Markowsche Kerne, die der eigentliche Gegenstand der Ergodentheorie sind, vgl. etwa JACOBS (1962/63). Es ist daher naheliegend, Begriffe und Methoden der Ergodentheorie in der Informationstheorie zu verwenden.

Im Abschnitt 2.3 wird eine ganze Hierarchie von Mischungsbegriffen für Quellen und Kanäle eingeführt, wie sie aus der Ergodentheorie nur für dynamische Systeme bzw. in der Theorie der Grenzwertsätze für stochastische Prozesse, vgl. IOSIFESCU, THEODORESCU (1969), bekannt sind. Insbesondere sind die ergodischen Systeme Extremalpunkte in gewissen konvexen Mengen, womit die Bedeutung der Ergodizität als Mischungsbegriff unterstrichen wird. Bekanntlich spielen ergodische Quellen in den klassischen Arbeiten der Informationstheorie eine zentrale Rolle, vgl. SHANNON (1948), CHINTSCHIN (1956), MCMILLAN (1953) und FEINSTEIN (1958).

Andererseits gestattet die Extremaleigenschaft der ergodischen Systeme die ergodische Integraldarstellung stationärer Maße, Abschnitt 2.4, die dann im nächsten Kapitel dazu dienen wird, die zentralen Sätze der Informationstheorie für stationäre, nicht notwendig ergodische Quellen zu beweisen.

Im Abschnitt 2.6 werden die Shannon-Entropie und die Information eingeführt, deren Eigenschaften dann im Kapitel 3 mit Hilfe der im Abschnitt 2.2 definierten Konvergenzbegriffe näher untersucht werden.

Zuvor wollen wir noch einige Bezeichnungen vereinbaren. Sei X eine endliche nichtleere Menge, dann bezeichnen wir mit $\mathfrak{P}(X)$ die Potenzmenge von X und mit DWM(X) die Menge der diskreten Wahrscheinlichkeitsmaße auf $\mathfrak{P}(X)$. Wenn $\mathfrak{A}$ eine σ-Algebra ist, so ist WM$(\mathfrak{A})$ die Menge aller Wahrscheinlichkeitsmaße über $\mathfrak{A}$.

2.1. Das Modell der Informationsübertragung

Das grundlegende Modell der Informationsübertragung besteht darin, daß ein Sender Nachrichten an einen Empfänger übermittelt, wobei aus technischen Gründen häufig ein Kanal diese Übermittlung übernimmt. Dieses Modell ist in Abb. 2.1 dargestellt. Dabei kann ein Sender ein Morsegerät, ein Fernsehsender usw. sein. Der Empfänger ist dann z. B. ein Mensch, ein Morseempfänger, ein Fernsehgerät (Antenne eingeschlossen), ein Computer usw.

Der Sender wird in der mathematischen Informationstheorie formal durch den Begriff der Quelle erfaßt. Eine Quelle besteht aus einem Alphabet X, dem Nachrichtenvorrat, und einer Wahrscheinlichkeitsverteilung über einer geeigneten σ-Algebra über X. Da wir häufig Folgen von Nachrichten untersuchen, wird die σ-Algebra gleich über dem Folgenraum der Nachrichten X^{gz} bzw. X^{nz}, d. h. dem Raum der beidseitig unendlichen Folgen

$$\dots x_{-1} x_0 x_1 x_2 \dots, \quad x_i \in X,$$

bzw. der einseitig unendlichen Folgen

$$x_0 x_1 x_2 \dots, \quad x_i \in X,$$

definiert und das Wahrscheinlichkeitsmaß eben auf dieser σ-Algebra.

Abb. 2.1. Modell der Informationsübertragung vom Sender über einen Kanal zum Empfänger

Durch diese Formalisierung werden also Eigenschaften der ausgesandten Signale, wie Frequenz, Bandbreite usw., nicht explizit erfaßt. Das Studium dieser Größen und ihre Beziehungen zur Übertragbarkeit über bestimmte Kanäle gehört zur *Nachrichten-* bzw. *Signaltheorie*, vgl. SOLODOW (1972), CARLSON (1975) und SCHNEEWEISS (1974).

In der von SHANNON begründeten klassischen Informationstheorie wird der Empfänger nicht explizit berücksichtigt, d.h., der Informationsgehalt der von der Quelle ausgesandten Nachrichten hängt nicht vom Empfänger, sondern, wie wir später sehen werden, nur von der Wahrscheinlichkeitsverteilung der Quelle ab. Da auch die Struktur der Signale nicht berücksichtigt wird, kann man, wie wir in Kapitel 6 noch genauer begründen werden, in diesem Fall von dem *statistisch-syntaktischen Aspekt der Information* sprechen. Dieser Aspekt der Information und die Übertragung derartiger Information ist gerade der *Gegenstand der klassischen Informationstheorie.*

Der Kanal besitzt ein Eingabealphabet X und ein Ausgabealphabet Y. Bei der stochastischen Beschreibung des Kanals verfügen wir über ein bedingtes Wahrscheinlichkeitsmaß $\varkappa: X \to \mathrm{DWM}(Y)$, und $\varkappa_x(y)$ ist dann die Wahrscheinlichkeit dafür, daß der Kanal bei Empfang des Signals $x, x \in X$, das Signal y, $y \in Y$, ausgibt. Dieses Signal y wird an den Empfänger weitergegeben, dem es dann überlassen ist, von y auf das von der Quelle ausgesandte Signal x zu schließen.

Formal erfassen wir einen Kanal durch einen Markowschen Kern von $X^{\mathfrak{gz}}$ nach $Y^{\mathfrak{gz}}$ bzw. von $X^{\mathfrak{nz}}$ nach $Y^{\mathfrak{nz}}$, d.h. durch meßbare Abbildungen

$$\varkappa: X^{\mathfrak{gz}} \to \mathrm{WM}(\mathfrak{Y}) \quad \text{bzw.} \quad \varkappa': X^{\mathfrak{nz}} \to \mathrm{WM}(\mathfrak{Y}'),$$

wobei $\mathfrak{Y}$ bzw. $\mathfrak{Y}'$ geeignete σ-Algebren über $Y^{\mathfrak{gz}}$ bzw. $Y^{\mathfrak{nz}}$ sind.

Quellen und Kanäle können aber auch als endliche stochastische Automaten[1]) aufgefaßt werden, vgl. BLACKWELL, BREIMAN, THOMASIAN (1958). Ein endlicher stochastischer Automat $\mathfrak{C} = [X, Y, Z, H]$ besteht aus den nichtleeren, endlichen Mengen X, Y, Z (Z Zustandsalphabet) und einer Funktion H von $X \times Z$ in $\mathrm{DWM}(Y \times Z)$. $H[x, z]\,(y, z')$ ist dann die Wahrscheinlichkeit dafür, daß der Automat im Zustand z, $z \in Z$, bei Eingabe von x, $x \in X$, in den Zustand z', $z' \in Z$, übergeht und das Signal y, $y \in Y$, ausgibt. Bereits SHANNON (1948) verwendete derartige Systeme als Kanalmodelle, vgl. SHANNON, WEAVER (1976, S. 77). In der Informationstheorie wurden dann endliche stochastische Automaten als *endliche Zustandskanäle* (*finite state channels*) bezeichnet und studiert, vgl. MCMILLAN (1953), BLACKWELL, BREIMAN, THOMASIAN (1958, 1959), BREIMAN (1960a), BLACKWELL (1962), ČERNY (1970), NAKAMURA (1973), WOLFOWITZ (1978, S. 22ff.). Es besteht auch ein enger Zusammenhang zwischen sequentiellen synchronen stochastischen Automaten und den in der Informationstheorie untersuchten $\mathfrak{gz}$-Kanälen ohne Vorgriff. Jeder stochastische Automat erzeugt einen bestimmten Kanal ohne Vorgriff, vgl. PFAFFELHUBER (1971).

Ziehen wir also die eine oder andere Formalisierung für den Sender und den Übertragungskanal in Betracht, so kommen wir, ausgehend von dem Schema in Abb. 2.1. zu dem Schema in Abb. 2.2, wie es den meisten Untersuchungen der mathematischen Informationstheorie zugrunde liegt.

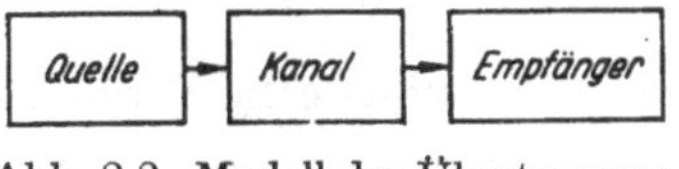

Abb. 2.2. Modell der Übertragung von Nachrichten, das der Informationstheorie zugrunde liegt

[1]) Zur Theorie endlicher stochastischer Automaten vgl. STARKE (1974).

Historisch gesehen tritt der Begriff der gz-Quelle bei McMILLAN (1953) erstmals auf. Da stationäre gz-Quellen spezielle *dynamische Systeme* darstellen, deren Eigenschaften in der Ergodentheorie studiert werden, war damit der Weg zur Anwendung ergodentheoretischer Resultate und Methoden[1]), wie z. B. die Einführung von Mischungsbegriffen und die Ausnutzung dieser Eigenschaften zur Konstruktion von Codierungen bzw. die Anwendung der ergodischen Dekomposition stationärer, nichtergodischer Systeme geebnet. Der ergodentheoretische Zugang zur Informationstheorie ist ausführlich in der Monographie von BILLINGSLEY (1965) dargestellt.

Es ist interessant festzustellen, daß andererseits durch die Einführung der Entropie als Isomorphieinvariante dynamischer Systeme durch KOLMOGOROFF Methoden der Informationstheorie wie Sätze vom McMillanschen Typ Anwendung in der Ergodentheorie fanden und dort zu tiefgreifenden Resultaten führten.

Eine ergodentheoretische Untersuchung von Kanälen erfolgte durch PARTHASARATHY (1961a), NAKAMURA (1969, 1970) und UMEGAKI (1968). Bemerkenswert dabei ist, daß die Nakamura-ergodischen Kanäle gerade die *Extremalpunkte* (modulo der Menge der ergodischen Quellen über dem Kanaleingabealphabet) in der konvexen Menge der stationären Kanäle sind, ähnlich wie die ergodischen Quellen gerade die Extremalpunkte in der konvexen Menge aller stationären Quellen (über fixiertem Alphabet) darstellen.

Unbekannt ist unseres Wissens, unter welchen Bedingungen eine Dekomposition stationärer Kanäle in ergodische Bestandteile möglich ist (gemeint ist eine zu Lemma 2.18 analoge Integraldarstellung für Markowsche Kerne). Ansätze finden sich z. B. in YOSIDA (1974). Codierungssätze für stationäre Kanäle, die sich durch ergodische Bestandteile darstellen lassen, wurden von WINKELBAUER (1971, 1972, 1973) und KIEFFER (1974) bewiesen.

2.2. Konvergenzbegriffe

Um das Verhalten von informationstheoretischen Größen wie Entropie und Information genau beschreiben zu können, benötigen wir einige grundlegende Konvergenzbegriffe aus der Maßtheorie.

Definition 2.1. Sei F eine numerische Zufallsfunktion auf dem Wahrscheinlichkeitsraum $[A, \mathfrak{A}, \pi]$. Ist dann $F \geqq 0$ oder F π-integrierbar, so heißt

$$\mathsf{E}(F) = \mathsf{E}^{\pi}(F) =_{\mathrm{Df}} \int F \, d\pi$$

der *Erwartungswert* von F.

Die Eigenschaften des Erwartungswertes sind damit die des Integrals. Insbesondere ist die Bedingung $\mathsf{E}(|F|) < \infty$ äquivalent mit der Integrierbarkeit von F.

Wir bezeichnen mit $\mathcal{L}^1(\pi)$ die Menge aller reellen π-integrierbaren Funktionen auf A.

Wichtige Grundbegriffe sind die *Fast-überall-Konvergenz*, die *stochastische Konvergenz* und die *Konvergenz im p-ten Mittel*.

Eine numerische Funktion F auf A heißt *p-fach* (π-)*integrierbar* ($1 \leqq p < +\infty$), wenn sie meßbar ist und wenn $|F|^p$ π-integrierbar ist. Sei $\mathcal{L}^p(\pi)$ die Menge aller reellen, p-fach π-integrierbaren Funktionen auf A. $\mathcal{L}^p(\pi)$ ist ein Vektorraum über R^1. Da π ein endliches Maß ist, so ist auch jede p-fach integrierbare Funktion 1-fach integrierbar ($1 \leqq p < +\infty$).

Sei p eine reelle Zahl mit $p \geqq 1$. Für jede $\mathfrak{A}$-meßbare numerische Funktion F auf A

[1]) Einen guten Überblick über Methoden und Ergebnisse der Ergodentheorie findet man bei JACOBS (1960, 1962/63). Neuere Ergebnisse sind in JACOBS (1974, 1976) enthalten. Eine vorzügliche Einführung in die Ideenwelt der Ergodentheorie stellt die Arbeit von JACOBS (1965) dar.

ist $|F|$ und dann auch $|F|^p$ meßbar. Damit ist für jedes derartige F definiert:

$$N_p(F) =_{\mathrm{Df}} \left(\int |F|^p \, \mathrm{d}\pi\right)^{\frac{1}{p}}.$$

Dafür gilt

$$0 \leqq N_p(F) \leqq +\infty.$$

Auf dem Vektorraum $\mathscr{L}^p(\pi)$ ist die Funktion N_p endlich. Somit liegt eine Abbildung $N_p : \mathscr{L}^p(\pi) \to \mathsf{R}^+$ vor mit den Eigenschaften

$$N_p(rF) = |r| \, N_p(F) \text{ für } r \in \mathsf{R}^1 \text{ und}$$

$$N_p(F + G) \leqq N_p(F) + N_p(G) \text{ (Minkowskische Ungleichung),}$$

wobei G ebenfalls eine meßbare numerische Funktion auf A mit überall auf A definierter Summe $F + G$ ist. Aus der letzten Eigenschaft folgt, daß die Funktion

$$d_p(F, G) =_{\mathrm{Df}} N_p(F - G), \quad F, G \in \mathscr{L}^p(\pi),$$

alle Eigenschaften einer Metrik auf $\mathscr{L}^p(\pi)$ besitzt mit Ausnahme der folgenden: Es gilt $d_p(F, G) = 0$ nur für $F = G$ fast überall. Die Minkowskische Ungleichung geht dabei in die Dreiecksungleichung über. Wegen der fehlenden Eigenschaft ist also d_p nur eine *Pseudo-Metrik.* d_p heißt die Pseudo-Metrik der Konvergenz im p-ten Mittel (bezüglich π). In den Fällen $p = 1$ bzw. $p = 2$ spricht man von der *Konvergenz im Mittel* bzw. von der *Konvergenz im quadratischen Mittel.*

Der Raum $\mathscr{L}^p(\pi)$ sei von nun an stets mit dieser Pseudo-Metrik (bzw. der zugehörigen, nicht dem Hausdorffschen Trennungsaxiom genügenden Topologie) versehen.

Insbesondere ist dann die Konvergenz im p-ten Mittel einer Folge (f_n) aus $\mathscr{L}^p(\pi)$ gegen ein $f \in \mathscr{L}^p(\pi)$ definiert. Dies bedeutet

$$\lim_{n\to\infty} d_p(f_n, f) = \lim_{n\to\infty} N_p(f_n - f) = 0.$$

Nach dem eben Gesagten ist der Grenzwert f nur fast überall eindeutig bestimmt. Wegen der oben angegebenen Eigenschaften von N_p gelten die üblichen, von den reellen Zahlen her gewohnten Regeln über das lineare Rechnen mit konvergenten Folgen in $\mathscr{L}^p(\pi)$, d.h. genauer: Die durch d_p definierte Topologie in $\mathscr{L}^p(\pi)$ ist mit der Vektorraumstruktur von $\mathscr{L}^p(\pi)$ verträglich.

Eine Menge $N \subset A$ bezeichnen wir als *π-Nullmenge,* wenn $N \in \mathfrak{A}$ und $\pi(N) = 0$ ist. Eine Folge (f_n) heißt dann *fast-überall konvergent* gegen f auf A, wenn es eine π-Nullmenge N gibt, so daß die Folge (f_n) für alle Punkte $a \in \overline{N}$ gegen f konvergiert.

Einen Zusammenhang zwischen der Fast-überall-Konvergenz und der im p-ten Mittel zeigt der folgende *Satz von der majorisierten Konvergenz.*

Satz 2.1 (Lebesgue). *Sei $(f_n)_{n\in \mathrm{nz}}$ eine fast überall auf A konvergente Funktionenfolge aus $\mathscr{L}^p(\pi)$. Es existiere eine p-fach integrierbare numerische Funktion $g \geqq 0$ auf A mit*

$$|f_n| \leqq g.$$

Dann gibt es eine reelle meßbare Funktion f auf A, gegen die (f_n) fast überall konvergiert. Jede solche Funktion f liegt in $\mathscr{L}^p(\pi)$, und die Folge (f_n) konvergiert im p-ten Mittel gegen f $(1 \leqq p < +\infty)$.

Der Begriff einer Cauchy-Folge ist auch in pseudometrischen Räumen, insbesondere also in $\mathscr{L}^p(\pi)$ sinnvoll. Eine Folge (f_n) von Funktionen aus $\mathscr{L}^p(\pi)$ heißt *Cauchy-Folge* in $\mathscr{L}^p(\pi)$, wenn für jedes $\varepsilon > 0$ gilt:

$$d_p(f_n, f_m) = N_p(f_n - f_m) \leqq \varepsilon$$

für hinreichend große n und m. Jede in $\mathscr{L}^p(\pi)$ konvergente Folge ist auch nach der Minkowskischen Ungleichung eine Cauchy-Folge. Daß auch die Umkehrung gilt, zeigt der nächste Satz. Der Raum $\mathscr{L}^p(\pi)$ ist also vollständig.

Satz 2.2. *Jede Cauchy-Folge $(f_n)_{n \in \mathrm{nz}}$ in $\mathscr{L}^p(\pi)$ konvergiert im p-ten Mittel gegen ein $f \in \mathscr{L}^p(\pi)$. Eine geeignete Teilfolge von (f_n) konvergiert fast überall gegen f* $(1 \leqq p < +\infty)$.

Zum Beweis des Satzes sei auf Bauer (1974) verwiesen.

Wir kommen nun zu dem letzten wichtigen Konvergenzbegriff, der stochastischen Konvergenz.

Definition 2.3. Eine Folge $(f_n)_{n \in \mathrm{nz}}$ meßbarer reeller Funktionen auf A heißt (π-) *stochastisch konvergent* gegen eine meßbare reelle Funktion f auf A, wenn für jede reelle Zahl $\varepsilon > 0$ gilt

$$\lim_{n \to \infty} \pi(\{|f_n - f| \geqq \varepsilon\}) = 0.$$

Man schreibt in diesem Fall auch

$$\pi\text{-}\lim_{n \to \infty} f_n = f$$

und nennt f den *π-stochastischen Limes* der Folge (f_n).

Auf wichtige Klassen stochastisch konvergierender Folgen weist der folgende Satz hin.

Satz 2.3. 1. *Konvergiert eine Folge $(f_n)_{n \in \mathrm{nz}}$ von Funktionen aus $\mathscr{L}^p(\pi)$ gegen eine Funktion $f \in \mathscr{L}^p(\pi)$ im p-ten Mittel $(1 \leqq p < +\infty)$, so konvergiert die Folge auch π-stochastisch gegen f.*

2. *Konvergiert eine Folge $(f_n)_{n \in \mathrm{nz}}$ meßbarer reeller Funktionen auf A π-fast überall gegen eine meßbare reelle Funktion auf A, so konvergiert die Folge (f_n) auch π-stochastisch gegen f.*

3. *Eine Folge $(f_n)_{n \in \mathrm{nz}}$ meßbarer reeller Funktionen konvergiert genau dann stochastisch gegen eine meßbare reelle Funktion f, wenn aus jeder Teilfolge von (f_n) eine fast überall gegen f konvergente Teilfolge ausgesondert werden kann.*

Zum Beweis des Satzes sei auf Bauer (1974) verwiesen. Insbesondere ist die stochastische Konvergenz von Entropiefunktionen gegen ihren Erwartungswert für die Datenreduktion der Nachrichtenmenge einer Quelle und damit für die Konstruktion von geeigneten Codierungen von Bedeutung. So wird noch im nächsten Kapitel der Satz von McMillan in der Form der stochastischen Konvergenz eine Rolle spielen, den man wegen Satz 2.3 aus der Konvergenz im p-ten Mittel oder aus der Konvergenz fast überall gewinnen kann.

2.3. Quellen und Känale. Mischungseigenschaften

Um die in der Literatur vorliegenden Resultate über Eigenschaften stationärer Quellen und Kanäle in klarer Weise einordnen zu können, werden in diesem Abschnitt aus der Ergodentheorie stammende *Mischungseigenschaften* dynamischer Systeme für Quellen und, in Anlehnung an Adler (1961), auch für Kanäle eingeführt. Die Bedeutung dieser Mischungsbegriffe für die Informationstheorie liegt zum einen darin, daß an die Systeme stärkere Forderungen als die Ergodizität gestellt werden und damit aus der Ergodentheorie bekannte Eigenschaften dieser gemischten Systeme ausgenutzt werden können. Zum anderen hat sich herausgestellt, daß bei der Anwendung informationstheoretischer Methoden in der mathematischen Statistik, z. B. für Abschätzungen der Konvergenzgeschwindigkeit von bestimmten Fehlerwahrscheinlichkeiten, Mischungsbegriffe zwangsläufig auftreten, da die Anwendbarkeit eines Zentralen Grenzwertsatzes oder des Satzes von Berry-Esseen eben von diesen Mischungsbegriffen abhängt. Dieser Problemkreis gehört schon zur *Statistik stochastischer Prozesse.*

Zuvor wollen wir noch einige Bezeichnungen vereinbaren.

Sei X ein Alphabet, dann sei $W(X)$ die freie Worthalbgruppe über dem freien Erzeugendensystem X und X^n, $n \in \mathsf{nz}$, die Menge aller Wörter der Länge n über X. Sei X^{gz} die Menge aller beidseitig unendlichen Folgen über X, d.h. die Menge aller Funktionen auf gz mit Werten in X. Für die Elemente von X^{gz} schreiben wir $a, b, c, \ldots$ und $a[i, i+n] =_{\mathrm{Df}} a(i) \ldots a(i+n)$, $i \in \mathsf{gz}$, $n \in \mathsf{Nz}$, für das Wort an den Stellen $i, \ldots, i+n$, speziell $a(i)$ für $a[i, i]$, $i \in \mathsf{gz}$. Für $x_1, \ldots, x_n \in X$, $n \in \mathsf{nz}$, wird

$$Z(t_1, \ldots, t_n; x_1, \ldots, x_n) = \{a \mid a \in X^{\mathsf{gz}} \wedge a(t_1) = x_1 \wedge \cdots \wedge a(t_n) = x_n\},$$

$$t_1, \ldots, t_n \in \mathsf{gz},$$

d.h. die Menge aller beidseitig unendlichen Folgen $a \in X^{\mathsf{gz}}$, bei denen an den Stellen $t_1, \ldots, t_n$ die Signale $x_1, \ldots, x_n$ stehen, als *Zylindermenge* bezeichnet.

Sei $\mathfrak{X}$ die von den Zylindermengen erzeugte σ-Algebra, d.h. der Durchschnitt aller σ-Algebren, die alle Zylindermengen über dem Alphabet X enthalten.

Sei weiterhin $[A, \mathfrak{A}, \pi]$ ein Wahrscheinlichkeitsraum und $[A', \mathfrak{A}']$ ein Meßraum. Jede $\mathfrak{A} - \mathfrak{A}'$-meßbare Funktion $F: A \to A'$ heißt dann *Zufallsfunktion*. Für die meßbare Funktion $T: A \to A$ heißt $[A, \mathfrak{A}, \pi, T]$ *dynamisches System*, wenn für alle $E \in \mathfrak{A}$ gilt: $\pi(T^{-1}E) = \pi(E)$. In diesem Fall wird T auch maßtreue oder *stationäre* Transformation genannt. Eine meßbare Abbildung $T: A \to A$ heißt *invertibel*, wenn T eine eindeutige Abbildung auf A (d.h. bijektiv) ist. Ist T eine invertible meßbare Transformation derart, daß T^{-1} meßbar ist, so kann man die Stationarität durch die Forderung

$$\forall E(E \in \mathfrak{A} \to \pi(E) = \pi(TE))$$

definieren.

Sei $[A, \mathfrak{A}, \pi, T]$ ein dynamisches System, dann heißt T (bzw. π) *ergodisch*, wenn jede meßbare invariante Menge trivial ist, d.h. wenn für jede Menge $E \in \mathfrak{A}$ mit $TE = E$ gilt $\pi(E) = 0$ oder $\pi(E) = 1$. Die Ergodizität ist eine Mischungseigenschaft. Sei σ ein weiteres Wahrscheinlichkeitsmaß (W-Maß) auf $[A, \mathfrak{A}]$, dann heißt π bezüglich σ *totalstetig*, wenn jede Nullmenge von σ eine Nullmenge von π ist, in diesem Fall schreiben wir $\pi \ll \sigma$.

Wenn X ein Alphabet ist, dann wird $[X^{\mathsf{gz}}, \mathfrak{X}, \pi]$ als *Quelle* bezeichnet, wobei π ein W-Maß auf $\mathfrak{X}$ ist. Sei $p \in X^n$, $n \in \mathsf{nz}$, dann schreiben wir häufig $\pi^n(p)$ oder $\pi(p)$ für $\pi(Z(1, \ldots, n; p)) = \pi(Z(1, \ldots, n; x_1, \ldots, x_n))$, wobei $p = x_1 \ldots x_n$ ist.

Im Zusammenhang mit Quellen verwenden wir stets die folgende Transformation (*shift transformation*) $Ta = b$, $a \in X^{\mathsf{gz}}$, mit $b(j) = a(j+1)$. Es gilt $TX^{\mathsf{gz}} = X^{\mathsf{gz}}$ und $T^{-1}X^{\mathsf{gz}} = X^{\mathsf{gz}}$, außerdem führen T und T^{-1} meßbare Mengen in meßbare Mengen über. Damit ist klar, was unter ergodischen und stationären Quellen zu verstehen ist. Eine stationäre Quelle heißt *unabhängig*, wenn für alle $p = x_1 \ldots x_n \in X^n$, $n \in \mathsf{nz}$, gilt

$$\pi^n(p) = \pi(x_1) \ldots \pi(x_n).$$

Eine stationäre Quelle $[X^{\mathsf{gz}}, \mathfrak{X}, \pi]$ heißt *k-Markowsch*, $k > 0$, wenn für jedes $n \in \mathsf{nz}$ mit $n \geqq k$ und alle $x_{-n+1}, \ldots, x_1 \in X$ gilt

$$\pi_{x_{-n+1} \ldots x_0}(x_1) = \pi_{x_{-k+1} \ldots x_0}(x_1). \tag{2.1}$$

Dabei sind die in (2.1) auftretenden bedingten Wahrscheinlichkeiten wie üblich definiert.

Wir werden nun Mischungseigenschaften für Kanäle und Quellen definieren, wobei die *Ergodizität* als zentraler Mischungsbegriff im Vordergrund steht. Dies ergibt sich zum einen daraus, daß ergodische Systeme gewisse Extremalpunkte in konvexen Mengen darstellen, und zum anderen ist für die „klassische" Beweismethode des Codierungssatzes für Kanäle, vgl. Abschnitt 3.3, die Verwendung der Ergodizität der von Quelle und Kanal erzeugten Doppelquelle charakteristisch.

Ein gewisser Abschluß der mit dieser Methode erzielbaren Resultate, die die Übertragbarkeit von Nachrichten über stationäre Kanäle betreffen, wird in Abschnitt 3.4 erzielt. Dies gelingt durch die Voraussetzung der Nakamura-Ergodizität für Kanäle. Diese Mischungseigenschaft ist für einen Kanal K eine äquivalente Bedingung für die Ergodizität der Doppelquelle $D = D(Q, K)$, die von einer ergodischen Quelle Q und K erzeugt wird. Sei $\mathfrak{Y}$ die zu Y^{gz} gehörige σ-Algebra.

Definition 2.3. $K = [X, Y, \varkappa]$ heißt (beidseitig unendlicher) *Kanal*, falls
1. X, Y nichtleere endliche Mengen sind,
2. $\varkappa$ eine numerische Funktion auf $X^{gz} \times \mathfrak{Y}$ ist mit
   a) für alle $a \in X^{gz}$ und alle $B \in \mathfrak{Y}$ ist $f(a) =_{\mathrm{Df}} \varkappa(a, B)$ $\mathfrak{X}$-meßbar,
   b) $\varkappa(a, \cdot)$ ist ein Wahrscheinlichkeitsmaß auf $\mathfrak{Y}$ für fixiertes $a \in X^{gz}$.

Ein Kanal ist also ein Markowscher Kern von $[X^{gz}, \mathfrak{X}]$ nach $[Y^{gz}, \mathfrak{Y}]$, und wir schreiben ihn auch als $\varkappa: X^{gz} \to \mathrm{WM}(\mathfrak{Y})$.

Definition 2.4. Ein Kanal $K = [X, Y, \varkappa]$ heißt *stationär* bezüglich der Transformation T, wenn für alle $a \in X^{gz}$ und alle $B \in \mathfrak{Y}$ gilt

$$\varkappa(Ta, TB) = \varkappa(a, B).$$

Definition 2.5. Sei $K = [X, Y, \varkappa]$ ein stationärer Kanal.

a) K heißt *ohne Vorgriff* arbeitend (sequentiell synchron), wenn für alle $a, a' \in X^{gz}$ gilt

$$\forall t\, \forall n\, \forall s[t \in \mathsf{gz} \wedge n \in \mathsf{nz} \wedge s \in Y^n \wedge \forall i(i \in \mathsf{Nz} \to a(t + n - i) = a'(t + n - i)) \to \varkappa(a, Z(t + 1, \ldots, t + n; s)) = \varkappa(a', Z(t + 1, \ldots, t + n; s))].$$

b) K heißt *autonomer Kanal*, wenn X eine Einermenge ist.

c) K heißt *Kanal mit endlicher Gedächtnistiefe*, wenn ein $m \in \mathsf{Nz}$ existiert mit

$$\forall a\, \forall a'\, \forall t\, \forall n\, \forall s[a, a' \in X^{gz} \wedge n \in \mathsf{nz} \wedge t \in \mathsf{gz} \wedge s \in Y^n \wedge \forall i(i \in \mathsf{gz} \wedge i \geqq t + 1 - m \to a(i) = a'(i)) \to \varkappa(a, Z(t + 1, \ldots, t + n; s)) = \varkappa(a', Z(t + 1, \ldots, t + n; s))]. \tag{2.2}$$

Hat ein Kanal K endliche Gedächtnistiefe, so heißt das kleinste m mit der Eigenschaft (2.2) die Gedächtnistiefe des Kanals.

Durch einen autonomen Kanal ist also eine Quelle gegeben, und umgekehrt kann man eine Quelle als autonomen Kanal auffassen.

Der endlichen Gedächtnistiefe entspricht bei Chintschin (1956) das endliche Gedächtnis eines Kanals.

Definition 2.6. Mischungsbegriffe für Kanäle. Sei $K = [X, Y, \varkappa]$ ein stationärer Kanal, dann heißt K

a) *endlich gemischt*, wenn es eine Funktion $m: X^{gz} \to \mathsf{Nz}$ derart gibt, daß für alle $a \in X^{gz}$ und alle Zylindermengen der Form

$$E = Z(i, \ldots, j; y_i, \ldots, y_j),\ i \leqq j\ (i, j \in \mathsf{gz});\ y_i, \ldots, y_j \in Y,$$
$$F = Z(1, \ldots, n; y_r, \ldots, y_n),\ 1 \leqq n,\ j + m(a) < r;\ y_r, \ldots, y_n \in Y$$

gilt

$$\varkappa(a, E \cap F) = \varkappa(a, E)\, \varkappa(a, F). \tag{2.3}$$

Für endlich gemischte Kanäle sind auch die Bezeichnungen $m(\cdot)$-Schritt-abhängig und $m(\cdot)$-gemischt üblich, vgl. TAKANO (1958).

b) *stark gemischt*, wenn für alle $a \in X^{gz}$ und alle Zylindermengen $E, F \in \mathfrak{Y}$ gilt

$$\lim_{n\to\infty} [\varkappa(a, T^n E \cap F) - \varkappa(a, T^n E)\, \varkappa(a, F)] = 0\,, \tag{2.4}$$

c) *schwach gemischt*, wenn für alle $a \in X^{gz}$ und alle Zylindermengen $E, F \in \mathfrak{Y}$ gilt

$$\lim_{n\to\infty} \frac{1}{n} \sum_{j=0}^{n-1} |\varkappa(a, T^j E \cap F) - \varkappa(a, T^j E)\, \varkappa(a, F)| = 0\,, \tag{2.5}$$

d) *Adler-ergodisch*, wenn für alle $a \in X^{gz}$ und alle $E, F \in \mathfrak{Y}$

$$\lim_{n\to\infty} \frac{1}{n} \sum_{j=0}^{n-1} [\varkappa(a, T^j E \cap F) - \varkappa(a, T^j E)\, \varkappa(a, F)] = 0 \tag{2.6}$$

und

e) *Nakamura-ergodisch*, wenn für alle $a \in X^{gz}$ und alle Zylindermengen $A, B \in \mathfrak{X}$ und $E, F \in \mathfrak{Y}$ und alle stationären Quellen $[X^{gz}, \mathfrak{X}, \pi]$ gilt

$$\lim_{n\to\infty} \frac{1}{n} \sum_{j=0}^{n-1} \int_{T^j A \cap B} [\varkappa(a, T^j E \cap F) - \varkappa(a, T^j E)\, \varkappa(a, F)]\, \pi(da) = 0\,. \tag{2.7}$$

Man kann diese Definitionen von Eigenschaften eines Kanals in zweierlei Hinsicht abändern. Einerseits kann man zu den Gleichungen (2.3) bis (2.6) analoge für nicht notwendig stationäre Kanäle fordern; andererseits würde es für die nachfolgend untersuchte Ergodizität der Doppelquelle genügen, (2.3) bis (2.6) bei vorgegebener stationärer Quelle $[X^{gz}, \mathfrak{X}, \pi]$ für π-fast alle $a \in X^{gz}$ zu fordern.

Ist für einen endlich gemischten Kanal $m(a) = m$, $m \in \mathsf{Nz}$, für alle $a \in X^{gz}$, so sprechen wir auch von m-gemischten Kanälen. Jeder m-gemischte Kanal ist auch $(m+1)$-gemischt. Mit $\mathfrak{K}_{\text{end}}, \mathfrak{K}_{\text{st}}, \mathfrak{K}_{\text{sw}}, \mathfrak{K}_{\text{Ae}}, \mathfrak{K}_{\text{e}}$ bzw. $\mathfrak{K}_{\text{s}}$ bezeichnen wir die Klasse aller endlich gemischten, stark gemischten, schwach gemischten, Adler-ergodischen, Nakamura-ergodischen bzw. stationären Kanäle über festgehaltenen Alphabeten X und Y. Wenn es notwendig ist, werden die Alphabete angefügt, z. B. schreiben wir dann $\mathfrak{K}_{\text{s}}(X, Y)$.

Folgerung 2.4. *Es gilt*

$$\mathfrak{K}_{\text{end}} \subsetneqq \mathfrak{K}_{\text{st}} \subsetneqq \mathfrak{K}_{\text{sw}} \subsetneqq \mathfrak{K}_{\text{e}} \subsetneqq \mathfrak{K}_{\text{s}}\,.$$

Kombinatorisch (unabhängig arbeitende) Kanäle sind in dieser Terminologie 0-gemischte Kanäle mit der Gedächtnistiefe 0.

Eine äquivalente Bedingung für die schwache Mischung von Kanälen gibt Satz 2.5 an.

Definition 2.7. Eine *Menge* $M \subsetneqq \mathsf{Nz}$ heißt *vom Maße Null*, wenn gilt

$$\lim_{n\to\infty} \frac{1}{n} \sum_{t=0}^{n-1} \chi_M(t) = 0\,.$$

Satz 2.5. *Ein stationärer Kanal* $K = [X, Y, \varkappa]$ *ist schwach gemischt genau dann, wenn es für* $a \in X^{gz}$ *und* $E, F \in \mathfrak{Y}$ *eine Menge* $M \subsetneqq \mathsf{Nz}$ *vom Maße Null gibt, so daß gilt*

$$\lim_{\substack{n\to\infty\\ n\notin M}} |\varkappa(a, T^n E \cap F) - \varkappa(a, E)\, \varkappa(a, F)| = 0\,.$$

Zum Beweis benötigen wir das folgende

Lemma 2.6 (JACOBS (1960)). *Sei* $g(t)$ *eine auf* Nz *definierte nichtnegative beschränkte reelle Funktion. Dann gilt*

$$\lim_{n\to\infty} \frac{1}{n} \sum_{t=0}^{n-1} g(t) = 0$$

genau dann, wenn es eine Menge $M \subsetneqq \mathsf{Nz}$ *vom Maße Null gibt, für die* $\lim_{\substack{t\to\infty\\ t\notin M}} g(t) = 0$ *gilt.*

Beweis von Satz 2.5. Sei $g(t) =_{\mathrm{Df}} |\varkappa(a, T^t E \cap F) - \varkappa(a, E)\,\varkappa(a, F)|$ für $a \in X^{gz}$, $E, F \in \mathfrak{Y}$ und $t \in \mathsf{Nz}$. Dann erfüllt g die Voraussetzungen von Lemma 2.6, und K ist schwach gemischt genau dann, wenn für alle $a \in X^{gz}$, $E, F \in \mathfrak{Y}$ eine Menge $M \subseteq \mathsf{Nz}$ vom Maße Null existiert mit

$$\lim_{\substack{t \to \infty \\ t \notin M}} |\varkappa(a, T^t E \cap F) - \varkappa(a, E)\,\varkappa(a, F)| = 0. \quad \square$$

Da jede Quelle als autonomer Kanal aufgefaßt werden kann, ist klar, was unter endlich gemischten, stark gemischten, schwach gemischten, Adler-ergodischen und Nakamura-ergodischen Quellen zu verstehen ist. Diese Begriffsbildungen lassen sich entsprechend auf nicht notwendig stationäre Quellen übertragen.

Sei $\mathfrak{Q}_s(X)$ bzw. $\mathfrak{Q}_e(X)$ die Menge aller stationären bzw. ergodischen Quellen über dem Alphabet X.

Man sieht leicht ein, daß die Eigenschaften Adler-ergodisch und Nakamura-ergodisch für Quellen zusammenfallen.

Aus Satz 2.5 ergibt sich die

Folgerung 2.7. *Eine Quelle $[X^{gz}, \mathfrak{X}, \pi, T]$ ist schwach gemischt genau dann, wenn eine Menge $M \subseteq \mathsf{Nz}$ vom Maße Null derart existiert, daß für alle $A, B \in \mathfrak{X}$ gilt*

$$\lim_{\substack{n \to \infty \\ n \notin M}} |\pi(T^n A \cap B) - \pi(T^n A)\,\pi(B)| = 0.$$

Der folgende Satz zeigt unter anderem, daß für stationäre Quellen die Adler-Ergodizität und die Ergodizität äquivalente Eigenschaften sind. Dazu benötigen wir das

Lemma 2.8. *Zwei ergodische W-Maße α_1 und α_2 auf $[X^{gz}, \mathfrak{X}]$ sind entweder gegenseitig singulär, d.h., es existieren $A_1, A_2 \in \mathfrak{X}$ mit $A_1 \cap A_2 = \emptyset$, $\alpha_1(A_1) = 1$ und $\alpha_2(A_2) = 1$, oder sie sind gleich.*

Beweis. Angenommen, es gibt ein $A \in \mathfrak{X}$ mit $\alpha_1(A) \neq \alpha_2(A)$. Sei

$$A_i =_{\mathrm{Df}} \left\{ a \,\middle|\, a \in X^{gz} \wedge \lim_{n \to \infty} \frac{1}{n} \sum_{j=0}^{n-1} \chi_A(T^j a) = \alpha_i(A) \right\},$$

dann sind A_1 und A_2 disjunkt und $\alpha_1(A_1) = \alpha_2(A_2) = 1$ wegen des starken Gesetzes der großen Zahlen (als Folgerung aus dem individuellen Ergodensatz). Gibt es kein derartiges A, so sind beide Maße gleich. $\square$

Satz 2.9. *Wenn $[X^{gz}, \mathfrak{X}, \pi, T]$ eine stationäre Quelle ist, so sind die folgenden Aussagen äquivalent:*

1. *π ist bezüglich T ergodisch.*
2. *Für alle $A, B \in \mathfrak{X}$ gilt*

$$\lim_{n \to \infty} \frac{1}{n} \sum_{j=0}^{n-1} \pi(T^j A \cap B) = \pi(A)\,\pi(B) \text{ (Adler-Ergodizität).}$$

3. *Für alle Zylindermengen $A, B \subseteq X^{gz}$ gilt*

$$\lim_{n \to \infty} \frac{1}{n} \sum_{j=0}^{n-1} \pi(T^j A \cap B) = \pi(A)\,\pi(B).$$

4. *$[X^{gz}, \mathfrak{X}, \pi, T]$ reflektiert jede meßbare Menge $A \subseteq X^{gz}$, d.h., es gilt π-fast überall*

$$\lim_{n \to \infty} \frac{1}{n} \sum_{j=0}^{n-1} \chi_A(T^j a) = \pi(A), \quad a \in X^{gz}.$$

Dann gilt für $H_{Y^n}(X_0^n, \pi, \varkappa) =_{\mathrm{Df}} H((X \times Y)^n, \omega^n) - H(X_0^n, \pi^n)$, $n \in \mathbf{nz}$,

$$H_{Y^n}(X_0^n, \pi, \varkappa') = - \sum_{q \in Y^n} \sum_{p \in X^n} \beta^n(p, q) \operatorname{ld} \nu_q^n(p).$$

Die Voraussetzungen von Satz 3.12 sind erfüllt, also existiert für hinreichend große n ein γ_n und ein φ_n, so daß für alle $q \in Y^n$ gilt

$$H_q(X_0^n) =_{\mathrm{Df}} - \sum_{p \in X_0^n} \nu_q^n(p) \operatorname{ld} \nu_q^n(p) = -\nu_q^n(\varphi_n(q)) \operatorname{ld} \nu_q^n(\varphi_n(q)) - \sum_{p \neq \varphi_n(q)} \nu_q^n(p) \operatorname{ld} \nu_q^n(p).$$

Durch Anwendung des Lemmas 3.13 erhalten wir für $A = |X|$

$$H_q(X_0^n) \leqq -\nu_q^n(\varphi_n(q)) \operatorname{ld} \nu_q^n(\varphi_n(q)) - \sum_{\substack{p \in X_0^n \\ p \neq \varphi_n(q)}} \nu_q^n(p) \operatorname{ld}\left[\left(\sum_{\substack{p \in X_0^n \\ p \neq \varphi_n(q)}} \nu_q^n(p)\right) \Big/ A^n - 1\right].$$

Setzen wir $P(q) = \sum_{\substack{p \in X_0^n \\ p \neq \varphi_n(q)}} \nu_q^n(p)$, so können wir diesen Ausdruck schreiben als

$$\begin{aligned} H_q(X_0^n) &\leqq -(1 - P(q)) \operatorname{ld} (1 - P(q)) - P(q) \operatorname{ld} P(q) + P(q) \operatorname{ld} (A^n - 1) \\ &\leqq 1 + P(q) \operatorname{ld} (A^n - 1). \end{aligned}$$

Somit ergibt sich $H_q(X_0^n) \leqq 1 + P(q) \operatorname{ld} (A^n - 1)$, und für $\alpha^n(q) =_{\mathrm{Df}} \sum_{p \in X^n} \beta^n(p, q)$ erhält man

$$\begin{aligned} H_{Y^n}(X_0^n) &= \sum_{q \in Y^n} \alpha^n(q) H_q(X_0^n) \leqq \sum_{q \in Y^n} \alpha^n(q) [1 + P(q) \operatorname{ld} (A^n - 1)] \\ &= 1 + \sum_{q \in Y^n} \alpha^n(q) P(q) \operatorname{ld} (A^n - 1) = 1 + \sum_{q \in Y^n} \alpha^n(q) \sum_{\substack{p \in X_0^n \\ p \neq \varphi_n(q)}} \nu_q^n(p) \operatorname{ld} (A^n - 1) \\ &= 1 + (1 - \beta^n(D_n)) \operatorname{ld} (A^n - 1), \end{aligned}$$

wobei D_n in dem Beweis von Satz 3.12 definiert wurde.

Die bedingte S-Entropie kann also durch eine Funktion der Fehlerwahrscheinlichkeit $\beta^n(D_n)$ abgeschätzt werden. Nach Satz 3.12 existiert aber zu jedem ε, $\varepsilon > 0$, ein n_ε, so daß für jedes $n \geqq n_\varepsilon$ gilt $\beta^n(D_n) > 1 - \varepsilon$, daher also $1 - \beta^n(D_n) < \varepsilon$.

Wir erhalten

$$H_{Y^n}(X_0^n) < 1 + \varepsilon \operatorname{ld} (A^n - 1) < 1 + \varepsilon\, n \operatorname{ld} A.$$

Somit existiert zu jedem ε ein n_ε derart, daß es zu jedem $n \geqq n_\varepsilon$ eine Blockcodierung γ_n und eine Decodierung φ_n gibt, so daß gilt

$$\frac{1}{n} H_{Y^n}(X_0^n) \leqq \frac{1}{n} + \varepsilon \operatorname{ld} A. \quad \square$$

Die Formulierung von Satz 3.14 weicht von der bei CHINTSCHIN insofern ab, daß dort der konstruierte Blockcode γ_n iteriert verwendet wird, was dazu führt, „daß die Übertragungsgeschwindigkeit (Information pro Symbol) der Größe H_0 (hier $h(X, \pi)$) beliebig nahe kommt."

Der Beweis von Satz 3.14 zeigt, daß die Ungleichung

$$\left|\frac{1}{n} \operatorname{ld} \pi^n(p) + h(X, \pi)\right| < \varepsilon$$

(siehe (2) in Bemerkung 2 zum Beweis von Satz 3.12) *keine inhaltliche* Forderung darstellt.

Es kommt bei der Informationsübertragung im Shannonschen Sinne vielmehr auf die *Datenkompression auf eine* (in unserem Fall auf eine minimale *hochwahrscheinliche Menge* an. Insofern unterscheidet sich der hier gegebene Beweis mit Hilfe der S-Rate von der von CHINTSCHIN benutzten Methode. Der Grundgedanke des Beweises ist die Abschätzung der bedingten S-Entropie durch die Wahrscheinlichkeit der Fehlerkennung, die ja nach Satz 3.12 beliebig klein gehalten werden kann.

4. Distorsionstheorie

In der Shannonschen Informationstheorie erfolgt die Konstruktion von Codierungen für die von einer Quelle ausgesandten Nachrichten unter rein statistischen Gesichtspunkten. So wird z. B. für ergodische Quellen nach dem Satz von McMillan eine bestimmte hochwahrscheinliche Menge von Wörtern oder nach dem Satz über die Shannon-Rate eine minimale hochwahrscheinliche Menge von Wörtern eineindeutig codiert. Alle anderen Wörter, deren Gesamtwahrscheinlichkeit eine vorgegebene Schranke nicht überschreitet, werden auf ein einziges Codewort abgebildet (*Datenreduktion*).

Auch andere Beweistechniken des Quellencodierungssatzes wie das zufällige Codieren (*random coding*), vgl. Gallager (1968), liefern Codes, die nur von den statistischen Eigenschaften der gegebenen Quelle abhängen.[1])

In der *Distorsionstheorie* hingegen erfolgt die Codierung und Übertragung der von der Quelle ausgesandten Nachrichten nicht nach dem Kriterium der Fehlerwahrscheinlichkeit, sondern nach einem vorgegebenen Genauigkeitskriterium (fidelity criterion[2])). Dazu wird jedem Paar $[p, q]$, das aus einer Nachricht p der Quelle und einem Codewort q besteht, eine nichtnegative Zahl $d(p, q)$ zugeordnet, die als Verlust oder Verzerrung (Distorsion) bei Übertragung der Nachricht interpretiert wird. Bei Empfang des Codewortes $q \in B$, $B \subsetneq Y^n$, wird bei der Decodierung auf dasjenige Wort p (bzw. auf eines derjenigen Wörter, falls es mehrere davon gibt) geschlossen, für das $d(p, q)$ minimal ist. Damit kann man von einer mittleren Distorsion einer Quelle sprechen, die häufig durch den Erwartungswert der Distorsion ausgedrückt wird. Dieser Erwartungswert tritt nun als Genauigkeitskriterium an die Stelle der Fehlerwahrscheinlichkeit, die er als Spezialfall enthält. Die entsprechenden Codewortmengen werden dann als D-zulässig bezeichnet, wenn ihre mittlere Distorsion eine vorgegebene Kostenschranke D, $D \geqq 0$, nicht übersteigt. Damit besteht das grundlegende Problem der Distorsionstheorie in der Konstruktion von gewissen D-zulässigen Blockcodes für eine vorgegebene Quelle und ein vorgegebenes Maß für die Distorsion. An die Stelle der S-Entropie der Quelle tritt hier die *Distorsionsfunktion* (rate distortion function) $R(D)$. In der Distorsionstheorie kann auch die Übertragung von Nachrichten über Kanäle für den Fall behandelt werden, daß die Entropie der Quelle die Kanalkapazität übersteigt. Das liegt zum einen daran, daß per definitionem stets gilt:

$$R(D) \leqq h(\pi).$$

Zum anderen ist bei $R(D) < C$ stets eine Übertragung innerhalb der vorgegebenen Distorsionsschranke möglich, vgl. Satz 4.5.

Die Grundzüge der Distorsionstheorie gehen auf Shannon (1948) und (1959) zurück. In den Monographien von Gallager (1968), Wolfowitz (1978) und Jelinek (1968) ist jeweils ein Kapitel der Distorsionstheorie gewidmet. Der Stand der Theorie bis 1971 ist in der Monographie von Berger (1971) dargestellt. Indessen sind aber eine ganze Reihe weiterer interessanter Resultate erzielt worden, die z.T. hier kurz dargestellt werden.

---

[1]) Die Methode des zufälligen Codierens kann aber auch für den Beweis des Quellencodierungssatzes der Distorsionstheorie benutzt werden, vgl. Berger (1971, Theorem 3.2.1).

[2]) Da sich bisher noch keine feststehende deutsche Terminologie für die Distorsionstheorie eingebürgert hat, die Mehrzahl der Arbeiten zur Distorsionstheorie jedoch in englischer Sprache abgefaßt ist, schreiben wir hinter die benutzten deutschen Begriffe die englischen Bezeichnungen in Klammern.

4.1. Die Distorsionsfunktion

Seien X und Y Alphabete und $d_n : X^n \times Y^n \to [0, \infty)$ eine nichtnegative Funktion für $n \in$ nz. d_n heißt *Distorsionsmaß* (distortion measure). Jede Menge $B \subseteq Y^n$ heißt *Code* (Quellencode) der Anzahl $|B|$ und der Blocklänge n.

Sei $Q = [X^{gz}, \mathfrak{X}, \pi]$ eine unabhängige identisch verteilte Quelle. Wenn B zur Codierung der Quelle benutzt wird, dann soll stets der Distorsionscode

$$\gamma_B^n(p) =_{\mathrm{Df}} \lambda(\{q \mid q \in B \wedge d_n(p, q) = \min_{q' \in B} d_n(p, q')\}),$$

$p \in X^n$, verwendet werden, wobei λ eine Auswahlfunktion ist. Wir schreiben

$$d_n(p, B) =_{\mathrm{Df}} \min_{q \in B} d_n(p, q), \quad p \in X^n,$$

und die *mittlere Distorsion* bei Verwendung des Codes B beträgt dann

$$d_n(B) = \sum_{p \in X^n} \pi^n(p)\, d_n(p, B) = \sum_{p \in X^n} \pi^n(p)\, d_n(p, \gamma_B^n(p)).$$

$d_n(p, q)$ wird als der Verlust interpretiert, der entsteht, wenn bei Auftreten von p, $p \in X^n$, das Codewort q, $q \in Y^n$, empfangen wird. Dann ist $d_n(B)$ der mittlere auftretende Verlust bei Benutzung der Codewortmenge B, $B \subseteq Y^n$.

$R = \frac{1}{n} \operatorname{ld} |B|$ wird als *Rate* des Codes B, $B \subseteq Y^n$, bezeichnet.

Definition 4.1. Sei $B \subseteq Y^n$ und $d_n(B) \leqq D$ für $D \geqq 0$, dann heißt der Code B *D-zulässig*.

Sei $K^\pi(n, D)$ die kleinste Anzahl eines D-zulässigen Codes, d.h.

$$\begin{aligned} K^\pi(n, D) &= \min \{|B| \mid B \subseteq Y^n \wedge d_n(B) \leqq D\} \\ &= \min \Big\{|B| \mid B \subseteq Y^n \wedge \sum_{p \in X^n} \pi^n(p)\, d_n(p, B) \leqq D\Big\}. \end{aligned}$$

$K^\pi(n, D)$ ist also die kleinste Anzahl eines Codes B, $B \subseteq Y^n$, bei dem die mittlere Distorsion kleiner als die vorgegebene Kostenschranke D ist.[1]) $K^\pi(n, D)$ enthält die Shannon-Rate (Abschnitt 3.1) als Spezialfall. Dazu sei

1. $X = Y$,
2. $d_n(p, q) = \begin{cases} 0, & \text{wenn } p = q, \\ 1 & \text{sonst}, \end{cases}$ für $p \in X^n, q \in Y^n$,

und $\varepsilon = D$.

Dann gilt

$$d_n(p, B) = \min_{q \in B} d_n(p, q) = \begin{cases} 0, & \text{wenn } p \in B, \\ 1, & \text{wenn } p \notin B \end{cases}$$

und

$$d_n(B) = \sum_{p \in \overline{B}} \pi^n(p) = \pi^n(\overline{B}).$$

Damit erhalten wir

$$K^\pi(n, \varepsilon) = \min \{|E| \mid E \subseteq X^n \wedge \pi^n(\overline{E}) \leqq \varepsilon\} = S^\pi(n, \varepsilon).$$

---

[1]) Die Vorgabe einer Schranke erfolgt wie in der statistischen Testtheorie: Man gibt z.B. beim Neyman-Pearson-Test den Fehler 1. Art (Signifikanzniveau) durch eine Schranke ε, $\varepsilon > 0$, vor.

Wir betrachten nun folgendes Problem: Sei die Quelle Q und eine Familie von Distorsionsmaßen $d = (d_n)_{n \in nz}$ gegeben, dann ist ein Code B, $B \subsetneqq Y^n$, derart gesucht, daß eine Reproduktion der von der Quelle ausgesandten Nachrichten mit einem Verlust von höchstens D, $D \geqq 0$, möglich ist. Für die Lösung dieses Problems benötigen wir den Begriff der Distorsionsfunktion.

Sei $d_1 : X \times Y \to [0, \infty)$ und $D \geqq 0$. Im folgenden seien d_1 und π festgehalten.

Definition 4.2. Ein bedingtes Wahrscheinlichkeitsmaß $\varkappa : X \to \mathrm{WM}(Y)$ heißt *D-zulässig* genau dann, wenn

$$d(\pi, \varkappa, d_1) =_{\mathrm{Df}} \sum_{\substack{x \in X \\ y \in Y}} \pi(x) \, \varkappa_x(y) \, d_1(x, y) \leqq D$$

gilt. Sei

$$\mathfrak{K}_D =_{\mathrm{Df}} \{\varkappa \mid \varkappa : X \to \mathrm{WM}(Y) \wedge d(\pi, \varkappa, d_1) \leqq D\}$$

die Menge aller D-zulässigen, unabhängig arbeitenden Kanäle.

Definition 4.3.

$$R(D) = \min_{\varkappa \in \mathfrak{K}_D} I(Y, X, \pi, \varkappa) \tag{4.1}$$

wird für $D \in [0, \infty)$ als *Distorsionsfunktion* (rate distortion function) der unabhängigen Quelle $Q = [X^{nz}, \mathfrak{X}, \pi]$ bezüglich des Distorsionsmaßes d_1 bezeichnet. Dabei ist $I(Y, X, \pi, \varkappa)$ die mittlere S-Information, die der Kanal $\varkappa$ über die Quelle Q überträgt.

Die Einführung der Distorsionsfunktion wird durch die im nächsten Abschnitt angegebenen Sätze gerechtfertigt. Diese Sätze zeigen, daß $R(D)$ gerade die minimale Information ist, die man erhalten muß, um den Quellenausgang mit einer mittleren Distorsion reproduzieren zu können, die D nicht überschreitet. Damit erweist sich $R(D)$ (asymptotisch) als die Rate eines minimalen Codes, der die Reproduktion der Quellennachrichten unterhalb der vorgegebenen Genauigkeitsschranke D gestattet.

Bei der Definition der Distorsionsfunktion ist zu beachten, daß sie als das Minimum der mittleren Shannon-Information definiert ist. Natürlich besteht ein wichtiges Ziel in der Maximierung der Information zwischen Nachrichtenquelle und Empfänger über einen gegebenen Kanal. Dieses Problem führt zur Definition einer grundlegenden Größe der Informationstheorie, zur Kanalkapazität, die bezüglich einer Klasse von Quellen definiert ist. Hier ist jedoch die Quelle und nicht der Kanal gegeben. Schon aus diesem Grunde kann *die Distorsionsfunktion* (4.1) *als ein mögliches Entropiemaß für die Quelle* angesehen werden, wobei die Entropie bezüglich der geforderten Reproduktionsgenauigkeit gebildet wird. Diese Interpretation werden wir in dem nächsten Abschnitt noch durch den Vergleich mit der S-Entropie bei Codierungssätzen für Quellen rechtfertigen.

Wir stellen weiterhin fest, daß die Distorsionsfunktion hier durch ein Distorsionsmaß für einzelne Symbole (single letter fidelity criterion) und nicht für Wörter definiert ist.

Eigenschaften der Distorsionsfunktion. 1. Es gilt stets $0 \leqq R(D) \leqq \log |X|$ und $R(D) \leqq H(X, \pi)$, wobei $H(X, \pi)$ die S-Entropie der Quelle Q ist.

2. $R(D)$ ist positiv für $0 \leqq D \leqq D_{\max}$ und verschwindet für

$$D \geqq D_{\max} =_{\mathrm{Df}} \min_y \sum \pi(x) \, d_1(x, y) .$$

3. $R(D)$ ist eine $\cup$-konvexe Funktion, d.h., für $\lambda \in [0, 1]$ und alle $D, D' > 0$ gilt stets

$$R(\lambda D + (1 - \lambda) D') \leqq \lambda R(D) + (1 - \lambda) R(D') .$$

4. Sei $X = Y$ und $d_1(x, y) = 1 - \delta_x(y)$, dann kann ein einfacher Ausdruck für $R(D)$ angegeben werden. Es gilt in diesem Fall, vgl. Berger (1968, S. 61),

$$R(D) = H(X, \pi) - H(D, 1 - D) - D \operatorname{ld} (|X| - 1) \tag{4.2}$$

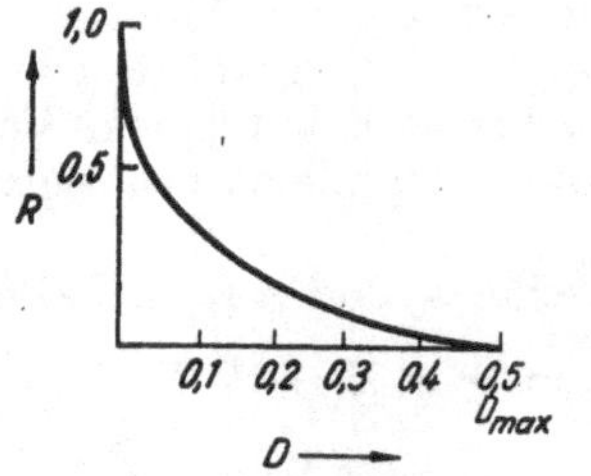

Abb. 4.1. Verlauf der Kurve der Distorsionsfunktion $R(D)$ für D, $0 \leqq D \leqq D_{\max}$

für $0 \leqq D \leqq (|X| - 1)\, \pi(x_{M-1})$, wobei die Elemente von X monoton fallend gemäß π nach wachsendem Index angeordnet sind, d.h. $\pi(x_0) \geqq \pi(x_1) \geqq \ldots \geqq \pi(x_{M-1})$. In diesem Fall ist übrigens

$$D_{\max} = \min_y \Big(\sum_x \pi(x)\,(1 - \delta_x(y)) \Big) = \min_y \Big(1 - \sum_x \pi(x)\, \delta_x(y) \Big) = 1 - \pi(x_0).$$

Während die genaue Berechnung der S-Entropie für unabhängige Quellen ohne Schwierigkeiten möglich ist, bietet die Berechnung der Distorsionsfunktion in vielen Fällen gewisse Schwierigkeiten. Nur in wenigen Fällen sind elegante Formeln wie etwa (4.2) bekannt. Daher werden häufig für $R(D)$ obere und untere Abschätzungen angegeben, vgl. Omura (1973).

Der folgende Satz, (Gallager (1968), Berger (1971)) gibt einen anderen Ausdruck für $R(D)$ an, der zur Herleitung von unteren Schranken für die Distorsionsfunktion nützlich ist.

Satz 4.1. *Es gilt stets*

$$R(D) = \max_{\substack{s \leqq 0 \\ w \in W_s}} \Big\{ s\,D + \sum_{x \in X} \pi(x) \log w(x) \Big\}, \tag{4.3}$$

wobei

$$W_s = \Big\{ w \mid w(x) \geqq 0 \wedge \sum_x w(x)\, \pi(x) \exp\,(s\, d_1(x, y)) \leqq 1 \text{ für } y \in Y \Big\}$$

gilt. Sei $s \leqq 0$, dann erreicht w das Maximum in (4.3) genau dann, wenn

$$w(x) = \Big(\sum_y \alpha(y) \exp\,(s\, d_1(x, y)) \Big)^{-1}$$

ist, wobei α ein Wahrscheinlichkeitsmaß ist mit $\sum_x w(x) \cdot \pi(x) \exp\,(sd\,(x, y)) = 1$ für alle $y, y \in Y$, mit $\alpha(y) > 0$ und $\sum_x w(x)\, \pi(x) \exp\,(s\, d(x, y)) \leqq 1$ für alle $y, y \in Y$, mit $\alpha(y) = 0$.

Da durch (4.3) die Distorsionsfunktion durch ein Maximum anstatt durch ein Minimum gegeben ist, erhält man aus Satz 4.1 unmittelbar die untere Schranke

$$R(D) \geqq s\, D + \sum_x \pi(x) \log w(x)$$

für jedes $s \leqq 0$ und $w \in W_s$.

Diese untere Schranke kann auch anders ausgedrückt werden:

$$R(D) \geqq H(X, \pi) + s\, D - H(X, \pi, u) \tag{4.4}$$

mit $s \leqq 0 \leqq u(x)$ und $\sum_x u(x) \exp\,(s\, d(x, y)) \leqq 1$ für $y \in Y$, wobei $u(x) = w(x)\, \pi(x)$ gilt, und $H(X, \pi, u)$ ist die B-Entropie, vgl. Kapitel 6, definiert durch

$$H(X, \pi, u) = - \sum_x \pi(x) \log u(x). \tag{4.5}$$

In diesem Fall ist die B-Entropie für eine Funktion u definiert, die nicht notwendigerweise ein Wahrscheinlichkeitsmaß ist. Es ist bemerkenswert, daß wegen Satz 4.1 die Distorsionsfunktion mit Hilfe der B-Entropie ausgedrückt werden kann. Andererseits kann $R(D)$ wegen Ungleichung (4.4) durch die Divergenz nach unten abgeschätzt werden.

4.2. Codierung einer Quelle unter Berücksichtigung der Distorsion

Ausgehend von den Eigenschaften der im vorigen Abschnitt eingeführten Distorsionsfunktion $R(D)$ für eine Quelle wollen wir zeigen, welche Bedeutung $R(D)$ für die Codierung von Quellen unter Berücksichtigung der Distorsion besitzt.

Sei $d_1: X \times Y \to [0, \infty)$, dann heißt

$$d_n(p, q) =_{\mathrm{Df}} \frac{1}{n} \sum_{t=1}^{n} d_1(x_t, y_t) \text{ für } p = x_1 \dots x_n, q = y_1 \dots y_n \tag{4.6}$$

unabhängiges Distorsionsmaß.

Wir kommen nun auf das in Abschnitt 4.1 gestellte Codierungsproblem zurück. Für eine gegebene Quelle Q und die durch d_1 definierte Familie von unabhängigen Distorsionsmaßen d_n, $n \in \mathbf{nz}$, ist ein Code zu finden, so daß eine Reproduktion der von der Quelle ausgesandten Nachrichten mit einem mittleren Verlust von höchstens D, $D \geqq 0$, möglich ist.

Wir beginnen mit *unabhängigen, identisch verteilten* Quellen und *unabhängigen* Distorsionsmaßen, da bereits in diesem Fall der Grundgedanke der Codierung unter Berücksichtigung der Distorsion klar formuliert werden kann. Mit Hilfe des Codierungssatzes für unabhängige und identisch verteilte Quellen, Satz 4.2, kann, wie im klassischen Fall (ohne Berücksichtigung der Distorsion), die Übertragung von Nachrichten über Kanäle unter Einhaltung einer vorgegebenen Distorsionsschranke behandelt werden; eine derartige Aussage enthält Satz 4.5.

Bei dieser Art der Codierung von Quellen wird gefordert, daß die mittlere Distorsion eine fixierte Schranke D nicht übersteigt, und es ist dann eine Code mit minimaler Rate gesucht, der dies leistet (*rate-distortion approach*). Also wird die Funktion $\frac{1}{n} \operatorname{ld} K^{\pi}(n, D)$ untersucht, wobei

$$K^{\pi}(n, D) =_{\mathrm{Df}} \inf_{\substack{B \subsetneqq Y^n \\ d_n(B) \leqq D}} |B|$$

ist. Mit Satz 4.6 wird gezeigt, daß die Aussage über die Existenz einer geeigneten Quellencodierung auch im Fall einer ergodischen Quelle mit einem nicht notwendig endlichen Alphabet gültig ist. Insbesondere gilt für ergodische Quellen analog zu Satz 4.3

$$\frac{1}{n} \operatorname{ld} K^{\pi}(n, D) \geqq R(D),$$

und zu jedem $\varepsilon < 0$ existiert für hinreichend große n ein Code B, $B \subsetneqq Y^n$, mit

$$\frac{1}{n} \operatorname{ld} |B| < R(D) + \varepsilon \quad \text{und} \quad d_n(B) \leqq D + \varepsilon .$$

Ein anderer Ansatz zur Codierung von Quellen unter Berücksichtigung der Distorsion besteht in folgendem Vorgehen, das naheliegender ist, wenn eine Kapazitätsbeschränkung oder eine fixierte Anzahl von Quantisierungsniveaus anstelle einer Schranke für die mittlere Wiedergabegenauigkeit gegeben ist. In diesem Fall (*distortion-rate approach*) ist die Rate R vorgegeben, und es ist die Funktion

$$\delta(R) =_{\mathrm{Df}} \inf_n \inf_{\substack{B \subseteq Y^n \\ \frac{1}{n} \mathrm{ld}|B| \leq R}} d_n(B)$$

zu untersuchen. Mit Hilfe der *inversen Distorsionsfunktion* $D(R)$ kann $\delta(R)$ ausgedrückt werden. Für ergodische Quellen gilt

$$\delta(R) \geqq D(R),$$

und zu jedem $\varepsilon > 0$ existiert für hinreichend große n ein Code B, $B \subseteqq Y^n$, so daß

$$\frac{1}{n} \mathrm{ld}\, |B| \leqq R + \varepsilon \quad \text{und} \quad d_n(B) \leqq D(R) + \varepsilon$$

gilt, vgl. Satz von McMillan, Kapitel 3.

Ein Codierungssatz für unabhängige Quellen bei vorgegebener Rate R stellt Satz 4.7 von Omura (1973) dar. Dabei wird $D(R)$ durch die Quellenfunktion $E(R, D)$ beschrieben, und dieser Koeffizient ähnelt dem Fehlerexponenten (*random coding exponent*), der bei Fehlerabschätzungen für unabhängige, identisch verteilte Kanäle auftritt, vgl. Gallager (1965). Auf Eigenschaften der Funktion $E(R, D)$ wird in diesem Abschnitt noch genauer eingegangen.

Ein ähnliches Codierungsproblem wird mit Satz 4.10 gelöst, bei dem die Wahrscheinlichkeit dafür abzuschätzen ist, daß die Distorsion eine vorgegebene Schranke D, $D \geqq 0$, übersteigt. Diese Abschätzung der Fehlerwahrscheinlichkeit von Quellen unter Berücksichtigung der Distorsion erfolgt für schach abhängige Quellen, also für eine relativ große Klasse von stationären Quellen. Der Beweis dieses Satzes, auf den wir aus Platzgründen nicht näher eingehen können, benutzt wesentlich den Satz von McMillan für die Divergenz, vgl. Marton (1974).

Stellt man die beiden Ansätze für das Codierungsproblem von Quellen unter Berücksichtigung der Distorsion gegenüber, nämlich die Vorgabe von D bzw. die Vorgabe von R, so lassen sich im ergodischen Fall zwei entsprechende Sätze beweisen. Will man jedoch eine Klasse von Quellen (*universell*) codieren, so bietet der Ansatz mit der Vorgabe von R (distortion-rate approach) bessere Möglichkeiten, was zuerst von Ziv (1972) festgestellt wurde. Ein derartiges Problem der universellen Codierung einer Klasse von Quellen entsteht z.B. beim Codieren einer stationären, nicht notwendig ergodischen Quelle Q, wobei die Klasse von Quellen durch die ergodische Dekomposition von Q bestimmt wird, vgl. Gray, Davisson (1974a).

Der Beweis des Codierungssatzes für *stationäre, nicht notwendig ergodische* Quellen unter Berücksichtigung der Distorsion benutzt die Methode der ergodischen Dekomposition stationärer Quellen, die bereits in Abschnitt 3.4 zum Beweis des Satzes über die S-Rate und der Shannonschen Sätze für stationäre, nicht notwendig ergodische Quellen herangezogen wurde.

Benutzt man den Satz von Rochlin (1952) über die ergodische Dekomposition von dynamischen Systemen mit separablen σ-Algebren, so erhält man den entsprechenden Codierungssatz für stationäre, separable Quellen unter Berücksichtigung der Distorsion.

Wenden wir uns also zunächst dem *unabhängigen* Fall zu. Dann gilt der folgende Codierungssatz unter Berücksichtigung der Distorsion von Berger (1968).

Satz 4.2. *Sei $Q = [X^{nz}, \mathfrak{X}, \pi]$ eine unabhängige Quelle und $d = (d_n)_{n \in nz}$ eine Familie unabhängiger Distorsionsmaße, d.h., für d gilt* (4.6). *Dann existiert zu jedem ε, $\varepsilon \geqq 0$, und zu jedem D, $D \geqq 0$, ein n und ein $(D + \varepsilon)$-zulässiger Code der Blocklänge n mit der Rate*

$$R < R(D) + \varepsilon,$$

d.h., für hinreichend große n gilt

$$\frac{1}{n} \log K^\pi(n, D + \varepsilon) < R(D) + \varepsilon. \tag{4.7}$$

Somit stellt Satz 4.2 ein Analogon zum Satz über die S-Rate, Abschnitt 3.1, dar. Denn für unabhängige Quellen existiert für $\varepsilon > 0$ und hinreichend große n eine Menge E, $E \subseteqq X^n$ mit

$$\frac{1}{n} \log |E| < h(X, \pi) + \varepsilon \quad \text{und} \quad \pi(\overline{E}) < \varepsilon.$$

Nach Satz 4.2 existiert für hinreichend große n eine Code B mit

$$\frac{1}{n} \log |B| < R(D) + \varepsilon \quad \text{und} \quad d_n(B) < D + \varepsilon. \tag{4.8}$$

Satz 4.3. *Unter den Voraussetzungen von Satz 4.2 existiert kein D-zulässiger Code B, $B \subseteqq Y^n$, mit einer Rate, die kleiner ist als $R(D)$, d.h., für alle n gilt*

$$\frac{1}{n} \operatorname{ld} K^\pi(n, D) \geqq R(D).$$

Somit stellt Satz 4.3, Berger (1971), eine untere Abschätzung von $K^\pi(n, D)$ dar.

Folgerung 4.4. *Unter den Voraussetzungen von Satz 4.2 gilt für $D > 0$*

$$\lim_{n \to \infty} \frac{1}{n} \log K^\pi(n, D) = R(D).$$

Bevor wir zu Verschärfungen des Codierungssatzes für Quellen bzw. zu Verallgemeinerungen für ergodische und stationäre Quellen kommen, wollen wir einige Folgerungen aus Satz 4.2 angeben.

Sei eine unabhängige, identisch verteilte Quelle $Q_0 = [X^{\mathsf{nz}}, \mathfrak{X}_0, \pi]$, X_0 endlich und nichtleer, und ein unabhängiger, identisch verteilter Kanal $K = [X, Y, \varkappa]$ mit

$$\varkappa : X^{\mathsf{nz}} \to \mathrm{WM}(\mathfrak{Y})$$

gegeben, wobei $\mathfrak{Y}$ die von den Zylindermengen über Y^{nz} erzeugte σ-Algebra ist. Wir wollen

$$R(D) + \varepsilon < C(K) \tag{4.9}$$

voraussetzen, wobei $C(K)$ die Kanalkapazität des Kanals K bezüglich der Klasse der unabhängigen, identisch verteilten Quellen ist. Wegen Satz 4.2 gilt für hinreichend große n

$$\frac{1}{n} \operatorname{ld} K^\pi(n, D + \varepsilon) < R(D) + \varepsilon < C(K), \tag{4.10}$$

und es existiert ein $(D + \varepsilon)$-zulässiger Blockcode der Blocklänge n, dessen Rate kleiner als $C(K)$ ist. Daher kann der Satz von Feinstein im unabhängigen Fall angewendet werden, vgl. Wolfowitz (1978), und die Abschätzung der mittleren Distorsion ergibt

Satz 4.5 (Berger (1971)). *Sei*

1. $Q_0 = [X^{\mathsf{nz}}, \mathfrak{X}_0, \pi]$ *eine unabhängige, identisch verteilte Quelle,*
2. $d = (d_n)_{n \in \mathsf{nz}}$ *eine Familie unabhängiger Distorsionsmaße, d.h., für d gilt Gleichung* (4.6),
3. $K = [X, Y, \varkappa]$ *ein unabhängiger, identisch verteilter* nz-*Kanal.*

Dann gilt:

a) *Wenn*

$$R(D) < C(K)$$

gilt, so kann die Quelle Q_0 am Ausgang des Kanals mit einem Distorsionsverlust von höchstens $(D + \varepsilon)$ reproduziert werden, wobei $D > 0$ und $\varepsilon > 0$ vorgegeben sind.

b) *Es existiert kein Code, um die Quelle Q_0 mit der maximalen mittleren Distorsion D am Kanalausgang zu reproduzieren, wenn*

$$R(D) > C(K)$$

ist.

Mit $C(K)$ wird die Kanalkapazität des Kanals K und mit $R(D)$ die Distorsionsfunktion der Quelle Q_0 bezeichnet.

Satz 4.5a) und b) zeigt, daß $R(D)$ den Wert für die Kanalkapazität angibt, der notwendig und hinreichend für die Übertragbarkeit von Nachrichten der Quelle über einen Kanal mit der Distorsion bzw. Genauigkeit D ist.

Daher stellt die Distorsionsfunktion $R(D)$ eine Verallgemeinerung der S-Entropie in dem Sinne dar, daß bei $R(D) < C$ eine Übertragung mit der Distorsion D möglich, bei $R(D) > C$ aber unmöglich ist. Daher kann Satz 4.5 als *ein Analogon zum* 1. *Shannonschen Satz* angesehen werden, vgl. Abschnitt 3.4.

Wir kommen nun zu einer allgemeineren Form des Codierungsatzes für *ergodische Quellen* unter Berücksichtigung der Distorsion.

Es ist bekannt, daß jede unabhängige stationäre **gz**-Quelle ergodisch ist. Damit enthält der nachfolgende Codierungssatz auch den Spezialfall für unabhängige stationäre **gz**-Quellen. Die ergodischen Quellen stellen gerade die Extremalpunkte in der konvexen Menge der stationären Quellen über fixiertem Alphabet dar. Weitere Eigenschaften ergodischer Quellen wurden im Abschnitt 2.3 behandelt.

Seien X und Y nichtleere (nicht notwendig endliche) Mengen und $\mathfrak{A}$ bzw. $\mathfrak{B}$ σ-Algebren über X bzw. Y. Weiterhin sei

$$\mathfrak{X}^n =_{\mathrm{Df}} \bigotimes_{i=1}^{n} \mathfrak{A}_i, \quad \mathfrak{X} =_{\mathrm{Df}} \bigotimes_{i=-\infty}^{\infty} \mathfrak{A}_i,$$

$$\mathfrak{Y}^n =_{\mathrm{Df}} \bigotimes_{i=1}^{n} \mathfrak{B}_i, \quad \mathfrak{Y} =_{\mathrm{Df}} \bigotimes_{i=-\infty}^{\infty} \mathfrak{B}_i,$$

wobei $\mathfrak{A}_i = \mathfrak{A}$ und $\mathfrak{B}_i = \mathfrak{B}$ für $i \in \mathbf{gz}$ ist. $[X^{\mathbf{gz}}, \mathfrak{X}, \pi]$ heißt (zeitdiskrete) *Quelle*, wenn π ein Wahrscheinlichkeitsmaß auf $\mathfrak{X}$ ist. Sei π ein stationäres Wahrscheinlichkeitsmaß auf $\mathfrak{X}$, d.h. $Q = [X^{\mathbf{gz}}, \mathfrak{X}, \pi]$ eine stationäre Quelle.

Für $n \in \mathbf{nz}$ sei

$$\varkappa^n : X^n \to \mathrm{WM}(\mathfrak{Y}^n)$$

und

$$\mu^n(G) =_{\mathrm{Df}} \int \varkappa^n(p, G_p)\, \mathrm{d}\pi^n(p) \tag{4.11}$$

für $p \in X^n$ und $G \in \mathfrak{X}^n \otimes \mathfrak{Y}^n$, wobei $G_p = \{q \mid [p, q] \in G\}$ der Schnitt von G mit dem Wort $q \in Y^n$ ist.

Damit ist μ^n ein Wahrscheinlichkeitsmaß auf $[X^n \times Y^n, \mathfrak{X}^n \otimes \mathfrak{Y}^n]$, und wir können definieren

$$I(\pi^n, \varkappa^n) =_{\mathrm{Df}} \sup \sum_{i=1}^{\infty} \mu^n(G_i) \operatorname{ld} \frac{\mu^n(G_i)}{\alpha^n(G_i)}, \tag{4.12}$$

wobei das Supremum über alle Zerlegungen G_i von $X^n \times Y^n$ in abzählbar viele Rechtecke

$$G_i = E_i \times F_i \text{ mit } E_i \in \mathfrak{X}^n \text{ und } F_i \in \mathfrak{Y}^n$$

gebildet wird, und α^n ist das Produkt der Randverteilungen von μ^n. $I(\pi^n, \varkappa^n)$ ist stets nichtnegativ, und DOBRUSCHIN (1963) zeigte, daß sich der Wert nicht ändert, wenn man das Supremum über alle meßbaren Zerlegungen (G_i) erstreckt.

Man kann nun zeigen, BERGER (1971, S. 269), daß gilt: Wenn $I(\pi^n, \varkappa^n)$ endlich ist, so ist

$$\mu^n \ll \alpha^n$$

und $I(\pi^n, \varkappa^n) = \int \operatorname{ld} f_n(p, q)\, \mathrm{d}\mu^n(p, q)$, wobei $f_n = \dfrac{\mathrm{d}\mu^n}{\mathrm{d}\alpha^n}$ die Radon-Nikodym-Dichte ist.

Jede $\mathfrak{A}$-$\mathfrak{B}$-meßbare Funktion $d_1: X \times Y \to [0, \infty)$ wird als *Distorsionsmaß* (*single letter distortion*) bezeichnet. Sei

$$d_n(p, q) =_{\mathrm{Df}} \frac{1}{n} \sum_{i=1}^{n} d_1(x_i, y_i) \tag{4.13}$$

für $p = x_1 \dots x_n$, $q = y_1 \dots y_n$ und $p \in X^n$ und $q \in Y^n$. Dann ist d_n eine $\mathfrak{X}^n \otimes \mathfrak{Y}^n$-meßbare Abbildung in $[0, \infty)$. Wegen der Eigenschaft (4.13) wird $d_n(p, q)$ als *unabhängiges* Distorsionsmaß bezeichnet.

Für $D \in [0, +\infty)$ sei $\mathfrak{K}_n(D)$ die Menge der bedingten Wahrscheinlichkeitsmaße

$$\varkappa^n : X^n \to \mathrm{WM}(\mathfrak{Y}^n)$$

mit

$$\int d_n(r)\, \mathrm{d}\mu^n(r) \leqq D \quad \text{für} \quad r \in X^n \times Y^n.$$

Sei

$$d_n(p, B) =_{\mathrm{Df}} \min_{q \in B} d_n(p, q) \tag{4.14}$$

für $p \in X^n$, $q \in Y^n$ und die endliche Menge $B \subseteqq Y^n$, weiterhin

$$d_n(B) =_{\mathrm{Df}} \int d_n(p, B)\, \mathrm{d}\pi^n(p).$$

Damit können wir die Definition 4.1 sinngemäß auf diesen Fall übertragen und verfügen über den Begriff des *D-zulässigen Codes* $B \subseteqq Y^n$.

Nun wird die Distorsionsfunktion für die stationäre Quelle Q definiert. Sei

$$R_n(D) = \inf_{\varkappa^n \in \mathfrak{K}_n(D)} \frac{1}{n} I(X^n, Y^n), \tag{4.15}$$

wobei $I(X^n, Y^n)$ die S-Information ist, die in X^n über Y^n enthalten ist. Falls $\mathfrak{K}_n(D)$ leer ist, so wird

$$R_n(D) = +\infty$$

gesetzt.

$$R(D) =_{\mathrm{Df}} \lim_{n \to \infty} R_n(D)$$

bezeichnen wir als Distorsionsfunktion der stationären Quelle Q. Man kann nun zeigen, daß der Grenzwert in (4.15) für stationäre Quellen existiert und daß $R(D)$ nichtnegativ, monoton fallend und $\cup$-konvex in dem Intervall von D ist, in dem $R(D)$ endlich ist.

$R(D)$ ist also die minimale Information, die über eine Quelle übertragen werden muß, um sie innerhalb der Distorsionsschranke D reproduzieren zu können. Diese Interpretation wird durch den folgenden Satz mathematisch präzisiert.

Satz 4.6 (Berger (1971)). *Sei*

1. $[X^{\mathfrak{Z}}, \mathfrak{X}, \pi]$ *eine (zeitdiskrete) ergodische stationäre Quelle, wobei X nichtleer und nicht notwendig endlich ist,*
2. $d = (d_n)_{n\in \mathfrak{N}}$ *eine Familie von unabhängigen Distorsionsmaßen von* $X^n \times Y^n$ *in* $[0, \infty)$.
3. *Es existiert ein* y^* *mit*

$$\int d_1(x, y^*)\,\mathrm{d}\pi(x) = d^* < \infty.$$

Dann gilt

a) *Zu jedem* $\varepsilon > 0$ *und jedem* $D \geqq 0$ *mit*

$$R(D) < \infty$$

existiert für hinreichend große n ein $(D + \varepsilon)$*-zulässiger Code B,* $B \subseteqq Y^n$*, dessen Rate kleiner als* $R(D) + \varepsilon$ *ist, d.h.*

$$R = \frac{1}{n}\,\mathrm{ld}\,|B| < R(D) + \varepsilon.$$

b) *Es existiert kein D-zulässiger Code, für dessen Rate R gilt*

$$R < R(D).$$

Wir merken an, daß in a) entweder $D + \varepsilon$ durch D oder $R(D) + \varepsilon$ durch $R(D)$ ersetzt werden kann und die Aussage in a) bleibt wahr.

Die Aussage des Satzes kann wieder mit den Eigenschaften der S-Rate verglichen werden, wie es in den an Satz 4.2 anschließenden Bemerkungen gemacht wurde.

Auch in diesem Fall kann eine analoge Aussage über die Reproduzierbarkeit der ergodischen Quelle am Ausgang eines stationären Kanals ohne Vorgriff und mit endlicher Gedächtnistiefe an Ein- und Ausgang innerhalb der vorgegebenen Distorsionsschranke D gemacht werden, vgl. Satz 4.5 und Berger (1971, Theorem 7.2.6).

Ein Codierungssatz für unabhängige, identisch verteilte Quellen *für eine vorgegebene Rate R* wurde von Omura (1973) bewiesen. Dabei ähnelt die Methode der von Gallager (1965) zur Herleitung der Schranke für Zufallscodes für Kanäle.

Der Vorteil dieser Methode besteht darin, daß eine Aussage für alle n und nicht nur für hinreichend große n getroffen werden kann und daß der Beweis elementarer ist.

Dazu führen wir die Quellenfunktion $E(R, D)$ ein. Sei wieder

$$\mathfrak{K}_D = \{\varkappa \mid \varkappa : X \to \mathrm{WM}(Y) \wedge d(\pi, \varkappa, d_1) \leqq D\}$$

die Menge aller D-zulässigen unabhängigen identisch verteilten Kanäle von X nach Y. Da X und Y endliche Mengen sind, existiert eine reelle Zahl d_0 mit

$$d_1(x, y) \leqq d_0 \text{ für } x \in X \text{ und } y \in Y.$$

Nun sei d_n das mit d_1 gebildete unabhängige Distorsionsmaß, dann gilt auch

$$d_n(p, q) \leqq d_0 \quad \text{für} \quad p \in X^n \text{ und } q \in Y^n.$$

Für $\beta \in (-1, 0)$ sei

$$E_0(\beta, \varkappa) =_{\mathrm{Df}} -\mathrm{ld}\left(\sum_x \sum_y \alpha(y)\, \varkappa'(x \mid y)^{\frac{1}{1+\beta}}\right)^{\beta+1}, \tag{4.16}$$

wobei $\alpha(y) =_{\mathrm{Df}} \sum_x \pi(x)\,\varkappa(y \mid x)$ für $y \in Y$ und $\varkappa'(x \mid y) =_{\mathrm{Df}} \dfrac{\pi(x)\,\varkappa(y \mid x)}{\alpha(y)}$ für $x \in X$ und $y \in Y$ sei. Weiterhin sei

$$E(R, \beta, \varkappa) =_{\mathrm{Df}} -\beta R + E_0(\beta, \varkappa) \tag{4.17}$$

für $R > 0$ und $\beta \in (-1, 0)$.

Die in (4.16) und (4.17) definierten Funktionen weisen eine gewisse Ähnlichkeit mit dem Fehlerexponenten (random coding exponent) auf, der bei Fehlerabschätzungen für unabhängige, identisch verteilte Kanäle auftritt, vgl. GALLAGER (1965, 1968 Kapitel 5). Der Unterschied besteht aber darin, daß hier der Parameter β zwischen -1 und 0 liegt, während er für Kanäle zwischen 0 und 1 liegt. Ein anderer Unterschied besteht darin, daß hier der Kanal frei wählbar ist, während er beim Studium der Kanäle fixiert ist.

Die Funktion E_0 besitzt für jedes $\varkappa$ und $\beta \in (-1, 0)$ folgende Eigenschaften:

1. $E_0(\beta, \varkappa) \leqq 0$.

2. $I(X, Y) \leqq \frac{\partial E_0(\beta, \varkappa)}{\partial \beta}$, wobei $I(X, Y)$ die S-Information ist, die in X im Mittel über Y enthalten ist.

3. $\frac{\partial^2 E_0(\beta, \varkappa)}{\partial \beta} \leqq 0$.

4. $E_0'(0, \varkappa) = \left.\frac{\partial E_0(\beta, \varkappa)}{\partial \beta}\right|_{\beta=0} = I(X, Y)$.

Diese Eigenschaften folgen leicht aus denen des Fehlerexponenten von GALLAGER (1968).

Damit können wir die *Quellenfunktion* der Quelle $[X^{n\mathbf{z}}, \mathfrak{X}, \pi]$ definieren als

$$E(R, D) =_{\mathrm{Df}} \max_{\varkappa \in \mathfrak{K}_D} \sup_{\beta \in (-1,0)} E(R, \beta, \varkappa). \tag{4.18}$$

Sei nun $R(D)$ die Distorsionsfunktion der Quelle Q, dann gilt

Satz 4.7 (OMURA (1973)). *Sei*

1. $Q = [X^{n\mathbf{z}}, \mathfrak{X}, \pi]$ *eine unabhängige, identisch verteilte Quelle mit endlichem* X,
2. $d = (d_n)_{n \in \mathbf{nz}}$ *eine Familie von unabhängigen Distorsionsmaßen.*

Dann existiert zu $D \geqq 0$ *ein Blockcode* B *der Blocklänge* n *und der Rate* R *mit einer mittleren Distorsion* $d_n(B)$, *für die gilt*

$$d_n(B) \leqq D + d_0 \exp(-nE(R, D)),$$

wobei $E(R, D) > 0$ *für* $R > R(D)$ *ist.*

Aus Satz 4.7 kann auch eine naheliegende Schranke für die Konvergenzgeschwindigkeit von $[d_n(B), R_n]$ gegen $[D, R(D)]$ hergeleitet werden, vgl. OMURA (1973).

Folgerung 4.8. *Unter den Voraussetzungen von Satz 4.7 existiert ein Blockcode* B *der Blocklänge* n *und der Rate* R_n *mit*

$$0 \leqq d_n(B) - D \leqq \varepsilon(n) = d_0 \exp\left(-\frac{n\,\delta^2(n)}{2C_0}\right),$$

wobei $\delta(n) = R_n - R(D) > 0$ *und* $C_0 = 2 + 16\,[\mathrm{ld}\, M]^2$ *ist.*

Wählt man nun $\delta(n) = c\sqrt{\frac{1}{n}}$, so ergibt sich

$$\varepsilon(n) = \frac{d_0}{n^{(c^2/2C_0)}}$$

für jede Konstante $c, c > 0$. Dies zeigt, daß bei $R_n \to R(D)$ mit dem Konvergenzverhalten wie $\sqrt{1/n}$ dann auch $d_n(B) \to D$ mit dem Konvergenzverhalten wie n^{-b} für jedes fixierte b, $b > 0$ folgt.

Zur Diskussion der Konvergenzgeschwindigkeit gegen $R(D)$ vgl. auch BERGER (1971, S. 197–198).

OMURA (1973) hat auch für nicht notwendig unabhängige Quellen ein Analogon zu Satz 4.7 hergeleitet und das Konvergenzverhalten der dabei statt $E(R, D)$ benutzten Funktion $E_n(R, D)$ untersucht.

Beim Codierungssatz für Quellen, Satz 4.2, wurde die mittlere Distorsion eines Blockcodes der Blocklänge n und mit der Rate R als Kriterium dafür herangezogen, daß ein Blockcode zulässig ist oder nicht. Insbesondere wurde nach dem kleinsten Code mit den geforderten Eigenschaften gefragt und dessen Existenz für hinreichend große n nachgewiesen.

Ein anderes Problem besteht in der *Abschätzung der Wahrscheinlichkeit dafür, daß die Distorsion eine vorgegebene Schranke D, $D \geqq 0$, übersteigt,* wobei ein Distorsionscode der Blocklänge n und von maximaler Rate nR benutzt wird. Auf die Abschätzung dieser Fehlerwahrscheinlichkeit wollen wir nun näher eingehen.

Diese Problemstellung ähnelt dem Problem der Fehlerwahrscheinlichkeit für Kanäle, vgl. GALLAGER (1968), SHANNON et al. (1967). Das asymptotische Verhalten der Fehlerwahrscheinlichkeit für distorsionsfreie Quellencodierungen wurde von JELINEK (1968) und CZSISZÁR und LONGO (1971) für unabhängige Quellen untersucht.

Sei $Q = [X^{gz}, \mathfrak{X}, \pi]$ eine stationäre Quelle mit endlichem Alphabet X, Y eine endliche Menge mit $|Y| = N$ und d ein Distorsionsmaß, das auf $X \times Y$ definiert ist (d soll aber nicht notwendig endlich sein). Wir setzen voraus

$$\min_{y \in Y} d(x, y) = 0 \text{ für alle } x \in X, \tag{4.19}$$

$$\min_{y \in Y} \max_{x \in X} d(x, y) < \infty. \tag{4.20}$$

Wir erweitern den Definitionsbereich von d auf $X^n \times Y^n$, $n \geqq 2$, durch

$$d(p, q) =_{\mathrm{Df}} \frac{1}{n} \sum_{i=1}^{n} d(x_i, y_i),$$

mit $p = x_1 \dots x_n \in X^n$ und $q = y_1 \dots y_n \in Y^n$, so daß d ein unabhängiges Distorsionsmaß ist. Damit ist d ein auf Z unabhängiges Distorsionsmaß, wobei

$$Z = \{[p, q] \mid p \in W(X) \wedge q \in W(Y) \wedge l(p) = l(q)\}$$

ist.

Sei $R(D)$ die durch (4.15) definierte Distorsionsfunktion der Quelle Q, wobei $D \geqq 0$ ist. $R(D)$ existiert für stationäre Quellen, und es gilt

$$R(D) \leqq \frac{1}{n} R_n(D) \tag{4.21}$$

für $n \in \mathsf{nz}$.

Ein Wort p, $p \in X^n$, tritt an der Quelle mit der Wahrscheinlichkeit $\pi^n(p)$ auf. Zur Codierung soll zu der Codewortmenge $B \subsetneqq Y^n$ der Distorsionscode γ_B^n verwendet werden. Dann wollen wir die Wahrscheinlichkeit dafür abschätzen, daß bei Auftreten des Wortes p an der Quelle die Distorsion $d(p \mid B)$ eine vorgegebene Schranke D, $D \geqq 0$, überschreitet.

Sei also $D \geqq 0$, dann definieren wir für einen Code $C \subsetneqq Y^n$

$$F(C, D) = \{p \mid p \in X^n \wedge d(p) \mid B > D\}.$$

Wenn ein Code C, $C \subsetneqq Y^n$, gegeben ist, so sagen wir, daß ein Fehler auftritt, wenn die Quelle Q ein Wort $p \in F(C, D)$ produziert. Für $R \geqq 0$ definieren wir

$$P^n(D, R) = \min \{\pi^n(F(C, D)) \mid C \subsetneqq Y^n \wedge |C| \leqq \exp(nR)\}.$$

Wenn die Quelle Q ergodisch ist, dann gilt für $R > R(D)$ wegen GALLAGERS Codierungssatz für Quellen (1968, Theorem 9.8.3)

$$\lim_{n\to\infty} P^n(D, R) = 0.$$

Eine exponentielle obere Schranke für $P^n(D, R)$ wurde von BLAHUT (1972) angegeben. Der asymptotisch exakte Wert von $\frac{1}{n}$ ld $P^n(D, R)$ (ausgenommen eine höchstens abzählbare Menge von Werten von R) wurde von MARTON (1976) angegeben. Die nachfolgend dargestellten Ergebnisse stellen eine Verallgemeinerung dieser Resultate dar und gehen auf MARTON (1976) zurück.

Dazu benötigen wir den Begriff der schwach abhängigen Quelle. Für $a \in X^{gz}$ sei $\pi(a(1) \mid a[-\infty, 0])$ die Wahrscheinlichkeit dafür, daß $a(1)$ im Takt 1 auftritt unter der Bedingung, daß $a[-\infty, 0]$ vorliegt. Für $\pi^n(a[1, \ldots, n] \mid a[-\infty, 0])$ gilt

$$\pi^n(a[1, n] \mid a[-\infty, 0]) = \prod_{i=1}^{n} \pi(a(i) \mid a[-\infty, i-1]), \quad n \in \mathsf{nz}.$$

Definition 4.4. Das Wahrscheinlickeitsmaß π und die Quelle $Q = [X^{gz}, \mathfrak{X}, \pi]$ heißen *schwach abhängig* genau dann, wenn für die bedingten Wahrscheinlichkeiten $\pi(a(1) \mid a[-\infty, 0])$, $a \in X^{gz}$, gilt

1. $\inf_{a\in X^{gz}} \pi(a(1) \mid a[-\infty, 0]) > 0$,

2. $\varepsilon_n(\pi) =_{\mathrm{Df}} \frac{1}{n} \sup_{a\in X^{gz}} \left| \mathrm{ld} \frac{\pi(a[1, n] \mid a[-\infty, 0])}{\pi(a[1, n])} \right| \underset{n\to\infty}{\longrightarrow} 0.$

Man zeigt nun leicht, daß $\pi^n(p) > 0$ für $p \in X^n$ gilt und

$$\frac{1}{n} \max_{a\in X^{gz}} \left| \mathrm{ld} \frac{\pi(a[1, n] \mid a[-l, 0])}{\pi(a[1, n])} \right| \leqq \varepsilon_n(\pi)$$

für $l, n \in \mathsf{nz}$.

Eine stationäre Markowsche Quelle der Ordnung k, $k \in \mathsf{nz}$, deren Übertragungswahrscheinlichkeiten sämtlich positiv sind, ist schwach abhängig.

Definition 4.5. Das Wahrscheinlichkeitsmaß π ist durch seine bedingten Verteilungen eindeutig bestimmt genau dann, wenn kein stationäres Wahrscheinlichkeitsmaß σ auf $\mathfrak{X}$ mit $\sigma \neq \pi$ und

$$\sigma(a(1) \mid a[-\infty, 0]) = \pi(a(1) \mid a[-\infty, 0])$$

mit Wahrscheinlichkeit 1 bezüglich der Projektion von σ auf $X^1_{-\infty}$ existiert.

Bisher hatten wir die Distorsionsfunktion der Quelle $[X^{gz}, \mathfrak{X}, \pi]$ mit $R(D)$ bezeichnet. Um die Abhängigkeit von dem Wahrscheinlichkeitsmaß π zum Ausdruck zu bringen, schreiben wir fortan stattdessen $R(\pi, D)$.

Sei π ein schwach abhängiges stationäres Wahrscheinlichkeitsmaß und $D \geqq 0$. Es läßt sich zeigen, daß die Divergenz $D(\sigma, \pi)$ für π und stationäre σ existiert, vgl. MARTON (1976, Theorem 1). Für $R \geqq 0$ definieren wir

$$G_D(R) = \inf \{D(\sigma, \pi) \mid \sigma \in \mathfrak{Q}_s(X) \wedge R(\sigma, D) \geqq R\}, \tag{4.22}$$

wobei $\mathfrak{Q}_s(X)$ die Menge aller stationären Wahrscheinlichkeitsmaße auf $\mathfrak{X}$ ist.

Dann gilt

Satz 4.9 (MARTON (1974)). *Sei*

1. $[X^{gz}, \mathfrak{X}, \pi]$ *eine schwach abhängige stationäre Quelle,*

2. d *ein auf* $Z = \{[p, q] \mid p \in W(X) \wedge q \in W(Y) \wedge l(p) = l(q)\}$ *unabhängiges Distorsionsmaß.*

Dann gilt

1. *Das Infimum in* (4.22) *kann durch das Minimum ersetzt werden, d.h.*

$$G_D(R) = \min \{D(\sigma, \pi) \mid \sigma \in \mathfrak{Q}_s(X) \wedge R(\sigma, D) \geqq R\}.$$

2. G_D *ist eine monoton wachsende Funktion.*
3. $G_D(R) = 0$ *für* $R \leqq R(\pi, D)$.
4. *Wenn* π *durch seine bedingten Wahrscheinlichkeiten eindeutig bestimmt ist, dann gilt*

$$G_D(R) > 0 \text{ für } R > R(\pi, D).$$

Sei $\mathfrak{Q}$ die Menge aller Wahrscheinlichkeitsmaße auf $\mathfrak{X}$.

Dann gilt für die Fehlerwahrscheinlichkeit von Distorsionscodes der folgende

Satz 4.10 (Marton (1976)). *Sei*

1. $[X^{g_z}, \mathfrak{X}, \pi]$ *eine schwach abhängige stationäre Quelle,*
2. d *ein auf*

$$Z = \{[p, q] \mid p \in W(X) \wedge q \in W(Y) \wedge l(p) = l(q)\}$$

unabhängiges Distorsionsmaß,

3. π *durch seine bedingten Wahrscheinlichkeiten eindeutig bestimmt.*

Für $D \geqq 0$ *und* R *mit*

$$R(\pi, D) < R < \max_{\sigma \in \mathfrak{Q}} R(\sigma, D) \tag{4.23}$$

gilt dann

$$0 < G_D(R - 0) \leqq \liminf_{n \to \infty} \left(-\frac{1}{n} \operatorname{ld} P^n(D, R)\right)$$

$$\leqq \limsup_{n \to \infty} \left(-\frac{1}{n} \log P^n(D, R)\right) \leqq G_D(R + 0) < \infty. \tag{4.24}$$

Außerdem gilt $P^n(D, R) = 0$ für $R > \max_{\sigma \in \mathfrak{Q}} R(\sigma, D)$ und n hinreichend groß.

Zu (4.23) ist anzumerken, daß für $D \geqq 0$ stets gilt

$$\max_{\sigma \in \mathfrak{Q}} R(\sigma, D) = \max_{\sigma' \in \mathfrak{Q}_s} R(\sigma', D).$$

Weiterhin gilt auch folgendes: Da $G_D(R)$ eine monoton wachsende Funktion von R ist, ist sie auch stetig, wenn man von einer höchstens abzählbaren Menge von Werten für R absieht. Wenn aber G_D in R stetig ist, dann geht Formel (4.24) über in

$$0 < \lim_{n \to \infty} \left(-\frac{1}{n} \operatorname{ld} P^n(D, R)\right) = G_D(R) < \infty. \tag{4.25}$$

Daher ist es von Interesse, wann die Funktion G_D in R stetig ist. Marton (1976) entnehmen wir die folgenden Aussagen für den unabhängigen Fall.

Lemma 4.11. *Wenn* $D \geqq 0$ *ist und* R *der Bedingung* (4.23) *genügt, und wenn eine Zahl* $R' < R$ *existiert, so daß das Intervall* $[R', R]$ *kein lokales Maximum*[1]) *der Funktion* $R(\cdot, D)$ *enthält, dann ist* G_D *stetig in* R.

Für den nächsten Fall benötigen wir die

Definition 4.6. Eine Distorsionsfunktion d auf $X \times X$ heißt *ausgewogen* (balanced) genau dann, wenn jede Zeile der Matrix $(d(x, x'))$ eine Permutation der ersten Zeile ist und wenn eine ähnliche Aussage für die Spalten gilt.

---

[1]) R_0 ist ein lokales Maximum von $R(\cdot, d)$, wenn für $\sigma_0 \in \mathfrak{Q}_{n,s}$, für eine Umgebung U von σ_0 und für alle $\sigma \in \mathfrak{Q}_{n,s} \cap U$ gilt $R(\sigma, D) \leqq R_0 = R(\sigma_0, d)$.

Eine Distorsionsfunktion auf $X \times X$ heißt *positiv* genau dann, wenn $0 = d(x, x) < d(x, x')$ für $x, x' \in X$, $x \neq x'$ gilt.

Satz 4.12. a) *Sei* $X = Y$ *und* d *eine ausgewogene Distorsionsfunktion auf* $X \times X$. *Wenn die Matrix* $(\exp(-s, d(x, x')))$ *nichtsingulär für jedes* $s > 0$ *ist, dann hat die Funktion* $R(\cdot, d)$ *nur ein lokales Maximum, und folglich ist die Funktion* G_D *im Intervall* (4.23) *stetig.*

b) *Sei* $X = Y$ *und* d *eine positive ausgewogene Distorsionsfunktion auf* $X \times X$. *Dann existiert ein* $D_0 > 0$ *(das auch von der Verteilung* π *der Quelle abhängt), so daß für*

$$0 < D < D_0$$

die Funktion G_D *im Intervall* (4.23) *stetig ist.*

Man kann nun zeigen, daß die Bedingungen von Satz 4.12a) in den beiden folgenden Beispielen erfüllt sind.

Beispiel 1. $X = Y$ und d ist die Hamming-Distorsionsfunktion auf $X \times X$, d.h. $d(x, x) = 0$ und $d(x, x') = 1$ für $x, x' \in X$ und $x \neq x'$.

Beispiel 2. Sei $X = \{x_1, \ldots, x_M\} = Y$, M gerade und $d(x_i, x_j) = d(x_j, x_i) = \min\{j - i, M + i - j\}$ für $1 \leqq i, j \leqq M$, $i \leqq j$.

Wir betrachten nun wieder das Codierungsproblem, bei dem die Rate R fixiert ist und die mittlere Distorsion $d_n(B)$ eines Codes B, $B \subseteq Y^n$, dessen Rate kleiner oder gleich R ist, durch eine inverse Distorsionsfunktion $D(R)$ zu beschränken ist (*distortion-rate approach*). Im Fall einer unabhängigen identisch verteilten Quelle wurde im Satz von Omura eine Form von $D(R)$ angegeben, vgl. Satz 4.7.

Sei eine ergodische Quelle $Q = [X^{gz}, \mathfrak{X}, \pi]$ mit nicht notwendig endlichem Alphabet X und eine Familie $(d_n)_{n \in nz}$ von unabhängigen Distorsionsmaßen

$$d_n : X^n \times Y^n \to [0, \infty)$$

gegeben, d.h., für d_n^1 gilt (4.13) und d_n ist eine $\mathfrak{X}^n \otimes \mathfrak{Y}^n$-meßbare Abbildung in $[0, \infty)$. $d_n(p, B)$ und $d_n(B)$ sind für $p \in X^n$ und $B \subseteq Y^n$ durch (4.14) definiert.

Sei weiterhin

$$\mathfrak{C}_n(R) =_{\mathrm{Df}} \left\{ B \,\middle|\, B \subseteq Y^n \wedge \frac{1}{n} \operatorname{ld} |B| \leqq R \right\}$$

die Menge aller Codes B, deren Rate R nicht übersteigt, $R \in (0, \infty)$,

$$\delta_n(R) =_{\mathrm{Df}} \inf_{B \in \mathfrak{C}_n(R)} d_n(B) \quad \text{und} \quad \delta(R) =_{\mathrm{Df}} \lim_{n \to \infty} \delta_n(R).$$

Man zeigt leicht, daß für stationäre Quellen dieser Grenzwert existiert und daß gilt

$$\delta(R) = \inf_n \delta_n(R).$$

Wenn die Quelle Q ergodisch ist, dann kann $\delta(R)$ durch ein Infimum folgendermaßen ausgedrückt werden.

Für $n \in nz$ sei

$$\varkappa^n : X^n \to \mathrm{WM}(\mathfrak{Y}^n),$$

und $I(\pi^n, \varkappa^n)$ sei die S-Information, die $\varkappa^n$ im Mittel über die Quelle überträgt. Sei weiterhin

$$\mathfrak{Q}_n(R, \pi) =_{\mathrm{Df}} \left\{ \varkappa^n \,\middle|\, \frac{1}{n} I(\pi^n, \varkappa^n) \leqq R \right\}$$

die Menge aller Kanäle $\varkappa^n$, deren mittlere Information durch R beschränkt ist. Dann ist $D_n(R)$ definiert durch

$$D_n(R) =_{\mathrm{Df}} \inf_{\varkappa^n \in \mathfrak{Q}_n(R,\pi)} \int_{X^n \times Y^n} d_n(p, q) \, \mathrm{d}\mu^n(p, q),$$

wobei μ^n durch (4.11) definiert ist. $D(R) = \lim_{n\to\infty} D_n(R)$ heißt dann inverse Distorsionsfunktion, falls der Grenzwert existiert.

Für ergodische Quellen gilt nun

$$\delta(R) = D(R), \tag{4.26}$$

d.h. genauer gesagt, es gilt der folgende Satz von BERGER (1971, Kapitel 7).

Satz 4.13. *Sei*

1. $[X^{gz}, \mathfrak{X}, \pi]$ *eine ergodische Quelle, wobei X nicht notwendig endlich ist,*

2. $d = (d_n)_{n\in nz}$ *eine Familie von unabhängigen Distorsionsmaßen und $D(R)$ die inverse Distorsionsfunktion der Quelle.*

3. *Es existiert ein $y^* \in Y$*

$$\int d_1(x, y^*) \, \mathrm{d}\pi(x) = d^* < \infty.$$

Dann gilt

a) *Zu jedem $\varepsilon > 0$ und jedem R mit $0 \leqq R < \infty$ existiert für hinreichend große n ein Code B, $B \subseteq Y^n$, dessen Rate kleiner als $R + \varepsilon$ ist und für dessen mittlere Distorsion gilt*

$$d_n(B) \leqq D(R) + \varepsilon. \tag{4.27}$$

b) *Für jede natürliche Zahl n und jeden Code $B \in \mathfrak{C}_n(R)$ gilt*

$$d_n(B) \geqq D_n(R) \geqq D(R). \tag{4.28}$$

Zum besseren Verständnis vergleiche man die Aussage dieses Satzes mit denen von Satz 4.6 im ergodischen und von 4.7 im unabhängigen Fall.

Wenn die Quelle stationär, aber nicht ergodisch ist, dann gilt Aussage b) von Satz 4.13 auch. Um dies einzusehen sei vermerkt, daß für einen Code $B \subseteq Y^n$ der Anzahl M und eine determinierte Codierung γ_n mit $\overline{X}^n =_{\mathrm{Df}} \gamma_n(X^n)$ gilt

$$H_{X^n}(\overline{X}^n) = 0$$

und folglich

$$R = \frac{1}{n} \operatorname{ld} M \geqq \frac{1}{n} H(\overline{X}^n) = \frac{1}{n} I(\pi^n, \varkappa^n)$$

ist mit $\varkappa^n(p, q) = \begin{cases} 1 & \text{für } q = \gamma_n(p), \\ 0 & \text{sonst.} \end{cases}$

Wenn $d_n(B)$ die mittlere Distorsion für den Code B ist, dann kann der Verlust nur vermindert werden, wenn alle möglichen stochastischen Codierungen in Betracht gezogen werden, für die die obige Beschränkung der übertragenen Information gilt, d.h.

$$d_n(B) = \int d_n(p, \gamma_n(X^n)) \, \mathrm{d}\pi^n(p) \geqq \inf_{\varkappa^n \in Q_n(R,\pi)} \int_{X^n \times \overline{X}^n} d_n(p, q) \, \mathrm{d}\mu^n(p, q) = D_n(R).$$

Der Beweis der Aussage a) des Satzes 4.13 hängt aber stark von der Ergodizität der zugrunde gelegten Quelle ab. Man kann zeigen, daß (4.27) im stationären Fall nicht allgemein gilt. Die Funktion $\delta(R)$ kann jedoch durch einen ähnlichen informationstheoretischen Ausdruck beschränkt werden.

Wir wenden uns nun dem Codierungssatz für *stationäre, nicht notwendig ergodische Quellen* unter Berücksichtigung der Distorsion zu. Obwohl die betrachtete Quelle nicht ergodisch sein muß, spielen die Eigenschaften ergodischer Quellen dabei eine entscheidende Rolle. Das liegt daran, daß jede stationäre Quelle mit separablem Alphabet als eine Mischung von ergodischen Quellen aufgefaßt werden kann. Bekanntlich stellen die ergodischen dynamischen Systeme genau die Extremalpunkte in der konvexen Menge der dynamischen Systeme über einem fixierten Meßraum $[\Omega, \mathfrak{C}, T]$ dar. Der erste allgemeine Satz darüber, daß sich jede kontinuierliche stationäre Strömung in separablen metrischen absolut Borelschen Räumen in ergodische Bestandteile zerlegen läßt, d.h. daß für die stationäre Strömung eine baryzentrische Integraldarstellung durch die Extremalpunkte existiert, wurde von J. von Neumann (1932) bewiesen. Diese Methode wurde in der Informationstheorie erstmals von Jacobs (1962) und Partasarathy (1961) beim Studium von speziellen Kanälen angewendet. Im Kapitel 3 haben wir die ergodische Dekomposition stationärer Quellen mit endlichem Alphabet in ergodische Quellen benutzt, um die Shannonschen Sätze für stationäre, nicht notwendig ergodische Quellen zu beweisen. Dabei haben wir uns auf Oxtoby (1952) bezogen, der die ergodische Dekomposition für metrische kompakte Räume durchführte.

Im vorliegenden Fall separabler Alphabete benötigen wir den allgemeineren Satz von Rochlin für separable σ-Algebren.

Definition 4.7. Sei X eine nichtleere, nicht notwendig endliche Menge und $\mathfrak{X}$ die σ-Algebra, die von den Zylindermengen über $X^{\mathbf{gz}}$ erzeugt wird. $\mathfrak{X}$ heißt *separabel* genau dann, wenn ein höchstens abzählbares System $\mathfrak{G}$ von Teilmengen von $X^{\mathbf{gz}}$ existiert, das die σ-Algebra $\mathfrak{X}$ erzeugt und die Punkte separiert; d.h., $\mathfrak{X}$ ist die kleinste vollständige σ-Algebra, die alle Mengen aus $\mathfrak{G}$ enthält, und für $a, b \in X^{\mathbf{gz}}$ existieren $B_1, B_2 \in \mathfrak{G}$ mit $B_1 \cap B_2 = \emptyset$ und $a \in B_1$ und $b \in B_2$. Wenn $\mathfrak{X}$ separabel ist, so wird jede Quelle $[X^{\mathbf{gz}}, \mathfrak{X}, \pi]$ als separabel bezeichnet.

Nach den Bezeichnungen von Satz 4.6 war $\mathfrak{A}$ eine vorgegebene σ-Algebra über dem Alphabet X. Wenn $\mathfrak{A}$ separabel ist, dann ist es auch $\mathfrak{X}$, da

$$\mathfrak{X} = \bigotimes_{i=-\infty}^{\infty} \mathfrak{A}_i$$

für $\mathfrak{A}_i = \mathfrak{A}$, $i \in \mathbf{gz}$, gilt.

Satz 4.14 (Rochlin (1952)). *Sei $[X^{\mathbf{gz}}, \mathfrak{X}, \pi]$ eine stationäre Quelle mit der separablen σ-Algebra $\mathfrak{X}$.*

Dann gilt:

1. *Es existiert eine Familie von meßbaren invarianten Mengen $(X_a)_{a \in J}$, wobei die X_a entweder zusammenfallen oder paarweise disjunkt sind und J ein Element aus $\mathfrak{X}$ ist.*[1])

2. *Es existiert zu $a \in J$ ein bedingtes Wahrscheinlichkeitsmaß*

$$\pi_a(C) = \pi(C \mid J)_a$$

bezüglich $\mathfrak{J}$, der σ-Algebra der invarianten meßbaren Teilmengen von $X^{\mathbf{gz}}$, d.h., wenn $A \in \mathfrak{J}$ und $C \in \mathfrak{X}$ ist, dann ist π_a eine $\mathfrak{J}$-meßbare Funktion, und es gilt

$$\pi(C \cap A) = \int_A \pi_a(C) \, \mathrm{d}\pi(a) = \int_A \pi(C \mid J) \, \mathrm{d}\pi .$$

3. *Es gilt*

$$\pi_a(X_a) = 1 \text{ für } a \in J ,$$

und die Maße π_a fallen entweder zusammen oder sind gegenseitig singulär.

4. *Die Quellen $[X^{\mathbf{gz}}, \mathfrak{X}, \pi_a]$, $a \in J$, sind ergodisch.*

---

[1]) Als J kann die Menge der regulären Punkte gewählt werden, vgl. Kap. 3., bzw. Gray, Davisson (1974).

Die angegebene Dekomposition von stationären separablen Quellen ist in dem Sinne „eindeutig", daß je zwei Versionen der bedingten Wahrscheinlichkeiten fast überall gleich sind.

Wir wollen nun zwei Fälle betrachten, in denen $\mathfrak{A}$ separabel ist.

1. Fall. Ist das Alphabet X endlich, so ist $\mathfrak{A}$ endlich und $\mathfrak{X}$ trivialerweise separabel. In diesem Fall werden wir den Codierungssatz für Quellen unter Berücksichtigung der Distorsion unter folgenden Voraussetzungen angeben. d_1 sei eine endlichwertige (nicht notwendig beschränkte) Metrik auf $(X \cup Y) \times (X \cup Y)$. Daher gilt für $x, y \in X \cup Y$

$$d_1(x, y) = 0 \text{ genau dann, wenn } x = y \text{ und}$$

$$d_1(x, y) < \infty .$$

2. Fall. X ist ein *separabler metrischer* Raum, d.h., X hat eine höchstens abzählbare Basis von offenen Mengen, so daß sich jede offene Teilmenge in X als Vereinigung von offenen Mengen dieser Basis darstellen läßt. Dies ist äquivalent zu der üblichen Definition, daß X eine abzählbare dichte Teilmenge besitzt.

Diese Bedingung ist z.B. erfüllt, wenn wir als X wählen

- einen abzählbaren metrischen Raum,
- $C[a, b]$,
- $\mathscr{L}_2[a, b]$ und l_2 (mit entsprechenden Normen),
- einen endlich- oder unendlichdimensionalen Vektorraum.

Die σ-Algebra $\mathfrak{A}$ wird dann durch die abzählbare Basis von offenen Mengen in X erzeugt. Damit ist $\mathfrak{A}$ separabel und $[X, \mathfrak{A}]$ ein topologischer Meßraum. Wenn $\mathfrak{A}$ separabel ist, so gilt dies auch für $\mathfrak{X}$.

Für diese beiden Fälle wollen wir nun die entsprechenden Codierungssätze für stationäre Quellen formulieren, zum Beweis vgl. Gray, Davisson (1974).

Satz 4.15. 1. *Sei $[X^{\mathbf{Z}}, \mathfrak{X}, \pi]$ stationäre Quelle mit dem endlichen Alphabet X.*

2. *Y sei ein endliches Alphabet und d_1 eine endlichwertige Metrik auf $(X \cup Y) \times (X \cup Y)$. Dann gilt*

$$\delta(R) \geqq \int_J D_a(R) \, \mathrm{d}\pi(a), \tag{4.29}$$

wobei $(\pi_a)_{a \in J}$ die ergodische Zerlegung von π ist, und zu jedem $\varepsilon > 0$ und jedem endlichen $R > 0$ existiert für hinreichend große n ein Code B, dessen Rate kleiner als $R + \varepsilon$ ist und für dessen mittlere Distorsion gilt

$$d_n(B) \leqq \int_J D_a(R) \, \mathrm{d}\pi(a) + \varepsilon. \tag{4.30}$$

Damit die Ausdrücke in (4.29) und (4.30) sinnvoll sind, muß $D_a(R)$ eine meßbare Funktion von $a \in J$ sein. Dies folgt aber aus der Meßbarkeit von π_a, $a \in J$. Satz 4.15 ist eine Verallgemeinerung des Satzes von Gallager (1968, Theorem 9.8.3).

Gallagers Annahme, daß das Distorsionsmaß beschränkt ist, kann durch Methoden von Sakrison (1969) beseitigt werden, die auch beim Beweis des folgenden Satzes Anwendung fanden.

Satz 4.16 (Gray, Davisson (1974)). 1. *Sei $[X^{\mathbf{Z}}, \mathfrak{X}, \pi]$ eine stationäre, nicht notwendig ergodische Quelle, wobei X ein separabler, metrischer Raum mit der Metrik d_1 ist. $(\pi_a)_{a \in J}$ sei die ergodische Zerlegung dieser Quelle.*

2. *Y sei ein total beschränkter metrischer Raum mit der Metrik*[1] d_1.

[1]) d_1 wird wie in Satz 4.15 als Abbildung auf $(X \cup Y) \times (X \cup Y)$ aufgefaßt.

3. *d_1 ist endlich, aber nicht notwendig beschränkt, d.h.*

$$d_1(x, y) < \infty \text{ für } x, y \in X \text{ oder } x, y \in Y.$$

4. *Es existiert ein $y^* \in Y$ und ein d' mit*

$$\int d_1(x, y^*)\, \mathrm{d}\pi_a(x) < \infty \text{ für } \pi\text{-fast-alle } a \in X^{\mathfrak{Z}}$$

und

$$\int d_1(x, y^*)\, \mathrm{d}\pi(x) = d' < \infty.$$

Es gilt

$$\delta(R) \geqq \int_J D_a(R)\, \mathrm{d}\pi(a),$$

wobei $D_a(R)$ die inverse Distorsionsfunktion von π_a ist, und für jedes $\varepsilon > 0$ und jedes endliche $R > 0$ existiert für hinreichend große n eine Code B mit einer Rate kleiner als $R + \varepsilon$ und der mittleren Distorsion

$$d_n(B) \leqq \int_J D_a(R)\, \mathrm{d}\pi(a) + \varepsilon.$$

Damit ergibt sich

$$\delta(R) = \int_J D_a(R)\, \mathrm{d}\pi(a) \tag{4.31}$$

für stationäre Quellen mit separablem Alphabet. Somit ist die minimale mittlere Distorsion, die für Codes mit vorgegebener Rate (*fixed-rate codes*) erreichbar ist, nicht wie im ergodischen Fall, vgl. 4.26, durch die inverse Distorsionsfunktion der Quelle, sondern durch das gewichtete Mittel der inversen Distorsionsfunktionen der ergodischen Komponenten der stationären Quelle gegeben.

Ähnliche Integraldarstellungen für die S-Entropie und die S-Information für stationäre Quellen wurden von Parthasarathy (1961) und Jacobs (1962) angegeben. Somit hat sich die ergodische Dekomposition als ein grundlegendes Hilfsmittel der Informationstheorie erwiesen, eine systematische Darstellung dieser Methode findet der Leser bei Oxtoby (1952) und Jacobs (1962/63).

Wir merken an, daß die Voraussetzung 2 dadurch ersetzt werden kann, daß jede beschränkte Teilmenge von Y total beschränkt ist.

4.3. Codierung von Klassen von Quellen unter Berücksichtigung der Distorsion (universelle Codierung)

Universelles Codieren besteht darin, *einen* Code zu konstruieren, der eine geforderte Leistungseigenschaft nicht nur bezüglich *einer* Quelle, sondern bezüglich einer *vorgegebenen Klasse* von Quellen besitzt. Diese Codes finden dann Anwendung, wenn die statistischen Parameter der Quelle nicht oder nur teilweise bekannt sind. Die ersten Resultate der universellen Codierung unter Berücksichtigung der Distorsion wurden von Ziv (1972) und ohne Berücksichtigung der Distorsion von Davisson (1973) erzielt. Die Distorsionsfunktion wurde für kompakte Mengen von Quellen von Sakrison (1969) untersucht.

Der Codierungssatz für stationäre, nicht notwendig ergodische Quellen bei Berücksichtigung der Distorsion führt in naheliegender Weise auf Probleme der universellen Codierung, da die Ausgabe einer Nachrichtenfolge durch eine stationäre Quelle das Senden einer unbekannten ergodischen „Unterquelle“ beinhaltet. Dies folgt aus der ergodischen Zerlegung der stationären Quelle. Dieser Ansatz zum universellen Codieren wurde von Gray, Davisson (1974) vorgeschlagen und in Gray, Neuhoff, Shields (1975) und Neuhoff, Gray, Davisson (1975) für die universelle *Block*codierung *bei vorgegebener Rate* weiterentwickelt. Dabei wurde stets Bezug auf Blockcodes genommen, deren mittlere Distorsion abzuschätzen war, während die Rate vorgegeben ist.

Für den anderen Ansatz der Distorsionstheorie, bei dem eine Schranke für die mittlere Distorsion vorgegeben war, wurde die Existenz von *längenvariablen* Codes für nichtergodische stationäre Quellen und Klassen von ergodischen Quellen unter weiteren Bedingungen von PURSLEY und DAVISSON (1980) nachgewiesen.

Kehren wir noch einmal zur Definition der minimalen mittleren Distorsion $\delta(R)$ zurück, für die nach (4.31) für stationäre Quellen mit separablem Alphabet gilt

$$\delta(R) = \int_J D_a(R)\,\mathrm{d}\pi(a).$$

In dieser Formel als auch in der Definition von $\delta(R)$ wird der Erwartungswert der Distorsion stets nach der stationären Wahrscheinlichkeitsverteilung π gebildet, auch bei ZIV (1972) wird die mittlere Distorsion einer stationären Quelle auf diese Weise gebildet.

Aus der Sicht der ergodischen Dekomposition erscheint die Verwendung eines derartigen Erwartungswerts nicht adäquat, da die stationäre Quelle eigentlich eine Mischung von ergodischen Quellen ist, die ihrerseits gegenseitig singulär sind. Sendet daher eine stationäre Quelle eine Nachrichtenfolge, so stammt diese eigentlich von einer unbekannten ergodischen Unterquelle $[X^{gz}, \mathfrak{X}, \pi_a]$ (d.h. von einer der Quellen, die bei der ergodischen Zerlegung auftreten).

Insofern muß eigentlich

$$d_n(B, a) =_{\mathrm{Df}} \int d_n(p, B)\,\mathrm{d}\pi_a^n\,(p), \quad B \subseteqq Y^n, a \in X,$$

und nicht

$$d_n(B) = \int_J d_n(B, a)\, d\pi(a)$$

als Kriterium für die Wiedergabegenauigkeit eines Codes herangezogen werden.

Es wäre nun ideal, wenn zu ε, $\varepsilon > 0$, und für hinreichend große n ein Blockcode B, $B \subseteqq Y^n$, existieren würde, für den gilt

$$d_n(B, a) \leqq D_a(R) + \varepsilon \text{ für alle } a \in J. \tag{4.32}$$

Dieser Blockcode wäre dann *universell für alle* π_a, $a \in J$. Ein derartiger Code existiert im trivialen Fall, daß die stationäre Quelle die konvexe Summe von endlich vielen, sagen wir K, ergodischen Quellen ist. Denn nach Satz 4.15 existiert zu jeder der ergodischen Unterquellen $[X^{gz}, \mathfrak{X}, \pi_k]$, $k = 1, \ldots, K$, zu jedem $\varepsilon > 0$ und hinreichend großem n ein Code B_k, dessen Rate $R + \frac{\varepsilon}{2}$ nicht übersteigt und für den gilt

$$d_n(B_k, k) \leqq D_k(R) + \varepsilon, \tag{4.33}$$

wobei $d_n(B_k, k)$ die mittlere Distorsion des Codes B_k bezüglich π_k ist.

Für die gesamte Quelle $[X^{gz}, \mathfrak{X}, \pi]$, wobei

$$\pi = \sum_{k=1}^{K} w_k \cdot \pi_k$$

mit $w_k \geqq 0$ und $\sum\limits_{k=1}^{K} w_k = 1$ ist, nehmen wir

$$B =_{\mathrm{Df}} \bigcup_{k=1}^{K} B_k$$

als neuen Code. Für die mittlere Distorsion von B gilt

$$d_n(B) = \sum_{k=0}^{K} d_n(B_k, k) \leqq \sum_{k=0}^{K} d_n(B, k)\, w_k \leqq \sum_{k=1}^{K} D_k(R)\, w_k + \varepsilon,$$

wegen (4.33) und

$$d_n(B, k) = \int d_n(p, B)\,\mathrm{d}\pi_k(p) \leqq \int \left(\min_{q \in B_k} d_n(p, q)\right) \mathrm{d}\pi_k(p)$$

$$= \int d_n(p, B_k)\,\mathrm{d}\pi_k(p) \leqq d_n(B_k, k).$$

Für die Anzahl der Codewörter in B gilt

$$\mathrm{Anz}(B) \leqq \sum_{k=0}^{K} \mathrm{Anz}(B_k) \leqq K \exp\left(n\left(R + \frac{\varepsilon}{2}\right)\right) = \exp\left(n\left(R + \frac{\varepsilon}{2} + \frac{1}{n}\,\mathrm{ld}\,K\right)\right),$$

so daß für hinreichend große n die Rate von B nicht größer als $R + \varepsilon$ ist.

Da auch stets $d_n(B, k) \geqq D_k(R)$ ist, gilt für beliebig kleine ε

$$\sum_{k=1}^{K} w_k D_k(R) \leqq \delta(R) \leqq \sum_{k=1}^{K} w_k D_k(R) + \varepsilon. \tag{4.34}$$

Somit ergibt sich $\delta(R)$ als die Mischung der inversen Distorsionsfunktionen der ergodischen Komponenten von π und nicht als die inverse Distorsionsfunktion von π, wie ja auch schon mit Satz 4.15 im allgemeineren Fall gezeigt wurde.

Man kann aber zeigen, daß der Code B *universell für alle* π_k ist, denn es gilt

$$d_n'(B, k) \leqq d_n(B_k, k) \leqq D_k(R) + \varepsilon. \tag{4.35}$$

Dabei bedeutet *universell*, daß der Code B fast so gut wie der ist, denn man erhält, wenn man weiß, welche der „ausgewürfelten" Quellen tatsächlich sendet.

Eine Aussage wie (4.32) gilt für den allgemeinen Fall einer stationären Quelle nicht, vgl. Gray, Davisson (1974), es kann aber eine abgeschwächte Form bewiesen werden. Um diese aber formulieren zu können, benötigen wir eine äquivalente Formulierung des Satzes über die ergodische Dekomposition eines stationären Wahrscheinlichkeitsmaßes π auf einer separablen σ-Algebra (Satz 4.14).

Dazu werden bei der ergodischen Zerlegung $(\pi_a)_{a \in J}$ alle Indizes zusammengefaßt, die das gleiche Maß π_a haben. Da separable metrische Räume isomorph zum Einheitsintervall sind, kann man durch Definition einer geeigneten σ-Algebra zu einer Zerlegung $(X_r)_{r \in A}$, $A \subseteqq \mathsf{R}^1$, gelangen, zu der ein System $(\pi_r)_{r \in A}$ von Wahrscheinlichkeitsmaßen gehört, und man erhält weiterhin ein Wahrscheinlichkeitsmaß $w(r)$ mit

$$\pi_r(X_r) = 1 \text{ und } \pi(E) = \int_A \pi_r(E)\,\mathrm{d}w(r), \quad E \in \mathfrak{X}.$$

Außerdem sind die Quellen $[X^{\mathfrak{g}z}, \mathfrak{X}, \pi_r]$, $r \in A$, ergodisch.

Folgerung 4.17. Unter den Voraussetzungen von Satz 4.15 existiert für $\varepsilon_1, \varepsilon_2 > 0$ für hinreichend große n ein Code B, $B \subseteqq Y^n$, dessen Rate $R + \varepsilon_1$ nicht übersteigt, so daß für alle r außer einer Menge A_0 mit $w(A_0) < \varepsilon_2$ gilt

$$d_n(C, r) \leqq D_r(R) + \varepsilon_1, \quad r \in A \setminus A_0. \tag{4.36}$$

Diese Folgerung, zum Beweis vgl. Gray, Davisson (1974), zeigt, daß für hinreichend große Blocklängen ein einzelner Code existiert, so daß die mittlere Distorsion einer ergodischen Unterquelle der optimal erreichbaren beliebig nahe kommt, wobei eine Menge von Unterquellen mit beliebig kleiner Wahrscheinlichkeit ausgenommen ist. Die Aussage (4.36) gilt also, obwohl man a priori nicht weiß, welche der ergodischen Unterquellen sendet. In diesem Sinne ist der Code *universell*.

Damit führt die Codierung einer stationären nichtergodischen Quelle auf Probleme der universellen Codierung. Allgemein sprechen wir von *universeller Codierung*, wenn die statistischen Parameter der Quelle unvollständig oder nur ungenau bekannt sind, oder wenn nur bekannt ist, daß der Quelle zu einer gewissen Klasse von Quellen gehört. Wenn unter diesen Bedingungen ein Code mit entsprechenden Eigenschaften konstruiert werden soll, dann bezeichnen wir ihn als universell.

Ist statt der wahren Verteilung π der Quelle nur eine Hypothese σ bekannt, so kann unter gewissen Voraussetzungen ebenfalls ein Blockcode konstruiert werden, der die Nachrichtenübertragung der Quelle über einen Kanal gestattet. Bei PÖTSCHKE (1977a) wurde für diesen Fall ohne Berücksichtigung der Distorsion eine Verallgemeinerung des 1. und 2. Shannonschen Satzes, vgl. dazu Kapitel 3, bewiesen. Dabei wurden Ansätze von JELINEK (1968) und FISCHER (1976) verwendet und die B-Entropie, vgl. Kapitel 6, spielt eine zentrale Rolle.

Ein allgemeiner Ansatz für die universelle Codierung von stationären Quellen unter Berücksichtigung der Distorsion ist bei NEUHOFF, GRAY, DAVISSON (1975) dargestellt, der die zu Beginn des Abschnitts genannten Resultate von ZIV, GRAY, NEUHOFF und DAVISSON als Spezialfälle enthält.

5. Topologische Entropie

Im Jahre 1965 führten Adler, Konheim und McAndrew ein topologisches Äquivalent zur Shannon-Entropie, die manchmal auch als maßtheoretische Entropie bezeichnet wird, ein. Dabei übernehmen die offenen Überdeckungen die Rolle der Zerlegungen. Ein Spezialfall wurde vorher schon von Parry (1964) als absolute Entropie eingeführt.

5.1. Grundbegriffe der topologischen Dynamik

Zur systematischen Darstellung der Ergebnisse über die topologischen Entropie benötigen wir einige Grundbegriffe. Wir werden sehen, daß die maßtheoretischen Begriffe der Gemischtheit und der Ergodizität topologische Analoga besitzen. An die Stelle der bisher zugrunde gelegten Wahrscheinlichkeitsräume treten nun kompakte metrische Räume, die mit einer Transformation (*Homöomorphismus*) versehen sind.

Man kann die gesamte Theorie auch für kompakte topologische Räume entwickeln, wie es von Adler, Konheim und McAndrew begonnen wurde. Wir werden uns hier aber zunächst auf kompakte metrische Räume beschränken. Für nicht notwendig kompakte topologische Räume wurde eine topologische Entropie von Bowen (1973) eingeführt und erste Analoga zum kompakten Fall bewiesen. Bemerkenswert ist, daß dieses Entropiemaß nach dem Vorbild der Hausdorff-Dimension gebildet wurde, von der wir für spezielle Mengen aus dem Intervall [0, 1] einen engen Zusammenhang zur Shannon-Entropie kennen, vgl. Abschnitt 3.2.

Sei X ein kompakter metrischer Raum mit der Metrik d.

Definition 5.1. Die kleinste σ-Algebra von Teilmengen von X, die alle offenen (und daher auch alle abgeschlossenen) Teilmengen von X enthält, bezeichnen wir mit $\mathfrak{B}(X)$ oder mit $\mathfrak{B}$, und sie heißt die Borel-σ-Algebra von X. Die Elemente davon heißen die Borel-Mengen von X.

Unter einem Maß über X verstehen wir ein Maß, daß auf $\mathfrak{B}(X)$ definiert ist. Weiterhin sei $C(X)$ der Banach-Raum aller komplexwertigen Funktionen auf X mit der Norm

$$\|f\| =_{\mathrm{Df}} \sup \{|f(x)| \mid x \in X\}, \quad f \in C(X).$$

Jedes Maß auf X induziert ein normiertes nichtnegatives lineares Funktional auf $C(X)$ durch $f \to \int f \, d\mu$, $\mu \in M(X)$, der Menge aller Maße auf $\mathfrak{B}$.

Bekannt ist auch die Umkehrung.

Satz 5.1 (Darstellungssatz von Riesz). *Zu jedem positiven linearen Funktional L auf $C(X)$ mit $L(1) = 1$ existiert ein eindeutig bestimmtes $\mu \in M(X)$ mit*

$$L(f) = \int f \, d\mu \text{ für alle } f \in C(X).$$

Zum Beweis sei auf Parthasarathy (1967) verwiesen.

Offensichtlich ist $M(X)$ ein konvexer Raum. Man erhält eine Topologie auf $M(X)$, indem diese Menge als ein Raum von linearen Funktionalen angesehen wird, der mit der schwachen Topologie versehen ist.

Definition 5.2. Die *schwache Topologie* auf $M(X)$ ist dadurch definiert, daß für $\mu \in M(X)$ als Basis von offenen Umgebungen die Mengen

$$V_\mu(f_1, \ldots, f_k; c_1, \ldots, c_k) = \{\nu \mid \nu \in M(X) \wedge \left| \int f_j \, d\mu - \int f_j \, d\nu \right| < c_j,$$
$$j = 1, \ldots, k\}$$

mit $c_j > 0$ und $f_j \in C(X)$ für $j = 1, \ldots, k$ genommen werden.

Damit kann bewiesen werden, daß $M(X)$ ein kompakter metrisierbarer Raum in der schwachen Topologie ist.

Sei T ein Homöomorphismus von X auf X und $M(X, T)$ die Menge aller T-invarianten Maße auf X, d.h. die Menge aller μ, $\mu \in M(X)$, mit $T\mu = \mu$. Dann kann man zeigen, daß $M(X, T)$ eine konvexe Teilmenge von $M(X)$ ist, die in der schwachen Topologie abgeschlossen ist.

Definition 5.3. $[X, T]$ heißt *topologisches dynamisches System*, wenn X ein kompakter metrischer Raum und $T: X \to X$ ein Homöomorphismus ist.

Wir merken an, daß T bezüglich der Borel-Mengen meßbar ist.

Definition 5.4. Seien $[X, T]$ und $[X', T']$ zwei topologische dynamische Systeme. Dann heißt $[X', T']$ ein *Faktor* von $[X, T]$, wenn eine stetige surjektive Abbildung

$$f: X \to X'$$

derart existiert, daß $f \circ T = T' \circ f$ gilt, d.h., das folgende Diagramm ist kommutativ:

$$\begin{array}{ccc} X & \xrightarrow{T} & X \\ {\scriptstyle f}\downarrow & & \downarrow{\scriptstyle f} \\ X' & \xrightarrow{T'} & X' \end{array}$$

f heißt *topologischer Homomorphismus*. Wenn f eineindeutig ist, d.h. ein *Homöomorphismus*, dann heißen $[X, T]$ und $[X', T']$ topologisch konjugiert, und f wird Isomorphismus zwischen den beiden Systemen genannt.

Die maßtheoretischen Begriffe der Gemischtheit und der Ergodizität haben topologische Analoga. Sei $[X, T]$ ein topologisches dynamisches System.

Definition 5.5. 1. $[X, T]$ heißt *topologisch transitiv*, wenn für alle nichtleeren offenen Mengen $U, V \subset X$ ein $n \in \mathbb{Z}$ existiert, so daß gilt

$$U \cap T^{-n} V \neq \emptyset.$$

2. $[X, T]$ heißt *topologisch schwach gemischt*, wenn das Produkt $[X \times X, T \times T]$ topologisch transitiv ist.

3. $[X, T]$ heißt *topologisch stark gemischt*, wenn für die nichtleeren offenen Mengen $U, V \subset X$ und alle hinreichend großen n gilt

$$U \cap T^{-n} V \neq \emptyset.$$

In der Ergodentheorie wird T auch als topologisch transitiv bzw. topologisch schwach oder stark mischend bezeichnet. Man zeigt leicht, daß topologisch stark gemischt die Eigenschaft topologisch schwach gemischt impliziert und daß jedes topologisch schwach gemischte System auch topologisch transitiv ist. Wenn $[X, T]$ eine dieser Eigenschaften hat, dann hat jeder Faktor von $[X, T]$ ebenfalls diese Eigenschaft.

Die Permutation einer zweielementigen Menge ist ein Beispiel für einen topologisch transitiven Raum, der nicht topologisch schwach gemischt ist. Folglich muß das Produkt von zwei topologisch transitiven Transformationen nicht topologisch transitiv sein.

Lemma 5.2. *$[X, T]$ ist topologisch transitiv genau dann, wenn der Orbit $\bigcup_{n \in gz} T^n U$ jeder nichtleeren offenen Menge $U \subset X$ eine dichte Menge in X ist.*

Damit ist die topologische Transitivität ein Analogon zur Ergodizität dynamischer Systeme. Diese topologischen Eigenschaften stehen in einem engen Zusammenhang zu den entsprechenden maßtheoretischen Eigenschaften, wie das Lemma 5.3 zeigt.

Definition 5.6. Sei X ein kompakter metrischer Raum und μ ein Wahrscheinlichkeitsmaß auf X. Die Menge aller $x, x \in X$, mit der Eigenschaft, daß $\mu(U) > 0$ für alle U ist, die x enthalten, heißt *Träger* (support) von μ und wird mit Supp μ bezeichnet. Somit ist der Träger von μ die kleinste abgeschlossene Menge C mit $\mu(C) = 1$.

Lemma 5.3. *Sei μ ein Maß auf dem kompakten metrischen Raum $[X, T]$ mit X als Träger. Wenn $[X, \mu, T]$ ergodisch ist, so ist $[X, T]$ topologisch transitiv. Wenn $[X, \mu, T]$ stark (bzw. schwach) gemischt ist, so ist $[X, T]$ topologisch stark (bzw. schwach) gemischt.*

Definition 5.7. Eine nichtleere abgeschlossene T-invariante Teilmenge A von X heißt *minimal* (bezüglich T), wenn keine echte abgeschlossene T-invariante Teilmenge von A existiert. Wenn X selbst minimal ist, so sagen wir, daß das topologische dynamische System $[X, T]$ minimal ist.

Wir bezeichnen einen Punkt $x, x \in X$, als topologisch transitiv bezüglich T, wenn sein Orbit $\{T^n x\}$ eine Dichte in X bildet. Dann gilt folgendes

Lemma 5.4. a) *$[X, T]$ ist topologisch transitiv genau dann, wenn ein Punkt $x, x \in X$, topologisch transitiv ist.*

b) *$[X, T]$ ist minimal genau dann, wenn jedes $x \in X$ topologisch transitiv ist.*

Ein Punkt $x, x \in X$, heißt nichtwandernd bezüglich T, wenn für jede Umgebung U von x ein $n, n > 0$, existiert mit

$$U \cap T^{-n} U \neq \emptyset .$$

Die Menge aller nichtwandernden Punkte heißt nichtwandernde Menge und wird mit $\Omega_T(X)$ bezeichnet. Man weist leicht nach, daß gilt: Wenn $\mu \in M(X, T)$ gilt, dann ist Supp $\mu \subset \Omega_T(X)$. Außerdem gilt für die nichtwandernde Menge: Wenn $\mu \in M(X, T)$ ist, so ist $\mu(\Omega_T(X)) = 1$.

Wenn X eine endliche nichtleere Menge ist, so ist C ein kompakter metrischer Raum mit der Metrik

$$d'(x, y) =_{\mathrm{Df}} \begin{cases} 1 \text{ für } x \neq y, \\ 0 \text{ für } x = y, \end{cases} \quad x, y \in X .$$

Sei nun X ein beliebiger kompakter metrischer Raum. Dann ist auch X^{gz} ein kompakter metrischer Raum. Wenn d' eine Metrik auf X ist, so erhält man eine Metrik d auf X^{gz} durch

$$d(a, b) =_{\mathrm{Df}} \sum_{i=-\infty}^{\infty} 2^{-|i|} d'(a(i), b(i))$$

für $a, b \in X^{gz}$.

Definition 5.8. Die durch

$$\tau(a(i)) = a(i+1) \text{ für } i \in \mathbf{gz}, \quad a \in X^{gz}$$

definierte Funktion $\tau : X^{gz} \to X^{gz}$ heißt *Verschiebung* (Verschiebetransformation) auf X^{gz}. (Im Gegensatz zu den anderen Kapiteln dieses Buches bezeichnen wir hier die Verschiebung mit τ und einen Homöomorphismus auf X mit T.)

Lemma 5.5. *$[X^{gz}, \tau]$ ist ein topologisches dynamisches System.*

Definition 5.9. Sei E eine abgeschlossene invariante Teilmenge von X^{gz}. Die Abbildung $\tau \mid E$ ist ein Homöomorphismus. Wenn keine Verwechslung auftreten kann, werden wir diese Abbildung wieder mit τ bezeichnen. Das topologische dynamische System $[E, \tau \mid E]$ (oder kurz E) heißt *Unterverschiebung*.

Verschiebungen werden in der englischsprachigen Literatur als *shift* und Unterverschiebungen als *subshift* bezeichnet.

Man weist leicht nach, daß die Verschiebung $\tau : X^{gz} \to X^{gz}$ topologisch transitiv und sogar topologisch stark gemischt ist.

Verschiebungen auf Räumen, die von endlichen Alphabeten erzeugt werden, sind in der topologischen Dynamik und in der Informationstheorie von speziellem Interesse. Sei $Y = \{1, \ldots, s\}$. Es ist bekannt, vgl. Gottschalk, Hedlund (1955), daß Y^{gz} ein total nichtzusammenhängender perfekter Raum und daher homöomorph dem Cantorschen Diskontinuum ist.

Seien $x_1, \ldots, x_n$, $n \in \mathsf{nz}$, sämtlich aus X. Wir sagen, daß das Wort $p = x_1 \ldots x_n$ in der Folge $a \in Y^{gz}$ an der Stelle m vorkommt, $m \in \mathsf{gz}$, wenn $x_1 = a(m), \ldots, x_n = a(m + n - 1)$ ist. In diesem Fall schreiben wir auch $p \prec a$. Das Wort p kommt in der Unterverschiebung $E \subset Y^{gz}$ vor, wenn ein $a \in E$ existiert, so daß $p \prec a$ ist. In diesem Fall schreiben wir $p \prec E$.

Im folgenden wird auch von dem Theorem von Perron-Frobenius Gebrauch gemacht (wie auch bei der Berechnung der Kanalkapazität von determinierten Moore-Automaten, vgl. Conant (1968)). Dazu führen wir einige Bezeichnungen ein.

Definition 5.10. Eine (s, s)-Matrix $R = (r_{ij})$ heißt *nichtnegativ*, wenn $r_{ij} \geqq 0$ für $i, j = 1, \ldots, s$ ist. R heißt *irreduzibel*, wenn für jedes Paar von Indizes i, j mit $1 \leqq i$, $j \leqq s$, das (i, j)-te Element der Potenz R^n, $n > 0$, positiv ist.

Satz 5.6 (Theorem von Perron-Frobenius). *Eine nichtnegative Matrix $R = (r_{ij})$ besitzt einen positiven Eigenwert r, so daß kein Eigenwert von R existiert, dessen absoluter Betrag größer als r ist. Es gilt*

$$\min_i \sum_j r_{ij} \leqq r \leqq \max_i \sum_j r_{ij}.$$

Wenn R irreduzibel ist, so ist dieser Eigenwert r einfach und die entsprechenden Eigenvektoren sind positiv.

Zum Beweis sei auf Gantmacher (1959) verwiesen.

Sei $P = (p_{ij})$ die stochastische Matrix eines Markow-Prozesses 1. Ordnung, d.h., es gilt

$$p_{ij} \geqq 0 \text{ für } i, j = 1, \ldots, s \text{ und } \sum_j p_{ij} = 1 \text{ für alle } i \in Y.$$

Die Elemente p_{ij} der stochastischen Matrix können als Übergangswahrscheinlichkeiten vom Zustand i in den Zustand j angesehen werden, d.h., p_{ij} ist die bedingte Wahrscheinlichkeit für das Auftreten des Zustands j unter der Voraussetzung, daß vorher der Zustand i eingetreten ist.

Wir bezeichnen mit $p_{ij}^{(n)}$ die Elemente von P^n, der n-ten Potenz von P, $n > 1$. Wegen

$$p_{ij}^{(2)} = \sum_{k \in Y} p_{ik} p_{kj}$$

kann $p_{ij}^{(2)}$ als Übergangswahrscheinlichkeit von i nach j in zwei Schritten angesehen werden (über alle möglichen Zwischenzustände k). Die Menge aller stochastischen (s, s)-Matrizen bildet eine Halbgruppe mit Identität. Insbesondere sind alle Matrizen P^n stochastisch. Jeder Eigenvektor von P für den Eigenwert 1 ist auch ein Eigenvektor von P^n.

Ein Zustand $j \in Y$ besitzt die Periode $m > 1$, wenn $p_{jj}^{(n)} = 0$ gilt, n nicht durch m teilbar ist und m die größte natürliche Zahl mit dieser Eigenschaft ist. Dies hat zur Folge, daß nur nach $m, 2m, 3m, \ldots$ Schritten möglicherweise eine positive Wahrscheinlichkeit für die Rückkehr in den Zustand j vorhanden ist. Ein Zustand j, $j \in Y$, heißt *aperiodisch*, wenn er keine derartige Periode besitzt.

Die stochastische Matrix P heißt *periodisch* mit der Periode q (bzw. *aperiodisch*), wenn sie irreduzibel ist und ein Zustand j, $j \in Y$ existiert, der periodisch mit der Periode q ist (bzw. der aperiodisch ist).

5.2. Definition und Eigenschaften der topologischen Entropie

Sei $[X, T]$ ein topologisches dynamisches System.

Definition 5.11. Seien $\mathfrak{U} = (U_\alpha)$ und $\mathfrak{U}' = (U'_\beta)$ zwei offene Überdeckungen von X. $\mathfrak{U}'$ heißt *feiner* als $\mathfrak{U}$ $(\mathfrak{U} \leqq \mathfrak{U}')$, wenn jedes U'_β in einem U_α enthalten ist. $\mathfrak{U}'$ ist eine *Teilüberdeckung* von $\mathfrak{U}$, wenn $\mathfrak{U}'$ eine Überdeckung ist, die in $\mathfrak{U}$ enthalten ist. Für zwei beliebige offene Überdeckungen $\mathfrak{U}$ und $\mathfrak{U}'$ von X wird $\mathfrak{U} \vee \mathfrak{U}'$ als die *offene Überdeckung* definiert, deren Elemente die Mengen $U_\alpha \cap U'_\beta$ sind. Weiterhin ist

$$T^{-1}\mathfrak{U} =_{\mathrm{Df}} \{T^{-1}U_\alpha \mid U_\alpha \in \mathfrak{U}\}$$

eine offene Überdeckung, ebenso

$$(\mathfrak{U})_0^n = \mathfrak{U} \vee T^{-1}\mathfrak{U} \vee \ldots \vee T^{-n}\mathfrak{U}, \quad n \in \mathbf{nz}.$$

Definition 5.12. Wenn $\mathfrak{U} = (U_\alpha)$ eine offene Überdeckung von X ist, dann sei

$$H(\mathfrak{U}) =_{\mathrm{Df}} \log N(\mathfrak{U}),$$

wobei $N(\mathfrak{U})$ die kleinste Kardinalzahl einer Teilüberdeckung von $\mathfrak{U}$ ist.

Da X ein kompakter metrischer Raum ist, nimmt die Größe $N(\mathfrak{U})$ stets endliche Werte an.

Lemma 5.7. *Es gilt stets*

$$H(T^{-1}\mathfrak{U}) = H(\mathfrak{U}) \quad \textit{und} \quad H(\mathfrak{U} \vee \mathfrak{U}') \leqq H(\mathfrak{U}) + H(\mathfrak{U}').$$

$N((\mathfrak{U})_0^{n-1})$ ist die kleinste Kardinalzahl einer Teilüberdeckung von $(\mathfrak{U})_0^{n-1}$, d.h. einer Familie von n-Tupeln von Elementen von $\mathfrak{U}$, so daß für jedes x, $x \in X$, ein n-Tupel $(U_{\alpha_0}, \ldots, U_{\alpha_{n-1}})$ dieser Familie existiert mit

$$T^k x \in U_{\alpha_k} \text{ für } 0 \leqq k < n.$$

Lemma 5.8. *Für jede offene Überdeckung $\mathfrak{U}$ von X existiert der Grenzwert*

$$\lim_{n\to\infty} \frac{1}{n} H((\mathfrak{U})_0^{n-1}).$$

Der Beweis verläuft analog zum Beweis der Existenz der Shannon-Entropie für stationäre Quellen, vgl. Chintschin (1956).

Definition 5.13. Für jede offene Überdeckung $\mathfrak{U}$ von X heißt

$$H(\mathfrak{U}, T) = \lim_{n\to\infty} \frac{1}{n} H((\mathfrak{U})_0^{n-1})$$

topologische Entropie von $\mathfrak{U}$ bezüglich T. Offensichtlich gilt:
a) $0 \leqq H(\mathfrak{U}, T) \leqq H(\mathfrak{U})$ und
b) wenn $\mathfrak{U} \leqq \mathfrak{U}'$ ist, dann ist $H(\mathfrak{U}, T) \leqq H(\mathfrak{U}', T)$.

Die Größe

$$h_{\mathrm{top}}(T) =_{\mathrm{Df}} \sup \{H(\mathfrak{U}, T) \mid \mathfrak{U} \text{ offene Überdeckung von } X\}$$

wird als *topologische Entropie von T* bezeichnet.

Für die topologische Entropie von T gilt:

Satz 5.9. *Sei* $(\mathfrak{U}_n)_{n\in\mathbf{Nz}}$ *eine Folge von Überdeckungen von X mit der Eigenschaft* $\mathfrak{U}_n \leqq \mathfrak{U}_{n+1}$, $n \in \mathbf{Nz}$, *und für jede offene Überdeckung* $\mathfrak{U}$ *gelte* $\mathfrak{U} \leqq \mathfrak{U}_n$ *für ein gewisses n, dann gilt*

$$h_{\mathrm{top}}(T) = \lim_{n\to\infty} H(\mathfrak{U}_n, T).$$

Von Adler, Konheim und McAndrew (1965) wurde die topologische Entropie allgemeiner für kompakte topologische Räume eingeführt und untersucht.

Eine andere Definition der topologischen Entropie wurde von Bowen (1971a) und Dinaburg (1970) gegeben. Sie wurde durch die Definition der ε-Entropie und der ε-Kapazität durch Kolmogorow und Tichomirow (1959) angeregt. Diese Definition ist auch im Fall nichtkompakter metrischer Räume sinnvoll.

Sei d eine Metrik in dem nicht notwendig kompakten Raum X und T eine gleichmäßig stetige Abbildung von X auf sich selbst. Wir schreiben $T \in \mathrm{GS}(X, d)$.

Definition 5.14. Eine Teilmenge $E \subset X$ heißt (n, ε)-*separiert*, wenn für je zwei verschiedene Punkte $x, y \in E$ ein k, $0 \leqq k < n$, derart existiert, daß $d(T^k x, T^k y) > \varepsilon$ gilt.

Für kompakte $K \subset X$ bezeichnen wir mit $s_n(\varepsilon, K)$ die größte Kardinalzahl einer (n, ε)-separierten Teilmenge von K. Wenn X ein kompakter Raum ist, dann schreiben wir $s_n(\varepsilon)$ statt $s_n(\varepsilon, X)$. Manchmal wird auch die Schreibweise $s_n(\varepsilon, K, T)$ oder $s_n(\varepsilon, T)$ verwendet.

Definition 5.15. Sei

$$s(\varepsilon, K) =_{\mathrm{Df}} \limsup_{n\to\infty} \frac{1}{n} \log s_n(\varepsilon, K) \quad \text{und}$$

$$s(\varepsilon) =_{\mathrm{Df}} \limsup_{n\to\infty} \frac{1}{n} \log s_n(\varepsilon),$$

wenn X ein kompakter Raum ist. (Manchmal schreiben wir auch $s(\varepsilon, K, T)$ oder $s(\varepsilon, T)$.)

Lemma 5.10. *Der Grenzwert* $\lim_{\varepsilon\to 0} s(\varepsilon, K)$ *existiert.*

Beweis. Wenn $\varepsilon_1 < \varepsilon_2$ ist, dann gilt $s_n(\varepsilon_1, K) \geqq s_n(\varepsilon_2, K)$. Daraus folgt die Behauptung. □

Definition 5.16. Wir schreiben

$$h(T, K) = \lim_{\varepsilon\to 0} s(\varepsilon, K) \quad \text{und}$$

$$h_d(T) = \sup \{h(T, K) \mid K \subset X \text{ kompakt}\}.$$

Wenn X kompakt ist, so gilt offensichtlich $h_d(T) = h(T, X)$. Es entsteht die Frage, in welcher Weise die so definierte topologische Entropie $h_d(T)$ für metrische Räume von der Metrik d abhängt.

Wenn zwei Metriken d und d' uniform äquivalent auf X sind, dann gilt $h_d(T) = h_{d'}(T)$. Dies ist leicht zu beweisen. Wenn insbesondere X kompakt ist und d und d' zwei Metriken in X sind, dann gilt ebenfalls

$$h_d(T) = h_{d'}(T).$$

Es gibt noch eine gleichwertige Definition von $h_d(T)$. Wir bezeichnen dazu eine Menge $F \subset X$ als (n, ε)-aufspannend für $K \subset X$, wenn für jedes x, $x \in K$, ein y, $y \in F$, derart existiert, daß für k, $0 \leqq k \leqq n$, gilt

$$d(T^k x, T^k y) \leqq \varepsilon.$$

Sei weiterhin $r_n(\varepsilon, K)$ die minimale Kardinalzahl einer Menge, die für K (n,ε)-aufspannend ist. Dann gilt der folgende

Satz 5.11. *Wenn $K \subset X$ kompakt ist, dann gilt*

$$h(T, K) = \lim_{\varepsilon \to 0} r(\varepsilon, K).$$

Der Beweis des Satzes findet sich bei DENKER, et al. (1976). Damit läßt sich ein Zusammenhang zwischen der Entropie $h_d(T)$ und der topologischen Entropie $h_{\text{top}}(T)$ auf kompakten metrischen Räumen herstellen.

Satz 5.12 (BOWEN (1971a)). *Wenn X ein kompakter metrischer Raum ist, so gilt*

$$h_d(T) = h_{\text{top}}(T).$$

Nun sollen wichtige Eigenschaften der topologischen Entropie für kompakte metrische Räume angegeben werden; bezüglich der teilweise nicht einfachen Beweise sei auf DENKER, et al. (1976) verwiesen.

Satz 5.13. 1. *Wenn T eine gleichmäßig stetige Abbildung von X auf sich ist, d.h. $T \in \mathrm{GS}(X, d)$, dann gilt*

$$h_d(T^k) = k h_d(T)$$

für alle $k \in$ nz.

2. *Wenn $[X, T]$ ein topologisches dynamisches System ist, dann gilt*

$$h_{\text{top}}(T^k) = |k|\, h_{\text{top}}(T)$$

für $k \in$ gz.

3. *Wenn $T \in \mathrm{GS}(X, d)$ periodisch ist, dann gilt $h_d(T) = 0$.*

4. *Wenn eine Metrik existiert, so daß T eine Isometrie oder Kontraktion ist (d.h. wenn ein $C < 1$ existiert mit $d(Tx, Ty) < C\, d(x, y)$ für alle $x, y \in X$), dann ist ebenfalls $h_d(T) = 0$.*

5. *Sei d eine Metrik auf dem p-dimensionalen Raum R^p der reellen p-Tupel, $X \subset \mathsf{R}^p$, und $T \in \mathrm{GS}(X, d)$ genüge der Lipschitz-Bedingung, d.h., es existiert ein $C > 0$ mit $d(Tx, Ty) < C\, d(x, y)$ für $x, y \in X$. Dann gilt*

$$h_d(T) \leqq \max\,(0, p \log C).$$

6. *Seien K_1, K_2 kompakte Teilmengen von X und $T \in \mathrm{GS}(X, d)$, dann gilt*

$$h_d(T, K_1 \cup K_2) \leqq \max\,\{h_d(T, K_1), h_d(T, K_2)\}.$$

7. *Sei* $T \in \mathrm{GS}(X, d)$ *und* $X_1, X_2 \subset X$ *mit* $TX_1 = X_1$, $TX_2 = X_2$ *und* $X_1 \cup X_2 = X$, *dann gilt stets*

$$h_d(T) = \max \{h_d(T \mid X_1), h(T \mid X_2)\}.$$

8. *Seien* $[X, T]$ *und* $[X', T']$ *topologische dynamische Systeme, dann gilt:*
a) $h_{\mathrm{top}}(T \times T') = h_{\mathrm{top}}(T) + h_{\mathrm{top}}(T')$ *und*
b) *wenn* $[X', T']$ *ein Faktor von* $[X, T]$ *ist, dann besteht die Ungleichung*

$$h_{\mathrm{top}}(T') \leqq h_{\mathrm{top}}(T).$$

9. *Wenn* $T \in \mathrm{GS}(X, d)$ *und* $T' \in \mathrm{GS}(X', d')$ *ist, dann gilt*

$$h_{\bar{d}}(T \times T') \leqq h_d(T) + h_{d'}(T'),$$

wobei $\bar{d}$ *die maximale Metrik auf* $X \times X'$ *ist.*

10. *Sei* $T^1 = \mathsf{R}^1/\mathsf{gz}^1$ *der eindimensionale Torus und* $T: T^1 \to T^1$ *ein Homöomorphismus. Dann gilt* $h_{\mathrm{top}}(T) = 0$.

Damit sind die grundlegenden Eigenschaften und einfachsten Beispiele der topologischen Entropie genannt. Wir wollen nun weitere Ergebnisse der Theorie der topologischen Entropie und weitere Beispiele behandeln.

Zuvor wollen wir noch die ergodische Dekomposition stationärer Maße auf topologischen dynamischen Systemen kurz darstellen. Die Desintegration von Maßen gehört eigentlich zur allgemeinen Theorie der Lebesgue-Räume.

Bereits in dem Fall, daß Y eine endliche nichtleere Menge ist, hatten wir über die ergodische Dekomposition von stationären Maßen auf Y^{gz} gesprochen; ähnliche Aussagen gelten allgemeiner, wenn X ein kompakter metrischer Raum ist. Sei $[X, \mathfrak{A}, \pi, T]$ ein dynamisches System und X ein kompakter metrischer Raum.

Dann existiert eine Familie $(\pi_x)_{x \in R}$ von ergodischen Maßen, R die Menge der regulären Punkte aus X, so daß für jede π-integrierbare Funktion f gilt

$$\int f \, \mathrm{d}\pi = \int \left(\int f \, \mathrm{d}\pi_x \right) \mathrm{d}\pi(x).$$

Die Familie $(\pi_x)_{x \in R}$ heißt ergodische Dekomposition von π. Diese ergodische Dekomposition kann für die Shannon-Entropie fortgesetzt werden. Sei $(\pi_x)_{x \in R}$ eine ergodische Dekomposition von π und $\mathfrak{z}$ eine endliche meßbare Zerlegung von X. Dann gilt der folgende

Satz 5.14. *Sei* $[X, \mathfrak{A}, \pi, T]$ *ein dynamisches System,* X *ein metrischer kompakter Raum und* $\mathfrak{z}$ *eine endliche meßbare Zerlegung von* X, *dann gilt:*
a) $h(\pi, \mathfrak{z}) = \int h(\pi_x, \mathfrak{z}) \, \mathrm{d}\pi(x)$ *und*
b) $h(\pi) = \int h(\pi_x) \, \mathrm{d}\pi(x)$ *(endlich oder nicht).*

Wenn $\mathfrak{z}$ ein Erzeuger von $\mathfrak{A}$ ist, dann gilt stets

$$h(\pi_x, \mathfrak{z}) = h(\pi_x) \text{ f.ü.}$$

Zum Beweis des Satzes sei auf Denker et al. (1976) verwiesen, vgl. auch Oxtoby (1952).

5.3. Topologische Entropie expansiver Homöomorphismen

Wir haben gesehen, daß die Definitionen der maßtheoretischen und der topologischen Entropie sich sehr ähneln. Später wird sich ergeben, daß für viele dynamische Systeme $[\Omega, \mathfrak{A}, m, T]$ ein endlicher (maßtheoretischer) Erzeuger $\mathfrak{z}$ existiert, für den nach dem Satz von Kolmogorow-Sinai gilt

$$h(\pi, \mathfrak{z}) = h(\pi).$$

In diesem Abschnitt sollen die topologischen dynamischen Systeme $[X, T]$ bestimmt werden, die einen „endlichen Erzeuger“ $\mathfrak{U}$ besitzen. Hierbei wird es sich um eine endliche offene Überdeckung handeln. Außerdem sollte der Erzeuger $\mathfrak{U}$ die Eigenschaft

$$H(T, \mathfrak{U}) = h_{\text{top}}(T)$$

besitzen. Eine derartige Charakterisierung wird sich für expansive Homömoorphismen als möglich erweisen.

Sei $[X, T]$ ein topologisches dynamisches System.

Definition 5.17 (ROBERTSON (1969)). Eine endliche offene Überdeckung

$$\mathfrak{U} = \{U_i \mid 1 \leqq i \leqq s\}$$

von X heißt *Erzeuger* bezüglich T, wenn für jede Folge $(k_i)_{i \in \mathrm{gz}}$, $1 \leqq k_i \leqq s$, der Durchschnitt $\bigcap_{i \in \mathrm{gz}} T^i \overline{U_{k_i}}$ höchstens einen Punkt enthält. s heißt die Anzahl des Erzeugers $\mathfrak{U}$.

Um die topologischen dynamischen Systeme zu charakterisieren, die bezüglich T einen Erzeuger besitzen, definieren wir den Begriff des expansiven Homöomorphismus, der auf UTZ (1950) zurückgeht.

Definition 5.18. Ein Homöomorphismus T heißt *expansiv* genau dann, wenn ein ε, $\varepsilon > 0$, existiert, so daß für jedes Paar $[x, y]$ von verschiedenen Punkten $x, y \in X$ eine ganze Zahl n existiert mit

$$d(T^n(x), T^n(y)) \geqq \varepsilon .$$

Jede positive Zahl ε, die diese Eigenschaft hat, wird als expansive Konstante für T bezeichnet.

Der enge Zusammenhang zwischen der Expansivität eines Homöomorphismus T und der Existenz eines Erzeugers bezüglich T wird durch den folgenden Satz von ROBERTSON (1969) aufgezeigt.

Satz 5.15. a) *Sei T ein expansiver Homöomorphismus und ε, $\varepsilon > 0$, eine expansive Konstante für T. Dann ist jede offene Überdeckung $\mathfrak{U} = \{U_i \mid 1 \leqq i \leqq s\}$, $s \in \mathsf{nz}$, von X mit*

$$\operatorname{diam} U_i < \varepsilon \quad (1 \leqq i \leqq s)$$

ein Erzeuger bezüglich T.

b) *Wenn umgekehrt $\mathfrak{U} = \{U_i \mid 1 \leqq i \leqq s\}$, $s \in \mathsf{nz}$, ein Erzeuger bezüglich T ist, dann ist T expansiv, und jede Lebesgue-Zahl von $\mathfrak{U}$ ist eine expansive Konstante für T.*

Dieser Satz zeigt, daß die Eigenschaft expansiv zu sein nicht von der benutzten Metrik abhängt. Nachfolgend sollen Beispiele von expansiven Homöomorphismen gegeben werden.

1. Sei $Y = \{1, \ldots, s\}$, $s \in \mathsf{nz}$, und τ sei die Verschiebung auf Y^{gz}. Jede Unterverschiebung (subshift) $E \subset Y^{\mathrm{gz}}$ ist expansiv. Dies kann man leicht mit Hilfe der Metrik

$$d(a, b) =_{\mathrm{Df}} \sum_{n \in \mathrm{gz}} 2^{-|n|} \left| a(n) - b(n) \right|,$$

$a, b \in Y^{\mathrm{gz}}$, zeigen. Offensichtlich ist die Zahl 0,5 eine expansive Konstante für $\tau \mid E$ bei der Metrik d. Ein Erzeuger $\mathfrak{U}$ bezüglich τ wird durch

$$\mathfrak{U} = \{Z(0; y) \cap E \mid y \in Y\}$$

gegeben. Diese offene Überdeckung $\mathfrak{U}$ heißt der natürliche Erzeuger. Wir merken an, daß $\mathfrak{U}$ gleichzeitig eine Zerlegung ist.

2. Jeder Axiom-A-Difföomorphismus (siehe SMALE (1967) bezüglich der Definition) und jeder hyperbolische Torus-Automorphismus ist expansiv.

3. Sei $X = [0, 1]$, dann existiert auf der Borelschen σ-Algebra $\mathfrak{B}^1$ kein expansiver Homöomorphismus. Aber auf jedem k-dimensionalen Torus existieren expansive Homöomorphismen.

Man beweist leicht folgendes

Lemma 5.16. a) *Expansivität ist eine Invariante der topologischen Konjugation.*

b) *Wenn T ein expansiver Homöomorphismus ist, so ist es auch T^n für $n \in \mathsf{gz} \setminus \{0\}$.*

c) *Wenn T ein expansiver Homöomorphismus auf X ist und X_0 ist eine T-invariante abgeschlossene Menge aus Elementen von X, dann ist $T \mid X_0$ expansiv.*

d) *Wenn die T_i, $i = 1, \ldots, s$ expansive Homöomorphismen sind, dann ist ihr Produkt $T_1 \times \ldots \times T_s$ auf $X_1 \times \ldots \times X_s$ expansiv.*

Wir merken noch an, daß Faktoren expansiver Homöomorphismen nicht expansiv sein müssen und daß unendliche Produkte von nichttrivialen expansiven Systemen nicht expansiv sind. Im folgenden soll die topologische Entropie von expansiven Homöomorphismen untersucht werden.

Satz 5.17 (ROBERTSON (1969)). *Wenn $\mathfrak{U}$ ein Erzeuger bezüglich T ist, dann gilt*

$$h_{\text{top}}(T) = H(\mathfrak{U}, T).$$

Wenn insbesondere T expansiv ist, dann ist $h_{\text{top}}(T)$ durch die minimale Anzahl eines Erzeugers bezüglich T beschränkt.

Durch einen ähnlichen Beweis ergibt sich

Folgerung 5.18. *Wenn T expansiver Homöomorphismus mit der expansiven Konstante $\varepsilon > 0$ ist, dann existiert für jedes $0 < \delta < \varepsilon$ ein $n(\delta) \in \mathsf{nz}$ derart, daß aus $d(x, y) \geqq \delta$ die Existenz eines $n \in \{-n(\delta), \ldots, n(\delta)\}$ folgt mit*

$$d(T^n(x), T^n(y)) \geqq \varepsilon.$$

Folgerung 5.19. *Sei T ein expansiver Homöomorphismus mit der expansiven Konstante $\varepsilon > 0$ und $\delta < \varepsilon$. Dann gilt*

$$h_{\text{top}}(T) = \lim_{n \to \infty} \frac{1}{n} \log r_n(\delta, T)$$

und

$$h_{\text{top}}(T) = \lim_{n \to \infty} \frac{1}{n} \log s_n(\delta, T).$$

Der Beweis findet sich bei DENKER et al. (1976).

Man kann die topologische Entropie expansiver Homöomorphismen nach unten auch mit Hilfe der Anzahl der periodischen Punkte abschätzen. Sei $P^n(T)$ die Menge der periodischen Punkte von T mit der Periode n (d.h. aller Fixpunkte von T^n) und

$$\text{Per}_n(T) =_{\text{Df}} \text{card } P^n(T).$$

Satz 5.20 (BOWEN (1970a)). *Wenn T ein expansiver Homöomorphismus ist, so gilt*

$$h_{\text{top}}(T) \geqq \limsup_{n \to \infty} \frac{1}{n} \log \text{Per}_n(T).$$

Bei dem oben angeführten Beispiel ergab sich, daß jede Unterverschiebung $E \subseteq Y^{\mathsf{gz}}$ für eine endliche Menge Y expansiv ist. Der natürliche Erzeuger ist die offene Überdeckung

$$\mathfrak{U} = \{Z(0; y) \cap E \mid y \in Y\}.$$

Sei $\theta_n(E)$ die Anzahl der verschiedenen n-Blöcke in E. Dabei ist ein n-Block ein endliches Wort $y_1, \ldots, y_n$, $n \in \mathsf{nz}$, über Y der Länge n, und wir sagen, der n-Block kommt in E vor, wenn ein $i \in \mathsf{gz}$ existiert, so daß $Z(i, \ldots, i+n; y_1, \ldots, y_n) \in E$ ist. Mit Hilfe von $\theta_n(E)$ kann nach PARRY (1966) die topologische Entropie einer Unterverschiebung folgendermaßen charakterisiert werden.

Satz 5.21. *Es gilt stets*

$$h_{\text{top}}(\tau \mid E) = \lim_{n\to\infty} \frac{1}{n} \log \theta_n(E).$$

Folgerung 5.22. $h_{\text{top}}(\tau) = \log \operatorname{card} Y$.

Damit ist also die topologische Entropie des topologischen dynamischen Systems $[Y^{\mathsf{gz}}, \tau]$, Y endliche Menge, gleich der Anzahl der Menge Y.

Die topologische Entropie einer Unterverschiebung läßt sich aber unter gewissen Voraussetzungen auch mit Hilfe der Anzahl der periodischen Punkte berechnen, wie BOWEN (1970a) nachgewiesen hat.

Satz 5.23. *Wenn eine Zahl m, $m \in \mathsf{nz}$, derart existiert, daß für jedes n, $n \in \mathsf{nz}$, jede Zylindermenge der Länge n, die in E vorkommt, einen periodischen Punkt der Periode $n + m$ enthält, dann gilt*

$$h_{\text{top}}(\tau \mid E) = \lim_{n\to\infty} \frac{1}{n} \log \operatorname{Per}_n(\tau \mid E).$$

Für eine gegebene endliche Menge Y hat eine Unterverschiebung (jede invariante abgeschlossene Menge ist eine Unterverschiebung) $E \subset Y^{\mathsf{gz}}$ „im allgemeinen" die topologische Entropie Null:

Sei dazu $\mathscr{L}(Y^{\mathsf{gz}})$ die Menge aller Unterverschiebungen von Y^{gz} mit der gewöhnlichen *Hausdorff-Metrik* d' für abgeschlossene Mengen

$$d'(E, F) = \max\left\{\max_{x\in E} \min_{y\in F} d(x, y);\ \max_{x\in F} \min_{y\in E} d(x, y)\right\},$$

wobei d die Metrik über Y^{gz} ist und $E, F \in \mathscr{L}(Y^{\mathsf{gz}})$. $\mathscr{L}(Y^{\mathsf{gz}})$ ist ein kompakter metrischer Raum.

Sei A ein topologischer Raum. Eine Menge $F \subset A$ heißt *nirgends dicht* in A, wenn das Komplement der Hülle von F dicht in A liegt. F heißt von *erster Kategorie*, wenn es eine abzählbare Vereinigung von nirgends dichten Mengen ist. $G \subset A$ heißt *residual*, wenn es das Komplement einer Menge erster Kategorie ist. Der Satz von BAIRE besagt: Wenn A ein vollständiger metrischer Raum ist, dann liegt jede residuale Menge dicht in A.

Nun können wir unsere Aussage mathematisch präzisieren:

Satz 5.24 (SIGMUND (1971); WEISS (1974)). *Die Menge*

$$\{E \mid E \in \mathscr{L}(Y^{\mathsf{gz}}) \wedge h_{\text{top}}(\tau \mid E) = 0\}$$

ist residual in $\mathscr{L}(Y^{\mathsf{gz}})$.

Folgerung 5.25. *Wenn $E \in \mathscr{L}(Y^{\mathsf{gz}})$ und $(E_n)_{n\in\mathsf{nz}}$ eine Familie mit $E_n \in \mathscr{L}(Y^{\mathsf{gz}})$, $E_{n+1} \subset E_n$ für $n \in \mathsf{nz}$ und $E = \bigcap_{n=1}^{\infty} E_n$ ist, dann gilt*

$$h_{\text{top}}(\tau \mid E) = \lim_{n\to\infty} h_{\text{top}}(\tau \mid E_n).$$

Mit Hilfe der topologischen Entropie kann man nun eine hinreichende Bedingung dafür angeben, daß ein expansives topologisches dynamisches System mit einem Erzeuger $\mathfrak{U}$ der Anzahl p zu $[Y^{\mathsf{gz}}, \tau]$ topologisch konjugiert ist.

Satz 5.26 (GOODWYN (1970)). Die folgenden Bedingungen sind äquivalent:

1. *$[X, T]$ ist topologisch zu $[Y^{gz}, \tau]$ konjugiert, wobei $Y = \{1, \ldots, p\}$ ist, p eine natürliche Zahl.*

2. *T ist expansiv und hat einen Erzeuger $\mathfrak{U}$ mit der Anzahl p und*

$$h_{\text{top}}(T) = \log p.$$

Andererseits liefert der Satz eine hinreichende Bedingung dafür, daß ein topologisches dynamisches System einen endlichen Erzeuger besitzt.

5.4. Unterverschiebungen endlichen Typs

Der Begriff der Verschiebung und der Unterverschiebung über einem endlichen Alphabet wurde bereits eingeführt.

Wir wollen uns nun mit Unterverschiebungen endlichen Typs beschäftigen, die von W. PARRY im Jahre 1964 definiert wurden. Er bezeichnete diese Art von Unterverschiebungen als echte Markowsche Ketten (*intrinsic Markov chains*), wobei die Tatsache berücksichtigt wurde, daß sie als dynamische Systeme durch eine topologische Markow-Eigenschaft charakterisiert sind. Diese Eigenschaft gestattet es, ein Markowsches Wahrscheinlichkeitsmaß für eine derartige Unterverschiebung auf natürliche Weise zu definieren, das für die wichtigste Klasse dieser Unterverschiebungen (d. h. für die topologisch transitiven Unterverschiebungen) „eindeutig“ bestimmt ist.

Unterverschiebungen werden z. B. benötigt, um die topologische Entropie mit der maßtheoretischen in Zusammenhang zu bringen. Außerdem spielen die Unterverschiebungen von endlichem Typ bei der Konstruktion von Beispielen für Unterverschiebungen und bei der Konstruktion von Erzeugern für dynamische Systeme eine grundlegende Rolle, vgl. DENKER et al. (1976, Kapitel 27–31).

In diesem Abschnitt sei $Y = \{1, \ldots, s\}$ fixiert, $s \in \mathsf{nz}$, $\tau\colon Y^{gz} \to Y^{gz}$ sei die Verschiebung und $\mathscr{L}(Y^{gz})$ die Menge aller Unterverschiebungen von Y^{gz}. Wir merken an, daß die Theorie auch für abzählbare Y entwickelt werden kann.

Definition 5.19. Sei B eine Menge von endlichen nichtleeren Wörtern über Y. Die Menge

$$E_B =_{\text{Df}} \{a \mid a \in Y^{gz} \text{ und kein Wort } q \in B \text{ tritt in } a \text{ auf}\}$$

wird als die *Unterverschiebung* bezeichnet, *die durch das Ausschließen von B definiert wird.*

Offensichtlich ist E_B T-invariant und abgeschlossen, denn das Komplement ist offen. Man zeigt nun leicht, daß für jede Menge $E \in \mathscr{L}(Y^{gz})$ eine Wortmenge B existiert mit $E = E_B$. Eine derartige Menge B nennen wir eine durch E *ausgeschlossene Wortmenge* (von denen es mehrere geben kann!).

Folgerung 5.27. *Für jede Unterverschiebung $E \in \mathscr{L}(Y^{gz})$ und für jede durch E ausgeschlossene Wortmenge B gilt*

$$E = \bigcap_{q \in B} E_{\{q\}}.$$

Außerdem gilt für jede Folge $(B_n)_{n \in \mathsf{nz}}$ mit $B_n \subset B_{n+1}$, $n \in \mathsf{nz}$ und $B = \bigcup_{n \in \mathsf{nz}} B_n$

$$E = \bigcap_{n \in \mathsf{nz}} E_{B_n}.$$

Daraus ergibt sich das folgende

Lemma 5.28. *Für jede Menge $B \subsetneqq W(Y) \setminus \{e\}$ existiert eine Folge $(B_n)_{n \in \mathsf{nz}}$ von endlichen Wortmengen mit $B_n \subset B_{n+1} \subset B$, $n \in \mathsf{nz}$, und $\bigcup_{n=1}^{\infty} B_n = B$.*

Daher gilt

$$E_B = \bigcap_{n \in \mathbf{nz}} E_{B_n}.$$

Beweis. Es genügt zu bemerken, daß $W(Y)$ abzählbar ist.

Das letzte Lemma ist wichtig, da sich herausstellen wird, daß die Mengen E_{B_n}, $n \in \mathbf{nz}$, leicht zu behandeln sind. Sie werden Unterverschiebungen endlichen Typs genannt.

Definition 5.20. Eine Unterverschiebung $E \in \mathscr{L}(Y^{\mathbf{gz}})$ heißt *Unterverschiebung endlichen Typs*, wenn eine endliche durch E ausgeschlossene Wortmenge existiert. Wir sagen, daß $N \in \mathbf{nz}$ die Ordnung der Unterverschiebung endlichen Typs $E \in \mathscr{L}(Y^{\mathbf{gz}})$ ist, wenn eine durch E ausgeschlossene Wortmenge B existiert, die nur Wörter der Länge kleiner oder gleich N enthält.

Bemerkung. Aus der Definition einer Unterverschiebung endlichen Typs der Ordnung N folgt sofort, daß E auch eine Unterverschiebung der Ordnung $N + k$ für jedes $k \in \mathbf{Nz}$ ist.

Es ist leicht einzusehen, daß nur endlich viele Unterverschiebungen endlichen Typs der Ordnung N, N gegeben, existieren. Es ist auch nicht schwer zu zeigen, daß für Unterverschiebungen E und E', wobei E eine Unterverschiebung der Ordnung N ist und $E \subset E'$ gilt,

$$d'(E, E') \geqq 2^{-N}$$

ist.

Bei dem Studium der Eigenschaften von Unterverschiebungen endlichen Typs können wir uns auf Unterverschiebungen der Ordnung 2 beschränken, wie der folgende Satz zeigt.

Satz 5.29 (Parry (1964)). *Jede Unterverschiebung endlichen Typs ist zu einer Unterverschiebung endlichen Typs der Ordnung 2 topologisch konjugiert.*

Definition 5.21. Sei E eine Unterverschiebung endlichen Typs der Ordnung 2 von $Y^{\mathbf{gz}}$. Die (s, s)-Matrix $L = (l_{ij})_{1 \leqq i,j \leqq s}$, die durch

$$l_{ij} = \begin{cases} 1, \text{ wenn } [i, j] \prec E, \\ 0, \text{ wenn } [i, j] \nprec E \end{cases}$$

definiert wird, heißt *Übergangsmatrix von E.*

Die Irreduzibilität der Übergangsmatrix (vgl. Definition 5.10) ist für Unterverschiebungen endlichen Typs äquivalent zur topologischen Transitivität (vgl. Definition 5.5) von E, wie das folgende Lemma zeigt.

Lemma 5.30. *Sei E eine Unterverschiebung endlichen Typs der Ordnung 2 mit der Übergangsmatrix L. Dann sind die folgenden Bedingungen äquivalent:*

1. $[E, \tau \mid E]$ *ist topologisch transitiv.*
2. *L ist irreduzibel.*

Zum Beweis siehe Denker et al. (1976).

In ähnlicher Weise lassen sich die topologisch stark gemischten Untertransformationen (vgl. Definition 5.5) endlichen Typs charakterisieren.

Sei $L^n = (l_{ij}^{(n)})_{i,j \in Y}$ für $n \in \mathbf{nz}$ die n-te Potenz von L.

Lemma 5.31. *Wenn E eine Unterverschiebung endlichen Typs der Ordnung 2 mit der Übergangsmatrix L ist, dann sind die folgenden Bedingungen äquivalent:*

1. *$[E, \tau \mid E]$ ist topologisch stark gemischt.*
2. *L ist aperiodisch* (vgl. Bemerkung nach Satz 5.6).
3. *$[E, \tau \mid E]$ ist topologisch transitiv, und es existieren $i_0, j_0 \in Y$ und $M \in \mathsf{nz}$ derart, daß gilt*

$$l_{i_0 j_0}^{(M)} > 0 \quad und \quad l_{i_0 j_0}^{(M+1)} > 0 .$$

Bemerkung. Die Bedingungen 1 und 3 von Lemma 5.31 können für beliebige Unterverschiebungen endlichen Typs formuliert werden, vgl. auch zum Beweis Parry (1964) und Denker et al. (1976).

Mit Hilfe der Lemmata 5.30 und 5.31 lassen sich Aussagen über die Struktur von Unterverschiebungen endlichen Typs herleiten.

Sei E eine Unterverschiebung endlichen Typs der Ordnung 2 mit der Übergangsmatrix $L = (l_{ij})_{i,j \in Y}$. Die Menge der wandernden Symbole ist durch

$$Y_w =_{\mathrm{Df}} \{i \mid i \in Y \wedge \forall n (n \in \mathsf{nz} \to l_{ii}^{(n)} = 0)\}.$$

definiert. Sei weiterhin

$$E_w =_{\mathrm{Df}} \{a \mid a \in E \wedge \exists n (n \in \mathsf{gz} \wedge a(n) \in Y_w)\},$$

$$E_0 =_{\mathrm{Df}} E \setminus E_w \quad \text{und} \quad Y_0 =_{\mathrm{Df}} Y \setminus Y_w .$$

Man sieht leicht ein, daß $[E_0, \tau \mid E_0]$ ebenfalls eine Untertransformation endlichen Typs ist, und zwar der Ordnung 2. Es ist bekannt, daß für $d \geqq 1$ die Relation $\underset{d}{\leftrightarrow}$ auf $Y_0 \times Y_0$, die durch

$$i \underset{d}{\leftrightarrow} j =_{\mathrm{Df}} \exists n\, \exists m (n, m \in \mathsf{nz} \wedge l_{ij}^{(nd)} > 0 \wedge l_{ji}^{(md)} > 0)$$

definiert ist, eine Äquivalenzrelation auf Y_0 induziert. Die Äquivalenzklassen von $\underset{d}{\leftrightarrow}$ bezeichnen wir mit $Y_1^d, \ldots, Y_{r_d}^d$ und definieren

$$E_i^d =_{\mathrm{Df}} \{a \mid a \in E_0 \wedge \forall n (n \in \mathsf{gz} \to a(nd) \in Y_i^d)\}$$

für $1 \leqq i \leqq r_d$.

Sei schließlich $\tilde{E}$ die nichtwandernde Menge von E (zur Definition vgl. Bemerkung nach Lemma 5.4). Es läßt sich zeigen, daß E eine Unterverschiebung endlichen Typs der Ordnung 2 und auch die nichtwandernde Menge von E_0 ist.

Nun können wir einen Satz über die Struktur von Unterverschiebungen endlichen Typs formulieren; zum Beweis sei wiederum auf Denker et al. (1976) verwiesen.

Satz 5.32. *Sei E eine Unterverschiebung endlichen Typs der Ordnung 2. Dann gilt*

a) *Jede Menge E_i^d ($1 \leqq i \leqq r_d$, $d \geqq 1$) ist eine topologisch transitive Unterverschiebung der Ordnung 2 bezüglich τ^d. Wenn d' ein Teiler von d ist, dann gilt für i, $1 \leqq i \leqq r_d$, und j, $1 \leqq j \leqq r_d$, entweder $E_j^{d'} \supset E_i^d$ oder $E_j^{d'} \cap E_i^d = \emptyset$.*

b) *Für jedes $d \in \mathsf{nz}$ besteht die Familie $(E_i^d \mid 1 \leqq i \leqq r_d)$ aus paarweise disjunkten Mengen, für die gilt*

$$\tilde{E} = \bigcup_{i=1}^{r_d} E_i^d .$$

Insbesondere kann $\tilde{E}$ in Mengen $E_i^1 = E_i$ ($1 \leqq i \leqq r_1$) zerlegt werden, die als Basis-Mengen von E bezeichnet werden.

c) *Für jede Basis-Menge E_i ($1 \leqq i \leqq r$) existiert ein $d \geqq 1$ und eine Zerlegung*

$$E_i = \bigcup_{k=1}^{q} \hat{E}_k$$

in abgeschlossene disjunkte τ-invariante Teilmengen derart, daß $\tau^d \mid \hat{E}_k$ topologisch stark mischend ist. Die Mengen $\hat{E}_k$ werden als Basis-Teile von E_i bezeichnet.

Bemerkung. Für Axiom-A-Difföomorphismen kann ein allgemeiner Zerlegungssatz bewiesen werden, vgl. Bowen (1971b) und Smale (1967).

Mit Hilfe dieses Struktursatzes für Unterverschiebungen endlichen Typs kann deren topologische Entropie bestimmt werden.

Satz 5.33 (Parry (1964)). *Sei $E \subsetneqq Y^{\mathfrak{Z}}$ eine Unterverschiebung endlichen Typs der Ordnung 2 mit der Übergangsmatrix L.*

a) *Es gilt*

$$h_{\text{top}}(\tau \mid E) = \log \lambda,$$

wobei λ der Spektralradius von L ist. λ ist der Eigenwert von L, der dem absoluten Betrag nach maximal ist.

b) *Wenn $E_1, \ldots, E_r$ die Basismengen von E sind, die in Satz 5.32 definiert wurden, dann gilt*

$$h_{\text{top}}(\tau \mid E) = \max_{1 \leq k \leq r} h_{\text{top}}(\tau \mid E_k).$$

Die topologische Entropie topologisch stark gemischter Unterverschiebungen endlichen Typs konnte von Bowen (1970) mit Hilfe der Anzahl der periodischen Punkte charakterisiert werden.

Satz 5.34. *Sei E eine topologisch stark gemischte Unterverschiebung endlichen Typs der Ordnung 2. Dann gilt*

$$h_{\text{top}}(\tau \mid E) = \lim_{n\to\infty} \frac{1}{n} \log \operatorname{Per}_n(\tau \mid E).$$

Damit kann man die folgende Aussage über die topologische Entropie beliebiger Unterverschiebungen endlichen Typs der Ordnung 2 beweisen.

Folgerung 5.35. *Sei E eine Unterverschiebung endlichen Typs (der Ordnung 2), dann gilt stets*

$$h_{\text{top}}(\tau \mid E) = \limsup_{n\to\infty} \frac{1}{n} \log \operatorname{Per}_n (\tau \mid E).$$

Es besteht nun ein grundlegender Zusammenhang zwischen der topologischen Entropie von topologischen transitiven Unterverschiebungen endlichen Typs der Ordnung 2 und der maßtheoretischen Entropie von ergodischen Markow-Prozessen.

Satz 5.36 (Parry (1964)). *Sei E eine topologische transitive Unterverschiebung endlichen Typs der Ordnung 2. Dann existiert eine ergodische Markowsche Quelle $[Y^{\mathfrak{Z}}, \mathfrak{Y}, \tau, \pi_E]$ derart, daß gilt*

$$h(\pi_E, \tau \mid E) = h_{\text{top}}(\tau \mid E).$$

Beweis. Sei $L = (l_{ij})_{1 \leq i,j \leq s}$ die Übertragungsmatrix von E, die nach Lemma 5.30 irreduzibel ist. Nach dem Satz von Perron-Frobenius (Satz 5.6) entsprechen λ, dem betragsgrößten Eigenwert, ein rechter Eigenvektor $\mathfrak{u} = [u_1, \ldots, u_s]$ und ein linker Eigenvektor $\mathfrak{v} = [v_1, \ldots, v_s]$ mit $u_i > 0$, $v_i > 0$ für jedes i, $1 \leq i \leq s$. Wir können voraussetzen, daß $\sum_{i=1}^{s} u_i v_i = 1$ ist. Nun definieren wir auf die folgende Weise ein stationäres Markowsches Maß π_E: Die Übergangswahrscheinlichkeiten p_{ij} $(i, j \in Y)$ sind definiert als

$$p_{ij} = \frac{u_j l_{ij}}{\lambda u_i} \quad (i, j \in Y)$$

und die initiale Verteilung $\mathfrak{p} = (p_1, \ldots, p_s)$ als

$$p_i = u_i v_i \quad (i \in Y).$$

Für $i \in Y$ gilt

$$\sum_{j \in Y} p_{ij} = \frac{1}{\lambda u_i} \sum_{j \in Y} l_{ij} u_j = 1, \qquad \sum_{i \in Y} p_i = \sum_{i \in Y} u_i v_i = 1,$$

und $\mathfrak{p}$ bleibt bei Rechtsmultiplikation mit der stochastischen Matrix $P = (p_{ij})_{i,j \in Y}$ invariant. Da $l_{ij} = 0$ ist genau dann, wenn $[i, j]$ nicht in E vorkommt, und $p_{ij} = 0$ genau dann, wenn $l_{ij} = 0$ ist, folgt daraus

$$\pi_E(E) = 1.$$

Folglich ist π_E ein Markowsches Wahrscheinlichkeitsmaß auf E, und es gilt für die Entropie von π_E:

$$\begin{aligned} h(\pi_E, \tau \mid E) &= - \sum_{j,i \in Y} p_i p_{ij} \log p_{ij} = - \sum_{i,j \in Y} u_i v_i \frac{u_j l_{ij}}{\lambda u_i} \log \frac{u_j l_{ij}}{\lambda u_i} \\ &= (\log \lambda) \left[\sum_{i \in Y} \frac{v_i}{\lambda} \sum_{j \in Y} u_j l_{ij} \right] + \sum_{i \in Y} \frac{v_i \log u_i}{\lambda} \sum_{j \in Y} u_j l_{ij} \\ &\quad - \sum_{j \in Y} \frac{u_j \log u_j}{\lambda} \sum_{i \in Y} v_i l_{ij} - \sum_{i,j \in Y} v_i u_j \frac{l_{ij}}{\lambda} \log l_{ij} = \log \lambda, \end{aligned}$$

da $l_{ij} \log l_{ij} = 0$ für alle $i, j \in Y$ und $\sum_{i \in Y} u_i v_i = 1$ gilt. Daraus folgt $h(\pi_E, \tau \mid E) = h_{\mathrm{top}}(\tau \mid E)$. □

Definition 5.23. Das Maß π_E, das im Beweis von Satz 5.36 definiert wurde, heißt das der topologisch transitiven Unterverschiebung E endlichen Typs 2. Ordnung zugeordnete *Parry-Maß*.

Folgerung 5.37. *Sei E eine Unterverschiebung endlichen Typs. Dann existiert ein Wahrscheinlichkeitsmaß π_E derart, daß gilt*

$$h(\pi_E, \tau \mid E) = h_{\mathrm{top}}(\tau \mid E).$$

Der Beweis erfolgt unter Verwendung von Lemma 5.28, Satz 5.32 und Satz 5.33.

Folgerung 5.38. *Sei E eine Unterverschiebung, dann existiert ein Wahrscheinlichkeitsmaß π_E derart, daß gilt*

$$h(\pi_E, \tau \mid E) = h_{\mathrm{top}}(\tau \mid E).$$

Folgerung 5.39. *Das Parry-Maß ist auf offenen Mengen positiv.*

Beweis. Dies folgt unmittelbar aus der Definition.

Folgerung 5.40. *Das Parry-Maß auf einer topologisch stark gemischten Unterverschiebung endlichen Typs ist Bernoullisch in dem Sinne, das es zu einer unabhängigen stationären Quelle konjugiert ist.*

Beweis. Da in diesem Fall das Parry-Maß zu einer stark gemischten Markow-Quelle gehört, folgt die Behauptung aus der Tatsache, daß jeder stark gemischte Markow-Prozeß maßtheoretisch zu einer Bernoulli-Quelle konjugiert ist. □

Im Abschnitt 5.5 werden wir sehen, daß das Parry-Maß auch das einzige Wahrscheinlichkeitsmaß auf $[E, \tau \mid E]$ ist, das die topologische Entropie erreicht.

5.5. Das Variationsprinzip für die topologische Entropie

Sei $[X, T]$ ein topologisches dynamisches System. Im Jahre 1965 behaupteten ADLER, KONHEIM und MCANDREW, daß

$$h_{\text{top}}(T) = \sup_{\pi \in \text{WM}(X,T)} h(\pi, T) \tag{5.1}$$

gilt, und somit entsteht auch die Frage, in welchen Fällen ein Wahrscheinlichkeitsmaß π, $\pi \in \text{WM}(X, T)$, mit

$$h(\pi, T) = h_{\text{top}}(T)$$

existiert. Im Abschnitt 5.4 wurde diese Frage für Unterverschiebungen positiv entschieden.

Im Jahre 1969 bewies GOODWYN, daß $h(\pi, T) \leqq h_{\text{top}}(T)$ für alle $\pi \in \text{WM}(X, T)$ gilt. BOWEN (1971a) gab für den endlichdimensionalen Fall einen einfacheren Beweis an, der von DENKER (1972) für beliebige kompakte Räume verallgemeinert wurde. Andere Beweise finden sich bei GOODWYN (1972) und MISIUREWICZ (1976).

Die Gleichung (5.1) wurde von DINABURG (1970) im endlichdimensionalen Fall bewiesen, und GOODWYN (1971) übertrug den Beweis auf den allgemeinen metrischen Fall. Ein anderer Beweis wurde von BOWEN (1973) gegeben.

Die Gleichung (5.1) wird als *Variationsprinzip für die topologische Entropie* bezeichnet. RUELLE (1973) und WALTERS (1973) verallgemeinerten die Gleichung, indem sie den Begriff der Druckfunktion (pressure function) für stetige komplexwertige Funktionen auf X einführten und das Variationsprinzip für diesen Fall nachwiesen. BOWEN (1975) gab einen anderen Beweis für die Gültigkeit dieses Prinzips. Schließlich fand MISIUREWICZ (1977) einen eleganten Beweis des Variationsprinzips. Interessant ist, daß RUELLE und WALTERS in den genannten Arbeiten eine Verallgemeinerung der topologischen Entropie für stetige komplexwertige Funktionen auf X untersuchten, auf die wir hier aber nicht näher eingehen können.

Zunächst definieren wir für eine Zerlegung $\mathfrak{z}$ eine Zahl $p(\mathfrak{z})$, die noch eine wichtige Rolle beim Variationsprinzip spielen wird.

Definition 5.24. Sei $\mathfrak{z}$ eine endliche Zerlegung oder eine endliche offene Überdeckung von X. Dann sei für $x \in X$

$$p(x, \mathfrak{z}) =_{\text{Df}} \text{card}\,\{Z \mid Z \in \mathfrak{z} \wedge x \in \overline{Z}\}$$

und

$$p(\mathfrak{z}) =_{\text{Df}} \max_{x \in X} p(x, \mathfrak{z}).$$

Lemma 5.41. *Für jede endliche Zerlegung $\mathfrak{z}$ von X gilt*

$$\lim_{N \to \infty} \frac{1}{N} \log\,[\text{card}\,(\mathfrak{z})_0^{N-1}] \leqq h_{\text{top}}(T) + \log p(\mathfrak{z}).$$

Zum Beweis vgl. DENKER et al. (1976).

Folgerung 5.42. *Für jedes Wahrscheinlichkeitsmaß π und für jede endliche meßbare Zerlegung $\mathfrak{z}$ von X gilt*

$$h(\mathfrak{z}, \pi, T) \leqq h_{\text{top}}(T) + \log p(\mathfrak{z}).$$

Beweis. Da für jedes Wahrscheinlichkeitsmaß q auf der endlichen Menge Y gilt

$$-\sum_{y\in Y} -q(y)\log q(y) \leqq \log \operatorname{card} Y,$$

so ergibt sich daraus

$$-\frac{1}{n}\sum_{Z\in(\mathfrak{z})_0^{N-1}} \pi(Z)\log\pi(Z) \leqq \log\operatorname{card}(\mathfrak{z})_0^{N-1}.$$

Darauf wird nun Lemma 5.41 angewendet, und es ergibt sich die Behauptung. □

Lemma 5.43. *Für jedes $\pi \in \mathrm{WM}(X, T)$ existiert eine Folge $(\mathfrak{z}_n)_{n\in\mathsf{nz}}$ von endlichen meßbaren Zerlegungen von X mit*

$$\forall n(n\in\mathsf{nz} \to p(\mathfrak{z}_n) \leqq 2) \quad \textit{und}$$

$$\lim_{n\to\infty} h(\mathfrak{z}_n, \pi, T^k) = h(\pi, T^k)$$

für jedes $k \in \mathsf{nz}$.

Zum Beweis vgl. Denker et al. (1976).

Satz 5.44 (Goodwyn (1969)). *Für jedes Wahrscheinlichkeitsmaß $\pi\in\mathrm{WM}(X, T)$ gilt*

$$h(\pi, T) \leqq h_{\mathrm{top}}(T).$$

Beweis. Sei $\pi\in\mathrm{WM}(X,T)$ und $(\mathfrak{z}_n)_{n\in\mathsf{nz}}$ die Folge von Zerlegungen von X aus Lemma 5.43. Nach Folgerung 5.42 gilt für jedes $k\in\mathsf{nz}$

$$h(\pi, T^k) = \lim_{n\to\infty} h(\mathfrak{z}_n, \pi, T^k) \leqq \lim_{n\to\infty}[h_{\mathrm{top}}(T^k) + \log p(\mathfrak{z}_n)] \leqq h_{\mathrm{top}}(T^k) + \log 2.$$

Durch Anwendung von Satz 5.43 ergibt sich

$$h(\pi, T) \leqq h_{\mathrm{top}}(T) + \frac{1}{k}\log 2.$$

Bei $k\to\infty$ folgt die Behauptung. □

Bemerkung. Ein topologischer Raum hat die Überdeckungsdimension von höchstens k, wenn für jede offene Überdeckung $\mathfrak{U}$ von X eine Verfeinerung $\mathfrak{U}'$ von $\mathfrak{U}$ existiert, so daß $p(\mathfrak{U}') < k+1$ gilt. Für diese Räume ist es notwendig, Lemma 5.43 zu beweisen, um Goodwyns Satz zu erhalten, vgl. Bowen (1971a).

Zum Schluß dieses Abschnitts geben wir noch den Satz von Dinaburg-Goodman, zum Beweis vgl. Goodman (1971a) und Walters (1973), und einige Folgerungen daraus an.

Satz 5.45. *Sei $[X, T]$ ein topologisches dynamisches System. Dann gilt*

$$h_{\mathrm{top}}(T) = \sup_{\pi\in\mathrm{WM}(X,T)} h(\pi, T).$$

Folgerung 5.46. *Sei A die nichtwandernde Menge von $[X, T]$. Dann gilt*

$$h_{\mathrm{top}}(T) = h_{\mathrm{top}}(T \mid A).$$

Beweis. Für jedes $\pi\in\mathrm{WM}(X,T)$ gilt $\pi(A) = 1$, da $\operatorname{Supp}\pi \subset A$ ist. Folglich entspricht der Übergang von T zu $T \mid A$ einer Abänderung um Nullmengen, die die maßtheoretische Entropie nicht verändert.

Folgerung 5.47. $h_{\mathrm{top}}(T) = \sup\{h(\pi, T) \mid \pi\in\mathrm{WM}(X,T)$ *ist ergodisch*$\}$.

Beweis. Da

$$\sup\{h(\pi, T) \mid \pi \in \mathrm{WM}(X, T) \text{ ergodisch}\} \leqq \sup_{\pi \in \mathrm{WM}(X,T)} h(\pi, T) \tag{5.2}$$

gilt, genügt es zu zeigen, daß in (5.2) auch das Ungleichheitszeichen $\geqq$ steht. Dies folgt nun unmittelbar aus der ergodischen Dekomposition der maßtheoretischen Entropie (Satz 5.14) und der Isotonie des Integrals.

$$\begin{aligned} \sup_{\pi \in \mathrm{WM}(X,T)} h(\pi, T) &= \sup_{\pi \in \mathrm{WM}(X,T)} \int_R h(\pi_a, T)\, d\pi(a) \\ &\leqq \sup_{\pi \in \mathrm{WM}(X,T)} \left(\sup_{a \in R} h(\pi_a, T)\, \pi(R)\right) \\ &\leqq \sup\{h(\pi', T) \mid \pi' \in \mathrm{WM}(X, T) \text{ und } \pi' \text{ ergodisch}\}. \end{aligned}$$

Folgerung 5.48. *Wenn T ein expansiver Homöomorphismus ist, dann existiert ein Wahrscheinlichkeitsmaß $\pi \in \mathrm{WM}(X, T)$ mit*

$$h_{\mathrm{top}}(T) = h(\pi, T).$$

Definition 5.25. Ein topologisches dynamisches System $[X, T]$ heißt *eindeutig ergodisch*, wenn $\mathrm{WM}(X, T)$ aus genau einem Element besteht.

Folgerung 5.49. *Wenn die Menge der ergodischen Maße aus* $\mathrm{WM}(X, T)$ *endlich ist, dann existiert ein Maß $\pi \in \mathrm{WM}(X, T)$ mit*

$$h(\pi, T) = h_{\mathrm{top}}(T).$$

Insbesondere gilt dies für eindeutig ergodische Systeme. Zum Beweis der beiden Folgerungen 5.48 und 5.49 vgl. Denker et al. (1976).

Von Ruelle (1973) und Walters (1973) wurde eine Verallgemeinerung der topologischen Entropie untersucht und als *Druckfunktion* (*pressure function*) eines Homöomorphismus bezeichnet. Dabei gingen sie von physikalischen Überlegungen aus.

Aus der statistischen Mechanik ist bekannt, daß eine Gleichgewichtsphase π eines Gases, d.h. ein Maß auf dem Raum aller mikroskopischen Konfigurationen, die freie Energie minimiert. Es existiert eine stetige Funktion f, die durch das gegebene Potential des Gases fixiert wird, so daß π die freie Energie genau dann minimiert, wenn π den Ausdruck

$$h(\pi, T) + \int f\, d\pi \tag{5.3}$$

maximiert, wobei T die Translationsgruppe auf dem Gitter und h die Entropie ist.

Walters studierte die Minimierung von (5.3) für stetige Transformationen im physikalischen Kontext. Die Theorie ist der der topologischen Entropie ähnlich, nur sind dabei noch weitere Schwierigkeiten zu überwinden.

Sei $[X, T]$ ein topologisches dynamisches System. Für diesen Fall wollen wir den Ansatz darstellen. Sei $f \in C(X)$, $n \in \mathsf{nz}$ und $\varepsilon > 0$, dann definieren wir

$$P_n(T, f, \varepsilon) = \sup\left\{\sum_{x \in E} \exp \sum_{i=0}^{n-1} f \circ T^i(x) \;\middle|\; E \text{ ist } (n, \varepsilon)\text{-separiert}\right\}$$

und

$$P(T, f, \varepsilon) = \limsup_{n \to \infty} \frac{1}{n} P_n(T, f, \varepsilon).$$

Man kann leicht zeigen, daß für $f \in C(X)$ der Grenzwert

$$P(T, f) =_{\mathrm{Df}} \lim_{\varepsilon \to 0} P(T, f, \varepsilon)$$

existiert. Die Funktion $P(T, \cdot)$, die jedem $f \in C(X)$ den Wert $P(f, T)$ zuordnet, heißt *Druckfunktion* von T. Wenn in der Definition von $P(T, f)$ die Funktion $f = 0$ gesetzt wird, so erhalten wir

$$P(T, 0) = h_{top}(T);$$

die topologische Entropie ergibt sich also als ein Spezialfall der Druckfunktion. Die Druckfunktion ist nichtnegativ, stetig, konvex und subadditiv. Für sie können ähnliche Sätze wie für die topologische Entropie im Fall von Unterverschiebungen endlichen Typs der Ordnung 2 bewiesen werden, vgl. Satz 5.29 und 5.32.

Insbesondere gilt der folgende Satz, der von Walters (1973) bewiesen wurde.

Satz 5.50. a) *Für jede Unterverschiebung* $E \subset Y^{\mathbb{Z}}$ *und jede Funktion* $f \in C(X)$ *existiert ein Wahrscheinlichkeitsmaß* $\pi \in \mathrm{WM}(E, \tau)$ *derart, daß gilt*

$$h(\pi, \tau \mid E) + \int f \, \mathrm{d}\pi = P(\tau \mid E, f).$$

b) (*Variationsprinzip*). *Für jede Funktion* $f \in C(X)$ *gilt*

$$P(T, f) = \sup \{h(\pi, T) + \int f \, \mathrm{d}\pi \mid \pi \in \mathrm{WM}(X, T)\}.$$

Das Variationsprinzip wurde erstmals von Ruelle (1973) unter stärkeren Voraussetzungen bewiesen und von Walters (1973) in voller Allgemeinheit. Andere Beweise finden sich bei Bowen (1975) und Misiurewicz (1977), vgl. auch Denker et al. (1976).

5.6. Wahrscheinlichkeitsmaße maximaler Entropie — echt ergodische Systeme

Wir wollen uns in diesem Abschnitt weiterhin mit der Untersuchung des Variationsprinzips beschäftigen, indem wir nach Transformationen T fragen, für die ein Wahrscheinlichkeitsmaß $\pi \in \mathrm{WM}(X, T)$ existiert mit

$$h(\pi, T) = \sup_{\pi' \in \mathrm{WM}(X,T)} h(\pi', T).$$

Dabei sei $[X, T]$ wieder ein topologisches dynamisches System. Durch Satz 5.45 ist die folgende Definition gerechtfertigt.

Definition 5.26. Ein Wahrscheinlichkeitsmaß $\pi \in \mathrm{WM}(X, T)$ besitzt *maximale Entropie* (oder heißt *Gleichgewichtszustand*), wenn gilt

$$h(\pi, T) = h_{top}(T).$$

Die Menge aller Gleichgewichtszustände für $[X, T]$ wird mit $\mathrm{WM}_{max}(T)$ bezeichnet.

Im Abschnitt 5.4 und 5.5 sahen wir, daß für Unterverschiebungen $E \subset Y^{\mathbb{Z}}$, wobei Y eine endliche, nichtleere Menge ist, stets $\mathrm{WM}_{max}(T) \neq \emptyset$ gilt und daß für expansive Homöomorphismen oder eindeutig ergodische T ebenfalls $\mathrm{WM}_{max}(T) \neq \emptyset$ ist. Diese Fälle sind in dem ersten Punkt des folgenden Satzes enthalten, der eine Folgerung aus Satz 5.45 darstellt. Zum Beweis der 2. und 3. Behauptung vgl. Denker et al. (1976).

Satz 5.51. 1. *Wenn die Entropie* $h(\pi, T)$ *rechtsseitig stetig auf* $\mathrm{WM}(X, T)$ *ist, dann gilt stets*

$$\mathrm{WM}_{max}(T) \neq \emptyset.$$

2. *Wenn* $h_{top}(T) = \infty$ *ist, dann gilt* $\mathrm{WM}_{max}(T) \neq \emptyset$.

3. *Wenn* $h_{top}(T) < \infty$ *und* $\mathrm{WM}_{max}(T) \neq \emptyset$ *ist, dann existiert ein ergodisches Wahrscheinlichkeitsmaß* $\pi \in \mathrm{WM}_{max}(T)$.

Andererseits kann die Menge $\mathrm{WM}_{\max}(T)$ auch leer sein. Dies wurde zuerst durch GUREWITSCH (1969) an Hand eines Beispiels gezeigt. Das folgende Beispiel stammt von DENKER (1979).

Wir wählen $Y = \mathsf{Nz}$ und den Raum $[Y^{gz}, \tau]$. Weiterhin nehmen wir an, daß die $[E_n, \tau \mid E_n]$ $(n \in \mathsf{nz})$ paarweise disjunkte endliche Unterverschiebungen in $(\mathsf{nz})^{gz}$ sind, so daß die Elemente einer Unterverschiebung E_n in keiner weiteren vorkommen. Die E_n, $n \in \mathsf{nz}$, können so gewählt werden, daß

$$h_{\mathrm{top}}(\tau \mid E_n) < h_{\mathrm{top}}(\sigma \mid E_{n+1})$$

und $\lim\limits_{n\to\infty} h_{\mathrm{top}}(\tau \mid E_n) < \infty$ gilt.

Sei $E =_{\mathrm{Df}} \overline{\bigcup\limits_{n\in\mathsf{nz}} E_n}$, dann ist $[E, \tau \mid E]$ eine Unterverschiebung, für die man zeigen kann, daß $\mathrm{WM}_{\max}(\tau \mid E) = \emptyset$ ist.

Allgemeiner konnte GRILLENBERGER (1980) zeigen, daß ein minimales topologisches dynamisches System $[X, T]$ mit $\mathrm{WM}_{\max}(T) = \emptyset$ existiert und daß ein minimales System $[X, T]$ existiert mit $h_{\mathrm{top}}(T) = \infty$ und $h(\pi, T) < \infty$ für alle ergodischen Wahrscheinlichkeitsmaße $\pi \in \mathrm{WM}(X, T)$.

Ein weiteres Beispiel für $\mathrm{WM}_{\max}(T) \neq \emptyset$ wurde von BOWEN (1971a) gegeben.

Wir wollen nun auf eine wichtige Eigenschaft der Menge der Wahrscheinlichkeitsmaße auf $[X, T]$ maximaler Entropie eingehen.

Es ist bekannt, daß für ein topologisches dynamisches System $[X, T]$ genau die ergodischen T-invarianten Wahrscheinlichkeitsmaße die Extremalpunkte der konvexen Menge $\mathrm{WM}(X, T)$ sind. Ein ähnlicher Sachverhalt tritt im Fall von $\mathrm{WM}_{\max}(T)$ auf, wie von WALTERS (1973) nachgewiesen werden konnte.

Satz 5.52. *Sei $[X, T]$ ein topologisches dynamisches System.*
Dann gilt

1. *Für jeden Homöomorphismus T ist $\mathrm{WM}_{\max}(T)$ eine konvexe Menge.*
2. *Wenn $h_{\mathrm{top}}(T) < \infty$ ist, dann sind die Extremalpunkte von $\mathrm{WM}_{\max}(T)$ genau die ergodischen Wahrscheinlichkeitsmaße in $\mathrm{WM}_{\max}(T)$.*
3. *Wenn $\pi \in \mathrm{WM}_{\max}(T)$, $h_{\mathrm{top}}(T) < \infty$ und wenn $\{\pi_a \mid a \in R\}$ die ergodische Dekomposition bezeichnet, dann gilt $\pi_x \in \mathrm{WM}_{\max}(T)$ für fast alle $x \in X$.*
4. *Wenn die Entropiefunktion oberhalbstetig auf $\overline{\mathrm{WM}_{\max}(T)}$ ist, dann ist $\mathrm{WM}_{\max}(T)$ kompakt.*

Nach RUELLE (1973) können wir folgende Verallgemeinerung angeben. Sei $C(X)$ die Menge aller stetigen komplexwertigen Funktionen auf X,

$$I = \Big\{\pi \mid \pi \in \mathrm{WM}(X, T) \wedge \forall n \big(n \in \mathrm{nz} \to \exists \pi_n \big(\pi_n \in \mathrm{WM}(Y, T) \wedge \lim_{n\to\infty} \pi_n = \pi \wedge \lim_{n\to\infty} h(\pi_n, T) = h_{\mathrm{top}}(T)\big)\big)\Big\}$$

und

$$J = \{\pi \mid \pi \in \mathrm{WM}(X, T) \wedge \forall f (f \in C(X) \to \textstyle\int f \,\mathrm{d}\pi + h_{\mathrm{top}}(T) \leqq P(T, f))\}.$$

Satz 5.53. 1. *I ist eine konvexe, abgeschlossene Menge und enthält $\mathrm{WM}_{\max}(T)$.*

2. *Es gilt stets $I = J$.*
3. *Wenn die Entropiefunktion $h(\pi, T)$ oberhalbstetig auf $\mathrm{WM}(X, T)$ ist, dann gilt*

$$I = \mathrm{WM}_{\max}(T).$$

4. *Wenn die Entropiefunktion oberhalbstetig und $h_{\mathrm{top}}(T) < \infty$ ist, dann gilt*

$$h(\pi, T) = \inf_{f\in C(X)} [P(T, f) - \textstyle\int f \,\mathrm{d}m] \tag{5.4}$$

für jedes $\pi \in \mathrm{WM}(X, T)$.

5. *Wenn umgekehrt* (5.4) *für jedes* $\pi \in \mathrm{WM}(X, T)$ *gilt, dann ist die Entropiefunktion* $h(\pi, T)$ *oberhalbstetig auf* $\mathrm{WM}(X, T)$.

Um die Aussage 4 von Satz 5.53 klarer zu machen, bringen wir in diesem Abschnitt noch einige Beispiele, die auf Denker et al. (1976) zurückgehen.

Sei im ersten Beispiel $h_{\mathrm{top}}(T) = \infty$. Dann ist $P(T, f) = \infty$ für jedes $f \in C(X)$, und für jedes $\pi \in \mathrm{WM}(X, T)$ mit endlicher Entropie gilt

$$h(\pi, T) < \inf_{f \in C(X)} \left[P(T, f) - \int f \, \mathrm{d}\pi\right] = \infty .$$

Ein anderer Fall ist durch ein eindeutig ergodisches System $[X, T]$ gegeben. Offensichtlich gilt dann in diesem Fall für das einzige Wahrscheinlichkeitsmaß $\pi \in \mathrm{WM}(X, T)$ und für jedes $f \in C(X)$

$$h(\pi, T) = P(T, f) - \int f \, \mathrm{d}\pi .$$

Wir wollen uns nun dem Fall zuwenden, in dem genau ein Wahrscheinlichkeitsmaß maximale Entropie besitzt. Diese Systeme wurden erstmals von Parry (1964) studiert.

Definition 5.27 (Weiss (1970)). Ein topologisches dynamisches System $[X, T]$ heißt *echt ergodisch* (intrinsically ergodic), wenn $\mathrm{WM}_{\max}(T)$ genau ein Element enthält.

Die echte Ergodizität kann als eine Verallgemeinerung der eindeutigen Ergodizität angesehen werden, bei der $\mathrm{WM}(X, T)$ die Einermenge ist.

Wenn ein System $[X, T]$ nicht echt ergodisch ist, so bestehen zwei Möglichkeiten. Entweder ist $\mathrm{WM}_{\max}(T)$ leer (vgl. das Beispiel nach Satz 5.51), oder $\mathrm{WM}_{\max}(T)$ enthält mehr als ein Element.

Im zweiten Fall konstruierte Shtilman (1971) für jedes $N > 0$ eine topologisch transitive Unterverschiebung, die genau N ergodische Wahrscheinlichkeitsmaße maximaler Entropie besitzt. Krieger (1974) gab eine Transformation T an, so daß $\mathrm{WM}_{\max}(T)$ zwei Bernoullische Wahrscheinlichkeitsmaße enthält, die auf allen offenen Mengen positiv sind. Lornfeld (1972) und Goodman (1972) zeigten an Hand von Beispielen, daß minimale Transformationen $T: X \to X$ existieren, die verschiedene Wahrscheinlichkeitsmaße maximaler Entropie besitzen. Später werden wir sehen, daß man minimale Systeme $[X, T]$ konstruieren kann, mit

$$\mathrm{WM}_{\max}(T) = \mathrm{WM}(X, T)$$

und mit einer beliebigen vorgeschriebenen Anzahl (endlich, abzählbar oder überabzählbar) von ergodischen Wahrscheinlichkeitsmaßen.

Für den Fall eines endlichen Alphabets Y ist es wichtig, daß die Verschiebung $\tau: Y^{gz} \to Y^{gz}$ ein echt ergodisches topologisches dynamisches System $[Y^{gz}, \tau]$ definiert.

Satz 5.54 (Parry (1964)). *Sei Y eine endliche nichtleere Menge und τ die Verschiebung auf Y^{gz}. Dann ist $[Y^{gz}, \tau]$ ein echt ergodisches topologisches dynamisches System.*

Für jede topologisch transitive Unterverschiebung E von endlichem Typ ist $[E, \tau | E]$ echt ergodisch.

In Satz 5.36 haben wir gezeigt, daß für eine topologisch transitive Unterverschiebung E der Ordnung 2 eine ergodische Markowsche Quelle $[Y^{gz} \mathfrak{Y}\, \tau, \pi_E]$ existiert, so daß π_E von maximaler Entropie ist (π_E wurde als Parry-Maß bezeichnet). Nach der Behauptung 2 des Satzes 5.54 ist also das Parry-Maß auch das einzige Wahrscheinlichkeitsmaß maximaler Entropie.

Andere Klassen von echt ergodischen Unterverschiebungen wurden von Weiss (1970, 1973) und Krieger (1974) untersucht.

5.7. Entropie-expansive Homöomorphismen

In diesem Abschnitt wollen wir notwendige und hinreichende Bedingungen dafür finden, daß

$$\mathrm{WM}_{\max}(T) \neq \emptyset$$

gilt. Aussage 1 von Satz 5.51 zeigte, daß die Oberhalbstetigkeit von $h(\pi, T)$ eine hinreichende Bedingung darstellt.

Zunächst wollen wir mit Hilfe der bedingten topologischen Entropie eine hinreichende Bedingung für die Oberhalbstetigkeit von $h(\pi, T)$ formulieren. Dafür werden die Begriffe Entropie-Expansivität und asymptotische Entropie-Expansivität eingeführt, der erste geht auf Bowen (1972) und der zweite auf Misiurewicz (1970) zurück.

Sei $[X, T]$ ein fixiertes topologisches dynamisches System. Für offene Überdeckungen $\mathfrak{U}$ und $\mathfrak{V}$ von X sei

$$N(\mathfrak{U} \mid \mathfrak{V}) =_{\mathrm{Df}} \max_{V \in \mathfrak{V}} \min \{\operatorname{card} \mathfrak{U}' \mid \mathfrak{U}' \text{ ist eine Teilüberdeckung von } \mathfrak{U} \mid \mathfrak{V}\}.$$

Dann heißt $\log N(\mathfrak{U} \mid \mathfrak{V})$ bedingte topologische Entropie der Überdeckung $\mathfrak{U}$ bezüglich $\mathfrak{V}$. Man zeigt nun leicht, daß für offene Überdeckungen $\mathfrak{U}, \mathfrak{U}', \mathfrak{V}, \mathfrak{V}'$ von X gilt

$$N(T^{-1}\mathfrak{U} \mid T^{-1}\mathfrak{V}) = N(\mathfrak{U} \mid \mathfrak{V}) \quad \text{und}$$

$$N(\mathfrak{U} \vee \mathfrak{U}' \mid V \vee \mathfrak{V}') \leqq N(\mathfrak{U} \mid \mathfrak{V})\, N(\mathfrak{U} \mid \mathfrak{V}).$$

Daraus folgt, daß für offene Überdeckungen $\mathfrak{U}$ und $\mathfrak{V}$ von X der Grenzwert

$$h(T, \mathfrak{U} \mid \mathfrak{V}) =_{\mathrm{Df}} \lim_{n \to \infty} \frac{1}{n} \log N((\mathfrak{U})_0^{n-1} \mid (\mathfrak{V})_0^{n-1})$$

existiert. $h(T, \mathfrak{U} \mid \mathfrak{V})$ wird als *bedingte topologische Entropie von* $\mathfrak{U}$ *bezüglich* T *und* $\mathfrak{V}$ bezeichnet. Der Beweis der Existenz dieser Entropie wird analog zum Beweis der Existenz der Shannon-Entropie für stationäre Quellen geführt.

Eine andere Eigenschaft der bedingten topologischen Entropie von $\mathfrak{U}$ bezüglich T und $\mathfrak{V}$ besteht darin, daß für offene Überdeckungen $\mathfrak{U}, \mathfrak{U}'$ und $\mathfrak{V}$ von X mit $\mathfrak{U} \geqq \mathfrak{U}'$ gilt:

$$h(T, \mathfrak{U} \mid \mathfrak{V}) \geqq h(T, \mathfrak{U}' \mid \mathfrak{V}).$$

Dies ist leicht zu zeigen.

Sei nun $\mathfrak{V}$ eine offene Überdeckung von X. Dann heißt

$$h(T \mid \mathfrak{V}) =_{\mathrm{Df}} \sup \{h(T, \mathfrak{U} \mid \mathfrak{V}) \mid \mathfrak{U} \text{ offene Überdeckung von } X\}$$

bedingte topologische Entropie von T *bezüglich* $\mathfrak{V}$.

Man weist nun wieder sofort nach, daß für offene Überdeckungen $\mathfrak{U}$ und $\mathfrak{V}$ von X mit $\mathfrak{U} \geqq \mathfrak{V}$ gilt:

$$h(T \mid \mathfrak{U}) \leqq h(T \mid \mathfrak{V}).$$

Wir wollen die bedingte topologische Entropie für das topologische dynamische System $[X, T]$ unabhängig von einer speziellen Überdeckung von X definieren.

$$h^*(T) =_{\mathrm{Df}} \inf \{h(T \mid \mathfrak{V}) \mid \mathfrak{V} \text{ offene Überdeckung von } X\}$$

heißt daher *bedingte topologische Entropie* von $[X, T]$.

Von Bowen (1972) und Misiurewicz (1976) stammen die beiden folgenden Begriffe.

Definition 5.28. Sei $[X, T]$ ein topologisches dynamisches System. Dann heißt der Homöomorphismus T *entropie-expansiv,* wenn eine offene Überdeckung $\mathfrak{V}$ von X existiert mit

$$h(T \mid \mathfrak{B}) = 0.$$

T heißt *asymptotisch entropie-expansiv*, wenn $h^*(T) = 0$ ist.

Von Misiurewicz (1976) wurde der folgende Satz bewiesen.

Satz 5.55. *Wenn T asymptotisch entropie-expansiv ist, dann ist die maßtheoretische Entropie eine oberhalbstetige Funktion auf* $\mathrm{WM}(X, T)$.

Nach Satz 5.51 folgt daraus sofort, daß die Menge der Wahrscheinlichkeitsmaße auf $[X, T]$ maximaler Entropie nicht leer ist, allerdings gilt die Umkehrung nicht.

Um zu einer notwendigen und hinreichenden Bedingung zu kommen, gehen wir noch einmal zu Satz 5.53, Aussage 3, zurück. Danach müßte die Entropiefunktion oberhalbstetig für eine Folge $(\pi_n)_{n\in\mathrm{nz}}$, $\pi_n \in \mathrm{WM}(X, T)$ mit $\lim\limits_{n\to\infty} \pi_n = \pi$ und $\lim\limits_{n\to\infty} h(\pi_n, T) = h_{\mathrm{top}}(T)$ sein, d.h.

$$h(\pi, T) \geqq \limsup_{n\to\infty} h(\pi_n, T).$$

Die folgende Definition gibt nun eine hinreichende Bedingung dafür in der Sprache der offenen Überdeckungen an.

Definition 5.29. Ein Homöomorphismus T heißt *lokal entropie-expansiv*, wenn eine Folge $(\mathfrak{U}_n)_{n\in\mathrm{nz}}$ von offenen Überdeckungen von X existiert, für die gilt

$$\sum_{n=1} H(\mathfrak{U}_n, T) < \infty \quad \text{und}$$

$$\lim_{n\to\infty} H\left(\bigvee_{k=1}^{n} \mathfrak{U}, T\right) = h_{\mathrm{top}}(T).$$

Wenn eine offene Überdeckung $\mathfrak{U}$ von X mit

$$H(\mathfrak{U}, T) = h_{\mathrm{top}}(T)$$

existiert, so ist T offensichtlich lokal entropie-expansiv. Nach der Definition von $h_{\mathrm{top}}(T)$ ist klar, daß die topologische Entropie eines lokal entropie-expansiven Homöomorphismus T endlich ist.

Denker (1977) konnte nun zeigen, daß der folgende Satz gilt, vgl. auch Denker et al. (1976).

Satz 5.56. *Die beiden folgenden Bedingungen sind äquivalent:*
1. *T ist lokal entropie-expansiv.*
2. *$h_{\mathrm{top}}(T) < \infty$ und $\mathrm{WM}_{\max}(T) \neq \emptyset$.*

Wir sehen hier wieder den engen *Zusammenhang zwischen der topologischen und der maßtheoretischen Entropie*: Die lokale Entropie-Expansivität von T ist eine äquivalente Bedingung dafür, daß die topologische Entropie von T endlich ist und ein Wahrscheinlichkeitsmaß maximaler maßtheroretischer Entropie existiert.

5.8. Die Spezifikationseigenschaft für topologische dynamische Systeme und die Expansivität

Die folgende Definition, die auf Bowen (1971b) zurückgeht, hat sich trotz ihrer anscheinenden Kompliziertheit als sehr nützlich erwiesen, da viele typische Fälle dieser Bedingung genügen.

Sei $[X, T]$ ein topologisches dynamisches System und d eine Metrik auf X. Weiterhin nehmen wir an, daß $\text{card}\, X > 1$ gilt.

Definition 5.30. $[X, T]$ besitzt die *Spezifikationseigenschaft*, wenn folgende Bedingung erfüllt ist: Zu jedem $\varepsilon > 0$ existiert eine ganze Zahl $M(\varepsilon)$ derart, daß für jedes $k \geqq 2$, für je k Punkte $x_1, \ldots, x_k \in X$, für alle ganzen Zahlen $a_1 \leqq b_1 < a_2 \leqq b_2 < \ldots < a_k \leqq b_k$ mit $a_i - b_{i-1} \geqq M(\varepsilon)$ für $2 \leqq i \leqq k$ und für jede ganze Zahl p mit $p \geqq M(\varepsilon) + b_k - a_1$ ein Element x, $x \in X$, mit $T^p x = x$ derart existiert, daß gilt

$$d(T^n x, T^n x_i) \leqq \varepsilon \text{ für } a_i \leqq n \leqq b_i, \quad 1 \leqq i \leqq k.$$

Sei $\{T^n x \mid n \in \mathbf{Z}\}$ die Bahn des Elements x, $x \in X$. Wir sagen, daß $[X, T]$ die *schwache Spezifikationseigenschaft* besitzt, wenn die obige Bedingung für $k = 2$ erfüllt ist. Die schwache Spezifikationseigenschaft bedeutet folgendes: Wenn zwei „Bahnstücken" $\{T^n x_1 \mid a_1 \leqq n \leqq b_1\}$ und $\{T^n x_2 \mid a_2 \leqq n \leqq b_2\}$ vorliegen, dann können sie bis auf ε durch eine periodische Bahn (die Bahn von x) approximiert werden, vorausgesetzt, daß die Zeit, um von dem ersten Stück der Bahn zum zweiten „überzuwechseln" (nämlich $a_1 - b_1$) und die Zeit zum „Rückgang" (nämlich $p - (b_2 - a_1)$) größer als $M(\varepsilon)$ sind. Diese Zahl $M(\varepsilon)$ ist von den Bahnstücken unabhängig, also speziell auch von ihrer Länge. Die stärkere Form der Spezifikationseigenschaft verlangt, daß diese Approximation für k Bahnstücke möglich ist, wobei $M(\varepsilon)$ von k unabhängig ist.

Zunächst scheint dies eine sehr starke Bedingung zu sein. Es hat sich aber herausgestellt, daß viele Beispiele dieser Bedingung genügen.

Beispielsweise besitzt die Verschiebung auf jedem kompakten metrischen Raum X, also $[X^{\mathbf{Z}}, T]$, die Spezifikationseigenschaft. Dasselbe gilt für Unterverschiebungen endlichen Typs, die topologisch stark mischend sind.

Für topologische dynamische Systeme mit der Spezifikationseigenschaft gilt der folgende

Satz 5.57 (Bowen (1971b), Sigmund (1970)). *Wenn $[X, T]$ ein topologisches dynamisches System mit der Spezifikationseigenschaft ist, dann gilt:*

a) *Die Menge der periodischen Punkte liegt dicht in X, und $[X, T]$ ist topologisch gemischt.*

b) *Für jedes $k \neq 0$ hat auch T^k die Spezifikationseigenschaft.*

c) *$[X, T]$ besitzt eine positive topologische Entropie.*

d) *Die Menge der ergodischen Maße ist eine G_δ-Teilmenge von* $\text{WM}(X, T)$.

Satz 5.57 gilt auch für topologische dynamische Systeme mit der schwachen Spezifikationseigenschaft. Andererseits müssen die Aussagen a) bis d) nicht für Transformationen gelten, die topologisch stark mischend sind und bei denen die Menge der periodischen Punkte dicht liegt. So konstruierte Weiss (1971) eine nichttriviale Unterverschiebung mit diesen Eigenschaften, die die topologische Entropie Null hat. Bei dieser Unterverschiebung bilden die ergodischen Maße keine dichte Menge in $\text{WM}(X, T)$.

Wir wollen uns nun mit topologischen dynamischen Systemen befassen, die expansiv sind und die Spezifikationseigenschaft besitzen. Solche Systeme besitzen ein eindeutig bestimmtes Maß maximaler Entropie. Diese Konstruktion geht auf Bowen (1971b, 1974) zurück.

Sei $[X, T]$ topologisches dynamisches expansives System mit der Spezifikationseigenschaft.

Definition 5.31. Sei

$$\mu_n =_{\text{Df}} \frac{1}{\text{Per}_n(T)} \sum_{x \in P_n(T)} \chi(x),$$

und sei μ_B der Grenzwert der Folge $(\mu_n)_{n\in\mathbf{N}}$, der existiert, da WM(X, T) ein kompakter metrisierbarer Raum ist. Damit existiert eine monoton wachsende Folge $S = (n_k)_{k\in\mathbf{N}}$ von ganzen Zahlen mit

$$\mu_B = \lim_{k\to\infty} \mu_{n_k}.$$

Offensichtlich sind die μ_n und μ_B T-invariant. Wir werden sehen, daß μ_B das eindeutig bestimmte Maß maximaler Entropie ist. μ_B heißt das *Bowen-Maß*.

Satz 5.58 (Bowen) 1971b, 1974)). *Sei $[X, T]$ ein expansives topologisches dynamisches System mit der Spezifikationseigenschaft. Dann gilt:*

a) $h_{\text{top}}(T) = \lim\limits_{n\to\infty} \dfrac{1}{n} \log \text{Per}_n\,(T)$.

b) *Das Bowen-Maß μ_B ist von maximaler Entropie.*

c) *μ_B hat den Träger X.*

d) *μ_B ist ergodisch.*

e) *$[X, T]$ ist echt ergodisch, d.h.,* $\text{WM}_{\max}(T)$ *besteht aus einem Element.*

Damit ist für expansive topologische dynamische Systeme das Bowen-Maß das einzige mit maximaler maßtheoretischer Entropie.

Auch in der Ergodentheorie differenzierbarer dynamischer Systeme fand in den letzten Jahren die topologische Entropie Anwendung. Hier sind vor allem die Arbeiten von Kuschnirenko (1967), Misiurewicz (1971), Smale (1967) und Bowen (1971a, 1971b, 1972, 1973, 1975, 1979) zu nennen. Auf Zusammenhänge zum Isomorphieproblem der Ergodentheorie geht Bowen (1973) ein.

6. Nichtklassische Entropiemaße

Trotz der Bedeutung, die die Shannonsche Informationstheorie für die Nachrichtentechnik, mathematische Statistik, Psychologie, Zeichenerkennung usw. gewonnen hat, stößt man bei vielen Anwendungen auf gewisse Schwierigkeiten. Ein Teil davon liegt in der Theorie selbst. Einer der Gründe ist folgender: Der Shannonsche Entropiebegriff erfaßt nur einen speziellen Aspekt des *intuitiven* (unformalisierten) *Informationsbegriffs*. So wird z.B. davon abstrahiert, ob die ausgesandte Nachricht inhaltlich etwas besagt oder Bedeutung für einen Empfänger besitzt.

Darauf wollen wir nun näher eingehen. Geht man von der auf MORRIS (1938) zurückgehenden Einteilung der Aspekte der Zeichen aus und betrachtet man Zeichen (als Klassen von Signalen) als Träger von Information, so kommt man naturgemäß zu einem *syntaktischen, semantischen* und *pragmatischen Aspekt* des intuitiven Informationsbegriffs. In Abb. 6.1 werden diese Beziehungen bildlich dargestellt.

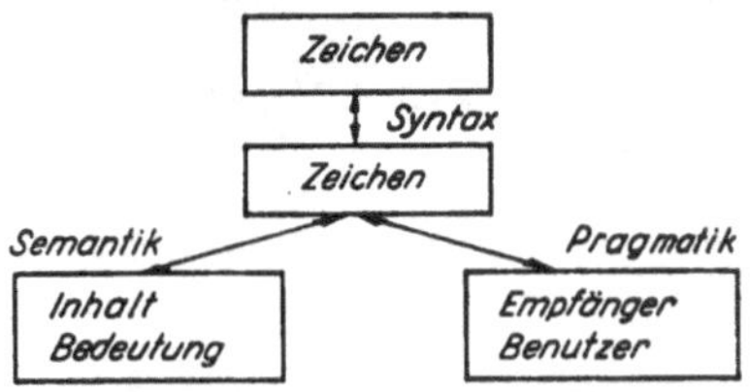

Abb. 6.1. Die Aspekte der Zeichen nach MORRIS, vgl. CHERRY (1967)

Die Grenzen zwischen Syntax, Semantik und Pragmatik sind aber häufig fließend. Eine ausführliche Begründung der Zweckmäßigkeit dieser Einteilung der Informationsaspekte gibt CHERRY (1967). Unter diesen Gesichtspunkten ergibt sich, daß die Shannonsche Informationstheorie nur den *statistisch-syntaktischen* Aspekt der Information zum Gegenstand hat; denn es wird nicht berücksichtigt, ob die Nachrichten etwa Aussagen eines logischen Kalküls oder Elemente einer von einer generativen (stochastischen) Grammatik erzeugten Sprache sind.

Für die Formalisierung des pragmatischen Informationsgehalts (Bedeutung, Wert für einen Empfänger) wurden verschiedene Maße vorgeschlagen, BONGARD (1963), BELIS, GUIAŞU (1968). Diese Ansätze sind z.T. durch Anwendungen in der mathematischen Statistik, KERRIDGE (1961), in der Spieltheorie, GUIASU (1970), GAWURIN (1969), und in der mathematischen Lerntheorie, GUIAŞU (1967), PFAFFELHUBER (1972), motiviert. Bisher fehlte aber eine systematische Untersuchung der Eigenschaften der aus diesen Ansätzen resultierenden Entropiemaße. Auch war bisher ungeklärt, ob Eigenschaften der Shannon-Entropie, wie die Shannonsche Ungleichung, die Additivität im abhängigen Fall oder der Satz von MCMILLAN Analoga für diese nichtklassischen Entropiemaße besitzen. Mit anderen Worten: Gegenwärtig ist man noch weit von einer mathematischen Theorie pragmatischer Entropiemaße entfernt, es liegen in der Literatur nur verschiedene Ansätze vor.

Es existiert die Auffassung, daß sich adäquate Maße für die Information im intuitiven Sinne aus den Anwendungsgebieten ergeben müßten, bei denen die Messung von semantischer oder pragmatischer Information eine Rolle spielt. Dazu ist der Standpunkt von J. v. NEUMANN (1961, S. 3) interessant, dem es um den Aufbau einer ökonomisch orientierten Spieltheorie ging: „Was das Fehlen eines Maßes für die wichtigsten Faktoren betrifft, so ist das Beispiel der Wärmelehre höchst instruktiv; ehe die mathematische Theorie entwickelt war, waren die Möglichkeiten quantitativer Messungen weniger günstig, als sie es heute in der Ökonomie sind. Genaue Messungen von Quantität und Qualität der Wärme (Energie und Temperatur) waren das Ergebnis und nicht die Voraussetzung der mathematischen Theorie."

Von Pötschke (1970, 1977a) wird ein pragmatisches Entropiemaß, die P-Entropie, in Verallgemeinerung der Bongard- und Guiașu-Entropie (B- und G-Entropie) für endliche Alphabete bzw. für endliche meßbare Zerlegungen definiert und systematisch auf seine Eigenschaften untersucht, die durch inhaltliche Interpretationen gerechtfertigt werden können.

Sei ein n-Tupel $\pi = (p_1, \ldots, p_n)$, $n \in \mathbf{nz}$, mit $p_i \geqq 0$ für $i = 1, \ldots, n$ und $\sum_{i=1}^{n} p_i = 1$ gegeben, dann heißt

$$H(\pi) = -\sum_{i=1}^{n} p_i \log p_i$$

Shannon-Entropie (S-Entropie) und

$$H(\pi, \sigma) = -\sum_{i=1}^{n} p_i \log q_i$$

für $\sigma = (q_1, \ldots, q_n)$ mit $q_i > 0$ für $i = 1, \ldots, n$ und $\sum_{i=1}^{n} q_i = 1$

B-Entropie, Bongard (1963), Kerridge (1961). σ kann als Hypothese über eine objektiv vorliegende Wahrscheinlichkeitsverteilung π interpretiert werden.

Wenn $w = (w_1, \ldots, w_n)$, $n \in \mathbf{nz}$, ein n-Tupel nichtnegativer reeller Zahlen ist, wobei die w_i als Werte der Versuchsausgänge $1, \ldots, n$ interpretiert werden können, so wird

$$H(\pi, w) = -\sum_{i=1}^{n} p_i w_i \log p_i$$

als *G-Entropie* bezeichnet, Guiașu (1967).

Bei Pötschke (1970) wird die *P-Entropie*

$$H(\pi, \sigma, w) = -\sum_{i=1}^{n} p_i w_i \log q_i$$

als naheliegende Verallgemeinerung der S-, B- und G-Entropie untersucht. Im Abschnitt 6.2 werden wir einen Eindeutigkeitssatz für die P-Entropie beweisen, vgl. den Eindeutigkeitssatz für die S-Entropie, Abschnitt 2.5. Dabei zeigt sich, daß die Shannonsche Ungleichung (die bedingte Entropie ist nicht größer als die Entropie) nicht immer erfüllt sein muß. *Damit kann die P-Information im Gegensatz zur Shannonschen Transinformation auch negative Werte annehmen.* Dieser Effekt kann unter gewissen Voraussetzungen als „wachsendes Unwissen" über die Umwelt, z. B. in der Vorbereitungsphase eines Lernprozesses, interpretiert werden, vgl. Pötschke (1970), Weizsäcker (1972). Nachfolgend wird die B-Entropie als wichtiger Spezialfall der P-Entropie genauer untersucht. Bei dieser Erweiterung der Shannonschen Informationstheorie soll nicht nur die statistische Struktur der Quelle oder/und des Kanals, sondern auch die Struktur des Coders oder des Empfängers berücksichtigt werden, die als Hypothese über die unbekannte Struktur der Quelle oder/und des Kanals formalisiert wird. Die Einbeziehung von mehr als einer Wahrscheinlichkeitsverteilung in ein Entropie- oder Informationsmaß (B-Entropie, Divergenz) führt in natürlicher Weise zu einem engen Zusammenhang zwischen pragmatischer Informationstheorie und mathematischer Statistik, speziell zur Theorie des sequentiellen und nichtsequentiellen Testens statistischer Hypothesen, vgl. Pötschke (1974a).

So wird in Abschnitt 6.1 eine Verallgemeinerung des Satzes von McMillan für die B-Entropie bewiesen, aus dem unmittelbar die McMillansche Eigenschaft für die Divergenz, vgl. Kullback (1959),

$$D(\pi, \sigma) =_{\mathrm{Df}} H(\pi, \sigma) - H(\pi) = \sum_{i=1}^{n} p_i \log \frac{p_i}{q_i}$$

folgt. Im Anschluß daran wird auf die Konstruktion längenvariabler eindeutig decodierbarer Codes in dem Fall eingegangen, daß der Coder die wahre Verteilung der Quelle nicht kennt. Es wird gezeigt, daß der Shannon-Algorithmus auf σ angewendet einen Code ergibt, dessen Codieraufwand in der Nähe der B-Entropie liegt. Die Anwendung des Huffman-Algorithmus auf die Hypothese σ kann unter gewissen Voraussetzungen ebenfalls zu einem optimalen Code führen, vgl. Abschnitt 6.1.3.

In Verallgemeinerung der Shannon-Rate wird im Abschnitt 6.1.4 die B-Rate eingeführt und ihre exponentielle Konvergenz gegen die B-Entropie für ergodische π und Markowsche σ gezeigt.

Während das asymptotische Verhalten der S-Rate ein wichtiges Kriterium stationärer Quellen bezüglich ihrer Übertragbarkeit über stationäre Kanäle ist, zeigen die Resultate von PÖTSCHKE (1974a) den Unterschied der Bedeutung der S-Rate und B-Rate für asymptotische Abschätzungen in der Testtheorie: In der Terminologie der Neyman-Pearsonschen Testtheorie ist ein Spezialfall der B-Rate gerade der kleinste Fehler 2. Art zu einem vorgegebenem Signifikanzniveau ε, $\varepsilon > 0$. Aufgrund der im Abschnitt 6.1.4 bewiesenen Sätze wird von PÖTSCHKE (1974a) eine Verallgemeinerung des Satzes von CHERNOFF (1956) hergeleitet. CHERNOFF bewies seinen Satz nur für unabhängige und stationäre einfache Hypothesen.

Diese asymptotischen Fehlerabschätzungen im Fall nichtsequentieller nichtrandomisierter optimaler Tests stellen eine Rechtfertigung für die B-Entropie und die Divergenz dar. Sie zeigen auch, daß die Kenntnis möglichst allgemeiner Bedingungen für die Gültigkeit des Satzes von MCMILLAN für die B-Entropie und die Divergenz für Anwendungen in der Testtheorie recht nützlich ist.

Im Abschnitt 6.2 wird eine Charakterisierung der P-Entropie mit Hilfe eines endlichen Systems von Funktionalgleichungen angegeben, durch die die P-Entropie bis auf eine Konstante eindeutig bestimmt ist. Weiterhin wird die P-Entropie und die P-Information als Verallgemeinerungen der Shannon-Entropie und -Information definiert und naheliegende Eigenschaften angegeben.

Eine andere Verallgemeinerung der S-Entropie stellt die α-Entropie dar, die von SCHÜTZENBERGER (1954) und RÉNYI (1961) untersucht wurde,

$$H_\alpha(X, \pi) =_{\mathrm{Df}} \frac{1}{1-\alpha} \sum_{x \in X} \pi(x)^\alpha, \quad \alpha \neq 1.$$

Von CAMPBELL (1965, 1966) wurde eine codierungstheoretische Rechtfertigung der α-Entropie angegeben, auf die hier leider aus Platzgründen nicht näher eingegangen werden kann. Verallgemeinert man den linearen Codieraufwand, vgl. Abschnitt 1.2, und verlangt man die Additivität dieser Verallgemeinerung bei der Codierung unabhängiger Quellen, so kann man zeigen, daß der lineare und der exponentielle Codieraufwand die einzigen beiden möglichen Maße zur Messung des mittleren Aufwands beim Codieren sind. Entsprechend erhält man entweder die S-Entropie beim linearen Codieraufwand bzw. die α-Entropie beim exponentiellen Codieraufwand als universelle untere Schranken, vgl. Abschnitt 1.2.

Zur quantitativen Erfassung des *semantischen Informationsgehalts* von Nachrichten ist man bisher in mathematischer Hinsicht über die Ansätze von BAR-HILLEL und CARNAP (1953) nicht wesentlich hinausgekommen. Der von ihnen formalisierte Begriff der semantischen Entropie basiert auf der Theorie der induktiven Wahrscheinlichkeit. Es werden zwei Maße *cont* und *inf* eingeführt und elementare Eigenschaften davon untersucht. Wegen der formalen Ähnlichkeit der Erwartungswerte von *cont* und *inf* mit der S-Entropie ergeben sich formal keine prinzipiell neuen Eigenschaften, auch ist die von CARNAP und BAR-HILLEL behauptete Nützlichkeit, etwa durch praktische Anwendungen, nicht bestätigt worden. Über die philosophischen Aspekte und Möglichkeiten der Weiterentwicklung des Carnapschen Ansatzes wird in HINTIKKA und SUPPES (1970) berichtet.

Einen anderen Zugang zum Problem der semantischen Information hat SCHREJDER (1963–1965) gewählt. Er geht davon aus, daß das Wissen eines Systems über seine Umwelt in einem „Thesaurus“ abgespeichert ist. Dann ist die semantische Information $I(T, Q)$, die in einer Nachricht (etwa einem Text) bezüglich des Thesaurus Q enthalten ist, der Grad der Änderung des Thesaurus Q, die der Text hervorruft. Die Änderung des Thesaurus wird mit Hilfe eines vorher gewählten Algorithmus vorgenommen.

Bei SCHREJDER (1965) wird nun mit Hilfe eines abgewandelten Prädikatenkalküls 1. Stufe der Begriff Thesaurus präzisiert, aber explizite Maße für die semantische Information werden nicht vorgeschlagen. Wir wollen daher auf diesen Ansatz nicht näher eingehen.

Auf die vielen anderen vorgeschlagenen nichtklassischen Entropiemaße wollen wir hier nicht näher eingehen, da häufig entsprechende Rechtfertigungen theoretischer als auch praktischer Natur fehlen.

6.1. B-Entropie und B-Information

Die Additivität und die Shannonsche Ungleichung sind bei der S-Entropie die entscheidenden Eigenschaften, die die Existenz der S-Entropie pro Takt sichern, vgl. CHINTSCHIN (1963). Nun ist zwar die B-Entropie im Unterschied zur P-Entropie stets additiv, aber die Shannonsche Ungleichung gilt nicht allgemein. Daher fordern wir, daß σ die Verteilung eines Markow-Prozesses k-ter Ordnung ist und sichern damit die Existenz der B-Entropie pro Takt.

Ziel dieses Abschnitts sind Sätze vom Typ des Satzes von MCMILLAN für die B-Entropie und die Divergenz zweier Verteilungen, die Einführung einer B-Rate analog zur Shannon-Rate und eine statistische Interpretation der B-Rate beim Neyman-Pearson-Test als minimale Fehlerwahrscheinlichkeit. Diese Anwendung rechtfertigt asymptotische Untersuchungen der B-Rate.

6.1.1. Eigenschaften der B-Entropie und der B-Information

Sei ein Alphabet X und darauf zwei Wahrscheinlichkeitsmaße π und σ gegeben, wobei π totalstetig bezüglich σ ist. Dann ist

$$H(X, \pi, \sigma) = -\sum_{x \in X} \pi(x) \log \sigma(x)$$

die B-Entropie bezüglich π und σ mit den folgenden Eigenschaften:

(1) Es gilt stets $0 \leqq H(X, \pi, \sigma) < \infty$.

(2) $H(X, \pi, \sigma) = 0 \leftrightarrow \exists x (x \in X \wedge \sigma(x) = 1)$.

(3) Sei σ die Gleichverteilung über X, dann gilt

$$H(X, \pi, \sigma) = \log |X|.$$

(4) Wenn ein $x \in X$ existiert mit $\pi(x) = 1$ und $\sigma(x) < 1$, dann gilt $H(X, \pi) = 0$, aber $H(X, \pi, \sigma) > 0$.

(5) Es gilt stets $H(X, \pi) \leqq H(X, \pi, \sigma)$, und die Gleichheit gilt genau dann, wenn $\pi = \sigma$ ist.

Beweis. Siehe FEINSTEIN (1958).

Wegen der Eigenschaft (5) ist die Differenz zwischen B- und S-Entropie stets nichtnegativ. Man bezeichnet

$$D(X, \pi, \sigma) =_{\mathrm{Df}} H(X, \pi, \sigma) - H(X, \pi) = \sum_{x \in X} \pi(x) \log \frac{\pi(x)}{\sigma(x)}$$

als *Divergenz* von π und σ, vgl. KULLBACK (1959), die ein Maß für die Abweichung von π und σ darstellt.

Wir setzen in diesem Abschnitt $x \log y = 0$ und $x \log \frac{y}{z} = 0$ für $x = y = z = 0$.

Ein anderes Maß für die Abweichung zweier Verteilungen ist der Quotient aus S- und B-Entropie, für den wegen (5) gilt

$$0 \leqq \frac{H(X, \pi)}{H(X, \pi, \sigma)} \leqq 1, \text{ falls } H(X, \pi, \sigma) > 0 .$$

Diese Größe steht in einem engen Zusammenhang zur Hausdorff-Dimension, vgl. Billingsley (1960, Theorem 7.1). Eine ähnliche Beziehung besteht zwischen der Hausdorff-Dimension und der S-Entropie, die erstmals von Besikovitch (1935) nachgewiesen wurde, vgl. Abschnitt 3.2.

Häufig kann man den Ausgang der Quelle nur über einen gestörten Kanal beobachten. Dabei tritt die Situation auf, daß die Parameter der Quelle und/oder des Kanals unbekannt oder nur teilweise bekannt sind und die Nachrichten von unterschiedlichem Wert für den Empfänger sind. Wir gehen von dem in Abb. 6.2 dargestellten Modell aus.

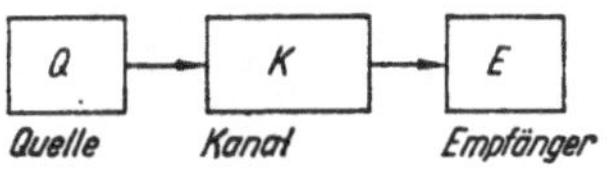

Abb. 6.2. Modell der Informationsübertragung

Sei $\varkappa : X \to \mathrm{WM}(Y)$, dann interpretieren wir $\varkappa(x, y)$ als Wahrscheinlichkeit dafür, daß der Kanal bei Eingabe von $x \in X$ das Signal $y \in Y$ ausgibt. Sei weiterhin $\lambda : X \to \mathrm{WM}(Y)$ eine Hypothese des Empfängers über den Kanalmechanismus mit $\varkappa \ll \lambda$, d.h., für $x \in X$ ist

$$\varkappa(x, \cdot) \ll \lambda(x, \cdot).$$

$\sigma(x)$, $x \in X$, interpretieren wir als Hypothese des Empfängers über die Wahrscheinlichkeit, mit der die Quelle $x \in X$ an den Kanal sendet.

Sei

$$\alpha(y) =_{\mathrm{Df}} \sum_{x \in X} \pi(x)\, \varkappa(x, y) \quad \text{und}$$

$$\beta(y) =_{\mathrm{Df}} \sum_{x \in X} \sigma(x)\, \lambda(x, y) \quad \text{für} \quad x \in X \quad \text{und} \quad y \in Y,$$

weiterhin für $y \in Y$ mit $\alpha(y) > 0$ und $\beta(y) > 0$

$$\nu(y, x) =_{\mathrm{Df}} \frac{\pi(x)\, \varkappa(x, y)}{\alpha(y)} \quad \text{und} \quad \eta(y, x) = \frac{\sigma(x)\, \lambda(x, y)}{\beta(y)}.$$

$D = [X \times Y, \mu]$ heißt *die von τ und π erzeugte Doppelquelle*,

$$\gamma(x, y) =_{\mathrm{Df}} \sigma(x)\, \lambda(x, y),\ x \in X,\ y \in Y$$

ist die Hypothese über die Verteilung der Doppelquelle.

Sei $\beta(y) > 0$, $y \in Y$, dann erhalten wir

$$H_Y(X, \pi, \sigma, \varkappa, \lambda) = - \sum_{y \in Y} \sum_{x \in X} \pi(x)\, \varkappa(x, y) \log \frac{\sigma(x)\, \lambda(x, y)}{\sum\limits_{x' \in X} \sigma(x')\, \lambda(x', y)}$$

$$= - \sum_{x, y} \mu(x, y) \log \eta(y, x)$$

als *bedingte B-Entropie*.

Die B-Entropie besitzt folgende Eigenschaften:

(1) Die B-Entropie ist additiv, d.h.

$$H(X\times Y,\mu,\gamma) = H(X,\pi,\sigma) + H_X(Y,\pi,\varkappa,\lambda).$$

(2) $H_X(Y,\pi,\varkappa,\lambda)$ und $H_Y(X,\pi,\sigma,\varkappa,\lambda)$ sind nichtnegativ und endlich.

(3) Die B-Entropie ist symmetrisch, d.h., es gilt
a) $H(X\times Y,\mu,\gamma) = H(Y\times X,\mu,\gamma)$ und
b) $H(X,\pi,\sigma) + H_X(Y,\pi,\varkappa,\lambda) = H(Y,\alpha) + H_Y(X,\pi,\sigma,\varkappa,\lambda)$.

(4) Wenn für alle $x\in X$ und alle $y\in Y$ gilt $\eta(y,x) = \sigma(x)$, so gilt auch

$$H_Y(X,\pi,\sigma,\varkappa,\lambda) = H(X,\pi,\sigma).$$

Dies ist die *Invarianzeigenschaft* der B-Entropie.

(5) In Verallgemeinerung der Ungleichung $H(X,\pi) \leqq H(X,\pi,\sigma)$ gilt stets

$$H_Y(X,\pi,\varkappa) \leqq H_Y(X,\pi,\sigma,\varkappa,\lambda) \quad \text{und}$$

$$H_X(Y,\pi,\varkappa) \leqq H_X(Y,\pi,\varkappa,\lambda).$$

Beweis

$$H_X(Y,\pi,\varkappa) = \sum_x \pi(x)\Big(-\sum_y \varkappa(x,y)\log\varkappa(x,y)\Big)$$

$$\leqq \sum_x \pi(x)\Big(-\sum_y \varkappa(x,y)\log\lambda(x,y)\Big).$$

Analog beweist man die erste Ungleichung.

(6) Für den Fall $\varkappa = \lambda$ gilt die Shannonsche Ungleichung.
a) $H_X(Y,\pi,\varkappa,\lambda) \leqq H(Y,\alpha,\beta)$.

Beweis

$$H_X(Y,\pi,\varkappa,\lambda) = -\sum_{x,y}\mu(xy)\log\lambda(xy)$$

$$= H_X(Y,\pi,\varkappa) \leqq H(Y,\alpha) \leqq H(Y,\beta,\alpha).$$

b) $H_Y(X,\pi,\varkappa,\lambda) \leqq H(X,\pi,\sigma)$.

Beweis

$$H_Y(X,\pi,\varkappa,\sigma) = H(X\times Y,\mu,\gamma) - H(Y,\alpha,\beta)$$

$$= H(X,\pi,\sigma) + H_X(Y,\pi,\varkappa,\lambda) - H(Y,\alpha,\beta) \leqq H(X,\pi,\sigma)$$

wegen a).

c) $H(X\times Y,\mu) \leqq H(X,\pi,\sigma) + H(Y,\alpha,\beta)$
(ebenfalls wegen a)).

Als B-Information erhalten wir

$$I(Y,X,\pi,\sigma,\varkappa,\lambda) = H(X,\pi,\sigma) - H_Y(X,\pi,\sigma,\varkappa,\lambda),$$

die wir als subjektive Information interpretieren, die der Empfänger durch Kenntnis des Kanalausgangs im Mittel über die Quelle erhält.

Im Gegensatz zur P-Information weist die B-Information einige abweichende Eigenschaften auf.

(1) Die B-Information ist symmetrisch, d.h.

$$I(Y,X,\pi,\sigma,\varkappa,\lambda) = I(X,Y,\pi,\sigma,\varkappa,\lambda).$$

Dies folgt aus der Symmetrie der B-Entropie der Doppelquelle, Eigenschaft (4).

(2) Wenn $\varkappa = \lambda$ ist, so gilt

$$I(Y, X, \pi, \sigma, \varkappa, \lambda) = H(Y, \alpha, \beta) - H_X(Y, \pi, \varkappa) \geqq 0.$$

Das heißt, wenn der Empfänger die Kanalfunktion kennt, so wird nur nichtnegative B-Information übertragen.

(3) Es soll nun gezeigt werden, wie sich die Unkenntnis der Kanalfunktion auf die Größe der B-Information auswirkt.

Sei $\pi(x) = \sigma(x)$ für alle $x \in X$. Dann gilt nach (5)

$$H_Y(X, \pi, \varkappa) \leqq H_Y(X, \pi, \sigma, \varkappa, \lambda) \quad \text{und}$$

$$I(Y, X, \pi, \varkappa) = H(X, \pi) - H_Y(X, \pi, \varkappa)$$

$$\geqq H(X, \pi) - H_Y(X, \pi, \sigma, \varkappa, \lambda) = I(Y, X, \pi, \varkappa, \lambda),$$

d.h., bei Kanalunkenntnis wird die B-Information kleiner oder gleich der S-Information. Somit ist die S-Information eine potentielle, also eine *latente Information.*

Im allgemeinen kann die B-Information negativ werden, es gilt

$$-H_Y(X, \pi, \sigma, \varkappa, \lambda) \leqq I(Y, X, \pi, \sigma, \varkappa, \lambda) \leqq H(X, \pi, \sigma).$$

Notwendige und hinreichende Bedingungen dafür, daß die B-Information nichtnegativ ist, findet man bei PÖTSCHKE (1970).

6.1.2. Ein Satz vom Typ des Satzes von McMillan für die B-Entropie und die Divergenz

Wir zeigen zunächst die Existenz der B-Entropie pro Takt unter gewissen Voraussetzungen.

Seien π und σ Wahrscheinlichkeitsmaße auf $[X^{\mathbf{gz}}, \mathfrak{X}]$. $Z_1^n =_{\mathrm{Df}} \{Z(1, \ldots, n; p) \mid p \in X^n\}$ sei für $n \geqq 1$ die Menge aller n-gliedrigen Zylinder und

$$H(Z_1^n, \pi, \sigma) =_{\mathrm{Df}} - \sum_{Z \in Z_1^n} \pi(Z) \operatorname{ld} \sigma(Z)$$

die *B-Entropie der Zylindermenge* Z_1^n *bezüglich* π *und* σ. Im folgenden sei der Logarithmus o.B.d.A. stets zur Basis 2 gewählt, und σ sei positiv auf den Zylindermengen. Die bedingten Wahrscheinlichkeiten werden wie üblich definiert. Sei

$$\sigma(Z_1^n; p) = \sigma(Z(1, \ldots, n; p)) \neq 0 \text{ für } p \in X^n,$$

$$\sigma_{Z_1^n;p}(Z_{n+1}^{n+m}; q) =_{\mathrm{Df}} \frac{\sigma(Z_1^{n+m}; pq)}{\sigma(Z_1^n; p)} \quad \text{für} \quad q \in X^m, m \geqq 1,$$

und

$$H_{Z_1^n}(Z_{n+1}^{n+m}, \pi, \sigma) =_{\mathrm{Df}} - \sum_{p,q} \pi(Z_1^{n+m}; pq) \operatorname{ld} \sigma_{Z_1^n;p}(Z_{n+1}^{n+m}; q).$$

Zur Vereinfachung der Schreibweise definieren wir

$$\sigma(x_1^{(i)} \ldots x_n^{(i+n)}) =_{\mathrm{Df}} \sigma(Z(i, \ldots, i+n; x_1, \ldots, x_n))$$

für $x_1, \ldots, x_n \in X$, $n \geqq 1$ und $i \in \mathbf{gz}$.

Lemma 6.1. (Additivität der B-Entropie) *Wenn π und σ Wahrscheinlichkeitsmaße auf $[X^{gz}, \mathfrak{X}]$ sind, so gilt*

$$H(Z_1^n, \pi, \sigma) = H(Z_1, \pi, \sigma) + H_{Z_1}(Z_2, \pi, \sigma) + H_{Z_1^2}(Z_3, \pi, \sigma) + \dots$$
$$\dots + H_{Z_1^{n-1}}(Z_n, \pi, \sigma).$$

Beweis.

$$H(Z_1^n, \pi, \sigma) = - \sum_{x_1,\dots,x_n \in X} \pi(Z_1^n; x_1, \dots, x_n) \operatorname{ld} \sigma(x_1) \sigma_{x_1}(x_2) \dots \sigma_{x_1 \dots x_{n-1}}(x_n)$$
$$= - \sum_{x \in X} \pi(x) \operatorname{ld} \sigma(x) - \sum_{x_1, x_2} \pi(x_1 x_2) \operatorname{ld} \sigma_{x_1}(x_2) \dots$$
$$\dots - \sum_{x_1,\dots,x_n \in X} \pi(x_1 \dots x_n) \operatorname{ld} \sigma_{x_1,\dots x_{n-1}}(x_n). \quad \square$$

Lemma 6.2. (Existenz der B-Entropie pro Takt). *π und σ seien stationäre Wahrscheinlichkeitsmaße auf $[X^{gz}, \mathfrak{X}]$, σ sei außerdem k-Markowsch auf $[X^{gz}, X]$, $k > 0$. Dann gilt*

$$\lim_n \frac{1}{n} H(Z_1^n, \pi, \sigma) = H_{Z_1^k}(Z_{k+1}, \pi, \sigma).$$

Beweis. Für $i \geqq 1$ gilt

$$H_{Z_i^{k+1}}(Z_{k+i+1}, \pi, \sigma)$$
$$= - \sum_{x_1,\dots,x_{k+i+1} \in X} \pi(x_1^{(1)} \dots x_{k+i+1}^{(k+i+1)}) \operatorname{ld} \sigma_{x_1^{(1)} \dots x_{k+i}^{(k+i)}} (x_{k+i+1}^{(k+i+1)})$$
$$= - \sum_{x_1,\dots,x_{k+i+1} \in X} \pi(x_1^{(1)} \dots x_{k+i+1}^{(k+i+1)}) \operatorname{ld} \sigma_{x_{i+1}^{(i+1)} \dots x_{k+i}^{(k+i)}} (x_{k+i+1}^{(k+i+1)}).$$

Durch vollständige Induktion zeigt man, daß für $n \geqq k$ gilt:

$$H(Z_1^n, \pi, \sigma) = H(Z_1^k, \pi, \sigma) + (n - k) H_{Z_1^k}(Z_{k+1}, \pi, \sigma).$$

Daraus folgt unmittelbar die Behauptung.

Man beachte, daß bezüglich π keine Markow-Eigenschaft, sondern nur die Stationarität gefordert wird. Wir bezeichnen den Grenzwert

$$h(X, \pi, \sigma) =_{\mathrm{Df}} \lim_{n \to \infty} \frac{1}{n} H(Z_1^n, \pi, \sigma)$$

als B-Entropie pro Takt (oder Symbol), falls er existiert. Die Existenz der B-Entropie pro Takt für stationäre π und k-Markowsche σ sichert gerade Lemma 6.2. Dabei wurde die Shannonsche Ungleichung nicht benutzt, so daß der Fall

$$H_{Z_1^k}(Z_{k+1}, \pi, \sigma) > H(Z_{k+1}, \pi, \sigma)$$

zulässig ist.

Wir kommen nun zu einer Verallgemeinerung des Satzes von McMillan-Breiman für die B-Entropie. Sei $[X^{gz}, \mathfrak{X}, \pi]$ eine stationäre Quelle, dann existiert die S-Entropie pro Takt

$$h(X, \pi) =_{\mathrm{Df}} \lim_{n \to \infty} \frac{1}{n} H(Z_1^n, \pi), \tag{6.1}$$

vgl. Chintschin (1963).

Eine andere Eigenschaft der S-Entropie besteht darin, daß nicht nur der Erwartungswert der Funktion $f_n(a) =_{\mathrm{Df}} \frac{1}{n} \operatorname{ld} \pi^n(a[l, n])$ gegen $h(X, \pi)$ konvergiert (dies ist gerade die Aussage von (6.1)), sondern daß unter gewissen Voraussetzungen die Funktion $f_n(a)$, $a \in X^{gz}$, selbst gegen $h(X, \pi)$ in dem folgenden Sinne konvergiert:

McMillan (1953) zeigte die $\mathcal{L}^1$-Konvergenz und Breiman (1957) die Fast-überall-Konvergenz für ergodische Quellen, beide Resultate implizieren für sich die stochastische Konvergenz von $f_n(a)$, vgl. Abschnitt 3.1.

Der folgende Satz stellt eine Verallgemeinerung des Satzes von McMillan-Breiman für die B-Entropie dar.

Satz 6.4 (Pötschke (1974a)). *Wenn π ein stationäres Wahrscheinlichkeitsmaß auf $[X^{gz}, X]$ und σ ein k-Markowsches stationäres Wahrscheinlichkeitsmaß auf $[X^{gz}, \mathfrak{X}]$, $k \geqq 0$, ist, das positiv auf Z, $Z \in Z_1^n$, $n \in \mathsf{nz}$, ist, dann existiert eine π-integrierbare T-invariante Funktion $\hat{g}$ mit*

$$\lim_{n\to\infty} -\frac{1}{n} \operatorname{ld} \sigma^n(a[1, n]) = \hat{g}(a) \text{ für } \pi\text{-fast-alle } a \in X^{gz}.$$

Beweis. Für $k = 0$ ist der Beweis wegen der Unabhängigkeit von π und σ klar. Sei $n > k > 0$, dann gilt für $a \in X^{gz}$ wegen der Markow-Eigenschaft die bekannte Produktdarstellung für σ. Wenn wir definieren

$$g(a) = -\operatorname{ld} \sigma^1(a(k+1) \mid a[1, k]),$$

dann erhalten wir für $i \in^{gz}$

$$g(T^i a) = -\operatorname{ld} \sigma^1(a(k+i+1) \mid a[i+1, k+i]) \quad \text{und}$$

$$-\operatorname{ld} \sigma^n(a[1, n]) = -\operatorname{ld} \sigma^k(a[1, k]) + \sum_{i=0}^{k-1} g(T^i a) + \sum_{i=0}^{n-1} g(T^i a). \tag{6.2}$$

Der Erwartungswert von g ist bestimmt durch

$$E(g) = \int_{X^{gz}} g \, d\pi = -\int_{X^{gz}} \operatorname{ld} \sigma^1(a(k+1) \mid a[1, k]) \, \pi(da)$$

$$= -\int_{X^{gz}} \operatorname{ld} \sigma^1(Z(k+1; a(k+1)) \mid Z(1, \ldots, k; a[1, k])) \, \pi(da)$$

$$= -\sum_{p \in X^k} \pi^{k+1}(Z(1, \ldots, k+1; a[1, k+1])) \operatorname{ld} \sigma^1(Z(k+1; x) \mid Z(1, \ldots, n; p))$$

$$= h(X, \pi, \sigma) < \infty.$$

Die B-Entropie pro Symbol $h(X, \pi, \sigma)$ ist endlich, da σ auf den Zylindermengen positiv ist. Da g eine meßbare Funktion ist, gilt $g \in \mathcal{L}^1(\pi)$. Nun ist der Ergodensatz von Birkhoff anwendbar, und daher existiert eine π-integrierbare T-invariante Funktion $\hat{g}$ mit

$$\lim_{n\to\infty} \frac{1}{n} \sum_{i=0}^{n-1} g(T^i a) = \hat{g}(a) \quad \text{für } \pi\text{-fast-alle } a \in X^{gz}.$$

Daher und wegen (6.2) gilt

$$\lim_{n\to\infty} -\frac{1}{n} \operatorname{ld} \sigma(a[1, n]) = \lim_n \frac{1}{n} \sum_{i=0}^{n-1} g(T^i a) \underset{(\pi)}{=} \hat{g}(a).$$

Folgerung 6.5. *Sei*
(1) π *ergodisch bezüglich* T *auf* $[X^{gz}, \mathfrak{X}]$,
(2) σ *k-Markowsches Wahrscheinlichkeitsmaß auf* $[X^{gz}, \mathfrak{X}]$, $k > 0$, *das positiv auf* $Z \in Z_1^n$, $n \in \mathsf{nz}$, *ist.*
Dann gilt

$$\lim_{n\to\infty} -\frac{1}{n} \operatorname{ld} \sigma^n(a[1, n]) = h(X, \pi, \sigma) \textit{ für } \pi\textit{-fast-alle } a \in X^{gz}.$$

Beweis. Nach dem Ergodensatz von Birkhoff gilt für ergodische π

$$\hat{g}(a) \underset{(\pi)}{=} E(g) = h(X, \pi, \sigma),$$

damit folgt nach Satz 6.3 die Behauptung.

Satz 6.3 und Folgerung 6.4 stellen die erwähnte Verallgemeinerung des Satzes von McMillan-Breiman dar. Mit Hilfe der Folgerung 6.4 wird nachfolgend ein ähnliches Resultat für die Divergenz, die von Kullback (1959) eingeführt wurde, bewiesen. Dieser Satz wird zum Beweis der Konvergenz der B-Rate benutzt.

Seien $[X^{gz}, \mathfrak{X}, \pi]$ und $[X^{gz}, \mathfrak{X}, \sigma]$ stationäre Quellen, wobei σ auf den Zylindermengen positiv ist. Dann definieren wir als *Divergenz von* π *und* σ für $n \in \mathsf{nz}$

$$D(Z_1^n, \pi, \sigma) =_{\mathrm{Df}} H(Z_1^n, \pi, \sigma) - H(Z_1^n, \pi)$$
$$= \sum_{X^n} \pi^n(a[1,n]) \operatorname{ld} \frac{\pi^n(a[1, n])}{\sigma^n(a[1, n])},$$

wobei sich die Summation über alle $a[1, n] \in X^n$ erstreckt.

Ist nun zusätzlich σ k-Markowsch, $k \in \mathsf{Nz}$, dann existiert nach Satz 6.3 die B-Entropie pro Symbol $h(X, \pi, \sigma)$ und wegen der Stationarität die S-Entropie pro Symbol $h(X, \pi)$. Daher existiert die Divergenz pro Symbol

$$d(X, \pi, \sigma) = h(X, \pi, \sigma) - h(X, \pi).$$

Satz 6.6 (Pötschke (1974a)). *Wenn* $[X^{gz}, \mathfrak{X}, \pi]$ *eine ergodische Quelle ist und* $[X^{gz}, \mathfrak{X}, \sigma]$ *eine k-Markowsche Quelle, so daß* σ *stationär und positiv auf den Zylindermengen ist, dann gilt stets*

$$\pi\text{-}\lim_{n\to\infty} \frac{1}{n} \operatorname{ld} \frac{\pi^n(a[1, n])}{\sigma^n(a[1, n])} = d(X, \pi, \sigma).$$

Beweis. Die Voraussetzungen von Satz 6.5 sind erfüllt. Aus der fast sicheren Konvergenz folgt aber die stochastische, vgl. Abschnitt 2.2. Wegen der Ergodizität von π sind auch die Voraussetzungen des Satzes von McMillan-Breiman für die S-Entropie erfüllt. Somit gibt es zu jedem ε, $\varepsilon > 0$, und zu jedem δ, $\delta > 0$, ein $n(\varepsilon, \delta)$ derart, daß für alle $n \geqq n(\varepsilon, \delta)$ ein $A_n \subseteqq X^n$ und ein $B_n \subseteqq X^n$ existieren, so daß für alle $a \in X^{gz}$ mit $a[1, n] \in A_n$ gilt

$$\left|\frac{1}{n} \operatorname{ld} \pi^n(a[1, n]) + h(X, \pi)\right| < \frac{\varepsilon}{2}, \tag{6.3}$$

wobei $\pi^n(\overline{A}_n) < \frac{\delta}{2}$ ist, und für alle $a \in X^{gz}$ mit $a[1, n] \in B_n$ gilt

$$\left|\frac{1}{n} \operatorname{ld} \sigma^n(a[1, n]) + h(X, \pi, \sigma)\right| < \frac{\varepsilon}{2} \tag{6.4}$$

und $\pi^n(\overline{B}_n) < \frac{\delta}{2}$.

Also gilt für alle a mit $a[1, n] \in D_n =_{\mathrm{Df}} A_n \cap B_n$

$$\left|\frac{1}{n} \operatorname{ld} \frac{\pi^n(a[1,n])}{\sigma^n(a[1,n])} - d(X,\pi,\sigma)\right|$$

$$= \left|\frac{1}{n} \operatorname{ld} \pi^n(a[1,n]) + h(X,\pi) - \frac{1}{n} \operatorname{ld} \sigma^n(a[1,n]) - h(X,\pi,\sigma)\right|$$

$$\leqq \left|\frac{1}{n} \operatorname{ld} \pi^n(a[1,n]) + h(X,\pi)\right| + \left|-\frac{1}{n} \operatorname{ld} \sigma^n(a[1,n]) - h(X,\pi,\sigma)\right| \leqq \varepsilon$$

wegen der Ungleichungen (6.3) und (6.4). Außerdem gilt

$$\pi^n(\bar{D}_n) = \pi^n(\bar{A}_n \cup \bar{B}_n) \leqq \pi^n(\bar{A}_n) + \pi^n(\bar{B}_n) < \delta,$$

damit folgt die Behauptung.

6.1.3. B-Entropie und Konstruktion längenvariabler Codes bei unbekannter A-priori-Verteilung

Sei $Q = [X^{gz}, \mathfrak{X}, \pi]$ eine unabhängige stationäre Quelle und Y eine nichtleere Menge mit $|Y| = 2$. γ sei eine Funktion von X in $W(Y)$ und $\gamma^*: W(X) \to W(Y)$ die Fortsetzung von γ auf $W(X)$, d.h. $\gamma^*(e) =_{\mathrm{Df}} e$ und

$$\gamma^*(x_1 \ldots x_n) =_{\mathrm{Df}} \gamma(x_1) \ldots \gamma(x_n) \text{ für } x_1, \ldots, x_n \in X,\ n \in \mathbf{nz}.$$

γ wird als (*kombinatorische*) *Codierung* von X mittels Y bezeichnet.

Definition 6.1. Eine Codierung heißt *eindeutig decodierbar* (e.d.) genau dann, wenn
1. γ eindeutig umkehrbar ist und
2. $W(\gamma(X))$ eine freie Unterhalbgruppe von $W(Y)$ mit $\gamma(X)$ (der Menge aller Codewörter von $x \in X$) als freies Erzeugendensystem ist, d.h., die Elemente von $W(\gamma(X))$ sind eindeutig durch Elemente von $\gamma(X)$ darstellbar.

Sei

$$\mathrm{CAW}(\gamma^*, \pi^n) =_{\mathrm{Df}} \sum_{p \in X^n} \pi^n(p)\, |\gamma^*(p)| \tag{6.5}$$

der mittlere Codieraufwand von γ bezüglich π, wobei $|q|$ die Länge des Wortes q bezeichnet. Beschränkt man sich auf die Klassen der eindeutig decodierbaren Codierungen γ, so kann der Codieraufwand für festes π nicht beliebig klein gehalten werden, es gilt bekanntlich, vgl. Kapitel 1,

$$\mathrm{CAW}(\gamma^*, \pi^n) \geqq H(Z_1^n, \pi^n), \tag{6.6}$$

wobei $H(Z_1^n, \pi^n)$ die S-Entropie für $[X^n, \pi^n]$ ist. Die Gleichheit kann in (6.6) genau dann erreicht werden, wenn die Quelle *N-darstellbar* ist, vgl. Pötschke (1975).

Nach dem Shannon-Algorithmus wählt man die Längen $l(p)$ der Codewörter von $p \in X^n$, so, daß

$$-\operatorname{ld} \pi^n(p) \leqq l(p) < -\operatorname{ld} \pi^n(p) + 1 \tag{6.7}$$

gilt. Die linke Seite der Ungleichung impliziert

$$\sum_{p \in X^n} 2^{-l(p)} \leqq 1,$$

daher existiert nach dem Lemma von FANO-KRAFT eine auf X^n eindeutig decodierbare Codierung γ_n mit $|\gamma_n(p)| = l(p)$. Aus (6.7) folgt

$$H(Z_1, \pi^1) \leqq \frac{1}{n} \mathrm{CAW}(\gamma_n, \pi^n) < H(Z_1, \pi^1) + \frac{1}{n}, \tag{6.8}$$

so daß die S-Entropie eine untere Schranke für den minimalen mittleren Codieraufwand der Quelle bezüglich der Klasse der eindeutig decodierbaren Codierungen darstellt, der man für hinreichend große n beliebig nahe kommen kann.

Allerdings liefert der Shannon-Algorithmus (6.7) nicht immer optimale Codierungen, für die der mittlere Codieraufwand minimal ist, dies leistet jedoch der bekannte Huffman-Algorithmus, vgl. Kapitel 1.

Sei nun dem Coder die wahre Verteilung π der Quelle nicht bekannt, er verfüge aber über die Hypothese σ. In diesem Fall entsteht die Frage, wie groß der Codieraufwand bei Anwendung der bekannten Algorithmen von SHANNON und HUFFMAN auf σ wird.

Wenden wir den Shannon-Algorithmus auf σ, die Hypothese, an, so gilt

$$-\mathrm{ld}\, \sigma^n(p) \leqq l(p) < -\mathrm{ld}\, \sigma^n(p) + 1,$$

und nach dem Lemma von FANO-KRAFT existiert eine auf X^n eindeutig decodierbare Codierung mit $|\gamma_n(p)| = l(p)$ und

$$H(Z_1^n, \pi^n, \sigma^n) \leqq \mathrm{CAW}(\gamma_n, \pi^n) < H(Z_1^n, \pi^n, \sigma^n) + 1. \tag{6.9}$$

Wegen der Additivität der B-Entropie folgt

Satz 6.7. *Seien π und σ unabhängige und stationäre Wahrscheinlichkeitsmaße auf $[X^{\mathfrak{Z}}, \mathfrak{X}]$ dann existiert zu jedem $n \geqq 1$ eine eindeutig decodierbare Codierung γ_n mit*

$$h(X, \pi, \sigma) \leqq \frac{1}{n} \mathrm{CAW}(\gamma_n, \pi^n) < h(X, \pi, \sigma) + \frac{1}{n}. \tag{6.10}$$

Es ist anzumerken, daß γ_n unabhängig von π^n gewählt wurde. Mit Hilfe des Shannon-Algorithmus kann also ein eindeutig decodierbarer Code γ_n konstruiert werden, dessen mittlere Codewortlänge für hinreichend große n beliebig nahe bei der B-Entropie von π und σ liegt. Wegen der Unbeschränktheit der B-Entropie ist aber in gewissen Fällen die Anwendung des Shannon-Algorithmus unzweckmäßig. Existiert z.B. ein $p \in X^n$ mit

$$-\pi^n(p)\, \mathrm{ld}\, \sigma^n(p) > 2 + \mathrm{ld}\, |X|,$$

dann hat jeder Blockcode der Länge $[\mathrm{ld}\, |X|] + 1$ einen kleineren mittleren Codieraufwand (wobei $[a]$ den ganzen Teil von a bezeichnet) als der durch Anwendung des Shannon-Algorithmus erzielte Codieraufwand.

Es ist zu erwarten, daß bei weiterer Kenntnis über den Zusammenhang zwischen π und σ bessere Abschätzungen für den Codieraufwand angegeben werden können. Dies soll in einem Fall gezeigt werden.

Für ein Wahrscheinlichkeitsmaß α über X mit $M = |X| > 2$ formulieren wir

Bedingung A. Es gilt $\alpha(x_1) \geqq \alpha(x_2) \geqq \ldots \geqq \alpha(x_M)$ für M und $\alpha(x_1) \geqq \alpha(x_{M-1}) + \alpha(x_M)$.

Dann gilt der folgende

Satz 6.8. (PÖTSCHKE (1977a)). *Wenn π und σ als Wahrscheinlichkeitsmaße über X die Bedingung A erfüllen, dann gilt für die mit Hilfe des Huffmanschen Algorithmus aus π und σ erzeugten Codes γ_π und γ_σ*

$$\mathrm{CAW}(\gamma, \pi) = \mathrm{CAW}(\gamma_\sigma, \pi) =]\mathrm{ld}\, M[- \sum_{i=1}^{s} \pi(x_i),$$

wobei $s = -M + \exp_2]\mathrm{ld}\, M[$ ist, und $]c[$ ist die kleinste ganze Zahl, die größer oder gleich c ist.

Beweis. Erfüllt ein Wahrscheinlichkeitsmaß über X die Bedingung A, so gilt für jeden bezüglich α optimalen eindeutig decodierbaren Code γ

$$\mathrm{CAW}(\gamma, \alpha) = \sum_{i=1}^{s} \alpha(x_i)\,(]\mathrm{ld}\, M[- 1) + \sum_{i=s+1}^{M} \alpha(x_i)\,(]\mathrm{ld}\, M[)$$

mit $s = -M + \exp_2]\mathrm{ld}\, M[$.

Der Huffman-Algorithmus auf α angewendet liefert einen bezüglich α optimalen Code. Wenn man also auf ein α, das der Bedingung A genügt, den Huffman-Algorithmus anwendet, so besitzen die Codewörter des resultierenden Codes die Längen

$$\begin{aligned} &l(x_1) = l(x_2) = \ldots = l(x_s) =]\mathrm{ld}\, M[- 1 \text{ für } s = -M + \exp_2]\mathrm{ld}\, M[\\ &\text{und } l(x_{s+1}) = \ldots = l(x_M) =]\mathrm{ld}\, M[. \end{aligned} \tag{6.11}$$

Nach Voraussetzung erfüllen π und σ die Bedingung A, demzufolge genügen die Codewortlängen der Codes γ_π und γ_σ, die bei der Anwendung des Algorithmus von Huffman auf π und auf σ entstehen, den Gleichungen in (6.11). Somit erhalten wir

$$\mathrm{CAW}(\gamma_\pi, \pi) = \sum_{i=1}^{s} \pi(x_i)\,(]\mathrm{ld}\, M[- 1) + \sum_{i=s+1}^{M} \pi(x_i)\,]\mathrm{ld}\, M[= \mathrm{CAW}(\gamma_\sigma, \pi), \tag{6.12}$$

wobei s oben definiert wurde. Aus (6.12) folgt dann die Behauptung. □

Somit ergibt sich bei Anwendung des Algorithmus von Huffman auf π und σ in diesem Fall derselbe mit π gemittelte, also tatsächlich auftretenden Codieraufwand. Anders ausgedrückt: Trotz ungenauer Kenntnis der wahren Verteilung ergibt sich aus σ ein optimaler Code. Man kann nun verschiedene Hypothesen darüber aufstellen, wie sich die Zusammenhänge entwickeln, wenn eine *starke Approximation* erfolgt, vgl. Pötschke (1977a), Rehme (1958).

Das folgende Beispiel zeigt, daß eine gute Approximation im Sinne des Kolmogoroffschen Variationsabstands der Hypothese σ an die wahre Verteilung π nicht hinreichend dafür ist, daß sich derselbe Codieraufwand ergibt.

Beispiel.

	π	σ	σ'
x_1	0,35	0,30	0,35
x_2	0,29	0,29	0,31
x_3	0,20	0,28	0,18
x_4	0,16	0,13	0,16

Für den Variationsabstand gilt

$$\|\pi - \sigma\| = 0{,}16, \quad \|\pi - \sigma'\| = 0{,}04.$$

Wegen Satz 6.8 gilt

$$\mathrm{CAW}(\gamma_\pi, \pi) = \mathrm{CAW}(\gamma_\sigma, \pi) = 2{,}0,$$

da π und σ die Bedingung A erfüllen.

Um die Codewortlängen für σ' zu bestimmen, wenden wir den Algorithmus von Huffman an:

0,35	1	0,35	1	0,65	0
0,31	01	0,34	00	0,35	1
0,18	000	0,31	01		
0,16	0001				

Daraus ergibt sich

$$\mathrm{CAW}(\gamma_{\sigma'}, \pi) = 0{,}35 + 0{,}58 + 0{,}6 + 0{,}48 = 2{,}01.$$

Obwohl die Hypothese σ' im Sinne des Variationsabstands wesentlich näher bei der wahren Verteilung liegt als σ, ergibt sich bei der Anwendung des Algorithmus von HUFFMAN auf σ derselbe Codieraufwand wie bei π, aber für σ' ein höherer.

Das liegt daran, daß die Menge der Wahrscheinlichkeitsmaße für festes M in endlich viele Klassen eingeteilt wird, die z.B. durch den Algorithmus von HUFFMAN verschiedenen „optimalen" Codebäumen zugeordnet werden. Der Begriff des optimalen Codebaumes ist in Kapitel 1 als regulärer Suchcode präzisiert. Man kann zeigen, daß für kleine M ($M \leqq 8$) diese Klasseneinteilungen durch Systeme von Ungleichungen des Typs „Bedingung A" charakterisiert werden können. Es gibt z.B. für $M = 5$ nur 3 nichtisomorphe Codebäume, denen alle Quellen mit $M = 5$ zugeordnet werden.

Wir könnten noch verschiedene zu Satz 6.8 analoge Resultate angeben. Der allgemeine Fall ist aber noch offen, d.h., man kann bisher noch nicht ohne Durchführung des Algorithmus von HUFFMAN angeben, inwieweit sich die Werte des Codieraufwands für verschiedene Verteilungen unterscheiden. Somit kann das oben behandelte Problem der Differenz des Codieraufwands auf das Problem der Ermittlung einer expliziten Formel für den Codieraufwand eines optimalen Codes zurückgeführt werden. (6.12) ist ein Beispiel für eine derartige explizite Formel. Im Abschnitt 1.2 (Satz 1.8) wurde das Problem der expliziten Formeln bereits behandelt.

Es gibt eine Reihe von Ergebnissen, die für spezielle Verteilungen eine explizite Formel für den minimalen Codieraufwand angeben, z.B. KISLIZYN (1965). Diese stellen zugleich Lösungen eines grundlegenden Problems der Theorie der Fragebogen dar. Bekanntlich kann man mit Hilfe des Algorithmus von HUFFMAN optimale homogene Büschelfragenbogen konstruieren, PICARD (1973). Die Frage nach der mittleren Weglänge eines optimalen homogenen Büschelfragebogens beantwortet PICARD (1973, S. 51) für den Fall der Gleichverteilung über den Senken (dieses Problem wurde schon im Jahre 1961 von SANDELIUS gelöst). In diesem Sinne ist die mittlere Weglänge für einen optimalen Büschelfragenbogen durch (6.12) bestimmt, wenn dessen Wahrscheinlichheiten in den Senken der Bedingung A genügen. Satz 6.8 kann im Sinne der Fragebogentheorie interpretiert werden, wenn nicht die Verteilung, wohl aber eine Hypothese darüber bekannt ist.

Es sei noch darauf hingewiesen, daß die Formel (6.12) die Konstruktion eines bezüglich π optimalen Codes bzw. homogenen Büschelfragebogens gestattet, ohne den Algorithmus von HUFFMAN zu benutzen, wenn die Bedingung A erfüllt ist.

6.1.4. Die B-Rate als Verallgemeinerung der S-Rate

In diesem Abschnitt soll das asymptotische Verhalten einer Verallgemeinerung der Shannon-Rate (kurz S-Rate) untersucht werden.

Sei $[X^{\mathfrak{gz}}, \mathfrak{X}, \pi]$ eine stationäre Quelle und $s = (s_n)_{n \in \mathsf{nz}}$ eine Familie von endlichen Maßen in X^n, die auf Z_1^n, $n \in \mathsf{nz}$, positiv sind. Wenn die s_n, $n \in \mathsf{nz}$, Wahrscheinlichkeitsmaße sind, so wird man die Projektivität der Familie s fordern, um mit Hilfe des Satzes von KOLMOGOROW die Existenz von genau einem verträglichen Wahrscheinlichkeitsmaß auf $\mathfrak{X}$ zu erhalten, vgl. BAUER (1974, S. 347). Für $\varepsilon > 0$ und $n \in \mathsf{nz}$ definieren wir

$$B^{\pi,s}(n, \varepsilon) =_{\mathrm{Df}} \min \left\{ \sum_{p \in E} \frac{\pi^n(p)}{s_n(p)} \,\middle|\, E \subseteq X^n \wedge \pi^n(\overline{E}) \leqq \varepsilon \right\}.$$

$B^{\pi,s}(n, \varepsilon)$ bezeichnen wir als *B-Rate* von π und s. Setzen wir nun $s_n = \pi^n$ für $n \in \mathsf{nz}$, so ergibt sich als Spezialfall

$$B^{\pi,s}(n, \varepsilon) = S^\pi(n, \varepsilon) = \min \{|E| \mid E \subsetneqq X^n \wedge \pi^n(\overline{E}) \leqq \varepsilon\},$$

die bereits oben studierte *Shannon-Rate*, SHANNON (1948), die beim Beweis von Codierungssätzen für stationäre nicht notwendig ergodische Quellen benutzt wurde, vgl. Kapitel 3. Dort wurde gezeigt, daß im nichtergodischen Fall der Satz über die S-Rate an die Stelle des Satzes von MCMILLAN tritt.

Man kann ld $S^\pi(n, \varepsilon)$ als die maximale Anzahl von bits interpretieren, die benötigt werden, um dasjenige Wort $p \in E$ zu identifizieren, das die Quelle gesendet hat, wenn man eine niedrigwahrscheinliche Menge $\overline{E}$ mit $\pi^n(\overline{E}) \leqq \varepsilon$ vernachlässigt. $\frac{1}{n}$ ld $S^\pi(n, \varepsilon)$ ist dann die Anzahl von bits pro Symbol. Für die S-Rate gilt der folgende Satz.

Satz 6.9 (Theorem 4 in SHANNON (1949)). *Wenn $Q = [X^{gz}, \mathfrak{X}, \pi]$ eine ergodische 1-Markowsche Quelle ist, so gilt für jedes ε, $0 < \varepsilon < 1$,*

$$\lim_{n\to\infty} \frac{1}{n} \text{ld } S^\pi(n, \varepsilon) = h(X, \pi).$$

Diese Behauptung gilt auch für ergodische Quellen, und im stationären Fall kann man ein Analogon beweisen, vgl. Kapitel 3.

Ein anderer Spezialfall der B-Rate liegt bei $s_n = \sigma^n$, $n \in \mathsf{nz}$, vor, wobei σ^n die projizierten Wahrscheinlichkeitsmaße eines stationären Wahrscheinlichkeitsmaßes sind. In diesem Fall ist die B-Rate von der Form

$$B^{\pi,s}(n, \varepsilon) = \min \left\{ \sum_{p\in E} \frac{\pi^n(p)}{\sigma^n(p)} \,\middle|\, E \subsetneqq X^n \wedge \pi^n(\overline{E}) \leqq \varepsilon \right\}.$$

Der nachfolgende Satz gibt eine hinreichende Bedingung dafür an, daß die B-Rate in diesem Fall exponentiell gegen die B-Entropie konvergiert.

Satz 6.10 (PÖTSCHKE (1974a)). *Sei $[X^{gz}, \mathfrak{X}, \pi]$ eine ergodische Quelle und σ ein k-Markowsches stationäres Wahrscheinlichkeitsmaß auf $[X^{gz}, \mathfrak{X}]$, $k \geqq 0$. Für jedes ε, $0 < \varepsilon < 1$, gilt dann*

$$\lim_{n\to\infty} \frac{1}{n} \text{ld } B^{\pi,s}(n, \varepsilon) = h(X, \pi, \sigma).$$

B e w e i s. Da die fast sichere Konvergenz die stochastische Konvergenz impliziert, gilt wegen Folgerung 6.5 für X^{gz}

$$\pi\text{-}\lim_{n\to\infty} -\frac{1}{n} \text{ld } \sigma^n(a[1, n]) = h(X, \pi, \sigma).$$

Somit existiert zu jedem ε, $0 < \varepsilon < 1$, und zu jedem δ, $\delta > 0$, ein $n_0(\varepsilon, \delta)$, so daß es für alle $n \geqq n_0(\varepsilon, \delta)$ ein $W_n \subsetneqq X^n$ gibt mit

a) wenn $p \in W_n$, dann gilt $\left|\frac{1}{n} \text{ld } \sigma^n(p) + h(X, \pi, \sigma)\right| < \frac{\delta}{2}$ und

b) $\pi^n(W_n) \geqq 1 - \varepsilon$. (6.13)

Für $p \in W_n$ gilt also

$$\exp -n\left(h(X, \pi, \sigma) + \frac{\delta}{2}\right) < \sigma^n(p) < \exp - n\left(h(X, \pi, \sigma) - \frac{\delta}{2}\right). \tag{6.14}$$

Aus der linken Seite der Ungleichung folgt

$$\frac{\pi^n(p)}{\sigma^n(p)} < \pi^n(p) \exp\left[n\left(h(X, \pi, \sigma) + \frac{\delta}{2}\right)\right],$$

also

$$B^{\pi,s}(n, \varepsilon) = \min\left\{\sum_{p\in E} \frac{\pi^n(p)}{\delta^n(p)} \,\middle|\, E \subseteq X^n \wedge \pi^n(\bar{E}) \leqq \varepsilon\right\}$$

$$\leqq \sum_{p\in W_n} \frac{\pi^n(p)}{\sigma^n(p)} < \sum_{p\in W_n} \pi^n(p) \exp\left[n\left(h(X, \pi, \sigma) + \frac{\delta}{2}\right)\right]$$

$$\leqq \exp\left[n\left(h(X, \pi, \sigma) + \frac{\delta}{2}\right)\right].$$

Damit ergibt sich

$$B^{\pi,s}(n, \varepsilon) \leqq \exp\left[n(h(X, \pi, \sigma) + \delta)\right]. \tag{6.15}$$

Für $E \subset X^n$ ergibt sich aus der rechten Seite von (6.14)

$$\sum_{p\in E} \frac{\pi^n(p)}{\sigma^n(p)} \geqq \sum_{p\in E\cap W_n} \frac{\pi^n(p)}{\sigma^n(p)} > \sum_{p\in E\cap W_n} \pi^n(p) \exp\left[n\left(h(X, \pi, \sigma) - \frac{\delta}{2}\right)\right]$$

$$= \pi^n(E \cap W_n) \exp\left[n\left(h(X, \pi, \sigma) - \frac{\delta}{2}\right)\right].$$

Wenn auch $\pi^n(E) \geqq 1 - \varepsilon$ ist, dann gilt $\pi^n(E \cap W_n) \geqq 1 - 2\varepsilon$ wegen (6.13), und wir erhalten

$$B^{\pi,s}(n, \varepsilon) \geqq \exp\left[n\left(h(X, \pi, \sigma) - \frac{\delta}{2}\right)\right](1 - 2\varepsilon),$$

denn es gilt

$$\pi^n(E \cap W_n) = 1 - \pi^n(\overline{E \cap W_n}) = 1 - \pi^n(\bar{E} \cup \overline{W_n})$$

$$\geqq 1 - \pi^n(\bar{E}) - \pi^n(\overline{W_n}) \geqq 1 - \varepsilon - \varepsilon = 1 - 2\varepsilon.$$

Sei nun $n_1(\varepsilon, \delta) \geqq \max\left\{n_0(\varepsilon, \delta), \frac{2}{\delta} \operatorname{ld} \frac{1}{1 - 2\varepsilon}\right\}$, dann gilt für $n \geqq n_1(\varepsilon, \delta)$ wegen (6.15)

$$\exp\left[n(h(X, \pi, \sigma) - \delta)\right] \leqq B^{\pi,s}(n, \varepsilon) \leqq \exp\left[n(h(X, \pi, \sigma) + \delta)\right]$$

also $\lim\limits_{n\to\infty} \frac{1}{n} \operatorname{ld} B^{\pi,s}(n, \varepsilon) = h(X, \pi, \sigma)$, □

Satz 6.10 besagt, daß unter den obigen Voraussetzungen die B-Rate pro Symbol gegen die Bongard-Entropie pro Symbol konvergiert. Dies ist also ein Analogon zu Theorem 4 von SHANNON (1948) für die B-Entropie, vgl. ŠUJAN (1980 b).

Man kann zeigen, daß die B-Rate für eine andere Familie von Maßen s exponentiell gegen die Divergenz konvergiert. Dieser Sachverhalt besitzt eine unmittelbare statistische Interpretation: Diese spezielle B-Rate stellt in der Neymann-Pearsonschen Testtheorie gerade den minimalen Fehler 2. Art bei vorgegebenem Signifikanzniveau dar, und es wird somit eine Aussage über das asymptotische Verhalten dieser Fehlerwahrscheinlichkeit getroffen, siehe PÖTSCHKE (1974a).

6.2. P-Entropie und P-Information

In diesem Abschnitt geben wir eine Charakterisierung der P-Entropie mit Hilfe eines endlichen Systems von Funktionalgleichungen, durch die die P-Entropie bis auf eine Konstante eindeutig bestimmt ist.

Dann werden die P-Entropie und P-Information als Verallgemeinerungen der Shannon-Entropie und -Information definiert und naheliegende Eigenschaften angegeben.

Bemerkenswert ist, daß für die P-Entropie die Shannonsche Ungleichung

$$H_Y(X) \leqq H(X)$$

im allgemeinen nicht erfüllt ist. Die entsprechende P-Information ist daher im Gegensatz zur Shannonschen Information negativer Werte fähig.

Die P-Entropie stellt eine Verallgemeinerung der im Abschnitt 6.1 untersuchten B-Entropie dar, bei der zusätzlich die Werte (Nützlichkeit) der Nachrichten berücksichtigt werden. Bisher gelang es nicht, Analoga etwa zum Satz von McMillan herzuleiten, was vor allem, etwa im Gegensatz zur B-Entropie, an der Nichtadditivität der P-Entropie liegt. Andererseits ist das Problem der Übertragung von Nachrichten über gestörte Kanäle unter Berücksichtigung der Nützlichkeit der Nachrichten von grundlegender Wichtigkeit, bisher aber in der Theorie wenig behandelt. Der duale Standpunkt, die Übertragung von Nachrichten unter Berücksichtigung des Verlustes, der bei der Übertragung entsteht, wird in der Distorsionstheorie vertreten, vgl. Kapitel 4.

6.2.1. Ein Eindeutigkeitssatz für die P-Entropie

Das Problem der axiomatischen Untersuchungen in der Informationstheorie besteht in der Bestimmung eines Systems von Funktionalgleichungen für eine Funktion, die als Maß für die Unbestimmtheit in einer vorgegebenen Situation angesehen werden kann. Dabei wird man an solchen Funktionalgleichungen interessiert sein, die einerseits inhaltlich naheliegend und vernünftig sind und andererseits von möglichst einfacher Form (auch und vor allem in mathematischer Hinsicht) sind. Eine derartige Charakterisierung ist von Chintschin (1953) und von Faddejew (1956) für die Shannon-Entropie bei vollständigen Wahrscheinlichkeitsmaßen gegeben worden. Eine sehr elegante und allgemeine Charakterisierung der S-Entropie wird in Satz 2.20 angegeben, der auch als *Eindeutigkeitssatz für die S-Entropie* bezeichnet wird. In dem Abschnitt 2.4 findet der Leser auch eine Übersicht über weitere Charakterisierungen der S-Entropie durch Systeme von Funktionalgleichungen. Daróczy (1963) hat die Shannon-Entropie und die Entropien der Ordnung α für unvollständige Verteilungen axiomatisch charakterisiert, Áczel und Daróczy (1975) lösten dieses Problem für vollständige Verteilungen und $\alpha > 0$, $\alpha \neq 1$. Mathematisch gesehen handelt es sich um die implizite Bestimmung einer Entropiefunktion, wie etwa die Logarithmus-Funktion (bis auf eine Konstante) die einzige stetige Lösung der Cauchyschen Funktionalgleichung $f(xy) = f(x) + f(y)$, $x, y > 0$, darstellt, vgl. auch Abschnitt 2.4.

Der folgende Eindeutigkeitssatz für die P-Entropie enthält die Funktionalgleichungen von Guiaşu (1971) für die G-Entropie und die von Faddejew (1956) für die S-Entropie als Spezialfall. Es wäre interessant zu wissen, ob für die P-Entropie eine zu Satz 2.20 analoge allgemeine Charakterisierung möglich ist. Zuvor wollen wir jedoch eine Erweiterung des Definitionsbereichs der P-Entropie für den Fall vornehmen, daß π und σ beliebige Wahrscheinlichkeitsmaße über X sind, aber π bezüglich σ totalstetig ist. Dazu wird $0 \log 0 = 0$ gesetzt. Man weist leicht nach, daß die P-Entropie folgende Eigenschaften besitzt:

(1) Es gilt

$$\lim_{n\to\infty} H^2\left(\frac{1}{n}, \frac{n-1}{n}; 0, w; \frac{1}{n}, \frac{n-1}{n}\right) = H^2(0, 1; 0, w; 0, 1),$$

und $H^2(p_1, p_2; w_1, w_2; q_1, q_2)$ ist stetig in $q_1, q_2 > 0$.

(2) $H^n(p_1, \ldots, p_n; w_1, \ldots, w_n; q_1, \ldots, q_n)$ ist symmetrisch in (p_i, w_i, q_i), $i = 1, \ldots, n$; $n > 1$.

(3) Wenn $w_n = \frac{1}{p_n}(p'w' + p''w'')$ mit $p' + p'' = p_n \neq 0$ und $q' + q'' = q_n \neq 0$ ist, so gilt für $n > 1$

$$H^{n+1}(p_1, \ldots, p_{n-1}, p', p''; w_1, \ldots, w_{n-1}, w', w''; q_1, \ldots, q_{n-1}, q', q'')$$
$$= H^n(p_1, \ldots, p_n; w_1, \ldots, w_n; q_1, \ldots, q_n) + p_n H^2\left(\frac{p'}{p_n}, \frac{p''}{p_n}; w', w''; \frac{q'}{q_n}, \frac{q''}{q_n}\right).$$

(4) Wenn $q_i = \frac{1}{n}$ für alle $i = 1, \ldots, n$ ist, dann existiert eine nichtnegative Funktion $F(n)$ mit

$$H^n\left(p_1, \ldots, p_n; w_1, \ldots, w_n; \frac{1}{n}, \ldots, \frac{1}{n}\right) = F(n)\left(\sum_{i=1}^{n} p_i w_i\right)$$

für $n > 1$.

Die Interpretation von (1) und (2) ist klar. Nach (4) hängt die P-Entropie bei fester Anzahl n der Versuchsausgänge und Gleichverteilung als Hypothese nur vom Erwartungswert der Werte w ab.

(3) kann folgendermaßen als „Verzweigungseigenschaft" interpretiert werden, vgl. FADDEJEW (1956). Ein Versuch A habe die Ausgänge $A_1, \ldots, A_n$, die mit den Wahrscheinlichkeiten $p_1, \ldots, p_n$ auftreten. Ein Experimentator habe die Hypothese $q_1, \ldots, q_n$ und ordne den Ausgängen die Werte $w_1, \ldots, w_n$ zu. Findet nun eine Aufspaltung oder Verzweigung des Ausgangs A_n in die Ausgänge A' und A'' mit p' und p'' als Auftretenswahrscheinlichkeiten statt, so möge dem die Hypothese (q', q'') des Experimentators entsprechen, wobei $p' + p'' = p_n$ und $q' + q'' = q_n$ ist. Läßt sich nun der Wert w_n als Erwartungswert von w' und w'' (den A' und A'' entsprechenden Werten) auffassen, d.h., gilt

$$w_n = \frac{p'w' + p''w''}{p_n},$$

so verhält sich die P-Entropie additiv in dem Sinne, daß sich die P-Entropie des verzweigten Versuchs von der des unverzweigten Versuchs um die P-Entropie der Verzweigung unterscheidet. Da die Verzweigung mit der Wahrscheinlichkeit p_n auftritt, wird mit p_n gemittelt.

Andererseits charakterisieren die Eigenschaften (1) bis (4) die P-Entropie bereits, d.h., es gilt Satz 6.11.

Satz 6.11 (PÖTSCHKE (1975, 1977a)). *Wenn eine Schar von Funktionen $H^n(p_1, \ldots, p_n; q_1, \ldots, q_n; w_1, \ldots, w_n)$ für $n > 1$, $0 \leqq p_i \leqq 1$, $0 \leqq q_i \leqq 1$ und $w_i \geqq 0$ mit der Bedingung, wenn $q_j = 0$ ist, dann ist $p_j = 0$, $j = 1, \ldots, n$, für alle $i = 1, \ldots, n$, das System von Funktionalgleichungen* (1) *bis* (4) *erfüllt, so gilt*

$$H^n(p_1, \ldots, p_n; w_1, \ldots, w_n; q_1, \ldots, q_n) = -c \sum_{i=1}^{n} p_i w_i \operatorname{ld} q_i, \tag{6.16}$$

wobei c eine beliebige positive Konstante ist.

Beweis. Wir führen den Beweis in mehreren Schritten.

a) Wegen (3) gilt

$$H^3\left(\frac{1}{2}, \frac{1}{2}, 0; w_1, w_2, w_3; \frac{1}{2}, \frac{1}{2}, 0\right)$$
$$= H^2\left(\frac{1}{2}, \frac{1}{2}; w_1, w_2; \frac{1}{2}, \frac{1}{2}\right) + \frac{1}{2} H^2(1, 0; w_2, w_3; 1, 0).$$

Andererseits gilt wegen (2) und (3)

$$H^3\left(\frac{1}{2},\frac{1}{2},0;w_1,w_2;\frac{1}{2},\frac{1}{2},0\right)=H^3\left(0,\frac{1}{2},\frac{1}{2};w_3,w_1,w_2;0,\frac{1}{2},\frac{1}{2}\right)$$

$$=H^2\left(0,1;w_3,\frac{1}{2}(w_1+w_2);0,1\right)+H^2\left(\frac{1}{2},\frac{1}{2};w_1,w_2;\frac{1}{2},\frac{1}{2}\right),$$

daher

$$H^2(1,0;w_2,w_3;1,0)=2H^2\left(0,1;w_3,\frac{1}{2}(w_1+w_2);0,1\right)$$

$$=2H^2\left(1,0;\frac{1}{2}(w_1+w_2),w_3;1,0\right).$$

Sei $w_1 = w_2$, so erhält man

$$H^2(1,0;w_2,w_3;1,0)=2H^2(1,0;w_2,w_3;1,0)\text{ und }H^2(1,0;w_2,w_3;1,0)=0. \tag{6.17}$$

b) Es gilt

$$H^{n+m-1}(p_1,\ldots,p_{n-1},p_1',\ldots,p_m';w_1,\ldots,w_{n-1},w_1',\ldots,w_m';q_1,\ldots,q_{n-1},q_1',\ldots,q_m')$$

$$=H^n(p_1,\ldots,p_n;w_1,\ldots,w_n;q_1,\ldots,q_n)$$

$$+p_nH^m\left(\frac{p_1'}{p_n},\ldots,\frac{p_m'}{p_n};w_1',\ldots,w_m';\frac{q_1'}{q_n},\ldots,\frac{q_m'}{q_n}\right), \tag{6.18}$$

wenn $w_n=\frac{1}{p_n}\sum_{i=1}^{m}p_i'w_i'$, $p_n=p_1'+\ldots+p_m'>0$ und $q_n=q_1'+\ldots+q_m'>0$ ist. Der Beweis erfolgt durch Induktion über m. Sei $m = 2$, dann ist dies gerade Axiom (3). Angenommen (6.18) gilt für m, dann ist zu zeigen, daß (6.18) auch für $m + 1$ gilt. Wegen (3) und der Induktionsvoraussetzung gilt

$$H^{n+m}(p_1,\ldots,p_{n-1},p_1',\ldots,p_{m+1}';w_1,\ldots,w_{n-1},w_1',\ldots,w_{m+1}';$$
$$q_1,\ldots,q_{n-1},q_1',\ldots,q_{m+1}')$$
$$=H^{n+m-1}(p_1,\ldots,p_{n-1},p_1',\ldots,p_{m-1}',p'';w_1,\ldots,w_{n-1},w_1',\ldots,w_{m-1}',w'';$$
$$q_1,\ldots,q_{n-1},q_1',\ldots,q_{m-1}',q'')$$
$$\underbrace{+p''H^2\left(\frac{p_m'}{p''},\frac{p_{m+1}'}{p''};w_m',w_{m+1}';\frac{q_m'}{q''},\frac{q_{m+1}'}{q''}\right)}_{R}=(*)$$

wobei $w''=_{\mathrm{Df}}\frac{1}{p''}(p_m'w_m'+p_{m+1}'w_{m+1}'$ und $p''=_{\mathrm{Df}}p_m'+p_{m+1}'>0$, $q''=_{\mathrm{Df}}q_m'+q_{m+1}'>0$ gilt.

$$(*)=H^n(p_1,\ldots,p_n;w_1,\ldots,w_n;q_1,\ldots,q_n)$$

$$+p_nH^m\left(\frac{p_1'}{p_n},\ldots,\frac{p_{m-1}'}{p_n},\frac{p''}{p_n};w_1',\ldots,w_{m-1}',w'';\frac{q_1'}{q_n},\ldots,\frac{q_{m-1}'}{q_n},\frac{q''}{q_n}\right)+R=(**),$$

wobei wieder gesetzt wird

$$p_n=p_1'+\ldots+p_{m-1}'+p'',\quad q_n=q_1'+\ldots+q_{m-1}'+q'',$$

$$w_n=\frac{1}{p_n}\sum_{i=1}^{m-1}p_i'w_i'+p''w''.$$

Nun gilt aber wegen (3)

$$p_n H^m\left(\frac{p_1'}{p_n}, \ldots, \frac{p_{m-1}'}{p_n}, \frac{p''}{p_n}; w_1', \ldots, w_{m-1}', w''; \frac{q_1'}{q_n}, \ldots, \frac{q_{m-1}'}{q_n}, \frac{q''}{q_n}\right) + R$$

$$= p_n H^{m+1}\left(\frac{p_1'}{p_n}, \ldots, \frac{p_{m+1}'}{p_n}; w_1', \ldots, w_{m+1}'; \frac{q_1'}{q_n}, \ldots, \frac{q_{m+1}'}{q_n}\right),$$

daher ist

$$(**) = H^n(p_1, \ldots, p_n; w_1, \ldots, w_n; q_1, \ldots, q_n)$$
$$+ p_n H^{m+1}\left(\frac{p_1'}{p_n}, \ldots, \frac{p_{m+1}'}{p_n}; w_1', \ldots, w_{m+1}'; \frac{q_1'}{q_n}, \ldots, \frac{q_{m+1}'}{q_n}\right),$$

und damit gilt (6.18) für alle $m \geqq 2$.

c) Wir zeigen nun, daß

$$H^s(p_1, \ldots, p_r, 0, \ldots, 0; w_1, \ldots, w_s; q_1, \ldots, q_r; 0, \ldots, 0)$$
$$= H^r(p_1, \ldots, p_r; w_1, \ldots, w_r; q_1, \ldots, q_r) \tag{6.19}$$

für alle r, s mit $1 < r < s$ gilt. Für $n > 2$, $m > 1$ und $q_1', p_1' \neq 0$ gilt wegen (6.18)

$$H^{n+m-1}(p_1, \ldots, p_{n-1}, p_1', 0, \ldots, 0; w_1, \ldots, w_{n-1}, w_1', \ldots, w_m';$$
$$q_1, \ldots, q_{n-1}, q_1', 0, \ldots, 0)$$
$$= H^n(p_1, \ldots, p_{n-1}, p_1'; w_1, \ldots, w_{n-1}, w_1'; q_1, \ldots, q_{n-1}, q_1')$$
$$+ p_1' H^m(1, 0, \ldots, 0; w_1', w_2', \ldots, w_m'; 1, 0, \ldots, 0).$$

Es genügt daher zu zeigen, daß

$$H^k(0, \ldots, 0, 1; w_1, \ldots, w_k; 0, \ldots, 0, 1) = 0 \text{ für } k > 1 \tag{6.20}$$

ist. Der Beweis erfolgt durch Induktion über k. Für $k = 2$ ergibt sich die Behauptung aus (6.17). Sei nun in (6.18) $n = 2$, $m = k$, $q_i = p_i$ für $i = 1, 2$, $p_j' = q_j' = 0$ für $j = 1, \ldots, k-1$ und $p_k' = q_k' = 1$. Dann gilt wegen (6.18) und der Induktionsvoraussetzung

$$H^{k+1}(0, \ldots, 0, 1; w_1, \ldots, w_{k+1}; 0, \ldots, 0, 1)$$
$$= H^2(0, 1; w_2, w_{k+1}; 0, 1) + H^k(0, \ldots, 0, 1; w_2, \ldots, w_{k+1}; 0, \ldots, 0, 1) = 0,$$

woraus die Behauptung folgt.

d) Durch n-malige Anwendung von (6.18) ergibt sich

$$H^{m_1+\cdots+m_n}(p_{11}, \ldots, p_{1m_1}, \ldots, p_{nm_n}; w_{11}, \ldots, w_{nm_n}; q_{11}, \ldots, q_{nm_n})$$
$$= H^n(p_1, \ldots, p_n; w_1, \ldots, w_n; q_1, \ldots, q_n) \tag{6.21}$$
$$+ \sum_{i=1}^{n} p_i H^{m_i}\left(\frac{p_{i1}}{p_i}, \ldots, \frac{p_{im_i}}{p_i}; w_{i1}, \ldots, w_{im_i}; \frac{q_{i1}}{q_i}, \ldots, \frac{q_{im_i}}{q_i}\right)$$

für $p_i = p_{i1} + \cdots + p_{im_i} > 0$ $(i = 1, \ldots, n)$, $q_i = q_{i1} + \cdots + q_{im_i} > 0$ $(i = 1, \ldots, n)$ und

$$w_i = \frac{1}{p_i}(p_{i1}w_{i1} + \cdots + p_{im_i}w_{im_i}) \; (i = 1, \ldots, n).$$

e) Setzt man in (6.21) $m_i = m$, $p_{ij} = \frac{1}{mn} = q_{ij}$ für $i = 1, \ldots, n$ und $j = 1, \ldots, m$, so ergibt sich $p_i = \frac{1}{n} = q_i$ $(i = 1, \ldots, n)$ und

$$H^{nm}\left(\frac{1}{m \cdot n}, \ldots, \frac{1}{m \cdot n}; w_{11}, \ldots, w_{nm}; \frac{1}{m \cdot n}, \ldots, \frac{1}{mn}\right)$$

$$= H^n\left(\frac{1}{n}, \ldots, \frac{1}{n}; \frac{1}{m}(w_{11} + \ldots + w_{1m}), \ldots, \frac{1}{m}(w_{n1} + \ldots + w_{nm}); \frac{1}{n}, \ldots, \frac{1}{n}\right)$$

$$+ \sum_{i=1}^{n} \frac{1}{n} H^m\left(\frac{1}{m}, \ldots, \frac{1}{m}; w_{i1}, \ldots, w_{im}; \frac{1}{m}, \ldots, \frac{1}{m}\right).$$

Wegen (4) ist

$$F(mn)\frac{1}{m \cdot n}\sum_{i=1}^{n}\sum_{j=1}^{m} w_{ij} = F(n)\frac{1}{mn}\sum_{i=1}^{n}\sum_{j=1}^{m} w_{ij} + F(m)\frac{1}{nm}\sum_{i=1}^{n}\sum_{j=1}^{m} w_{ij}.$$

Wenn nun mindestens eines der w_{ij} $(i = 1, \ldots, n;\ j = 1, \ldots, m)$ positiv ist, erhält man

$$F(mn) = F(m) + F(n). \tag{6.22}$$

f) Wegen der Additivität (6.18) berechnet man

$$H^n\left(\frac{1}{n}, \ldots, \frac{1}{n}; w_1, \ldots, w_n; \frac{1}{n}, \ldots, \frac{1}{n}\right)$$

$$= H^2\left(\frac{1}{n}, \frac{n-1}{n}; w_1, \frac{1}{n}(w_2 + \ldots + w_n); \frac{1}{n}, \frac{n-1}{n}\right)$$

$$+ \frac{n-1}{n} H^{n-1}\left(\frac{1}{n-1}, \ldots, \frac{1}{n-1}; w_2, \ldots, w_n; \frac{1}{n-1}, \ldots, \frac{1}{n-1}\right)$$

und erhält mittels (4)

$$F(n)\frac{1}{n}\sum_{i=1}^{n} w_i = H^2\left(\frac{1}{n}, \frac{n-1}{n}; w_1, \frac{w_2 + \ldots + w_n}{n-1}; \frac{1}{n}, \frac{n-1}{n}\right)$$

$$+ \frac{n-1}{n} F(n-1)\frac{1}{n-1}\sum_{i=2}^{n} w_i.$$

Sei speziell $w_1 = 0$ gewählt, dann gilt

$$H^2\left(\frac{1}{n}, \frac{n-1}{n}; 0, \frac{1}{n-1}(w_2 + \ldots + w_n); \frac{1}{n}, \frac{n-1}{n}\right)$$

$$= \frac{1}{n}\sum_{i=2}^{n} w_i[F(n) - F(n-1)].$$

Wenn nun auch $w_2 = w_3 = \ldots = w_n = w > 0$ gilt, dann ist

$$H^2\left(\frac{1}{n}, \frac{n-1}{n}; 0, w; \frac{1}{n}, \frac{n-1}{n}\right) = w\,[F(n) - F(n-1)]\frac{n-1}{n}.$$

Wegen (1), (2) und (5) gilt dann

$$\lim_{n\to\infty} H^2\left(\frac{1}{n}, \frac{n-1}{n}; 0, w; \frac{1}{n}, \frac{n-1}{n}\right) = H^2(0, 1; 0, w; 0, 1) = 0$$

und somit

$$w \lim_{n\to\infty} \frac{n-1}{n} [F(n) - F(n-1)] = 0.$$

Dann gilt auch

$$a_n =_{\mathrm{Df}} F(n) - F(n-1) \to 0, \tag{6.23}$$

denn wegen (1) gilt

$$b_n = H^2\left(\frac{1}{n}, \frac{n-1}{n}; 0, w; \frac{1}{n} \; \frac{n-1}{n}\right) \to H^2(0, 1; 0, w; 0, 1) = 0$$

und $nb_n = wa_n(n-1)$, daher

$$a_n = \frac{b_n}{w} + \frac{b_n}{w(n-1)}.$$

Da (b_n) für $n \to \infty$ eine Nullfolge ist, folgt (6.23).

g) Wir benötigen das folgende Lemma von Erdös, siehe Rényi (1959).

Lemma: Sei $F: \mathbf{nz} \to \mathbf{R}^+$ eine nichtnegative Funktion, die auf der Menge der natürlichen Zahlen definiert ist. Wenn $F(mn) = F(m) + F(n)$, $m, n \in \mathbf{nz}$ und

$$\lim_{n\to\infty} [F(n) - F(n-1)] = 0$$

gilt, so ist $F(n) = c \log n$, wobei c eine positive Konstante ist.

Wegen (6.22) und (6.23) sind die Voraussetzungen des Lemmas von Erdös erfüllt, und es gilt

$$F(n) = c \log n, \quad c > 0, \text{ const.} \tag{6.24}$$

h) Sei in (9) $n = 2$, $m_1 = t$, $m_2 = k - t$, $k > t$, und $q_{ij} = \frac{1}{k}$ für $i = 1$ und $j = 1, \ldots, t$ bzw. $i = 2$ und $j = 1, \ldots, k - t$, dann ist

$$p_1 = \sum_{i=1}^{t} p_{1i}, \quad p_2 = \sum_{j=1}^{k-t} p_{2j}, \quad q_1 = \sum_{i=1}^{t} q_{1i} = \frac{t}{k},$$

$$q_2 = \sum_{i=1}^{k-t} q_{2i} = \frac{k-t}{k}, \quad w_1 = \frac{1}{p_1} \sum_{i=1}^{t} p_1 w_{1i}, \quad w_2 = \frac{1}{p_2} \sum_{i=1}^{k-t} p_{2i} w_{2i} \text{ und}$$

$$\begin{aligned} &H^k\left(p_{11}, \ldots, p_{1t}, p_{21}, \ldots, p_{2,k-t}; w_{11}, \ldots, w_{1t}, w_{2,k-t}; \frac{1}{k}, \ldots, \frac{1}{k}\right) \\ &= H^2(p_1, p_2; w_1, w_2; q_1, q_2) + p_1 H^t\left(\frac{p_{11}}{p_1}, \ldots, \frac{p_{1t}}{p_1}; w_{11}, \ldots, w_{1t}; \frac{1}{t}, \ldots, \frac{1}{t}\right) \\ &\quad + p_2 H^{k-t}\left(\frac{p_{21}}{p_2}, \ldots, \frac{p_{2,k-t}}{p_2}; w_{21}, \ldots, w_{2t}; \frac{1}{k-t}, \ldots, \frac{1}{k-t}\right). \end{aligned} \tag{6.25}$$

Andererseits gilt wegen (4) und (6.24)

$$\begin{aligned} &H^k\left(p_{11}, \ldots, p_{1t}, p_{21}, \ldots, p_{2,k-t}; w_{11}, \ldots, w_{1t}, w_{21}, \ldots, w_{2,k-t}; \frac{1}{k}, \ldots, \frac{1}{k}\right) \\ &= c \log k \left(\sum_{i=1}^{t} p_{1i} w_{1i} + \sum_{i=1}^{k-t} p_{2i} w_{2i}\right), \end{aligned}$$

$$H^t\left(\frac{p_{11}}{p_1}, \ldots, \frac{p_{1t}}{p_1}; w_{11}, \ldots, w_{1t}; \frac{1}{t}, \ldots, \frac{1}{t}\right) = c \log t \left(\sum_{i=1}^{t} \frac{p_{1i}}{p_1} w_{1t}\right)$$

und

$$H^{k-t}\left(\frac{p_{21}}{p_2}, \ldots, \frac{p_{2,k-t}}{p_2}; w_{21}, \ldots, w_{2t}; \frac{1}{k-t}, \ldots, \frac{1}{k-t}\right)$$

$$= c \log (k-t) \left(\sum_{i=1}^{k-t} \frac{p_{2i}}{p_2} w_{2i}\right).$$

Dies in (6.25) eingesetzt ergibt

$$H^2(p_1, p_2; w_1, w_2; q_1, q_2) = c\left(\sum_{i=1}^{t} p_{1i}w_{1i} + \sum_{i=1}^{k-t} p_{2i}w_{2i}\right) \log k$$

$$- c\left(\sum_{i=1}^{t} p_{1i}w_{1i}\right) \log t - c\left(\sum_{i=1}^{k-t} p_{2i}w_{2i}\right) \log (k-t)$$

$$= c\left(\sum_{i=1}^{t} p_{1i}w_{1i}\right) (\log k - \log t) + c\left(\sum_{i=1}^{k-t} p_{2i}w_{2i} (\log k - \log (k-t)\right)$$

$$= -cw_1p_1 \log \frac{t}{k} - cw_2p_2 \log \frac{k-t}{k} = -c(w_1p_1 \log q_1 + w_2p_2 \log q_2). \tag{6.26}$$

Damit ist die Gültigkeit der Behauptung für $n = 2$ und für *rationale* q_1 und q_2 bewiesen.

i) Durch vollständige Induktion wird nun noch die Gültigkeit von (6.16) für eine beliebige natürliche Zahl $n > 1$ gezeigt. Für $n = 2$ gilt (6.26) wegen der Stetigkeitsvoraussetzung (1) von H^2 auch für reelle Werte von $q_1, q_2 > 0$. Sei nun (6.16) für $n = k$ gültig, dann ist die Gültigkeit auch für $k + 1$ zu zeigen:

$$H^{k+1}(p, \ldots, p_{k+1}; w_1, \ldots, w_{k+1}; q_1, \ldots, q_{k+1})$$

$$= c \sum_{i=1}^{k-1} w_ip_i \log q_i - cw'p' \log q' - p'\left(cw_k \frac{p_k}{p'} \log \frac{q_k}{q'} + cw_{k+1} \frac{p_{k+1}}{p'} \log \frac{q_{k+1}}{q'}\right)$$

$$= -c \sum_{i=1}^{k+1} p_iw_i \log q,$$

wenn $p' = p_k + p_{k+1} > 0$, $q' = q_k + q_{k+1} > 0$ und $p' \circ w' = w_kp_k + w_{k+1}p_{k+1}$ gilt. Damit ist die Behauptung von Satz 6.11 bewiesen, denn wenn gewisse $q_i = 0$ sind, folgt die Behauptung aus (6.20) bzw. aus (6.19).

Aus den Axiomen (1) und (4) für die P-Entropie kann man als Spezialfälle entsprechende Axiome für die G-Entropie und für die S-Entropie erhalten, vgl. Faddejew (1956). Beispielsweise ergibt sich bei $w_1 = \ldots = w_n = 1$ und $p_i = q_i$ für $i = 1, \ldots, n$ für die S-Entropie die bekannte Verzweigungseigenschaft

$$H^{n+1}(p_1, \ldots, p_{n-1}, p', p'') = H(p_1, \ldots, p_n) + p_nH^2\left(\frac{p'}{p_n}, \frac{p''}{p}\right).$$

6.2.2. P-Entropie und P-Information

Sei X ein Alphabet und $[X, \pi]$ eine unabhängige, stationäre Quelle. Wenn Y ein weiteres Alphabet ist, so hatten wir jede Funktion $\varkappa: X \to \mathrm{WM}(Y)$ als (diskreten) Kanal mit dem Eingabealphabet X und dem Ausgabealphabet Y bezeichnet. Die Shannon-Information

$$I(Y, X) = H(X) - H_Y(X)$$

ist dann ein Maß für die *Information*, die ein Kanal über die Quelle im Mittel überträgt, vgl. Kapitel 2. Da diese Größe, auch als *Transinformation* bezeichnet, gegen einen Empfänger invariant ist, liegt diesem Modell ein idealer Empfänger zugrunde. Diese Idealisierung ist aber in vielen praktischen Fällen unzulässig, vgl. GILBERT (1971). Wir wollen daher für dieses Kanalmodell die P-Entropie und die P-Information definieren und untersuchen, wie ihre Eigenschaften durch die Struktur des Empfängers bestimmt werden.

Seien $[X, \pi]$ und $[X, \sigma]$ Quellen, wobei π totalstetig bezüglich σ ist. w sei eine nichtnegative Funktion von X in R^+. Dann bezeichnen wir

$$H(X, \pi, w, \sigma) =_{\mathrm{Df}} - \sum_{x \in X} \pi(x)\, w(x) \log \sigma(x)$$

als P-Entropie über der Quelle $[X, \pi]$ bezüglich w und σ. $H(X, \pi, w, \sigma)$ ist stets nichtnegativ und endlich, da $\pi \ll \sigma$ ist. Außerdem sind die S-, B-, und G-Entropie als Spezialfälle in der P-Entropie enthalten. Wir interpretieren $H(X, \pi, w, \sigma)$ als die pragmatische Unbestimmtheit, die über der Quelle $[X, \pi]$ bezüglich σ und w besteht. Die P-Entropie wurde bei PÖTSCHKE (1970) eingeführt und erstmals systematisch untersucht.

Häufig kann man den Ausgang der Quelle nur über einen gestörten Kanal beobachten. Dabei tritt die Situation auf, daß die Parameter der Quelle und/oder des Kanals unbekannt oder nur teilweise bekannt sind und die Nachrichten von unterschiedlichem Wert für den Empfänger sind. Wir gehen von dem folgenden Modell aus (vgl. Abb. 6.2, Seite 125).

Sei $\lambda: X \to \mathrm{DWM}(Y)$ eine Hypothese des Empfängers über den Kanalmechanismus mit $\varkappa \ll \lambda$, d.h., für $x \in X$ ist $\varkappa(x, \cdot) \ll \lambda(x, \cdot)$. Wir interpretieren $\sigma(x), x \in X$, als Hypothese des Empfängers über die Wahrscheinlichkeit, mit der die Quelle $x \in X$ an den Kanal sendet. Sei

$$\alpha(y) =_{\mathrm{Df}} \sum_{x \in X} \pi(x)\, \varkappa(x, y) \quad \text{und}$$

$$\beta(y) =_{\mathrm{Df}} \sum_{x \in X} \sigma(x)\, \lambda(x, y) \quad \text{für} \quad x \in X \quad \text{und} \quad y \in Y,$$

weiterhin für $y \in Y$ mit $\alpha(y) > 0$ und $\beta(y) > 0$

$$\nu(y, x) =_{\mathrm{Df}} \frac{\pi(x)\, \varkappa(x, y)}{\alpha(y)} \quad \text{und} \quad \eta(y, x) = \frac{\sigma(x)\, \lambda(x, y)}{\beta(y)}.$$

Nun sei noch die Funktion $v: Y \to (\mathsf{R}^+)^X$ gegeben, wobei $(\mathsf{R}^+)^X$ die Menge aller nichtnegativen Funktionen auf X ist. Damit können wir als bedingte P-Entropie pro Signal $y \in Y$ definieren

$$H_y(X, \nu, v, \eta) = - \sum_{x} \nu(y, x)\, v_y(x) \log \eta(y, x).$$

Da $y \in Y$ mit der Wahrscheinlichkeit $\alpha(y)$ an den Empfänger gesendet wird, bezeichnen wir

$$H_Y(X, \alpha, \nu, v, \eta) = \sum_{y \in Y} \alpha(y)\, H_y(X, \nu, v, \eta)$$

als (mittlere) bedingte P-Entropie über der Quelle Q bezüglich des Empfängers. $H_Y(X, \alpha, \nu, v, \eta)$ ist stets nichtnegativ und endlich, da die Totalstetigkeit von π bezüglich σ die von ν bezüglich η impliziert.

Die bedingte S-Entropie ist als Spezialfall enthalten. Sei $u: X \times Y \to \mathsf{R}^+$, dann ist die P-Entropie der Doppelquelle definiert als

$$^{P}H(X \times Y) = - \sum_x \pi(x) \sum_y \varkappa(x, y)\, u(x, y) \log (\sigma(x)\, \lambda(x, y)),$$

und für $v: X \times Y \to \mathsf{R}^+$ ist

$$^{P}H_X(Y) =_{\mathrm{Df}} \sum_{x \in X} \pi(x) \sum_{y \in Y} \varkappa(x, y)\, v_x(y) \log \lambda(x, y).$$

Die Shannon-Entropie ist stets additiv, d.h., es gilt

$$H(X \times Y) = H(X) + H_X(Y).$$

Der folgende Satz zeigt, daß dies für die P-Entropie im allgemeinen nicht gilt.

Satz 6.12. *Wenn $u(x, y) = w(x) + v_x(y)$ für $x \in X$ und $y \in Y$ ist, dann gilt*

$$^{P}H(X \times Y) = H(X, \pi, w, \sigma) + {}^{P}H_X(Y)$$
$$- \sum_{x,y} \pi(x)\, \varkappa(x, y)\, [w(x) \log \lambda(x, y) + v_x(y) \log \lambda(x, y)].$$

Beweis.

$$^{P}H(X \times Y) = - \sum_x \pi(x)\, w(x) \log \sigma(x) - \sum_{x,y} \pi(x)\, \varkappa(x, y)\, v_x(x)y) \log \sigma(x)$$
$$- \sum_{x,y} \pi(x)\, \varkappa(x, y)\, w(x) \log \lambda(x, y) - \sum_{x,y} \pi(x)\, \varkappa(x, y)\, v_x(y) \log \lambda(x, y),$$

daraus folgt die Behauptung. □

Folgerung 6.13. *Es gilt stets $^{P}H(Y \times X) \geqq H(X, \pi, w, \sigma) + {}^{P}H_X(Y)$.*

Nun definieren wir die P-Information als ein Maß für die Verminderung der subjektiven Unbestimmtheit, die der Kanalausgang dem Empfänger bringt. Wir bezeichnen

$$I(Y, X, \pi, \sigma, \varkappa, \lambda, v, w) = H(X, \pi, w, \sigma) - H_Y(X, \alpha, , \nu, v, \eta)$$

als *P-Information*, die der Kanal über die Quelle bezüglich des Empfängers überträgt.

Auch diese P-Information enthält die S-Information als Spezialfall und *weist eine für pragmatische Informationsmaße charakteristische Eigenschaft auf*: Wenn die Shannonsche Ungleichung für die P-Entropie nicht erfüllt ist, so ist die P-Information negativ. Die von einem Kanal übertragene S-Information ist dagegen stets nichtnegativ.

Der folgende Satz gibt eine notwendige und eine hinreichende Bedingung dafür an, daß die P-Information nichtnegativ bzw. die Shannonsche Ungleichung erfüllt ist.

Satz 6.14 (Pötschke (1970)). *Sei $v_y(x) = w(x)$ für alle $x \in X$ und $y \in Y$, d.h., der Kanal ist werterhaltend, dann gilt:*

(1) *Wenn $\eta(y, x) > 0$ für alle $x \in X$ und $y \in Y$ ist, so ist*

$$\sum_{x \in X} \pi(x)\, w(x) \geqq \sum_{x,y} \pi(x)\, \varkappa(x, y)\, w(x) \frac{\sigma(x)}{\eta_y(x)}$$

hinreichend für die Nichtnegativität der P-Information. Die P-Information ist Null, wenn für alle $y \in Y$, $x \in X$ $\sigma(x) = \eta_y(x)$ gilt.

(2) *Wenn $\sigma(x) > 0$ für alle $x \in X$ ist, so ist*

$$\sum_x \pi(x)\, w(x) \geqq \sum_{x,y} \mu(xy)\, w(x) \frac{\eta_y(x)}{\sigma(x)}$$

notwendig dafür, daß die Shannonsche Ungleichung für die P-Entropie erfüllt ist.

In Behauptung (2) ist $\mu(xy) =_{\mathrm{Df}} \pi(x)\, \varkappa(x, y)$ für $x \in X$ und $y \in Y$ die Doppelquelle.

Bei PÖTSCHKE (1970) sind weitere notwendige und hinreichende Bedingungen für die Shannonsche Ungleichung der P-Entropie angegeben.

Nun ist die Definition einer Art *Kanalkapazität* für die P-Entropie möglich. Da die P-Information negativ werden kann, ist es sinnvoll, mindestens zwei derartige, nämlich eine *obere* und eine *untere Kapazität*, zu unterscheiden. Darauf soll aber hier nicht näher eingegangen werden.

In der Shannonschen Informationstheorie ist die bedingte S-Entropie $H_Y(X)$ nicht größer als die Entropie $H(X)$, d.h., durch ein weiteres Experiment Y wird die Unbestimmtheit $H(X)$ verkleinert oder bleibt gleich.

Ist $I(Y, X, \pi, \sigma, \varkappa, v, w) < 0$, so bedeutet das für den Empfänger, daß die P-Entropie bezüglich X durch die Realisierung von Y im Mittel ansteigt. Dies kann unter gewissen Voraussetzungen als wachsendes Unwissen über die Umwelt (bezüglich wahrer Verteilung und Hypothesen darüber) bzw. als bewußte Irreführung interpretiert werden, PÖTSCHKE (1970). Somit gestattet die P-Entropie bzw. die P-Information die Charakterisierung von Lernverläufen mit Entropiezunahme, Entropiekonstanz und Entropieabnahme, vor allem auf den Empfänger bezogen. Dies wurde ausführlicher bei PFAFFELHUBER (1972) studiert.

6.3. α-Entropie

Im Abschnitt 6.1 hatten wir die B-Entropie und im Abschnitt 6.2 die P-Entropie als Verallgemeinerung der S-Entropie studiert. Dabei waren wir von zwei Wahrscheinlichkeitsmaßen ausgegangen, die in ein Entropiemaß eingingen. SCHÜTZENBERGER (1954) und RÉNYI (1961) führten als eine andere Verallgemeinerung der S-Entropie die α-Entropie ein, die strenggenommen eine Familie von Entropiemaßen darstellt.

Sei $Q = [X^{9z}, \mathfrak{X}, \pi]$ eine unabhängige stationäre Quelle, dann heißt

$$H_\alpha(X, \pi) =_{\mathrm{Df}} \frac{1}{1-\alpha} \log \sum_{x \in X} \pi(x)^\alpha$$

für α, $-\infty < \alpha < \infty$, $\alpha \neq 1$, die *α-Entropie* der Quelle Q. Die S-Entropie ergibt sich als Spezialfall

$$\lim_{\alpha \to 1} H_\alpha(X, \pi) = -\sum_{x \in X} \pi(x) \log \pi(x),$$

und wir schreiben

$$H_1(X, \pi) = H(X, \pi).$$

Die α-Entropie ist im unabhängigen Fall additiv und eine monoton fallende Funktion von α, vgl. CAMPBELL (1966). Im Fall einer nicht vollständigen Wahrscheinlichkeitsverteilung hat RÉNYI (1961) einen Eindeutigkeitssatz (d.h. eine funktionale Charakterisierung) für die α-Entropie angegeben. Nachfolgend werden wir eine funktionale Charakterisierung bei vollständigen Wahrscheinlichkeitsverteilungen und eine codierungstheoretische Rechtfertigung für die α-Entropie angeben, die über die Eigenschaft der Additivität von gewissen Funktionalen in einem engen mathematischen Zusammenhang miteinander stehen.

Eine Funktion $f: (0, 1) \to \mathsf{R}^1$ sei Element der Menge $\boldsymbol{F}$,wenn

1. f streng monoton wachsend ist und

2. die Funktion $f^*: [0, 1] \to \mathsf{R}^1$, definiert durch

$$f^*(t) = \begin{cases} tf(t) & \text{für} \quad t \in (0, 1], \\ 0 & \text{für} \quad t = 0, \end{cases}$$

stetig auf dem Intervall [0, 1] ist.

Mit Hilfe dieser Klasse $\boldsymbol{F}$ von Funktionen wollen wir allgemeinere Entropiemaße definieren.

Definition 6.2. Sei $f \in \boldsymbol{F}$, dann heißt

$${}^fH(\pi) = -\log f^{-1}\left[\sum_{x\in X} f^*(\pi(x))\right]$$

die *f-Entropie von π.*

Uns interessieren nun die f-Entropien, die für unabhängige Quellen additiv sind. Das heißt, seien $[X, \pi]$ und $[X, \beta]$ unabhängige stationäre Quellen und $[X \times X, \mu]$ die Produktquelle von π und β. Dann fragen wir nach der expliziten Form der f-Entropien, für die

$${}^fH(\mu) = {}^fH(\pi) + {}^fH(\beta)$$

gilt. Die Antwort darauf gibt der folgende

Satz 6.15 (Aczél, Daróczy (1975)). *Sei $f \in \boldsymbol{F}$, dann ist die f-Entropie ${}^fH(\pi)$ genau dann additiv, wenn entweder*

$$f(t) = \log t \text{ für } t \in (0, 1]$$

oder

$$f(t) = t^{\alpha-1} \text{ für } t \in (0, 1]$$

gilt (bis auf eine additive positive oder negative Konstante). α ist eine Konstante: $\alpha > 0$ und $\alpha \neq 1$. Das heißt, von allen f-Entropien sind nur die S-Entropie

$$H(X, \pi) = -\sum_{x\in X} \pi(x) \log \pi(x)$$

und die α-Entropie ($\alpha > 0$, $\alpha \neq 1$)

$$H_\alpha(X, \pi) = \frac{1}{1-\alpha} \log \sum_{x\in X} \pi(x)^\alpha = -\log\left(\sum_{x\in X} \pi(x)^\alpha\right)^{\frac{1}{\alpha-1}}$$

additiv.

Eine codierungstheoretische Rechtfertigung der α-Entropie gab Campbell (1965, 1966) wie folgt. Sei g eine streng monoton wachsende stetige Kostenfunktion, d. h. eine Funktion $g: W(Y) \to \mathsf{R}^1$. Dann sind

$$L(\pi, \gamma, g) =_{\mathrm{Df}} g^{-1}\left(\sum_{x\in X} \pi(x)\, g(|\gamma(x)|)\right) \tag{6.27}$$

die mittleren Kosten einer eindeutig decodierbaren Codierung γ, vgl. Abschnitt 1.1. Setzt man speziell $g(x) = x$, so ist

$$L(\pi, \gamma, g) = \sum_{x\in X} \pi(x)\, |\gamma(x)|$$

der mittlere Codieraufwand von γ, der bekanntlich von unten durch die S-Entropie der Quelle beschränkt ist. In Analogie hierzu setzen wir

$$H(X, \pi, g) = \inf L(\pi, \gamma, g),$$

wobei sich das Infimum über die Klasse der eindeutig decodierbaren Codierungen erstreckt.

Fordert man für zwei statistisch voneinander unabhängig arbeitende Quellen die Additivität der mittleren Kosten (6.27), so ergibt sich eine Funktionalgleichung in g mit den einzigen beiden Lösungen

$$g_0(x) = cx + b, c > 0 \quad \text{und} \quad g_t(x) = \beta N^{tx} + b, \beta t > 0,$$

siehe CAMPBELL (1956). Das heißt, als mittlere Kostenfunktionen kommen nur der klassische (lineare) Codieraufwand (6.27), vgl. Abschnitt 1.2, und der *exponentielle Codieraufwand*

$$L(\pi, \gamma, g_t) = \frac{1}{t} \log_N \sum_{x \in X} \pi(x) \, N^{t|\gamma(x)|} \tag{6.28}$$

in Frage. (6.28) gestattet eine Interpretation in der Hinsicht, daß eine nicht im Sinne von L optimale eindeutig decodierbare Codierung den Kostenaufwand des Coders exponentiell mit dem Dämpfungsfaktor $t \in \mathsf{R}^1$ verändert.

Man kann nun zeigen, daß die α-Entropie eine untere Schranke des exponentiellen Codieraufwandes ist.

Damit entsteht das Problem, eindeutig decodierbare Codierungen zu konstruieren, die der α-Entropie möglichst nahe kommen. Dieses Codierungsproblem wurde von CESARI (1968) gelöst, der zeigte, daß ein verallgemeinerter Huffmanscher Algorithmus, vgl. Abschnitt 1.2, stets einen im Sinne des exponentiellen Codieraufwands optimalen eindeutig decodierbaren Code liefert.

Eine Größe, die der α-Entropie verwandt ist, wird von JELINEK (1968) bei dem Problem des Codierens mit Speicher verwendet, wobei die α entsprechende Größe ϱ dort als *Puffercharakteristik* interpretiert wird.

Eine der α-Entropie verwandte Größe tritt bei GALLAGER (1965), SHANNON et al. (1967) und JACOBS, BERLEKAMP (1967) bei der Fehlerabschätzung für Kanäle und beim sequentiellen Codieren auf.

Eine andere Verallgemeinerung der S-Entropie wurde von BEHARA und NATH (1973) vorgeschlagen:

$$H_\delta(X, \pi) = \sum_{x \in X} \frac{\pi(x) - \pi(x)^\delta}{1 - 2^{1-\delta}},$$

für $\delta \to 1$ erhält man die S-Entropie. Allerdings fehlen bei diesen als auch bei anderen vorgeschlagenen Entropie- und Informationsmaßen höherer Ordnung noch entsprechende Rechtfertigungen bzw. Anwendungen, die diese Maße rechtfertigen würden. Daher wollen wir auf weitere Definitionen nicht näher eingehen, vgl. dazu CHOU (1972), ZVÁROVÁ (1973), KANNAPPAN und RATHIE (1973), ACZÉL, DARÓCZY (1975, chapter 6, 7).

Eine Interpretation der α-Entropie in der Theorie der Fragebögen findet sich bei CESARI (1968), AGGARWAL, CESARI und PICARD (1972): Als Optimierungskriterium eines Fragebogens dient die exponentielle Kostenfunktion von CAMPBELL, und der Algorithmus von CESARI liefert in diesem Sinne optimale Fragebögen.

CESARI untersuchte weiterhin, wann $L(\pi, \gamma, g_t) = H_\alpha(X, \pi)$ gilt, entsprechende Resultate findet man bei CESARI (1968) und PICARD (1973, S. 233).

Bei der asymptotischen Abschätzung des Maximum-Likelihood-Fehlers zur Diskrimination zweier statistischer Hypothesen tritt eine Verallgemeinerung der Divergenz, die α-Divergenz, auf. Im Fall Markowscher Ketten hat man dann dank KOOPMANS (1960) einen Algorithmus, um die dabei auftretende minimale α-Divergenz zu berechnen.

Eine andere Verallgemeinerung der Divergenz, die f-Divergenz, spielt beim Beweis von Grenzwertätzen eine Rolle, vgl. CSISZÁR (1967) und LIESE (1972).

7. Das Codierungsproblem und grundlegende Eigenschaften algebraischer Codes

In Teil II befassen wir uns mit einer speziellen Problemstellung bei der Übertragung von Nachrichten über einen diskreten Kanal. Es geht hier in erster Linie darum, Verfahren zu finden, mit denen man im konkreten endlichen Fall Nachrichten so codieren und decodieren kann, daß trotz der Störungen des Kanals die sichere Übertragung der Nachrichten gewährleistet wird. Hier spielen etwas andere Methoden als in Teil I eine Rolle. Aber auch diese Herangehensweise führt auf interessante theoretische Probleme und Zusammenhänge. Bereits Shannon (1948) beschäftigte sich mit diesem Problem. In dieser Arbeit gibt er als Beispiel einer effizienten Codierung einen Code an, den wir heute als 1-Fehler-Code mit der Codewortlänge 7 bezeichnen würden. Er schrieb diesen Code Hamming zu und bezog sich auch auf Golay.

An Standardliteratur zur algebraischen Codierungstheorie seien genannt: Peterson (1961), Massey (1963), Berlekamp (1968), Mann (1968), Lin (1970), van Lint (1971/73), Peterson, Weldon (1972), Blake, Mullin (1975) und MacWilliams, Sloane (1977). Blake (1973) ist eine Sammlung der wichtigsten Artikel zu bestimmten Problemen. An deutschsprachiger Literatur seien Fey (1968), Kameda, Weihrauch (1973), Borodin (1972), Henze, Homuth (1974), v. Ammon, Tröndle (1974) und Lindner, Staiger (1977) erwähnt.

7.1. Das Codierungsproblem

Wir gehen davon aus, daß Nachrichten über einen gestörten diskreten Kanal übertragen werden sollen. Dazu werden diese Nachrichten in Folgen von bestimmten Symbolen codiert. Diese Codierung soll es ermöglichen, am Kanalausgang mit Hilfe eines Decoders die ursprünglich gesendete Nachricht zu erkennen. Es gibt verschiedene Arten von Fehlern, die vorkommen können. Als erstes kann ein bestimmtes gesendetes Symbol durch die Störungen des Kanals so weit verändert werden, daß am Kanalausgang ein anderes Symbol empfangen wird. Eine andere Möglichkeit besteht darin, daß Symbole einfach ausgelöscht werden, also im entsprechenden Takt kein Symbol empfangen wird. Weiterhin können auch noch Synchronisationsfehler auftreten. Wir befassen uns hier nur mit dem ersten Fall. Auch den Fall von Fehlerbündeln (bursts), also von Störungen, die vor allem mehrere dicht beieinander liegende Stellen stören und in gewisser Abhängigkeit voneinander sind, werden wir nicht betrachten. Als Codewörter werden wir nur Symbolfolgen einer bestimmten Länge, also Blockcodes, untersuchen.

Worin besteht nun der grundlegende Gedanke der algebraischen Codierungstheorie? Im Raum aller im betrachteten Fall möglichen Symbolfolgen der gegebenen Länge wird ein Abstandsmaß eingeführt. Durch einen Fehler erhält man eine Symbolfolge, die von der ursprünglichen einen gewissen Abstand hat, sich also von ihr „entfernt" hat. Man verwendet jetzt einfach als Codewörter nur solche Symbolfolgen, die alle „weit genug" voneinander „entfernt" sind. Wenn das Abstandsmaß in Abhängigkeit von den Störungen des Kanals geeignet gewählt wurde, dann liegen die gestörten Codewörter so „nahe" bei den ursprünglichen Codewörtern, daß sie diesen ohne weiteres wieder eindeutig zugeordnet werden können. Man wählt oft solche Codewortmengen, die neben den entsprechenden Abständen auch noch eine gewisse algebraische Struktur besitzen. Solche Codes sind dann leichter zu beschreiben und leichter zu verarbeiten.

7.2. Grundlegende Definitionen

Wir werden die in diesem Abschnitt eingeführten Bezeichnungen in den folgenden Abschnitten und Kapiteln so weit als möglich immer in demselben Sinn wie hier verwenden. Ist dies nicht der Fall, so wird ausdrücklich darauf hingewiesen. Vor allem in den Kapiteln 11 und 12 ergeben sich Abweichungen.

Es sei jetzt ein endliches Alphabet X als Symbolvorrat gegeben. Sei weiter eine positive ganze Zahl n gegeben. Im folgende wollen wir als Codewörter Folgen der Länge n über X betrachten. Ein Codewort ist also Element von $X^n = \underbrace{X \times \ldots \times X}_{n\text{-mal}}$. n bezeichnen wir als Codewortlänge oder Blocklänge. Als Alphabet wählen wir $X = \{0, 1, \ldots, q-1\}$. Wir sprechen dann von einem q-adischen Alphabet. Ein *Code* $\mathcal{C}$ ist eine beliebige Teilmenge von X^n.

Wir werden jetzt zwei Abstandsmaße, die Hamming- und die Lee-Metrik betrachten. Die Hamming-Metrik zählt einfach die Stellen, an denen sich die entsprechenden Wörter unterscheiden. Es sei $|Y|$ stets die Mächtigkeit der Menge Y.

Definition 7.1. Seien $u = (u_1, \ldots, u_n)$, $v = (v_1, \ldots, v_n) \in X^n$.

$$d(u, v) =_{\mathrm{Df}} |\{i \mid u_i \neq v_i, i = 1, 2, \ldots, n\}|$$

heißt *Hamming-Distanz* von u und v.

$$w(u) =_{\mathrm{Df}} |\{i \mid u_i \neq 0\}|$$

heißt *Hamming-Gewicht* von u.

Wenn wir die Addition modulo q als Operation über X einführen, dann gilt offensichtlich nach der Übertragung dieser Operation auf X^n:

$$d(u, v) = w(u - v) \text{ für alle } u, v \in X^n.$$

Die Lee-Metrik berücksichtigt stärker, wie weit sich die einzelnen Stellen voneinander unterscheiden (Lee (1958)).

Definition 7.2. Seien $u = (u_1, \ldots, u_n)$, $v = (v_1, \ldots, v_n) \in X^n$.

$$w_L(u) =_{\mathrm{Df}} \sum_{i=1}^{n} \min (u_i, q - u_i)$$

heißt *Lee-Gewicht* von u.

$$d_L(u, v) =_{\mathrm{Df}} w_L(u - v)$$

heißt *Lee-Distanz* von u und v.

Beide Abstandsmaße haben die Eigenschaften einer Metrik. Wenn nicht anders erwähnt, betrachten wir nur die Hamming-Metrik.

Definition 7.3. Sei $u \in X^n$ und e eine ganze Zahl.

$$K(u, e) =_{\mathrm{Df}} \{v \mid v \in X^n, d(u, v) \leqq e\}.$$

$K(u, e)$ ist sozusagen eine „Kugel“ mit dem „Radius“ e um das Wort u. Offensichtlich kann ein Code $\mathcal{C}$ zur Korrektur von Fehlern mit dem maximalen Gewicht e genau dann verwendet werden, wenn alle diese „Kugeln“ mit dem „Radius“ e um die Codewörter disjunkt sind.

Definition 7.4. Sei $\mathcal{C} \subseteq X^n$ ein Code. $\mathcal{C}$ heißt *e-Fehler-Code* genau dann, wenn $ZK(u,e) \cap K(v, e) = \emptyset$ für alle $u, v \in \mathcal{C} u \neq v$ ist.

Definition 7.5. Sei $\mathscr{C}$ ein beliebiger Code.

$$d(\mathscr{C}) =_{\mathrm{Df}} \min \{d(u, v) \mid u, v \in \mathscr{C}, u \neq v\}$$

heißt *Minimaldistanz* von $\mathscr{C}$.

Es gilt offensichtlich

Satz 7.1. *$\mathscr{C} \subseteq X^n$ ist ein e-Fehler-Code genau dann, wenn $d(\mathscr{C}) \geqq 2e + 1$ ist.*

Die Definitionen 7.3 bis 7.5 lassen sich analog auf den Fall der Lee-Metrik übertragen. Es gilt dann auch ein Analogon zu Satz 7.1.

Wenn X^n die Struktur eines linearen Vektorraumes hat und ein Code $\mathscr{C}$ linearer Unterraum von Y^n ist, dann bezeichnen wir $\mathscr{C}$ als *linearen*, sonst als *nichtlinearen Code* (s.a. Definition 7.21). Ist X^n das direkte Produkt von n Kopien einer additiven Abelschen Gruppe und $\mathscr{C}$ eine Untergruppe von X^n, dann heißt $\mathscr{C}$ Gruppencode. Wir gehen hier nicht weiter auf Gruppencodes ein. Siehe dafür z.B. Blake, Mullin (1975).

Definition 7.6. Sei $\mathscr{C} \subseteq X^n$ ein Code, sei $d = d(\mathscr{C})$ und $|\mathscr{C}| = N$. Dann bezeichnen wir $\mathscr{C}$ auch als *$(n, N, d; q)$-Code.*

Sei X^n ein linearer Vektorraum über X. Das ist nur möglich, wenn X die Struktur eines endlichen Körpers besitzt und q eine Primzahlpotenz ist. Wir schreiben dann für X wie üblich auch GF(q). Für eine Einführung in Begriffe und Eigenschaften endlicher Körper vgl. z.B. Blake, Mullin (1975).

Definition 7.7. Sei X^n linearer Vektorraum über $X = \mathrm{GF}(q)$. In X^n sei ein entsprechendes inneres Produkt $\langle\cdot, \cdot\rangle$ definiert. Sei $\mathscr{C} \subseteq X^n$ ein linearer Code. Dann heißt

$$\mathscr{C}^{\perp} =_{\mathrm{Df}} \{v \mid v \in X^n, \langle u, v\rangle = 0 \text{ für alle } u \in \mathscr{C}\}$$

der *duale Code* von $\mathscr{C}$.

Setzt man nicht voraus, daß $\mathscr{C}$ linear ist, dann gilt nicht mehr $(\mathscr{C}^{\perp})^{\perp} = \mathscr{C}$, da $\mathscr{C}^{\perp}$ stets linear ist. Für eine alternative Definition siehe Abschnitt 7.5.

Codes, die durch einfache Permutation entsprechender Stellen der Codewörter ineinander übergeführt werden können, bezeichnen wir als *äquivalent*. Wählt man in einem $(n, N, d; q)$-Code $\mathscr{C}$ alle Codewörter aus, die an einer bestimmten Stelle das gleiche Symbol aus X haben, und streicht in diesen Codewörtern die entsprechende Stelle, dann erhält man einen $(n - 1, N_1, d; q)$-Code, den man als *gekürzten Code* von $\mathscr{C}$ bezeichnet. Es gibt stets einen gekürzten Code mit $N_1 \geqq N/q$. Fügt man zu den Stellen der Codewörter eines Codes $\mathscr{C}$ eine weitere Stelle hinzu, die jeweils so gewählt ist, daß die Summe aller Stellen (mit der Addition modulo q) einen festen Wert annimmt, dann bezeichnet man den so erhaltenen Code als *erweiterten Code* von $\mathscr{C}$.

Streicht man in einem $(n, N, d; q)$-Code $\mathscr{C}$ mit $d \geqq 2$ und $n \geqq 2$ in allen Codewörtern eine genau festgelegte Stelle, so erhält man einen *punktierten Code* von $\mathscr{C}$.

Nun zu einigen Begriffen aus der Kombinatorik.

Definition 7.8. Sei S eine endliche Menge mit $|S| = v$. Sei $\mathfrak{B} = \{B_1, \ldots, B_b\}$ mit $B_i \subseteq S$ und $|B_i| = k$ $(i = 1, \ldots, b)$. $(S, \mathfrak{B})$ heißt *t-(v, k, λ)-Blockplan (t-Blockplan)* genau dann, wenn für jede Menge $S_0 \subseteq S$ mit $|S_0| = t$ genau λ Mengen $B_i \in \mathfrak{B}$ mit $S_0 \subseteq B_i$ existieren.

Für $t = 2$ sprechen wir von einem (v, k, λ)-Blockplan. Mit $\lambda = 1$ erhalten wir ein Steiner-System $S(t, k, v)$, und für $t = 2$, $\lambda = 1$ und $k = 3$ kommen wir zu einem Steiner-Tripel-System.

Eine Verallgemeinerung dieser Begriffe liefert

Definition 7.9. Seien $u = (u_1, \ldots, u_n)$, $v = (v_1, \ldots, v_n) \in X^n$. u überdeckt v genau dann, wenn $u_i = v_i$ für alle i mit $v_i \neq 0$ gilt. Sei $S \subseteq X^n$ mit $w(x) = k$ für alle $x \in S$. S heißt *q-adischer t-(n, k, λ)-Blockplan* genau dann, wenn jedes $y \in X^n$ mit $w(y) = t$ von genau λ Elementen von S überdeckt wird.

$[x]$ bezeichne stets den ganzen Teil der reellen Zahl x. Für ganze Zahlen m und n sei (m, n) der größte gemeinsame Teiler dieser Zahlen. Wenn $(m, n) = 1$ gilt, sind m und n also relativ prim zueinander. Für das jeweils nur aus Einsen bzw. Nullen bestehende Wort der entsprechenden Länge n schreiben wir **1** bzw. **0**.

Für im Text nicht vorkommende Definitionen von Klassen von Codes, wie z.B. für Quadrat-Residuum-Codes (QR-Codes) sei auf die Standardliteratur verwiesen.

Für Fragen der Kombinatorik seien Ryser (1963), Hall (1967) und van Lint (1974b) genannt. Für Übersichten über Beziehungen zwischen algebraischer Codierungstheorie und Kombinatorik s. etwa Parthasarathy (1971), Goethals (1973), Assmus, Mattson (1974) oder Sobik (1978).

7.3. Gruppenalgebra, Gruppencharaktere und Codes

Der folgende Ansatz ermöglicht es, eine Reihe interessanter Eigenschaften von Codes abzuleiten. Grundlegend dafür ist der Begriff der Gruppenalgebra.

Definition 7.10. Sei G eine endliche Gruppe und K ein beliebiger Körper. Die Menge der formalen Summen

$$\mathfrak{G}(G) =_{\mathrm{Df}} \left\{\sum_{g\in G} \alpha_g g \mid \alpha_g \in K\right\}$$

mit den Operationen der Addition

$$\sum_{g\in G} \alpha_g g + \sum_{g\in G} \beta_g g = \sum_{g\in G} (\alpha_g + \beta_g)\, g$$

und der Multiplikation

$$\left(\sum_{g\in G} \alpha_g g\right)\left(\sum_{h\in G} \beta_h h\right) = \sum_{g,h\in G} \alpha_g \beta_h gh = \sum_{f\in G} \gamma_f f \text{ mit}$$

$$\gamma_f = \sum_{g\in G} \alpha_g \beta_{g^{-1}f} \text{ und } \alpha_g, \beta_g, \gamma_g \in K \text{ für alle } g \in G$$

heißt *Gruppenalgebra* von G.

Die Gruppenalgebra ist ein Vektorraum über K, ein Ring mit Einselement und eine Algebra über K. Als Vektorraum über K bilden die Gruppenelemente von G eine Basis von $\mathfrak{G}(G)$.

X^n hat bezüglich der komponentenweisen Addition modulo q die Struktur einer endlichen Abelschen Gruppe. Sei $\mathfrak{G}(X^n)$ die q^n-dimensionale Gruppenalgebra von X^n über dem Körper der komplexen Zahlen. Man kann $\mathfrak{G}(X^n)$ auch wie folgt beschreiben. Wir ordnen jedem $u \in X^n$ ein Basiselement $\boldsymbol{e}(u)$ von $\mathfrak{G}(X^n)$ zu. Jedes Element von $\mathfrak{G}(X^n)$ kann nun eindeutig durch eine Linearkombination $\sum_{u\in X^n} c(u)\, \boldsymbol{e}(u)$ mit komplexen Koeffizienten dieser q^n Basiselemente dargestellt werden. Weiter definieren wir nun folgendes Produkt zwischen Basiselementen von $\mathfrak{G}(X^n)$:

$$\boldsymbol{e}(u) * \boldsymbol{e}(v) =_{\mathrm{Df}} \boldsymbol{e}(y)$$

mit $y = u + v$ in X^n für alle $u, v \in X^n$. Damit wird die folgende Multiplikation in $\mathfrak{G}(X^n)$

induziert

$$\left(\sum_{u\in X^n} b(u)\, e(u)\right) * \left(\sum_{v\in X^n} c(v)\, e(v)\right) = \sum_{y\in X^n} \left(\sum_{u+v=y} b(u)\, c(v)\, e(y)\right).$$

Wir ordnen nun jeder Menge $S \subseteq X^n$ das Element $S =_{\mathrm{Df}} \sum_{u\in S} e(u)$ von $\mathfrak{G}(X^n)$ zu. Damit kann auch jeder Code als Element von $\mathfrak{G}(X^n)$ dargestellt werden.

Definition 7.11. Ein *Charakter* einer endlichen Abelschen Gruppe G ist ein Homomorphismus von G in die multiplikative Gruppe der komplexen Zahlen.

Ein Charakter einer endlichen Abelschen Gruppe G ist also eine komplexwertige nichtverschwindende Funktion χ auf G mit

$$\chi(xy) = \chi(x)\, \chi(y) \text{ für alle } x, y \in G.$$

Da bei jedem Homomorphismus das Einselement von G auf das entsprechende Einselement des Bildbereichs abgebildet wird, ist der Wert eines beliebigen Charakters χ auf dem Einselement von G gleich 1. Wenn das Element $x \in G$ die Ordnung k hat, dann gilt

$$(\chi(x))^k = \chi(x^k) = \chi(1) = 1,$$

d.h., $\chi(x)$ ist also eine k-te Einheitswurzel. Ist m die größte Elementordnung in G, dann ist die Ordnung jedes Elements von G ein Teiler von m. Jeder Wert von χ ist daher eine m-te Einheitswurzel. Deshalb kann man die Charaktere von G auch als Homomorphismen von G in die multiplikative Gruppe der komplexen m-ten Einheitswurzeln definieren.

Die Anzahl der Charaktere einer endlichen Abelschen Gruppe G ist gleich der Ordnung von G. Die Charaktere von G bilden selbst bezüglich der Multiplikation eine Gruppe, und man kann zeigen, daß diese Charaktergruppe von G isomorph zur Gruppe G selbst ist.

Sei nun χ ein beliebiger nichtprimitiver Charakter der additiven Gruppe von GF(q). Sei $\langle\cdot,\rangle$ das innere Produkt in X^n. Dann ordnen wir jedem $u \in X^n$ einen Charakter χ_u auf die folgende Weise zu:

$$\chi_u(v) =_{\mathrm{Df}} \chi(\langle u, v\rangle) \text{ für alle } v \in X^n.$$

Wir erweitern nun χ_u zu einer linearen Funktion auf $\mathfrak{G}(X^n)$:

$$\chi_u \left(\sum_{v\in X^n} c(v)\, e(v)\right) =_{\mathrm{Df}} \sum_{v\in X^n} c(v)\, \chi_u(v).$$

Definition 7.12. Sei

$$Y_i =_{\mathrm{Df}} \{u \mid u \in X^n, w(u) = i\} \text{ für } i = 0, 1, \ldots, n \text{ und}$$

$$S_j =_{\mathrm{Df}} \bigcup_{i=0}^{j} Y_i \qquad \text{für } j = 0, 1, \ldots, n.$$

Definition 7.13. Sei $\mathscr{C} \subseteq X^n$ ein beliebiger Code.

$$f_i(u, \mathscr{C}) =_{\mathrm{Df}} |\{v \mid v \in \mathscr{C}, d(u, v) = i\}| \text{ für } j = 0, 1, \ldots, n \text{ und alle } u \in X^n.$$

$$g_j(u, \mathscr{C}) =_{\mathrm{Df}} \sum_{i=0}^{j} f_i(u, \mathscr{C}) \text{ für } i = 0, 1, \ldots, n \text{ und alle } u \in X^n.$$

$f_i(u, \mathscr{C})$ ist also die Anzahl der Codewörter in $\mathscr{C}$, die von u den Abstand i haben. Entsprechend ist $g_j(u, \mathscr{C})$ die Anzahl der Codewörter in $\mathscr{C}$, die von u einen Abstand, der nicht größer als j ist, haben. Damit gilt für alle $\mathscr{C}$ und alle j mit $2j < d(\mathscr{C})$ stets $g_j(u, \mathscr{C}) \in \{0, 1\}$ für alle $u \in X^n$. Offensichtlich gilt für alle $i, j = 0, 1, \ldots, n$ und alle $\mathscr{C} \subseteq X^n$

$$\boldsymbol{Y}_i * \boldsymbol{C} = \sum_{u \in X^n} f_i(u, \mathscr{C})\, \boldsymbol{e}(u) \quad \text{und} \quad \boldsymbol{S}_j * \boldsymbol{C} = \sum_{u \in X^n} g_j(u, \mathscr{C})\, \boldsymbol{e}(u).$$

Ist wieder $2j < d(\mathscr{C})$, dann „repräsentiert" $\boldsymbol{S}_j * \boldsymbol{C}$ die $N = |\mathscr{C}|$ disjunkten Kugeln vom Radius j um die Codewörter von $\mathscr{C}$.

Definition 7.14. Das Polynom

$$P_i(x) =_{\mathrm{Df}} \sum_{k=0}^{i} (-q)^k (q-1)^{i-k} \binom{n-k}{i-k} \binom{x}{k}$$

mit $\binom{x}{0} = 1$ und $\binom{x}{k} = x(x-1) \ldots (x-k+1)/k!$ heißt *Kravtchouk-Polynom* vom Grad i für $i = 0, 1, \ldots, n$.

Die Kravtchouk-Polynome erfüllen die Orthogonalitätsbedingung

$$\sum_{k=0}^{n} \binom{n}{k} (q-1)^k P_i(k)\, P_j(k) = \delta_{i,j} \binom{n}{j} (q-1)^j q^n,$$

wobei $\delta_{i,j}$ das Kronecker-Symbol ist. Verwendet man die Gleichung

$$\binom{n}{k} (q-1)^k P_j(k) = \binom{n}{j} (q-1)^j P_k(j),$$

dann kann man dies zu

$$\sum_{k=0}^{n} P_i(k)\, P_k(j) = \delta_{i,j} q^n$$

vereinfachen. Weiterhin gilt (vgl. VAN LINT (1971/73))

Lemma 7.2. (1) *Für alle* $\boldsymbol{A}, \boldsymbol{B} \in \mathfrak{G}(X^n)$ *gilt* $\chi_u(\boldsymbol{A} * \boldsymbol{B}) = \chi_u(\boldsymbol{A})\, \chi_u(\boldsymbol{B})$.

(2) $\boldsymbol{S}_n = \sum_{i=0}^{n} \boldsymbol{Y}_i$ *ist das einzige Element von* $\mathfrak{G}(X^n)$ *mit*

$$\chi_0(\boldsymbol{S}_n) = q^n \text{ und } \chi_u(\boldsymbol{S}_n) = 0 \text{ für alle } u \neq \boldsymbol{0}.$$

(3) *Für jedes* $u \in X^n$ *mit* $w(u) = j$ *ist* $\chi_u(\boldsymbol{Y}_i) = P_i(j)$.

Weitere Eigenschaften der Kravtchouk-Polynome findet man z.B. bei SZEGÖ (1959).

Definition 7.15. Sei $\mathscr{C} \subseteq X^n$ ein beliebiger $(n, N, d; q)$-Code. Die reellen Zahlen

$$B_j(\mathscr{C}) =_{\mathrm{Df}} N^{-2} \sum_{u \in Y_j} |\chi_u(\boldsymbol{C})|^2 \text{ für } j = 0, 1, \ldots, n$$

heißen *charakteristische Zahlen* von $\mathscr{C}$. Sei $N(\mathscr{C}) =_{\mathrm{Df}} \{j \mid 1 \leqq j \leqq n,\ B_j(\mathscr{C}) \neq 0\}$. Das Polynom

$$F_{\mathscr{C}}(x) = q^n N^{-1} \prod_{j \in N(\mathscr{C})} (1 - x/j)$$

heißt dann *charakteristisches Polynom* von $\mathscr{C}$.

Die Kravtchouk-Polynome bilden eine Basis im Raum der Polynome mit reellen Koeffizienten und einem Grad nicht größer als n. Entsprechend kann jedes Polynom mit dieser Eigenschaft eindeutig durch eine Linearkombination von Kravtchouk-Polynomen mit reellen Koeffizienten ausgedrückt werden.

Definition 7.16. Sei $\mathscr{C} \subseteq X^n$ ein beliebiger Code und $F_{\mathscr{C}}(x)$ sein charakteristisches Polynom. Die Darstellung von $F_{\mathscr{C}}(x)$ als Linearkombination von Kravtchouk-Polynomen $\sum_{i=0}^{n} \alpha_i P_i(x)$ heißt *Kravtchouk-Entwicklung* von $F_{\mathscr{C}}(x)$ mit den Koeffizienten $\alpha_0, \alpha_1, \ldots, \alpha_n$.

Zwischen den Koeffizienten der Kravtchouk-Entwicklung eines Codes und dem Code selbst besteht der folgende, von Goethals und van Tilborg (1975) gezeigte Zusammenhang, der implizit bereits von Delsarte (1973a, 1973b) nachgewiesen wurde.

Satz 7.3. *Seien $\alpha_0, \alpha_1, \ldots, \alpha_n$ die Koeffizienten der Kravtchouk-Entwicklung des charakteristischen Polynoms eines Codes $\mathscr{C}$. Dann gilt*

$$\sum_{i=0}^{n} \alpha_i \boldsymbol{Y}_i * \boldsymbol{C} = \boldsymbol{S}_n .$$

Beweis. Nach Lemma 7.2 (1) gilt

$$\chi_u\left(\sum_{i=0}^{n} \alpha_i \boldsymbol{Y}_i * \boldsymbol{C}\right) = \chi_u\left(\sum_{i=0}^{n} \alpha_i \boldsymbol{Y}_i\right) \chi_u(\boldsymbol{C}).$$

Sei $w(u) = j$. Dann gilt nach Lemma 7.2 (2)

$$\chi_u\left(\sum_{i=0}^{n} \alpha_i \boldsymbol{Y}_i\right) = \sum_{i=0}^{n} \alpha_i \chi_u(\boldsymbol{Y}_i) = \sum_{i=0}^{n} \alpha_i P_i(j) = F_{\mathscr{C}}(j).$$

Entsprechend der Definition von $F_{\mathscr{C}}(x)$ ist $F_{\mathscr{C}}(j) = 0$ für jedes $j \neq 0$ mit $\chi_u(\boldsymbol{C}) \neq 0$ für ein $u \in Y_j$. Für $u = \boldsymbol{0}$ gilt $\chi_u(\boldsymbol{C}) = |\mathscr{C}|$ und mit $F_{\mathscr{C}}(0) = q^n\, |\mathscr{C}|^{-1}$ gilt nach Lemma 7.2 (3) $\sum_{i=0}^{n} \alpha_i \boldsymbol{Y}_i * \boldsymbol{C} = \boldsymbol{S}_n$. □

Folgerung 7.4. *Für jeden Code $\mathscr{C} \subseteq X^n$ und alle $u \in X^n$ gilt*

$$\sum_{i=0}^{n} \alpha_i f_i(u, \mathscr{C}) = 1.$$

Beweis. Sei $\sum_{u \in X^n} c(u)\, \boldsymbol{e}(u) = \sum_{i=0}^{n} \alpha_i \boldsymbol{Y}_i * \boldsymbol{C} = \boldsymbol{S}_n$. Damit muß einerseits $c(u) = \sum_{i=0}^{n} \alpha_i f_i(u, \mathscr{C})$ und andererseits $c(u) = 1$ für alle $u \in X^n$ gelten. □

Definition 7.17. Sei $\mathscr{C} \subseteq X^n$ ein beliebiger Code. Für alle $u \in X^n$ sei $\varrho(u, \mathscr{C}) =_{\mathrm{Df}} \min \{d(u, v) \mid v \in \mathscr{C}\}$,

$$\varrho(\mathscr{C}) =_{\mathrm{Df}} \max \{\varrho(u, \mathscr{C}) \mid u \in X^n\}$$

heißt *Überdeckungsradius* von $\mathscr{C}$.

Offensichtlich gilt $\bigcup_{u \in \mathscr{C}} K(u, \varrho(\mathscr{C})) = X^n$ und $\varrho(\mathscr{C}) \geqq e$ für jeden e-Fehler-Code $\mathscr{C}$.

Definition 7.18. Sei $\mathscr{C} \subseteq X^n$ ein beliebiger Code. Sei s der Grad des charakteristischen Polynoms $F_{\mathscr{C}}(x)$ von $\mathscr{C}$. Dann heißt s *externe Distanz* von $\mathscr{C}$.

Diese Bezeichnung wird durch den folgenden Satz von Delsarte (1973a) gerechtfertigt.

Satz 7.5. *Sei s die externe Distanz eines Codes $\mathscr{C} \subseteq X^n$. Dann gilt stets $\varrho(\mathscr{C}) \leqq s$.*

Beweis. Sei $s < \varrho(\mathscr{C})$. Dann gilt für die Koeffizienten $\alpha_0, \alpha_1, \ldots, \alpha_n$ der Kravtchouk-Entwicklung von $F_{\mathscr{C}}(x)$ $\alpha_{s+1} = \ldots = \alpha_n = 0$. Es gibt nun mindestens ein $v \in X^n$ mit $\varrho(v, \mathscr{C}) = \varrho(\mathscr{C})$. Für dieses v gilt

$$f_0(v, \mathscr{C}) = \ldots = f_s(v, \mathscr{C}) = \ldots = f_{\varrho(\mathscr{C})-1}(v, \mathscr{C}) = 0 .$$

Damit würde $\sum_{i=0}^{n} \alpha_i f_i(v, \mathscr{C}) = 0$ gelten, was ein Widerspruch zu Folgerung 7.4 ist.

Einen Zusammenhang mit der Minimaldistanz liefert

Lemma 7.6. (van Tilborg (1976)). *Seien $\alpha_0, \alpha_1, \ldots, \alpha_s$ die von Null verschiedenen Koeffizienten der Kravtchouk-Entwicklung des charakteristischen Polynoms $F_{\mathscr{C}}(x)$ eines e-Fehler-Codes $\mathscr{C}$ mit der externen Distanz s und der Minimaldistanz $d = d(\mathscr{C})$. Sei $s < d$. Dann gilt $\alpha_0 = \alpha_1 = \ldots = \alpha_{d-s-1} = 1$.*

Definition 7.19. Ein Code $\mathscr{C} \subseteq X^n$ heißt *distanzinvariant* genau dann, wenn $f_i(u, \mathscr{C}) = f_i(v, \mathscr{C})$ für alle $u, v \in \mathscr{C}$ und $i = 0, 1, \ldots, n$ gilt.

In einem distanzinvarianten Code ist also die Anzahl der Codewörter, die von einem gegebenen Codewort den Abstand i haben, von diesem Codewort unabhängig. Es gilt nun

Satz 7.7. (Delsarte (1973a)). *Sei $\mathscr{C}$ ein beliebiger Code mit der externen Distanz s. Es gelte $s \leqq d(\mathscr{C})$. Dann ist $\mathscr{C}$ distanzinvariant.*

Eine Verallgemeinerung des Begriffs des distanzinvarianten Codes ist der des t-regulären Codes.

Definition 7.20. Sei $\mathscr{C} \subseteq X^n$ ein beliebiger Code, und sei $v \in X^n$ sowie $\mathscr{D}(v, \mathscr{C}) =_{\text{Df}} \{u - v \mid u \in \mathscr{C}\}$. Sei s die externe Distanz von $\mathscr{C}$ und t eine ganze Zahl mit $0 \leqq t \leqq s$. $\mathscr{C}$ heißt *t-regulär* genau dann, wenn für alle $v \in X^n$, für die das Minimalgewicht w des Codes $\mathscr{D}(v, \mathscr{C})$ kleiner als t ist, das Gewichtsspektrum von $\mathscr{D}(v, \mathscr{C})$ nur von w abhängt. Einen s-regulären Code bezeichnen wir auch als *vollständig regulär*.

Offensichtlich ist ein 0-regulärer Code distanzinvariant. Goethals, van Tilborg (1975) konnten folgenden Zusammenhang zwischen der Minimaldistanz, der externen Distanz und der Eigenschaft der t-Regularität eines Codes herstellen.

Satz 7.8. *Sei $\mathscr{C}$ ein beliebiger Code mit der Minimaldistanz $d = d(\mathscr{C})$ und der externen Distanz s. Dann gilt*

1. *Wenn $s \leqq d < 2s - 1$ ist, dann ist $\mathscr{C}$ $(d - s)$-regulär.*
2. *Wenn $d \geqq 2s - 1$ ist, dann ist $\mathscr{C}$ vollständig regulär.*

Als kombinatorische Eigenschaft t-regulärer Codes ergibt sich

Satz 7.9 (Goethals, van Tilborg (1975)). *Sei $\mathscr{C}$ ein t-regulärer $(n, N, d; 2)$-Code, der das Codewort $\mathbf{0}$ enthält und für den $d(\mathscr{C}) \geqq 2t$ gilt. Dann bestimmen für jedes Gewicht k die Codewörter mit dem Gewicht k einen t-Blockplan.*

Im q-adischen Fall gilt allgemeiner

Satz 7.10 (Goethals, van Tilborg (1975)). *Sei $\mathscr{C}$ ein t-regulärer $(n, N, d; q)$-Code, der das Codewort $\mathbf{0}$ enthält und für den $d(\mathscr{C}) \geqq 2t$ gilt. Dann bestimmen für jedes Gewicht k die Codewörter vom Gewicht k einen q-adischen t-Blockplan.*

7.4. Lineare Codes

Sei in diesem Kapitel X^n der Vektorraum der Dimension n über GF(q). q ist also hier eine Primzahlpotenz.

Definition 7.21. Ein $(n, q^k, d; q)$-Code $\mathscr{C}$ heißt *linearer Code* genau dann, wenn $\mathscr{C}$ linearer Unterraum von X^n ist. Einen linearen $(n, q^k, d; q)$-Code bezeichnen wir auch als $[n, k, d; q]$-*Code* (oder auch nur als $[n, k; q]$-Code).

Erstmals wurden wohl Beziehungen zwischen Codes und Gruppen und linearen Vektorräumen von Kiyasu (1953) betrachtet. Es sei auch noch auf Slepian (1956a, 1956b, 1960) verwiesen.

Die Struktur eines linearen Unterraums bietet sowohl bei der Repräsentation als auch bei der Verwendung linearer Codes eine Reihe von Vorzügen. Wir wenden uns nun solchen Darstellungen und speziellen Eigenschaften linearer Codes zu.

Es ist klar, daß lineare Codes auch Gruppencodes sind, da jeder lineare Unterraum von X^n auch Untergruppe der additiven Gruppe $(X^n, +)$ ist. In einem linearen Code $\mathscr{C}$ ist die Minimaldistanz $d(\mathscr{C})$ gleich dem Minimalgewicht, d.h. gleich dem minimalen Gewicht aller von $\mathbf{0}$ verschiedenen Codewörter. $\mathbf{0}$ ist natürlich Element jedes linearen Codes.

Betrachtet man eine beliebige Basis eines linearen Unterraums von X^n, so ist damit dieser Unterraum und damit auch der entsprechende lineare Code eindeutig beschrieben. Eine Matrix G, deren Zeilen die Basisvektoren eines linearen Codes $\mathscr{C}$ sind, bezeichnet man als *Basismatrix* (oder Generatormatrix) von $\mathscr{C}$. Ist $\mathscr{C}$ ein k-dimensionaler Unterraum, dann ist G eine (k, n)-Matrix vom Rang k. Es ist klar, daß die Beschreibung eines linearen Codes mit Hilfe einer Basismatrix sehr günstig ist, da man so eine große Menge von Codewörtern durch eine relativ kleine Matrix beschreiben kann.

Zwei Codes heißen äquivalent, wenn man den einen aus dem anderen durch Anwendung einer festen Permutation auf dessen Codewörter erhält. Daraus folgt, daß für jeden linearen Code ein äquivalenter Code mit einer Basismatrix der Form $G = (I_k, P)$ existiert, wobei I_k die (k, k)-Einheitsmatrix und P eine $(k, (n - k))$-Matrix ist. Eine solche Basismatrix wird als kanonisch bezeichnet.

Definition 7.22. Sei $\mathscr{C} \subseteq X^n$ ein linearer Code. Sei H Basismatrix seines dualen Codes $\mathscr{C}^\perp$. Dann heißt H *Prüfmatrix* von $\mathscr{C}$.

Satz 7.11. *Sei $\mathscr{C} \subseteq X^n$ ein linearer Code und H Prüfmatrix von $\mathscr{C}$. Es gilt dann offensichtlich für alle $x \in X^n$:*

$$x \in \mathscr{C} \text{ genau dann, wenn } x H^\top = 0.$$

Man kann also leicht durch Ausführung einer Matrixmultiplikation feststellen, ob ein empfangenes Wort zum Code gehört oder nicht. Für jeden linearen $[n, k, d; q]$-Code und jede Prüfmatrix H erhält man nun ein System von $n - k$ linearen Gleichungen, die man als Prüfgleichungen oder auch Paritätsgleichungen bezeichnet. Es gilt:

Satz 7.12. *Wenn die Basismatrix G eines linearen $[n, k, d; q]$-Codes $\mathscr{C}$ die kanonische Form $G = (I_k, P)$ hat, dann ist $H = ((-P)^\top I_{n-k})$ Prüfmatrix von $\mathscr{C}$.*

Sei $\mathscr{C}$ ein linearer $[n, k, d; q]$-Code und G kanonische Basismatrix von $\mathscr{C}$. Dann kann ein beliebiges Wort u der Länge k über X stets auf folgende Weise in ein Wort x aus $\mathscr{C}$ codiert werden. Als die ersten k Stellen von x wählt man das Wort u selbst, und die weiteren Stellen von x ergeben sich dadurch, daß die Zeilen von G eine Basis von $\mathscr{C}$ bilden. Dann tragen nur die ersten k Stellen jedes Codeworts Information, während die folgenden $n - k$ Stellen redundant sind und zur Fehlerkorrektur verwendet werden können. Man sagt deshalb auch, daß die ersten k Stellen der Codewörter eines solchen Codes die Informationssymbole und die letzten $n - k$ Stellen Prüfsymbole enthalten. Man bezeichnet $\mathcal{C}$ dann auch als *systematischen Code.* Systematische Codes wurden bereits von GOLAY (1949) und HAMMING (1950) betrachtet. Da es zu jedem linearen Code einen zu ihm äquivalenten Code mit kanonischer Basismatrix gibt, gilt auch:

Satz 7.13. *Jeder lineare Code ist äquivalent zu einem systematischen Code.*

Die Frage nach dem Zusammenhang zwischen Minimaldistanz und Prüfmatrix eines linearen Codes beantwortet

Satz 7.14. (SACKS (1958), DWORK, HELLER (1959)). *Das Minimalgewicht (und damit die Minimaldistanz) eines linearen Codes mit der Prüfmatrix H ist nicht kleiner als w genau dann, wenn jede Kombination von $w - 1$ oder weniger Spalten von H linear unabhängig ist.*

Wie kann man nun einen linearen Code auf einfache Weise decodieren? Wir werden in diesem Abschnitt nur ein prinzipiell mögliches Verfahren angeben.

Sei $\mathcal{C}$ ein linearer $[n, k, d; q]$-Code und H Prüfmatrix von $\mathcal{C}$.

Definition 7.23. Für jedes $x \in X^n$ heißt $x H^\mathsf{T}$ das *Syndrom* von x (bezüglich H).

Definition 7.24. Für jedes $x \in X^n$ heißt $\{y \mid y = x + u,\ u \in \mathcal{C}\}$ *Comenge* von $\mathcal{C}$.

Da $\mathcal{C}$ ein linearer Code ist, ist x auch stets Element der durch x bestimmten Comenge.

Satz 7.15. *Zwei Wörter x und y aus X^n sind Elemente der gleichen Comenge von $\mathcal{C}$ genau dann, wenn ihre Syndrome bezüglich H gleich sind.*

Wir wählen nun in jeder Comenge von $\mathcal{C}$ ein Element mit minimalem Gewicht, den *Comengenrepräsentanten*, aus.

Das *Standard-Feld* von $\mathcal{C}$, eine Matrix, deren Elemente Wörter aus X^n sind, erhält man wie folgt. Die Elemente der ersten Zeile des Standard-Felds sind die Codewörter von $\mathcal{C}$, wobei man als Element in der ersten Spalte $\mathbf{0}$ wählt. Offensichtlich ist $\mathbf{0}$ ein Comengenrepräsentant. Die anderen Elemente des Standard-Felds ergeben sich jeweils als Summe des Codewortes in der entsprechenden Spalte und des jeweiligen Comengenrepräsentanten in der entsprechenden Zeile.

Man kann das Standard-Feld als Decodiertafel für den Code $\mathcal{C}$ verwenden, indem man das empfangene Wort im Standard-Feld aufsucht und dann in das in der entsprechenden Spalte (an erster Stelle) stehende Codewort decodiert. Es gilt dann

Satz 7.16. *Wenn man das Standard-Feld eines linearen Codes $\mathcal{C}$ als Decodiertafel für diesen Code verwendet, dann wird ein empfangenes Wort v genau dann korrekt in das gesendete Wort u decodiert, wenn das Wort $v - u$ ein Comengenrepräsentant ist.*

Beweis. Dieser Satz wird durch die folgende Betrachtung sofort klar. Sei u das gesendete und v das empfangene Wort. Dann wurde also auf das gesendete Wort u ein Fehlerwort $x = v - u$ addiert. Wendet man nun die Prüfmatrix H auf $v = u + x$ an, so erhält man $(u + x) H^\mathsf{T} = uH^\mathsf{T} + xH^\mathsf{T} = \mathbf{0} + xH^\mathsf{T}$. Das Syndrom des empfangenen Worts ist also gleich dem Syndrom des Fehlerworts x. Sowohl v als auch x liegen also in der gleichen Comenge. Entsprechend dem Aufbau des Standard-Felds wird also genau dann richtig decodiert, wenn das Fehlerwort $x = v - u$ Comengenrepräsentant ist.

Um nun die Comengenrepräsentanten eindeutig zu bestimmen, numeriert man die Elemente von GF(q) mit den Zahlen 1 bis q durch, wobei 0 die Nummer q erhält. Als Comengenrepräsentanten wählt man jetzt in jeder Comenge das lexikographisch erste Element dieser Comenge mit minimalem Gewicht.

Man kann über den Elementen von X^n folgende Relation definieren.

Definition 7.25. Seien $x = (x_1, \ldots, x_n)$ und $y = (y_1, \ldots, y_n)$ Elemente von X^n. Es gilt $x \prec y$ (d.h. *y überdeckt x*) genau dann, wenn $x_i = y_i$ oder $x_i = 0$ für alle i $(i = 1, \ldots, n)$ gilt.

Dann gilt (Slepian (1960)):

Satz 7.17. *Seien die Comengenrepräsentanten wie oben eindeutig bestimmt, und sei $y \in X^n$ ein Comengenrepräsentant. Wenn $x \prec y$ für ein $x \in X^n$ gilt, dann ist auch x Comengenrepräsentant.*

Man muß bemerken, daß die hier beschriebene Vorgehensweise bei der Decodierung im allgemeinen nicht praktizierbar ist, da das Standard-Feld eines hinreichend umfangreichen linearen Codes zu groß ist. Der folgende Satz (vgl. z. B. Peterson, Weldon (1972)) zeigt, was damit jedoch prinzipiell erreichbar sein kann.

Satz 7.18. *Sei $\mathcal{C}$ ein binärer $[n, k; 2]$-Code, der zur Übertragung über einen binären symmetrischen Kanal benutzt wird. Nimmt man weiterhin an, daß alle Codewörter mit gleicher Wahrscheinlichkeit verwendet werden, dann ist bei Verwendung des Standard-Felds von $\mathcal{C}$ zur Decodierung die mittlere Wahrscheinlichkeit richtiger Decodierung maximal.*

7.5. Gewichts- und Distanzspektren

Eine wesentliche Information über die Struktur eines Codes ist die, welche Gewichte unter den Codewörtern vorkommen und wie sich diese Gewichte verteilen. Wir wollen uns jetzt mit Aussagen über diese Gewichtsverteilung befassen. Dabei ergeben sich interessante Beziehungen zwischen der Gewichtsstruktur des Codes selbst und der seines dualen Codes. Der Begriff des dualen Codes bereitet für beliebige nichtlineare Codes Schwierigkeiten, und er wurde deshalb zuerst nur für lineare Codes eingeführt (vgl. Definition 7.7). Wir werden jetzt den Begriff des dualen Codes für den Fall beliebiger Codes, die das Wort **0** enthalten, einführen.

Zuerst kommen wir zum Begriff des Gewichtsspektrums.

Definition 7.26. Für jedes $x = (x_1, \ldots, x_n) \in X^n$ sei

$$\tau(x) =_{\mathrm{Df}} (t_0(x), \ldots, t_{q-1}(x)) \text{ mit}$$

$$t_i(x) =_{\mathrm{Df}} |\{x_j \mid 1 \leqq j \leqq n, x_j = i\}| \text{ für } i = 0, 1, \ldots, q-1.$$

Sei nun $\mathcal{C} \subseteq X^n$ ein beliebiger Code und sei

$$A_{\mathcal{C}}((t_0, \ldots, t_{q-1})) =_{\mathrm{Df}} |\{x \mid x \in \mathcal{C}, \tau(x) = (t_0, \ldots, t_{q-1})\}| .$$

Dann heißt das Polynom

$$\mathfrak{W}_{\mathcal{C}}(z_0, \ldots, z_{q-1}) =_{\mathrm{Df}} \sum_{t=(t_0,\ldots,t_{q-1})} A_{\mathcal{C}}(t)\, z_0^{t_0} \cdots z_{q-1}^{t_{q-1}}$$

vollständiges Gewichtsspektrum von $\mathcal{C}$.

Im folgenden wollen wir nur den Fall $X = \mathrm{GF}(q)$ betrachten. Wir werden nun den dualen Code als Element der Gruppenalgebra $\mathfrak{G}(X^n)$ einführen.

Definition 7.27. Sei $\mathcal{C} \subseteq X^n$ ein beliebiger Code mit $\mathbf{0} \in \mathcal{C}$, und sei $\boldsymbol{C} = \sum_{u \in \mathcal{C}} e(u)$ das entsprechende Element der Gruppenalgebra $\mathfrak{G}(X^n)$. Dann sei

$$\boldsymbol{C}^{\perp} =_{\mathrm{Df}} \frac{1}{|\mathcal{C}|} \sum_{u \in X^n} \chi_u(\boldsymbol{C})\, e(u)$$

das duale Element von $\mathscr{C}$ in $\mathfrak{G}(X^n)$, wobei $\chi_u(\cdot)$ ein entsprechender Charakter ist. Die Koeffizienten des vollständigen Gewichtsspektrums von $C^\perp$ definieren wir dann mit

$$A_{C^\perp}(t) =_{\mathrm{Df}} \frac{1}{|\mathscr{C}|} \sum_{\substack{u \in X^n \\ \tau(u)=t}} \chi_u(C) \text{ für alle } t \in \{0, 1, \ldots, n\}^q.$$

MacWilliams, Sloane, Goethals (1972) zeigten, daß diese Definitionen die Bedingungen $(C^\perp)^\perp = C$ und Übereinstimmung mit der üblichen Definition im Fall linearer Codes erfüllen.

Wir können jetzt unsere Aussagen nur für $C^\perp$ als Element der Gruppenalgebra $\mathfrak{G}(X^n)$ formulieren, wobei wir den Begriff des vollständigen Gewichtsspektrums analog verwenden wollen. Im Fall linearer Codes können wir $C^\perp$ wieder durch $\mathscr{C}^\perp$ ersetzen. Damit gilt dann

Satz 7.19. (MacWilliams, Sloane, Goethals (1972)). *Sei $\mathscr{C}$ ein beliebiger $(n, N, d; q)$-Code mit $\mathbf{0} \in \mathscr{C}$. Seien $A_{\mathscr{C}}(t)$ bzw. $A_{C^\perp}(t)$ jeweils die Koeffizienten des vollständigen Gewichtsspektrums von $\mathscr{C}$ bzw. $C^\perp$ mit $t = (t_0, \ldots, t_{q-1}) \in \{0, 1, \ldots, n\}^q$. Dann gilt*

$$\mathfrak{W}_{C^\perp}(z_0, \ldots, z_{q-1}) = \sum_{t=(t_0,\ldots,t_{q-1})} A_{C^\perp}(t)\, z_0^{t_0} \ldots z_{q-1}^{t_{q-1}}$$

$$= \frac{1}{N} \sum_{t=(t_0,\ldots,t_{q-1})} A_{\mathscr{C}}(t) \prod_{l=0}^{q-1} \left(\sum_{j=0}^{q-1} \chi\,(jl)\, z_j^{t_l} \right),$$

wobei χ ein nichtprimitiver Charakter über GF(q) *ist.*

Wir wollen jetzt zu einfacheren Formen von Gewichtsspektren übergehen, die zwar weniger Information enthalten, dafür aber zu besser handhabbaren Ausdrücken führen.

Definition 7.28. Sei $\mathscr{C}$ ein beliebiger $(n, N, d; q)$-Code. Dann sei

$$W_{\mathscr{C}}(x, y) =_{\mathrm{Df}} \sum_{u \in \mathscr{C}} x^{n-w(u)}\, y^{w(u)} \quad \text{und} \quad W_{\mathscr{C}}(x) =_{\mathrm{Df}} \sum_{u \in \mathscr{C}} x^{w(u)}.$$

Da Verwechslungen nicht vorkommen können, wollen wir beide Polynome als *Gewichtsspektrum* des Codes $\mathscr{C}$ bezeichnen. Sei nun $A_i(\mathscr{C})$ jeweils die Anzahl der Codewörter $u \in \mathscr{C}$ mit dem Gewicht $w(u) = i$. Ähnlich wie oben sei für das duale Element $C^\perp$ von C in $\mathfrak{G}(X^n)$

$$A_i(C^\perp) =_{\mathrm{Df}} \frac{1}{N} \sum_{\substack{u \in X^n \\ w(u)=i}} \chi_u(C).$$

Mit diesen Definitionen gilt offensichtlich

$$W_{\mathscr{C}}(x, y) = \sum_{i=0}^{n} A_i(\mathscr{C})\, x^{n-i}\, y^i \quad \text{und} \quad W_{\mathscr{C}}(x) = \sum_{i=0}^{n} A_i(\mathscr{C})\, x^i.$$

Auch hier wollen wir den Begriff des Gewichtsspektrums analog für $C^\perp$ verwenden. Das Gewichtsspektrum $W_{\mathscr{C}}(x, y)$ werden wir im folgenden nur im Abschnitt 8.5.1 über selbstduale Codes betrachten, während wir uns hier nur noch mit $W_{\mathscr{C}}(x)$ befassen werden. Zuerst einige Aussagen über lineare Codes.

Satz 7.20 (Pless (1963)). *Sei $\mathscr{C}$ ein linearer $[n, k; q]$-Code, und sei $\mathscr{C}^\perp$ sein dualer Code. Dann gilt*

$$\sum_{j=0}^{n} (n-j)^r A_j(\mathscr{C}) = \sum_{j=0}^{n} A_j(\mathscr{C}^\perp) \left(\sum_{i=0}^{r} i!\, S(r, i)\, q^{k-i} \binom{n-j}{n-i} \right),$$

wobei r eine positive ganze Zahl und $S(r, i)$ eine Stirling-Zahl zweiter Art ist, die die Gleichung

$$(n - j)^r = \sum_{i=0}^{r} i! \binom{n - j}{i} S(r, i)$$

erfüllt.

Wir können jetzt auch einen Zusammenhang mit den charakteristischen Zahlen eines Codes zeigen.

Satz 7.21. *Sei $\mathscr{C}$ ein beliebiger linearer $(n, N, d; q)$-Code. Sei $u \in X^n$, und sei $\chi_u(\cdot)$ ein wie in Abschnitt 7.3 definierter Charakter. Dann gilt*

$$\chi_u(\mathscr{C}) = \begin{cases} N, \text{ wenn} \in \mathscr{C}^\perp, \\ 0 \text{ sonst}. \end{cases}$$

Hieraus folgt, daß die in Abschnitt 7.3, Definition 7.15, eingeführten charakteristischen Zahlen $B_j(\mathscr{C})$ jeweils gerade gleich der Anzahl der Wörter vom Gewicht j im dualen Code $\mathscr{C}^\perp$ von $\mathscr{C}$ sind. Da $\mathscr{C}^\perp$ linear und damit distanzinvariant ist, gilt

Satz 7.22. *Sei $\mathscr{C}$ ein beliebiger linearer $(n, N, d; q)$-Code. Dann gilt*

$$W_{\mathscr{C}^\perp}(x) = \sum_{j=0}^{n} A_j(\mathscr{C}^\perp)\, x^j = \sum_{j=0}^{n} B_j(\mathscr{C})\, x^j.$$

Für einen linearen Code $\mathscr{C}$ ist also das Gewichtsspektrum seines dualen Codes $\mathscr{C}^\perp$ eindeutig durch die $s + 1$ von Null verschiedenen charakteristischen Zahlen von $\mathscr{C}$ bestimmt. Allgemeiner gilt:

Satz 7.23. (MacWilliams, Sloane, Goethals (1972)). *Sei $\mathscr{C}$ ein beliebiger $(n, N, d; q)$-Code mit $\mathbf{0} \in \mathscr{C}$. Seien $W_{\mathscr{C}}(x)$ und $W_{C^\perp}(x)$ die Gewichtsspektren von $\mathscr{C}$ bzw. $C^\perp$ mit den Koeffizienten $A_i(\mathscr{C})$ bzw. $A_i(C^\perp)$ $(i = 0, 1, \ldots, n)$. Dann gilt*

$$W_{C^\perp}(x) = \sum_{i=0}^{n} A_i(C^\perp)\, x^i = \frac{1}{N} \sum_{i=0}^{n} A_i(\mathscr{C})\, (1 + (q - 1)\, x)^{n-i}\, (1 - x)^i.$$

Die Sätze 7.19 und 7.23 wurden ursprünglich von MacWilliams (1963) für lineare Codes bewiesen. Für sie ist die Bezeichnung *MacWilliams-Gleichungen* üblich.

Von großem Interesse wären Angaben über die Abstände der Codewörter voneinander und über die Verteilung dieser Abstände im Code. Man müßte also das *Distanzspektrum*

$$A_{\mathscr{C}}(x) =_{\mathrm{Df}} \frac{1}{|\mathscr{C}|} \sum_{u,v \in \mathscr{C}} x^{d(u,v)}$$

betrachten. Leider ist es im allgemeinen Fall schlechter zugänglich. Für lineare Codes fallen Distanz- und Gewichtsspektrum zusammen. Für nichtlineare Codes ist die Situation schwieriger. Aber auch für solche Codes können Distanz- und Gewichtsspektrum übereinstimmen, wie das folgende, von MacWilliams, Sloane, Goethals (1972) angegebene Beispiel

$$\begin{aligned} \mathscr{C}_0 = \{&00000000, 11000000, 10100000, 10010000, 10001000, \\ &10000100, 10000010, 10000001, 11111111, 00111111, \\ &01011111, 01101111, 01110111, 01111011, 01111101, 01111110\} \end{aligned}$$

zeigt. Allgemeiner bewiesen sie:

Satz 7.24. *Gewichts- und Distanzspektrum eines Codes $\mathscr{C}$ fallen genau dann zusammen, wenn das Gewichtsspektrum von $\mathscr{C}$ gleich dem Gewichtsspektrum von $\mathscr{C} + v = \{x \mid x = u + v, u \in \mathscr{C}\}$ für jedes $v \in \mathscr{C}$ ist.*

Abschließend sei darauf verwiesen, das MacWilliams, Sloane, Goethals (1972) ein vollständiges Lee-Gewichtsspektrum einführten und für diesen Fall eine analoge MacWilliams-Gleichung ableiten konnten. Es sei auch noch die Arbeit von Zierler (1973) erwähnt, in der eine weitere Verallgemeinerung der MacWilliams-Gleichung angegeben wird.

7.6. Schranken für Codeparameter

Ein wesentliches Kriterium für die Güte einer Klasse von Codes ist, in welchen Grenzen sich ihre Parameter bewegen. Man benötigt einerseits möglichst präzise Aussagen für die betrachtete Klasse von Codes und andererseits allgemeine Vergleichsgrößen. In diesem Abschnitt werden wir uns mit einigen recht allgemeinen Schranken befassen. Wenn man eine bestimmte Schranke betrachtet, so stellt sich die Frage, wie gut diese Schranke ist und ob es Codes gibt, deren Parameter die nach dieser Aussage maximal möglichen Werte annehmen. Solche Probleme betrachten wir in den Abschnitten 7.6.1 und 7.6.2 sowie in Kapitel 9 und Abschnitt 10.1.

Wir beginnen mit einem positiven Beispiel. Die Varshamov-Gilbert-Schranke (Gilbert (1952), Varshamov (1957)) liefert eine Bedingung, wann die Existenz linearer Codes mit bestimmten Parametern gesichert ist.

Satz 7.25 (Varshamov-Gilbert-Schranke). *Es ist möglich, einen linearen $[n, k, d; q]$-Code zu konstruieren, wenn*

$$q^{n-k} > \sum_{i=0}^{d-2} \binom{n-1}{i} (q-1)^i$$

gilt.

Für wachsendes n ergibt sich daraus asymptotisch

$$k/n > 1 - H\left(\frac{d}{n}\right),$$

wobei $H(d/n) = -(d/n) \log (d/n) - (1 - d/n) \log (1 - d/n)$ die Shannon-Entropie ist.

Omura (1973) und Deza, Hoffman (1977) beschäftigten sich mit verallgemeinerten Varshamov-Gilbert-Schranken. Ersterer stellte auch Beziehungen zur Distorsionstheorie her.

Die folgende Schranke liefert eine Abschätzung für die Minimaldistanz von linearen binären Codes.

Definition 7.29. Sei

$$w(n, k) =_{\mathrm{Df}} \max \{d(\mathscr{C}) \mid \mathscr{C} \text{ ist ein linearer } (n, 2^k, d(\mathscr{C}); 2)\text{-Code}\}.$$

Es sei

$$f_0(n, k) =_{\mathrm{Df}} \begin{cases} \max (2r - 1, n - 2^{k-2}), & \text{wenn } n + 1 = r(k + 1), \\ \max (2r, n - 2^{k-2}), & \text{wenn } n + 1 = r(k + 1) + t, 1 \leqq t \leqq k, \end{cases}$$

$$f_1(n, k) =_{\mathrm{Df}} \begin{cases} f_1(n - 1, k - 1), & \text{wenn } n \leqq 2^{k-2}, \\ 2h - 1, & \text{wenn } n = 4h \text{ und } 2^{k-2} < n < 2^{k-1} - 1, \\ 2h, & \text{wenn } n = 4h + 1,\ 4h + 2, \\ & 4h + 3 \text{ und } 2^{k-2} < n < 2^{k-1} - 1, \\ 2^{k-2} - 1, & \text{wenn } n = 2^{k-1} - 1, \\ 2^{k-2}, & \text{wenn } n = 2^{k-1}, \end{cases}$$

Calabi, Myrvaagnes (1964) bewiesen:

Satz 7.26. *Für $1 \leqq k \leqq n \leqq 2^{k-1}$ gilt $f_0(n, k) \leqq w(n, k) \leqq f_1(n, k)$.*

Satz 7.27. *Für zwei gegebene positive ganze Zahlen k und a gibt es stets ein n, so daß $w(n, k) = a$ ist.*

Beispielsweise gilt $w(12, 5) \leqq 4$, womit eine von Nadler (1962) gestellte Frage nach der Existenz eines linearen $(12, 2^5; 5; 2)$-Codes negativ beantwortet wird. Calabi, Myrvaagnes (1964) gaben auch eine Tabelle für $w(n, k)$ für $1 \leqq k \leqq n \leqq 24$ an.

Für binäre Codes gilt:

Satz 7.28 (Best, Brouwer (1977)). *Sei*

$$A(n, d) =_{\mathrm{Df}} \max \{N \mid \text{Es existiert ein } (n, N, d; 2)\text{-Code}\}.$$

Dann gilt

$$A(n + 1, 4) = A(n, 3)\, 2^{n-2}/[n/4 + 1].$$

Insbesondere gilt $A(2^m - j, 3) = 2^{2^m - m - j}$ *für* $j = 1, 2, 3$.

Der Beweis wird dadurch geführt, daß ein-, zwei- bzw. dreifach gekürzte binäre Hamming-Codes diese Parameter erreichen. Es gilt weiterhin $A(2^m - 4, 3) = 2^{2^m - m - 4}$. Die angegebene Schranke ist also in diesen Fällen scharf.

Wir wollen jetzt noch einige Schranken kurz erwähnen.

Satz 7.29 (Griesmer-Schranke). *Sei $\mathscr{C}$ ein linearer $[n, k, d; q]$-Code. Dann gilt*

$$n \geqq \sum_{i=0}^{k-1} \left\lceil \frac{d}{q^i} \right\rceil.$$

Dieser Satz wurde von Griesmer (1960) im binären und von Baumert und McEliece (1973) im q-adischen Fall bewiesen.

Satz 7.30 (Elias-Schranke). *Sei $\mathscr{C}$ ein linearer $[n, k, d; 2]$-Code. Dann gilt*

$$d \leqq 2t\,(1 - t/n) \left(\frac{L}{L-1}\right),$$

wobei t eine beliebige ganze Zahl mit $\sum_{j=0}^{t} \binom{n}{j} > 2^{n-k}$ *und L die kleinste ganze Zahl mit*

$$L \geqq \frac{\sum_{j=0}^{t} \binom{n}{j}}{2^{n-k}} \text{ ist.}$$

Hierfür siehe z. B. Peterson, Weldon (1972).

An weiteren Arbeiten seien genannt: Joshi (1958), Shapiro, Slotnick (1959), Wax (1959), Lipp (1960), Strait (1961), Grey (1962), Johnson (1962a, 1963, 1971, 1972), Bartow (1963a, 1963b), Bassalygo (1965), Sidelnikow (1974), Sidorenko (1975) und Gabidulin, Sidorenko (1976). Wichtig sind auch die Übersichtsarbeiten von Sloane (1971, 1972a) und Helgert, Stinaff (1973).

In den beiden folgenden Abschnitten betrachten wir noch die Plotkin- und die Singleton-Schranke, die beide zu unter kombinatorischem Aspekt interessanten Klassen von Codes führen.

7.6.1. Plotkin-Schranke, maximale Codes und Hadamard-Matrizen

Satz 7.31 (Plotkin-Schranke). *Für jeden $(n, N, d; q)$-Code $\mathscr{C}$ gilt*

$$d \leqq \frac{nN(q-1)}{(N-1)\,q}.$$

Plotkin (1960) konnte diese Schranke für $q = 2$ bestimmen. Nach Umformung erhält man

Folgerung 7.32. *Für jeden $(n, N, d; 2)$-Code $\mathscr{C}$ gilt*

$$N \leqq \begin{cases} 2d/(2d-n), & \text{falls } 2d > n, \\ 4t, & \text{falls } n = 4t-2 \text{ und } d = 2t-1 \text{ oder} \\ & \text{falls } n = 4t-1 \text{ und } d = 2t, \\ 8t, & \text{falls } n = 4t \text{ und } d = 2t. \end{cases}$$

Definition 7.30. Binäre Codes, deren Codewortanzahl N den entsprechend der Plotkin-Schranke maximal möglichen Wert erreicht, werden als *maximale Codes* bezeichnet.

Die Existenz solcher maximaler Codes steht in enger Beziehung zur Existenz von Hadamard-Matrizen.

Definition 7.31. Eine *Hadamard-Matrix* der Ordnung n ist eine quadratische (n, n)-Matrix, deren Elemente gleich $+1$ oder -1 sind und für die $H\,H^{\mathsf{T}} = nI_n$ gilt, wobei I_n die Einheitsmatrix n-ter Ordnung ist. H heißt *normalisert*, wenn alle Elemente der ersten Zeile und der ersten Spalte von H gleich $+1$ sind.

Offensichtlich kann man aus jeder Hadamard-Matrix eine normalisierte Hadamard-Matrix erhalten.

Bose, Shrikhande (1959) stellten die folgende Beziehung zwischen der Existenz maximaler Codes und der Existenz von Hadamard-Matrizen her.

Satz 7.33. *Es existiert ein maximaler $(4t, 8t, 2t; 2)$-Code und ein maximaler $(4t-1, 4t, 2t; 2)$-Code genau dann, wenn eine Hadamard-Matrix der Ordnung $4t$ existiert.*

In Verallgemeinerung eines Resultats von Bose, Shrikhande (1959) gilt:

Satz 7.34 (Goethals (1973)). *Für gerades $d = kt$ existiert ein maximaler $((2k-1)\,t, N, kt; 2)$-Code genau dann, wenn ein Blockplan mit den Parametern $v = 2k-1$, k und $\lambda = kt/2$ existiert.*

Da z.B. bekannt ist, daß eine Hadamard-Matrix der Ordnung 264 existiert, ist damit auch die Existenz eines (264, 528, 132; 2)-Codes, eines (263, 264, 132; 2)-Codes und natürlich auch eines (263, 132, 66)-Blockplans gesichert. Andererseits ist nicht bekannt, ob eine Hadamard-Matrix der Ordnung 268 existiert. Damit bleibt auch die Existenz eines (268, 536, 134; 2)-Codes, eines (267, 268, 134; 2)-Codes und eines (267, 134, 67)-Blockplans offen.

Maximale Codes haben recht spezielle Eigenschaften.

Satz 7.35 (Goethals (1973)). *Für jeden maximalen $(n, N, d; 2)$-Code $\mathscr{C}$ mit $n < 2d$ gelten die folgenden Aussagen.*

Jede Koordinate hat in der Hälfte der Codewörter aus $\mathscr{C}$ den Wert 0 und in der Hälfte der Codewörter aus $\mathscr{C}$ den Wert 1. Also ist N eine gerade Zahl.

$\mathscr{C}$ ist ein äquidistanter Code, d.h., jedes Paar verschiedener Codewörter hat voneinander den Hamming-Abstand d. Dies ist nur möglich, wenn d eine gerade Zahl ist.

Für $2d - n = t$ haben n und d die Form $n = (2k-1)\,t$ und $d = kt$, wobei k und t ganze Zahlen mit $kt \equiv 0 \bmod 2$ sind.

Wir wollen nun noch beschreiben, wie man mit Hilfe einer Hadamard-Matrix maximale Codes konstruieren kann. Sei also eine normalisierte Hadamard-Matrix H der Ordnung n gegeben. Wir ersetzen dann in H den Wert $+1$ durch 0 und den Wert -1 durch 1. Es gibt verschiedene Möglichkeiten, die so erhaltene Matrix A für die Konstruktion von

Codes zu verwenden. Streicht man in A die erste Spalte und wählt die Zeilen der verbleibenden Matrix als Codewörter, dann erhält man einen $(n-1, n, n/2; 2)$-Code $\mathscr{C}$. Fügen wir zu den Codewörtern von $\mathscr{C}$ noch deren Komplemente hinzu, so erhalten wir einen $(n-1, 2n, n/2; 2)$-Code. Als weitere Möglichkeit kann man die Zeilen der Matrix A und deren Komplemente als Codewörter wählen. Auf diese Weise erhält man einen $(n, 2n, n/2; 2)$-Code. Wie man leicht nachprüfen kann, sind alle so erhaltenen Codes maximal.

7.6.2. Maximaldistanz-Codes und orthogonale Lateinische Quadrate

Wir wollen jetzt eine weitere Schranke für Codeparameter betrachten und die Frage nach der Existenz einer Teilklasse von Codes, deren Parameter diese Schranke erreichen, stellen.

Satz 7.36 (Singleton-Schranke). *Für jeden (nicht notwendig linearen) $(n, q^k, d; q)$-Code gilt $q^k \leqq q^{n-d+1}$.*

Definition 7.32. Codes, deren Parameter den nach der Singleton-Schranke möglichen maximalen Wert erreichen, werden als *Maximaldistanz-Codes* oder optimale Codes bezeichnet.

Satz 7.36 wurde von Singleton (1964) und Golomb, Posner (1964) bewiesen.

Definition 7.33. Ein *Lateinisches Quadrat* der Ordnung n ist eine (n, n)-Matrix, bei der in jeder Zeile und in jeder Spalte genau die Zahlen $1, 2, \ldots, n$ als Elemente stehen. Zwei Lateinische Quadrate $A = (a_{i,j})_{i,j=1,\ldots,n}$ und $B = (b_{i,j})_{i,j=1,\ldots,n}$ der Ordnung n heißen *orthogonal* genau dann, wenn alle n^2 geordneten Paare $(a_{i,j}, b_{i,j})$ für $i, j = 1, 2, \ldots, n$ voneinander verschieden sind.

Von den Eigenschaften der Maximaldistanz-Codes interessiert uns hier vor allem:

Satz 7.37 (Golomb, Posner (1964), Singleton (1964)). *Es existiert ein $(n, q^2, n-1; q)$-Maximaldistanz-Code genau dann, wenn eine Menge von $n-2$ paarweise orthogonalen Lateinischen Quadraten der Ordnung q existiert.*

Da bekannt ist, daß stets höchstens $q-1$ paarweise orthogonale Lateinische Quadrate der Ordnung q existieren, erhält man dadurch eine gewisse Einschränkung des Parameterspielraums für Maximaldistanz-Codes. Wenn q Primzahlpotenz und $q \geqq 3$ ist, dann existieren $q-1$ paarweise orthogonale Lateinische Quadrate. Für $q = 6$ gibt es kein Paar orthogonaler Lateinischer Quadrate. Dies ist aber der einzige Fall. Über diese Nichtexistenzaussage ergibt sich übrigens Satz 9.13 über die Nichtexistenz eines perfekten $(7, N, 3; 6)$-Codes. Für weitere Aussagen über Maximaldistanz-Codes sei z.B. auf Blake, Mullin (1975) verwiesen.

Die Existenz von Maximaldistanz-Codes ist gesichert, und damit wird die Singleton-Schranke von Codes erreicht, ist also in diesem Sinne scharf. Eine Klasse von Maximaldistanz-Codes sind die Reed-Solomon-Codes (s.a. Abschnitt 8.2).

8. Spezielle Klassen linearer Codes

In dem uns zur Verfügung stehenden Rahmen mußte eine Entscheidung getroffen werden, welche Klassen von Codes ausführlicher dargestellt werden konnten und auf welche völlig verzichtet werden mußte. Wir haben uns dann entschlossen, einige Klassen linearer Codes hier detaillierter zu betrachten. Dabei sind die zyklischen und die selbstdualen Codes durch besondere Eigenschaften, nämlich die Invarianz gegenüber der zyklischen Verschiebung bzw. die Selbstdualität, gekennzeichnet. Die BCH-, Goppa-, Helgert- und Symmetrie-Codes entstanden aus dem Bemühen, Codes mit bestimmten Eigenschaften zu konstruieren. Sie sind durch ihre Konstruktionsverfahren charakterisiert. Dabei sind die BCH-Codes spezielle zyklische Codes, und die Symmetrie-Codes bieten eine Möglichkeit zur Konstruktion selbstdualer Codes. Zwischen den BCH-, Goppa- und Helgert-Codes bestehen noch weitere enge Beziehungen.

8.1. Zyklische Codes

Die zyklischen Codes sind dadurch definiert, daß bei einer zyklischen Vertauschung der Stellen eines Codeworts sich stets wieder ein Codewort ergibt. Der große Vorteil dieser Codes besteht darin, daß sie relativ leicht realisiert werden können. Über zyklische Codes liegen sehr viele Arbeiten vor. Wir werden uns hier aber auf die wesentlichen Definitionen und die wichtigsten Sätze beschränken.

Der erste, der zyklische Codes systematisch untersuchte, war wohl Prange (1957, 1959). Die hier verwendete Polynomdarstellung von Elementen aus X^n und von Codes geht auf Mattson, Solomon (1961) zurück. Wir werden jetzt den Begriff des zyklischen Codes formal einführen und einige Eigenschaften dieser Codes betrachten. Dabei beschränken wir uns, wie üblich, von vornherein auf lineare Codes.

Sei $X = \mathrm{GF}(q)$ und X^n linearer Vektorraum über $\mathrm{GF}(q)$. Sei $Z: X^n \to X^n$ mit $Z((x_1, \ldots, x_n)) =_{\mathrm{Df}} (x_n, x_1, \ldots, x_{n-1})$ die zyklische Verschiebung. Z ist eine lineare Abbildung.

Definition 8.1. Sei $\mathscr{C} \subseteq X^n$ ein linearer Code. $\mathscr{C}$ heißt *zyklischer Code* genau dann, wenn $Z(u) \in \mathscr{C}$ für alle $u \in \mathscr{C}$ gilt.

Wenden wir uns jetzt der Polynomdarstellung zu. Sei $\mathrm{GF}(q)[x]$ die Menge der Polynome in der Variablen x mit Koeffizienten aus $\mathrm{GF}(q)$. $\mathrm{GF}(q)[x]$ ist ein Vektorraum und gleichzeitig ein Ring mit der gewöhnlichen Addition und Multiplikation von Polynomen. Sei $Y \subseteq \mathrm{GF}(q)$. $g(x) \in \mathrm{GF}(q)[x]$ heißt *Minimalpolynom* von Y genau dann, wenn $g(x)$ das Polynom vom kleinsten Grad in $\mathrm{GF}(q)[x]$ mit den Elementen von Y als Nullstellen ist. Wir schränken uns jetzt auf die Polynome vom Grad kleiner als n ein und stellen eine Beziehung zwischen diesen Polynomen und der Menge der n-Tupel X^n über $\mathrm{GF}(q)$ her.

Sei der Unterraum $F_n[x]$ von $\mathrm{GF}(q)[x]$ definiert durch

$$F_n[x] =_{\mathrm{Df}} \{g(x) \in \mathrm{GF}(q)[x] \mid \mathrm{grad}\,(g(x)) < n\}.$$

Die Abbildung $\beta: X^n \to F_n[x]$ mit $\beta((y_1, y_2, \ldots, y_n)) =_{\mathrm{Df}} y_1 x^{n-1} + y_2 x^{n-2} + \ldots + y_n$ ist ein Vektorraumisomorphismus. Wir können also $F_n[x]$ und X^n identifizieren. Wenn $\beta(y) = g(x)$ ist, dann werden wir im folgenden y und $g(x)$ analog verwenden. Damit können wir auch jeden Code $\mathscr{C} \subseteqq X^n$ als Teilmenge von $F_n[x]$ auffassen.

Definition 8.2. Seien $g_1(x), g_2(x) \in \mathrm{GF}(q)[x]$ und $f(x) \in F_n[x]$. Es sei $g_1(x) \circ g_2(x) = f(x)$ genau dann, wenn $g_1(x)\, g_2(x) \equiv f(x) \bmod (x^n - 1)$ ist.

Mit dieser Definition des Produkts $\circ$ ist $F_n[x]$ eine X-Algebra. Das Produkt ist assoziativ und kommutativ. Man kann jetzt die zyklische Verschiebung Z wie folgt auf $F_n[x]$ übertragen. Sei $y \in X^n$, und sei $\beta(y) = g(x) \in F_n[x]$. Dann ist $\beta(Z(y)) = x \circ g(x)$. Dementsprechend kann man jetzt auch schreiben: $Z(g(x)) =_{\mathrm{Df}} x \circ g(x)$. Die Teilbarkeitsrelation beziehe sich im folgenden stets auf $\mathrm{GF}(q)[x]$.

Sei $g(x) = x^m + g_{m-1}x^{m-1} + \ldots + g_0 \in F_n[x]$. Es gelte $g(x) \mid (x^n - 1)$ und Grad $(g(x)) = m < n$. Sei G die folgende Matrix:

$$G = \begin{pmatrix} 1 & g_{m-1} & g_{m-2} & \cdots & g_1 & g_0 & 0 & \ldots & 0 \\ 0 & 1 & g_{m-1} & \cdots & & g_1 & g_0 & \cdots & 0 \\ \vdots & & & & & & & & \vdots \\ 0 & 0 & 0 & \ldots & g_{m-1} & & \cdots & g_1 & g_0 \end{pmatrix}.$$

Sei $k = n - m$. Die k Zeilen von G sind linear unabhängig. G ist daher Basismatrix eines linearen $[n, k, d; q]$-Codes.

Definition 8.3. Es gelte $g(x) \mid (x^n - 1)$, Grad $(g(x)) = m < n$, und $g(x)$ sei normiert. Sei $\mathscr{C}$ der durch die Basismatrix G definierte lineare Code. Das Polynom $g(x)$ heißt dann *Basispolynom* von $\mathscr{C}$. Sei $v(x) \in \mathscr{C}$. Dann heißt $v(x)$ *Codepolynom*.

Für das Basispolynom sind auch die Bezeichnungen Generatorpolynom oder erzeugendes Polynom üblich. Als Beziehung zwischen einem Code $\mathscr{C}$ und seinem Basispolynom gilt:

Satz 8.1. *Es gelte $g(x) \mid (x^n - 1)$ und Grad $(g(x)) < n$. Sei $g(x)$ Basispolynom von $\mathscr{C}$. Dann gilt $v(x) \in \mathscr{C}$ für alle $v(x) \in F_n[x]$ genau dann, wenn $g(x) \mid v(x)$.*

Satz 8.2. *Es gelte $g(x) \mid (x^n - 1)$ und Grad $(g(x)) < n$. Der Code $\mathscr{C}$ sei definiert durch: $v(x) \in \mathscr{C}$ genau dann, wenn $g(x) \mid v(x)$ für alle $v(x) \in F_n[x]$. Dann ist $\mathscr{C}$ ein zyklischer Code.*

Weiter gilt:

Satz 8.3. *Sei $\mathscr{C}$ ein zyklischer Code. Dann gilt für alle $v(x) \in \mathscr{C}$ und für alle $f(x) \in \mathrm{GF}(q)[x]$*

$$f(x) \circ v(x) \in \mathscr{C}.$$

Man kann auch zeigen, daß man zu einem eindeutig bestimmten Basispolynom kommt.

Satz 8.4. *Wenn $\mathscr{C} \subseteqq F_n[x]$ ein zyklischer Code ist, dann gibt es ein eindeutig bestimmtes Basispolynom $g(x)$ von $\mathscr{C}$, so daß für alle $v(x) \in F_n[x]$ gilt $v(x) \in \mathscr{C}$ genau dann, wenn $g(x) \mid v(x)$ und $g(x) \mid (x^n - 1)$.*

Algebraisch können diese Sachverhalte auch anders ausgedrückt werden. Dazu geben wir erst einige Definitionen.

Definition 8.4. Unter einem *Ideal* I eines kommutativen Ringes R versteht man eine Untermenge von Elementen des Rings mit den Eigenschaften, daß diese Menge I eine Untergruppe der additiven Gruppe von R ist und für $a \in I$ und $r \in R$ gilt $a * r\ (= r * a) \in I$. R heißt *Hauptidealring* genau dann, wenn es zu jedem Ideal I von R ein $r \in R$ gibt, so daß $I = r * R$ gilt. I heißt dann *Hauptideal* und r *erzeugendes Element* von I.

Sei nun $I(x^n - 1)$ das von $(x^n - 1)$ in $\mathrm{GF}(q)[x]$ erzeugte Hauptideal, d.h.

$$I(x^n - 1) = \{f(x)\,(x^n - 1) \mid f(x) \in \mathrm{GF}(q)\,[x]\}.$$

Sei $\Phi_n = \mathrm{GF}(q)\,[x]/I(x^n - 1)$ der zugehörige Faktorring. Für $k(x) \in \mathrm{GF}(q)\,[x]$ sei $\overline{k(x)}$ die entsprechende Restklasse in Φ_n. Mit der Definition $a\overline{k(x)} = \overline{ak(x)}$ für $a \in \mathrm{GF}(q)$, $k(x) \in \mathrm{GF}(q)\,[x]$ ist Φ_n ein X-Algebra. Jede Restklasse aus Φ_n enthält genau ein $k(x) \in \mathrm{GF}(q)\,[x]$ mit Grad $(k(x)) < n$. Die bijektive Abbildung $\overline{k(x)} \leftrightarrow k(x)$ mit Grad $(k(x)) < n$ liefert einen Algebraisomorphismus von Φ_n auf $F_n(x)$. Damit kann ein Code $\mathscr{C} \subseteq X^n$ dann auch als Teilmenge von Φ_n aufgefaßt werden. Es gilt folgende Beziehung, die unter anderem bereits von Kasami (1960) gefunden wurde:

Satz 8.5. *$\mathscr{C} \subseteq \Phi_n$ ist ein Ideal genau dann, wenn $\mathscr{C}$ ein zyklischer Code ist.*

Sei ein zyklischer Code $\mathscr{C} \subseteq F_n[x]$ durch sein Basispolynom $g(x) \in \mathrm{GF}(q)\,[x]$ definiert. Da $g(x) \mid (x^n - 1)$ gilt, ist auch $h(x) =_{\mathrm{Df}} (x^n - 1)/g(x)$ Basispolynom eines zyklischen Codes.

Definition 8.5. Sei $g(x)$ Basispolynom des zyklischen Codes $\mathscr{C} \subseteq F_n[x]$. Dann heißt $h(x) =_{\mathrm{Df}} (x^n - 1)/g(x)$ *Prüfpolynom* von $\mathscr{C}$.

Der folgende Satz rechtfertigt diese Bezeichnung durch die der einer Prüfmatrix entsprechenden Eigenschaft des Prüfpolynoms.

Satz 8.6. *Sei $h(x)$ Prüfpolynom von $\mathscr{C} \subseteq F_n[x]$. Sei $v(x) \in F_n[x]$. Dann gilt $v(x) \in \mathscr{C}$ genau dann, wenn $v(x) \circ h(x) = 0$ ist.*

Aus der Fülle der Literatur über zyklische Codes sollen hier nur einige Arbeiten aufgeführt werden. Spezielle Klassen zyklischer Codes untersuchten z.B. Anderson (1968), Oganesyan, Yagdzyan, Tairyan (1971), Lin (1968) und Presnjakowa, Mirontschikow (1969). Für Aussagen über Gewichtsspektren zyklischer Codes siehe z.B. McEliece, Solomon (1966), Goethals (1966), Oganesjan, Jagdshjan (1970), Baumert, McEliece (1972), McEliece (1972), Hartmann, Riek, Longobardi (1975) und Hartmann, Hwang (1976). Schranken für zyklische Codes findet man z.B. bei Korshik (1966), Kasami (1968) und Hartmann, Tzeng (1972b, 1972d). Durch Differenzmengen bestimmte zyklische Codes betrachteten Weldon (1966) und Graham, MacWilliams (1966). Durch Graphen erzeugte zyklische Codes wurden von Bobrow, Franaszcuk (1973) behandelt.

Weiterhin sei auf die Arbeiten von Solomon, Stiffler (1965), Tavares, Fukada (1970), Hsu (1971), McEliece, Rumsey (1972), Allard, Shiva, Tavares (1973), McEliece (1974), Berlekamp, Justesen (1974) und Kasami (1974) verwiesen.

Für Fragen der Decodierung seien hier nur Berlekamp (1968), Peterson, Weldon (1972) und Kolesnik, Mirontschikow (1968) erwähnt. Auf die Verwendung zyklischer Codes zur Korrektur von Fehlerbündeln (bursts) gehen wir hier nicht ein.

Eine Verallgemeinerung der zyklischen Codes stellen die Abelschen (oder G-) Codes dar. Diese Codes erhält man dadurch, daß man Permutationen der Koordinatenstellen der Codevektoren betrachtet, die durch die Verknüpfungsoperation einer endlichen Abelschen Gruppe G mit den Koordinatenstellen $1, \ldots, n$ als Trägermenge bestimmt werden.

Definition 8.6. Sei G eine endliche Abelsche Gruppe der Ordnung n und sei $\mathscr{C}$ ein linearer Code der Codewortlänge n über dem Körper $\mathrm{GF}(q)$, dessen Koordinaten mit den Elementen von G numeriert sind. Der Code $\mathscr{C}$ heißt *G-Code* über $\mathrm{GF}(q)$ genau dann, wenn für jedes Element g von G die Ersetzung

$$g : x \to g(x) = g \cdot x \quad (x \in G)$$

als Permutation über den Koordinaten des Codes $\mathscr{C}$ jeden Vektor von $\mathscr{C}$ in einen anderen Vektor von $\mathscr{C}$ überführt.

Das bedeutet, daß die Darstellung von G als reguläre Permutationsgruppe in der Automorphismengruppe jedes G-Codes enthalten ist.

Satz 8.7 (Delsarte (1970)). *Es besteht eine eineindeutige Beziehung zwischen den G-Codes mit der Gruppe G über* GF(q) *und den Idealen in der Gruppenalgebra* $\mathfrak{G}(G)$.

Satz 8.8 (Delsarte (1970)). *Jeder Automorphismus von G, der eine Permutation der Codekoordinaten bewirkt, führt einen G-Code in einen äquivalenten G-Code über.*

Solche linearen $[n, k, d; q]$-Codes, die Ideale in der Gruppenalgebra einer endlichen Abelschen Gruppe G der Ordnung n über GF(q) sind, wurden u.a. von Berman (1966), Camion (1970), MacWilliams (1970) und Delsarte (1970) untersucht.

8.2. BCH-Codes

Eine häufig untersuchte Klasse linearer zyklischer Codes sind die BCH-Codes. Eine wesentliche Eigenschaft dieser Codes ist die, daß man eine gewünschte Minimaldistanz vorgeben und dann damit einen BCH-Code konstruieren kann, dessen wirkliche Minimaldistanz nicht kleiner als dieser vorgegebene Wert ist. Die BCH-Codes wurden im binären Fall unabhängig voneinander durch Bose, Ray-Chaudhuri (1960a, 1966b) und Hocquenghem (1959) eingeführt. Aus den Anfangsbuchstaben der Namen dieser Autoren entstand auch die Bezeichnung für diese Codes. Sie behandelten den binären Fall mit Blocklängen $n = 2^m - 1$ für positive ganze Zahlen m. Peterson (1960) zeigte, daß die BCH-Codes zyklisch sind. Gorenstein und Zierler (1961) verallgemeinerten die Konstruktion der BCH-Codes auf den Fall von Codes über GF(q) mit beliebigen Codewortlängen n, die relativ prim zu q sind. Wir wollen hier die Konstruktion im Fall $X = \mathrm{GF}(q)$ angeben.

Definition 8.7. Sei α eine n-te Einheitswurzel in GF(q^m), und sei $f(x) \in \mathrm{GF}(q)\,[x]$ das Minimalpolynom der Menge

$$\{\alpha^{m_0}, \alpha^{m_0+1}, \ldots, \alpha^{m_0+d_0-2}\},$$

wobei m_0 eine beliebige positive ganze Zahl kleiner als n ist. Da die Ordnung von α^{m_0+i} ein Teiler von n ist, ist n ein gemeinsames Vielfaches der Ordnungen dieser Wurzeln und $f(x) \mid (x^n - 1)$. Folglich können wir $f(x)$ als Basispolynom eines zyklischen $[n, k, d; q]$-Codes wählen. Diesen Code bezeichnen wir als *BCH-Code*.

Die Prüfmatrix dieses Codes $\mathscr{C}$ hat die Form

$$H = \begin{pmatrix} 1 & \alpha^{m_0} & (\alpha^{m_0})^2 & \ldots & (\alpha^{m_0})^{n-1} \\ 1 & \alpha^{m_0+1} & (\alpha^{m_0+1})^2 & & (\alpha^{m_0+1})^{n-1} \\ \vdots & & & & \vdots \\ 1 & \alpha^{m_0+d_0-2} & (\alpha^{m_0+d_0-2})^2 & \ldots & (\alpha^{m_0+d-2})^{n-1} \end{pmatrix},$$

d.h., $\mathscr{C}$ ist der Nullraum von H über GF(q). Man kann zeigen, daß in H jede Menge von $d_0 - 1$ Spalten linear unabhängig ist. Daraus folgt nach Satz 7.14, daß $d \geqq d_0$ ist. Da d_0 vorgegeben werden kann und $d > d_0$ gilt, wird d_0 auch als konstruierte Distanz von $\mathscr{C}$ bezeichnet. Die Dimension und die wirkliche Minimaldistanz von BCH-Codes sind im allgemeinen nur schwer zu bestimmen. Stiffler (1971) zeigte z.B., daß für die Dimension k eines $[n, k, d; q]$-BCH-Codes mit konstruierter Distanz d_0 gilt: $k \geqq n - \nu$ mit

$$\nu = \begin{cases} \left[\dfrac{q-1}{q}(d_0 - 1)\right] m + 1 & \text{für } m_0 = 0, \\ \left[\dfrac{q-1}{q} d_0\right] m & \text{für } m_0 = 1. \end{cases}$$

BCH-Codes mit der Codewortlänge $n = q^m - 1$ für eine positive ganze Zahl m werden als *primitive BCH-Codes* bezeichnet. Für die übrigen BCH-Codes ist die Bezeichnung *nichtprimitive BCH-Codes* üblich. Diese Bezeichnungsweise wurde auch auf andere Klassen von Codes, z.B. die Helgert-Codes, übertragen. Wenden wir uns aber nun wieder dem Problem der Minimaldistanz zu.

Satz 8.9 (Leontjew (1968)). *Sei $\mathscr{C}$ ein $[n, k, d; 2]$-e-Fehler-BCH-Code mit $2 < t < \sqrt{n}/\log_2 n$ und $n \geqq 64$. Dann gilt $e \leqq 2t - 3$.*

Es gibt eine Reihe von Sätzen, die sich mit den Beziehungen zwischen Minimaldistanz und konstruierter Distanz beschäftigen. Für die folgenden Sätze über primitive BCH-Codes vgl. Peterson, Weldon (1972).

Satz 8.10. *Für jede ganze Zahl h mit $1 \leqq h < m$ gilt für den primitiven $[q^m - 1, k, d; q]$-BCH-Code mit der konstruierten Distanz $d_0 = q^h - 1$ die Beziehung $d = d_0$.*

Satz 8.11. *Angenommen, ein primitiver q-adischer BCH-Code mit der Codewortlänge $n = q^m - 1$ und der konstruierten Distanz d_0 hat die Minimaldistanz d_0. Außerdem sei $d_0 + 1$ durch p, die Charakteristik des Körpers GF(q), teilbar. Dann hat ein primitiver BCH-Code mit der Blocklänge $n = q^m - 1$ und der konstruierten Distanz $(d_0 + 1)\, q^{m-h} - 1$ mit $h \geqq d_0$ genau diesen Wert als Minimaldistanz.*

Für binäre primitive BCH-Codes gilt:

Satz 8.12. *Wenn $m > 1 + \log_2 (t + 1)!$ ist, dann besitzt ein binärer primitiver BCH-Code mit der Codewortlänge $n = 2^m - 1$ und der konstruierten Distanz $2t + 1$ genau die Minimaldistanz $2t + 1$.*

Satz 8.13. *Wenn $m > 1 + \log_2 [(d_0 + 1)/2]!$ und $h \geqq d_0$ ist, dann ist die Minimaldistanz eines primitiven $[2^m - 1, k, d; 2]$-BCH-Codes mit der konstruierten Distanz $(d_0 + 1)\, 2^{m-h} - 1$ genau gleich diesem Wert.*

Als allgemeine Schranke für die Minimaldistanz erhält man

Satz 8.14. *Sei $\mathscr{C}$ ein primitiver $[n, k, d; q]$-BCH-Code mit der konstruierten Distanz d_0. Dann gilt $d \leqq q\, d_0 + q - 2$.*

Es gilt aber auch:

Satz 8.15. *Für alle positiven ganzen Zahlen m und $e \leqq n/2$ existiert ein (primitiver) $[2^m - 1, k, d; 2]$-e-Fehler-BCH-Code mit $n - k \leqq mt$.*

Zumindest für kurze Codewortlängen haben die BCH-Codes gute Parameterkombinationen. So ist z.B. der lineare Code mit der kürzesten Codewortlänge, der besser als der beste entsprechende BCH-Code ist, ein $[31, 16, 7; 2]$-Code. Man kann aber zeigen, daß für jede Folge von $[n, k, d; q]$-BCH-Codes mit festgehaltener Rate k/n für $n \to \infty$ die Rate d/n gegen 0 konvergiert. Lange BCH-Codes haben also eine verhältnismäßig geringe Korrekturfähigkeit. Siehe z.B. Lin, Weldon (1967), Berlekamp (1968). Mit dem asymptotischen Verhalten primitiver binärer BCH-Codes befaßte sich auch Berlekamp (1972). Kasami, Tokura (1969) fanden eine unendliche Klasse binärer primitiver BCH-Codes, deren konstruierte Distanz stets kleiner als ihre Minimaldistanz ist. Das Beispiel mit der kürzesten Codewortlänge für diese Klasse von Codes ist der $[127, 43, 31; 2]$-Code mit der konstruierten Distanz $d_0 = 29$.

Mit der Bestimmung von Gewichtsspektren von BCH-Codes befaßten sich u.a. Kasami (1967) und Sidelnikow (1971). Für Probleme der Bestimmung der Minimaldistanz sei auch auf Kasami, Lin, Peterson (1967), Peterson (1967) und Lum, Chien (1968) verwiesen. Kasahara, Sugiyama, Hirasawa, Namekawa (1975) konstruierten auf der Basis von BCH-Codes eine neue Klasse binärer Codes. Sloane (1972b) benutzte BCH-Codes zur Konstruktion von Kugelpackungen.

Interessant ist auch das folgende Resultat:

Satz 8.16. *Jeder erweiterte BCH-Code mit der Codewortlänge* $n + 1 = q^m$ *über* GF(q) *ist invariant bezüglich der affinen Permutationsgruppe über* GF(q^m).

Für das Problem der Decodierung von BCH-Codes seien als Beispiele die folgenden Arbeiten genannt: PETERSON (1960), CHIEN (1964b), BERLEKAMP (1965, 1968), BLOCH (1965), TANAKA, M. KASAHARA, TEZUKA, Y. KASAHARA (1968), MASSEY (1969), BURTON (1971), DAVIDA, COWLES (1975) und VAN DER HORST, BERGER (1976).

Eine interessante Teilklasse der BCH-Codes sind die Reed-Solomon-Codes (REED, SOLOMON (1960)). Um sie zu erhalten, wählen wir in der Konstruktion der BCH-Codes (Definition 8.7) $m = m_0 = 1$ und erhalten dann

$$f(x) = \prod_{i=1}^{d_0-1} (x - \alpha^i)$$

als Basispolynom. Dadurch ist wieder ein $[n, k, d; q]$-Code mit $d \geqq d_0$ bestimmt. Reed-Solomon-Codes erreichen die Singleton-Schranke, sind damit Maximaldistanz-Codes und in diesem Sinne optimal. Hier gilt also $d = n - k + 1$.

Es sei darauf hingewiesen, daß es enge Beziehungen zwischen den BCH-Codes und den Goppa- und Helgert-Codes gibt.

In den beiden anschließenden Abschnitten betrachten wir zuerst das recht spezielle Problem der Bestimmung des Überdeckungsradius für binäre BCH-Codes und wenden uns dann der BCH-Schranke zu, die aus der Betrachtung der BCH-Codes abgeleitet wurde, jedoch für eine größere Klasse von zyklischen Codes von Bedeutung ist.

8.2.1. Der Überdeckungsradius binärer BCH-Codes

GORENSTEIN, PETERSON und ZIERLER (1960) zeigten, daß für alle $m \geqq 3$ die $[2^m - 1, k, d; 2]$-2-Fehler-BCH-Codes den Überdeckungsradius 3 haben, also quasiperfekt sind (vgl. Def. 9.4). Sie zeigten weiterhin, daß für alle $m \geqq 4$ eine Comenge mit einem Gewicht nicht kleiner als 5 existiert. LEONTJEW (1968) konnte beweisen, daß alle $[n, k, d; 2]$-e-Fehler-BCH-Codes mit $2 < e < \sqrt{n} \log_2 n$ und $n = 2^m - 1 \geqq 64$ nicht quasiperfekt sind, ihr Überdeckungsradius also größer als $e + 1$ ist.

Da in einem linearen Code der Überdeckungsradius gleich dem Gewicht der Comenge mit dem größten Gewicht ist, sind folgende Aussagen äquivalent:

Satz 8.17 (ASSMUS, MATTSON (1976)). *Der Comengenrepräsentant mit dem größten Gewicht in einem* $[2^m - 1, k, d; 2]$*-3-Fehler-BCH-Code mit ungeradem* $m \geqq 5$ *hat das Gewicht* 5.

Satz 8.18 (ASSMUS, MATTSON (1976)). *Für alle ungeraden ganzen Zahlen* $m \geqq 5$ *hat der* $[2^m - 1, k, d; 2]$*-3-Fehler-BCH-Code* $\mathscr{C}$ *den Überdeckungsradius* $\varrho(\mathscr{C}) = 5$.

DELSARTE (1973a) hatte gezeigt, daß der Überdeckungsradius eines linearen Codes höchstens gleich der Anzahl der unterschiedlichen, von 0 verschiedenen Gewichte in seinem dualen Code ist (vgl. Satz 7.5). Mit dem Resultat von KASAMI (1967), daß es für ungerades $m \geqq 5$ genau fünf von 0 verschiedene Gewichte im dualen Code eines binären 3-Fehler-BCH-Codes der Blocklänge $n = 2^m - 1$ gibt, ergaben sich die beiden oben stehenden Sätze.

Für gerades m bewiesen BERGER, VAN DER HORST (1976):

Satz 8.19. *Sei* $\mathscr{C}$ *ein* $[2^m - 1, k, d; 2]$*-3-Fehler-BCH-Code. Wenn* m *durch* 4 *teilbar ist, dann gilt* $\varrho(\mathscr{C}) = 5$. *Ist* m *gerade, aber nicht durch* 4 *teilbar, dann gilt* $\varrho(\mathscr{C}) \leqq 7$.

Für den Fall, daß m gerade, aber nicht durch 4 teilbar ist, vermuteten sowohl BERGER und VAN DER HORST (1976) als auch ASSMUS und MATTSON (1976), daß auch hier der Überdeckungsradius gleich 5 ist.

8.2.2. Die BCH-Schranke

Die Beziehung zwischen konstruierter Distanz und Minimaldistanz bei BCH-Codes kann auch auf andere zyklische Codes übertragen werden. Ein beliebiger zyklischer Code, dessen Basispolynom eine Folge von $d_0 - 1$ Wurzeln besitzt, die aufeinanderfolgende Potenzen einer gegebenen Wurzel dieses Polynoms sind, hat als Minimaldistanz mindestens den Wert d_0. Diese Beziehung wird unabhängig vom betrachteten Codetyp als BCH-Schranke bezeichnet. Sei im folgenden l eine natürliche Zahl. Wir haben also:

Satz 8.20 (BCH-Schranke). *Sei* $g(x) \in \mathrm{GF}(q)\,[x]$ *Basispolynom eines zyklischen* $[n, k, d; q]$*-Codes* $\mathscr{C}$. *Wenn* $g(\beta^{l+ic}) = 0$ *für* $i = 0, 1, \ldots, d_0 - 2$ *mit* $(n, c) = 1$ *und* β *ein von* 0 *verschiedenes Element der Ordnung* n *von* $\mathrm{GF}(q^m)$ *ist, dann gilt* $d \geqq d_0$.

Ein einfacher Beweis dieses Satzes stammt z.B. von CHIEN (1972).

Es gibt eine ganze Reihe von zyklischen Codes, deren Basispolynome mehr als eine Menge von Wurzeln besitzen, die aufeinanderfolgende Potenzen einer gegebenen Wurzel sind. Dazu gehören z.B. die von MASSEY (1964a) und TZENG und HARTMANN (1970) untersuchten reversiblen Codes. TZENG und HARTMANN (1970) sowie HARTMANN, TZENG und CHIEN (1972) zeigten, daß die Berücksichtigung mehrerer Mengen solcher Wurzeln des Basispolynoms zu wesentlichen Verbesserungen gegenüber der BCH-Schranke führen kann.

Die folgenden Verallgemeinerungen der BCH-Schranke stammen von HARTMANN und TZENG (1972a).

Satz 8.21. *Sei* $g(x) \in \mathrm{GF}(q)\,[x]$ *Basispolynom eines zyklischen* $[n, k, d; q]$*-Codes* $\mathscr{C}$. *Wenn* $g(\beta^{l+i_1c_1+i_2c_2}) = 0$ *für* $i_1 = 0, 1, \ldots, d_0 - 2$ *und* $i_2 = 0, 1, \ldots, t$ *mit* $(n, c_1) = 1$ *und* $(n, c_2) = 1$ *ist, dann gilt* $d \geqq d_0 + t$.

Sei β in diesem wie in den folgenden Sätzen ein Element der Ordnung n von $\mathrm{GF}(q^m)$, das von 0 verschieden ist.

Satz 8.22. *Sei* $g(x) \in \mathrm{GF}(q)\,[x]$ *Basispolynom eines zyklischen* $(n, N, d; q)$*-Codes* $\mathscr{C}$. *Wenn* $g\left(\beta^{l+\sum_{k+1}^{r} i_k c_k}\right) = 0$ *für* $i_k = 0, \ldots, t_k$ *und* $(n, c_k) = 1$ *für* $k = 1, 2, \ldots, r$ *ist, dann gilt* $d \geqq d_0 + \sum_{k=2}^{r} t_k$ *mit* $d_0 = t_1 + 2$.

Satz 8.23. *Sei* $g(x) \in \mathrm{GF}(q)\,[x]$ *Basispolynom eines zyklischen* $[n, k, d; q]$*-Codes* $\mathscr{C}$ *mit* $g(\beta^{l+i_1c_1+i_2c_2}) = 0$ *für* $i_1 = 0, 1, \ldots, d_0 - 2$ *und* $i_2 = 0, 1$ *mit* $(n, c_1) = 1$ *und* $(n, c_2) = t$. *Dann gilt:*

Wenn $t < d_0$ *ist, dann ist* $d > d_0$.

Wenn $t = d_0$ *ist und* d_0 *Teiler von* $(l - c_1)(q - 1)$ *ist, dann gilt* $d = d_0$. *Sonst ist* $d > d_0$.

Wenn $t > d_0$ *ist, dann ist* $d \doteq d_0$ *genau dann, wenn der zyklische* $[t, k_0, d_1; q]$*-Code, dessen Basispolynom das Produkt der verschiedenen Minimalpolynome von* $\beta^{(n/t)(l+i_1c_1)}$ *für* $i_1, = 0, 1, \ldots, d_0 - 2$ *ist, die Minimaldistanz* d_0 *hat. Sonst gilt* $d > d_0$.

Satz 8.24. *Sei* $g(x) \in \mathrm{GF}(q)\,[x]$ *das Basispolynom eines zyklischen* $[n, k, d; q]$*-Codes mit* $g(\beta^{l+i_1c_1+i_2c_2}) = 0$ *für* $c_1 = 0, 1, \ldots, d_0 - 2$ *und* $i_2 = 0, 1, 2$ *mit* $(n, c_1) = 1$ *und* $(n, c_2) = t$.

Dann gilt

Wenn $t < d_0$ *ist, dann ist* $d > d_0$.

Wenn $t = d_0$ *ist und* d_0 *kein Teiler von* $(l - c_1)(q - 1)$ *ist, dann gilt* $d > d_0 + 1$.

Wenn $t > d_0$ *ist, dann gilt* $d > d_0 + 1$ *genau dann, wenn der zyklische* $[t, k_0, d_1; q]$-*Code, dessen Basispolynom das Produkt der verschiedenen Minimalpolynome von* $\beta^{(n/t)(l+i_1c_1)}$ *ist, eine Minimaldistanz größer als* $d_0 + 1$ *hat.*

8.3. Goppa-Codes

Die Klasse der Goppa- oder besser (L, g)-Goppa-Codes wurde von Goppa (1970, 1971) zuerst im binären Fall eingeführt und dann auf den Fall $X = \mathrm{GF}(q)$ verallgemeinert. Diese Codes erfreuten sich schnell großer Beachtung. Eine erste Übersicht gab Berlekamp (1973). Die (L, g)-Goppa-Codes sind wie folgt definiert.

Definition 8.8. Sei q eine Primzahlpotenz, und sei m eine positive ganze Zahl. Sei $L = \{\alpha_1, \ldots, \alpha_n\}$ mit $n \leqq q^m$, $\alpha_i \in \mathrm{GF}(q^m)$ und $\alpha_i \neq \alpha_j$ für $i, j = 1, \ldots, n$ und $i \neq j$. Sei $g(z)$ ein Polynom mit Koeffizienten aus $\mathrm{GF}(q^m)$, das keine Nullstellen in L besitzt. Der (L, g)-*Goppa-Code* ist dann die Menge aller $x = (x_1, \ldots, x_n) \in X^n$ mit

$$\sum_{i=1}^{n} \frac{x_i}{z - \alpha_i} \equiv 0 \bmod g(z).$$

Sei die positive ganze Zahl m im folgenden festgehalten. Es ist offensichtlich, daß die (L, g)-Goppa-Codes linear sind. Es läßt sich auch leicht zeigen, daß die Goppa-Codes die Srivastava-Codes, die von Gabidulin (1967) angegebenen Codes und die primitiven BCH-Codes als Teilklassen enthalten. So erhält man z.B. die primitiven BCH-Codes im Fall $L = \mathrm{GF}(q^m) \setminus \{0\}$ und $g(z) = z^{2r}$. Es gilt auch (Goppa (1971)):

Satz 8.25. *Sei* α *eine primitive* n-*te Einheitswurzel in* $\mathrm{GF}(q^m)$. *Dann gilt für jeden* (L, g)-*Goppa-Code* $\mathscr{C}$ *mit* $L = \{1, \alpha, \ldots, \alpha^{n-1}\}$: *Wenn* $\mathscr{C}$ *zyklisch ist, dann ist* $\mathscr{C}$ *ein BCH-Code.*

Wir wollen jetzt Blake und Mullin (1975) folgen und im binären Fall die Prüfmatrix für einen (L, g)-Goppa-Code bestimmen. Sei also $X = \mathrm{GF}(2)$. Sei $\mathscr{C}$ der durch $L = \{\alpha_1, \ldots, \alpha_n\}$ und $g(z)$ bestimmte (L, g)-Goppa-Code mit der Blocklänge n. Es gilt

$x = (x_1, \ldots, x_n) \in \mathscr{C}$ genau dann, wenn $\sum_{i=1}^{n} \frac{x_i}{z - \alpha_i} \equiv 0 \bmod g(z)$.

In $\mathrm{GF}(2^m)/(g(z))$ gilt

$$\begin{aligned}(z - \alpha_i)^{-1} &\equiv \frac{g(z) - g(\alpha_i)}{z - \alpha_i}\, g^{-1}(\alpha_i) \bmod g(z)\\ &\equiv g(\alpha_i)^{-1} b_r z^{r-1} + g(\alpha_i)^{-1}(b_{r-1} + \alpha_i b_r) z^{r-2} + g(\alpha_i)^{-1}(b_{r-2} + \alpha_i b_{r-1}\\ &\quad + \alpha_i^2 b_r) z^{r-3} + \ldots + g(\alpha_i)^{-1}(b_1 + \ldots + \alpha_i^{r-1} b_r) \text{ für } i = 1, \ldots, n \text{ mit}\\ g(z) &= \sum_{i=0}^{r} b_i z^i.\end{aligned}$$

Sei nun H die gesuchte Prüfmatrix von $\mathscr{C}$. Dann muß $x \in \mathscr{C}$ genau dann gelten, wenn $xH^{\mathrm{T}} = \mathbf{0}$ ist. Wir können jetzt

$$H = ((z - \alpha_1)^{-1}, (z - \alpha_2)^{-1}, \ldots, (z - \alpha_n)^{-1})$$

setzen und hier die entsprechenden oben erhaltenen Ausdrücke für die Inversen verwenden und die Koeffizienten als Spaltenvektoren in H einsetzen. Damit erhalten wir

$$H = \begin{pmatrix} b_r g(\alpha_1)^{-1} & \dots & b_r g(\alpha_n)^{-1} \\ (b_{r-1} + b_r\alpha_1)\, g(\alpha_1)^{-1} & \dots & (b_{r-1} + b_r\alpha_n)\, g(\alpha_n)^{-1} \\ \vdots & & \vdots \\ (b_1 + b_2\alpha_1 + \dots + b_r\alpha_1^{r-1})\, g(\alpha_1)^{-1} & \dots & (b_1 + b_2\alpha_n + \dots + b_r\alpha_n^{r-1})\, g(\alpha_n)^{-1}. \end{pmatrix}$$

Der Zeilenraum von H ist gleich dem der Matrix

$$H_0 = \begin{pmatrix} g^{-1}(\alpha_1) & \dots & g^{-1}(\alpha_n) \\ \alpha_1 g^{-1}(\alpha_1) & \dots & \alpha_n g^{-1}(\alpha_n) \\ \vdots & & \vdots \\ \alpha_1^{r-1} g^{-1}(\alpha_1) & \dots & \alpha_n^{r-1} g^{-1}(\alpha_n) \end{pmatrix}$$

$$= \begin{pmatrix} 1 & \dots & 1 \\ \alpha_1 & \dots & \alpha_n \\ \vdots & & \vdots \\ \alpha_1^{r-1} & \dots & \alpha_n^{r-1} \end{pmatrix} \begin{pmatrix} g^{-1}(\alpha_1) & 0 & \dots & 0 \\ 0 & \ddots & & \vdots \\ \vdots & & \ddots & \vdots \\ 0 & \dots & 0 & g^{-1}(\alpha_n) \end{pmatrix}$$

Diese Betrachtungen kann man leicht auf den q-adischen Fall verallgemeinern. Nun zu einigen Eigenschaften der Goppa-Codes. Goppa (1970, 1971) zeigte:

Satz 8.26. *Sei $\mathscr{C}$ ein (L, g)— $[n, k, d; q]$-Goppa-Code, und $g(z)$ habe s_0 Nullstellen in* $\mathrm{GF}(q^m)$. *Dann gilt:*

$$|L| = n \leqq q^m - s_0, \quad n - k \leqq m \operatorname{Grad}(g) \quad \text{und} \quad d \geqq \operatorname{Grad}(g) + 1.$$

Wenn $q = 2$ ist und $g(z)$ keine Mehrfachwurzeln hat, gilt

$$d \geqq 2 \operatorname{Grad}(g) + 1.$$

Für $q = 2$ und $g(z) = (z - z_1)^{2t}$ mit $z_1 \in \mathrm{GF}(2^m)$ gilt

$$n \leqq 2^m - 1, \quad n - k \leqq mt \quad \text{und} \quad d \geqq 2t + 1.$$

Sugiyama, Kasahara, Hirasawa und Namekawa (1976) kamen zu den folgenden allgemeineren Aussagen. Dafür benötigen wir einige weitere Definitionen. Seien L und $g(z)$ fest vorgegeben. Dann können wir $g(z)$ in verschiedene irreduzible Polynome $g_i(z)$ über $\mathrm{GF}(q^m)$ zerlegen:

$$g(z) = \prod_{i=1}^{t} (g_i(z))^{b_i},$$

wobei die b_i und t ganze Zahlen sind, die die Beziehungen

$$\sum_{i=1}^{t} b_i \operatorname{Grad}(g_i) = \operatorname{Grad}(g)$$

und $b_i \geqq 1$, $\operatorname{Grad}(g_i) \geqq 1$ für $i = 1, \dots, t$, $t \geqq 1$ erfüllen. Sei nun $b_i = b_i^{(q)} q + b_i^{(0)}$ mit $b_i^{(q)} \geqq 0$ und $0 \leqq b_i^{(0)} \leqq q - 1$ für $i = 1, 2, \dots, t$. Sei

$$U_j =_{\mathrm{Df}} \{i \mid b_i^{(0)} = j\} \text{ für } j = 0, 1, \dots, q - 1.$$

Dann gilt mit diesen Bezeichnungen:

Satz 8.27. *Sei U_{q-1} eine nichtleere Menge. Dann fällt der (L, g)-Goppa-Code mit*

$$g(z) = \prod_{i=1}^{t} (g_i(z))^{b_i^{(q)} + b_i^{(0)}}$$

mit dem (L, g')-Goppa-Code mit

$$g'(z) = g'(z) \prod_{i \in U_{q-1}} g_i(z)$$

zusammen.

Satz 8.28. *Sei $\mathscr{C}$ ein $(L, g) - [n, k, d; q]$-Goppa-Code, dessen Polynom $g(t) = \prod_{i=1}^{t} (g_i(z))^{b_i}$ s_0 Wurzeln in $\mathrm{GF}(q^m)$ besitzt. Dann gilt*

$$n \leqq q^m - s_0,\ n - k \leqq m \operatorname{Grad}(g) - m \sum_{i=1}^{t} b_i^{(q)} \operatorname{Grad}(g_i))\ \textit{und}$$

$$d \geqq \operatorname{Grad}(g) + \sum_{i \in U_{q-1}} \operatorname{Grad}(g_i) + 1.$$

Daraus ergibt sich dann

Folgerung 8.29. *Wenn $U_0 = \{1, \ldots, t\}$ ist, dann gilt*

$$n \leqq q^m - s_0,\ n - k \leqq m \operatorname{Grad}(g)(q-1)/q\ \textit{und}$$

$$d \geqq \operatorname{Grad}(g) + 1.$$

Wenn $U_{q-1} = \{1, \ldots, t\}$ ist, dann gilt

$$n \leqq q^m - s_0,\ n - k \leqq m(q-1)(\operatorname{Grad}(g) + \sum_{i=1}^{t} \operatorname{Grad}(g_i))/q\ \textit{und}$$

$$d \geqq \operatorname{Grad}(g) + \sum_{i=1}^{t} \operatorname{Grad}(g_i) + 1.$$

Für $q = 2$ erhalten wir

$$n \leqq 2^m - s_0,\ n - k \leqq m(\operatorname{Grad}(g) + \sum_{i \in U_1} \operatorname{Grad}(g_i))/2\ \textit{und}$$

$$d \geqq \operatorname{Grad}(g) + \sum_{i \in U_1} \operatorname{Grad}(g_i) + 1.$$

Weiterhin gilt

Satz 8.30. *Sei $\mathscr{C}$ der $(L, g) - [n, k, d; 2]$-Goppa-Code mit $g(z) = (g(z))^2$, wobei $g(z)$ s_0 Wurzeln in $\mathrm{GF}(2^m)$ besitze. Dann gilt*

$$n \leqq q^m - s_0,\ n - k \leqq m \operatorname{Grad}(g)\ \textit{und}$$

$$d \geqq 2 \operatorname{Grad}(g) + 1.$$

Sugiyama, Kasahara, Hirasawa und Namekawa (1976b) zeigten, daß dieser Satz eine echte Verschärfung gegenüber Satz 8.26 darstellt.

Für die allgemeine Güte der Goppa-Codes spricht das folgende Resultat von Goppa (1971).

Satz 8.31. *Sei $L = \mathrm{GF}(q^m)$ und $n = q^m$. Sei $H(x) = -x \log x - (1-x) \log (1-x)$ die Shannon-Entropie. Dann konvergiert für alle λ $(0 < \lambda < 1)$ und alle $\varepsilon > 0$ die Wahrscheinlichkeit, daß für ein zufällig (bei Gleichverteilung) ausgewähltes Polynom $g(z)$ vom Grad $\left[\frac{\lambda n}{\log n}\right]$, das keine Nullstellen in $\mathrm{GF}(q^m)$ besitzt (also über $\mathrm{GF}(q^m)$ irreduzibel ist),* *der* (L, g) — $[n, k, d; q]$*-Goppa-Code die Ungleichung*

$$k/n > 1 - H\left(\frac{d}{n}\right) - \varepsilon$$

erfüllt, für $n \to \infty$ *gegen* 1.

Das bedeutet, daß für große $n = q^m$ die „meisten" dieser Codes eine nur wenig abgeschwächte Form der Varshamov-Gilbert-Schranke erreichen.

Berlekamp und Moreno (1973) zeigten, daß erweiterte binäre 2-Fehler-Goppa-Codes zyklisch sind. Sie bewiesen, daß die erweiterten $[2^m + 1, 2^m - 2m, 6; 2]$-Goppa-Codes isomorph zu den zyklischen Codes mit einem Prüfpolynom der Form $(x + 1) f(x)$ sind, wobei $f(x)$ ein irreduzibles Polynom der Periode $2^m + 1$ ist. Auch Tzeng und Zimmermann (1975) befaßten sich mit der Erweiterung von Goppa-Codes zu zyklischen Codes.

Ausgehend von den (L, g)-Goppa-Codes konstruierte Goppa (1972) mehrere Klassen von linearen Codes. Diese $[n, k, d; q]$-Codes haben die Parameter

$$n = q^m m,\ k = n - 2mt,\ d \geqq 2t + 1,$$

$$n = q^m - 2t + m(2t - 1) + 1,\ k = q^m - 2t,\ d \geqq 2t + 1 \text{ und}$$

$$q = 2,\ n = 2^m + mt,\ k = 2^m - t,\ d \geqq 2t + 1.$$

Auch Sugiyama, Kasahara, Hirasawa, Namekawa (1976b) konstruierten, ausgehend von binären Goppa-Codes, eine Reihe binärer Codes. Die von ihnen dabei benutzte Methode umfaßt ein von Sloane, Reddy, Chen (1972) angegebenes Verfahren und die Konstruktion von Goppa (1972). Dabei wurden in einigen Fällen die besten bei Sloane (1972a) und Helgert, Stinaff (1973) angegebenen Codes übertroffen. Schließlich gaben sie für die von ihnen konstruierten Codes ein Decodierverfahren an, das eine Verallgemeinerung des in Sugiyama, Kasahara, Hirasawa, Namekawa (1976a) angegebenen Algorithmus darstellt.

Mit dem Problem der Decodierung von Goppa-Codes haben sich bereits zahlreiche Autoren befaßt. Die ersten Angaben dazu machte Goppa (1970, 1971, 1972). Retter (1975) zeigte, daß die Goppa-Codes mit einem von Berlekamp (1968) für BCH-Codes angegebenen Algorithmus decodiert werden können. Patterson (1975) gab einen ähnlichen Algorithmus an. Ein weiteres Verfahren stammt von Sugiyama, Kasahara, Hirasawa, Namekawa (1975). Einen Algorithmus zur Korrektur sowohl von Fehlern als auch von Fehlstellen gaben Sugiyama, Kasahara, Hirasawa, Namekawa (1976a) an. Schließlich gab Goppa (1975, 1976) ein Decodierverfahren an, das auf einem Algorithmus von Mahler (1961) zur rationalen Approximation q-adischer Zahlen basiert.

Sarwate (1977) verglich die Komplexität verschiedener Decodierverfahren und zeigte, daß Goppa-Codes im Fall der Korrektur von Fehlern und Fehlstellen mit $O(n \log^2 n)$ arithmetischen Operationen decodiert werden können.

Retter (1976) untersuchte die Möglichkeit der Korrektur von Fehlerbündeln (bursts) mit Hilfe von Goppa-Codes. Die Goppa-Codes ergaben sich auch als spezielle Klasse der von Delsarte (1975) betrachteten Untercodes modifizierter Reed-Solomon-Codes. Es bestehen auch enge Beziehungen zu den Helgert-Codes (vgl. Abschnitt 8.4). Abschließend sei noch auf die Arbeit von Mandelbaum (1975) verwiesen.

8.4. Helgert-Codes

Ein linearer $[n, k, d; q]$-Code $\mathscr{C}$ kann durch eine Prüfmatrix H mit n Spalten und t Zeilen von Elementen aus $GF(q^m)$, wobei t und m positive ganze Zahlen mit $tm \geqq n - k$ sind, vollständig beschrieben werden. Die übliche Darstellung durch Elemente von $GF(q)$ erhält man, indem jedes Element von $GF(q^m)$ als m-Tupel von Elementen aus $GF(q)$ in

Spaltenform geschrieben wird. Der Zeilenraum von H ist dann gerade die Menge aller Linearkombinationen der Zeilen von H über GF(q) und bildet einen Vektorraum der Dimension $n - k$.

Die Minimaldistanz $d(\mathscr{C})$ des Codes $\mathscr{C}$ ist gleich der kleinsten Anzahl von über GF(q) linear abhängigen Spalten von H. Folglich sind im Falle, daß jede (t, t)-Untermatrix von H in GF(q^m) nichtsingulär ist, alle Kombinationen von t oder weniger Spalten auch über GF(q) linear unabhängig. Dementsprechend hat der Code eine Minimaldistanz von mindestens $t + 1$.

Betrachten wir nun eine Matrix der Form

$$H = \begin{pmatrix} y_1 g_1(x_1) & y_2 g_1(x_2) & \dots & y_n g_1(x_n) \\ y_1 g_2(x_1) & y_2 g_2(x_2) & \dots & y_n g_2(x_n) \\ \vdots & & & \vdots \\ y_1 g_t(x_1) & y_2 g_t(x_2) & \dots & y_n g_t(x_n) \end{pmatrix},$$

wobei die y_i beliebige (nicht notwendig verschiedene) Elemente ungleich 0 aus GF(q^m) und die x_i voneinander verschiedene Elemente von GF(q^m) sind ($i = 1, \dots, n$) und

$$g_j(x) = c_{0,j} + c_{1,j}x + c_{2,j}x^2 + \dots + c_{t-1,j}x^{t-1}$$

für $j = 1, 2, \dots, t$ jeweils ein Polynom vom Grade kleiner oder gleich $t - 1$ mit Koeffizienten aus GF(q^m) ist. Offensichtlich kann man dann H in der Form

$$H = CZY$$

mit

$$C = \begin{pmatrix} c_{0,1} & c_{1,1} & \dots & c_{t-1,1} \\ c_{0,2} & c_{1,2} & \dots & c_{t-1,2} \\ \vdots & & & \vdots \\ c_{0,t} & c_{1,t} & \dots & c_{t-1,t} \end{pmatrix}, \quad Z = \begin{pmatrix} 1 & 1 & \dots & 1 \\ x_1 & x_2 & \dots & x_n \\ x_1^2 & x_2^2 & \dots & x_n^2 \\ \vdots & & & \vdots \\ x_1^{t-1} & x_2^{t-1} & \dots & x_n^{t-1} \end{pmatrix} \text{ und}$$

$$Y = \begin{pmatrix} y_1 & 0 & \dots & 0 \\ 0 & y_2 & \dots & 0 \\ \vdots & & & \vdots \\ 0 & & \dots & y_n \end{pmatrix}$$

darstellen.

Wählt man eine beliebige Untermatrix der Ordnung t von H aus und berechnet ihre Determinante, so erhält man das Produkt aus det (C), einer Vandermondeschen Determinante mit verschiedenen Elementen und der Determinante einer Untermatrix von Y in Diagonalform. Wenn C nichtsingulär ist, dann ist damit H die Prüfmatrix eines linearen Codes, dessen Minimaldistanz mindestens $t + 1$ beträgt. Die Anzahl der Prüfsymbole ist dabei höchstens mt.

Definition 8.9. Sei $H = CZY$ eine Matrix der oben beschriebenen Form. Sei C nicht singulär. Dann bezeichnen wir den linearen $[n, k, d; q]$-Code, der H als Prüfmatrix besitzt, als *Helgert-Code.*

Helgert (1972, 1974) nannte diese Codes entsprechend der Bezeichnung für den oben beschriebenen Matrizentyp *alternant codes.*

Für festes Y, $C = I$ und $x_i = \alpha^{i-1}$ ($i = 1, 2, \dots, n$), wobei α eine primitive n-te Einheitswurzel und I die entsprechende Einheitsmatrix ist, ist die Existenz von Helgert-Codes, deren Parameter asymptotisch beliebig nahe bei der Varshamov-Gilbert-

Schranke liegen, gesichert. Im Spezialfall $y_i = \alpha^{m_0(i-1)} = x_i^{m_0}$ ergeben sich die BCH-Codes.

Betrachten wir nun die wie folgt definierte Klasse von Helgert-Codes. Sei $t = rb$, und seien r und b positive ganze Zahlen. Jedes z_i sei ein von 0 verschiedenes Element von $GF(q^m)$, die w_j seien paarweise verschiedene Elemente von $GF(q^m)$, die von allen x_i verschieden sind. Dann sei

$$y_i = z_i \Big/ \prod_{j=1}^{b} (x_i - w_j)^r \quad \text{und} \quad g_{(l-1)r+k}(x_i) = z_i/(y_i(x_i - w_j)^k)$$

für $i = 1, 2, \ldots, n$; $l = 1, 2, \ldots, b$ und $k = 1, 2, \ldots, r$. Setzt man dies in die Prüfmatrix eines entsprechenden Helgert-Codes ein, so bekommt diese die Form

$$H = \begin{pmatrix} H_1 \\ H_2 \\ \vdots \\ H_b \end{pmatrix} \quad \text{mit} \quad H_l = \begin{pmatrix} \dfrac{z_1}{(x_1 - w_l)^1} & \dfrac{z_2}{(x_2 - w_l)^1} & \cdots & \dfrac{z_n}{(x_n - w_l)^1} \\ \dfrac{z_1}{(x_1 - w_l)^2} & \dfrac{z_2}{(x_2 - w_l)^2} & & \dfrac{z_n}{(x_n - w_l)^2} \\ \vdots & \vdots & & \vdots \\ \dfrac{z_1}{(x_1 - w_l)^r} & \dfrac{z_2}{(x_2 - w_l)^r} & \cdots & \dfrac{z_n}{(x_n - w_l)^r} \end{pmatrix}$$

für $l = 1, 2, \ldots, b$.

Man kann zeigen (Helgert (1972)), daß jede Unterdeterminante von H der Ordnung rb von 0 verschieden ist und damit diese Codes mindestens eine Minimaldistanz von $rb+1$ haben. Die Zahl der Prüfsymbole ist höchstens mrb. Da die x_i und die w_j paarweise voneinander verschieden sein müssen, kann die Codewortlänge n nicht größer als $q^m - b$ sein.

Im Fall $r = 1$ ergeben sich verallgemeinerte Srivastava-Codes. Die Srivastava-Codes selbst erhält man als Spezialfall $z_i = x_i^k$ (k ganze Zahl). Für $b = 1$ erhalten wir verallgemeinerte BCH-Codes. Die BCH-Codes selbst ergeben sich für $w_1 = 0$, $z_i = (\alpha^{m_0 - a})^{i-1}$ und $x_i = \alpha^{-a(i-1)}$ (a ganze Zahl). Im allgemeinen sind diese Codes Modifikationen der Goppa-Codes.

Bezüglich der Decodierung von Helgert-Codes zeigte Helgert (1977), daß diese Codes mit Hilfe des Berlekamp-Algorithmus (vgl. Berlekamp (1968)) decodiert werden können, wobei vor Anwendung dieses Verfahrens nur eine lineare Transformation der Syndrome notwendig ist. Damit sind die Helgert-Codes und natürlich auch ihre Spezialfälle, die verallgemeinerten BCH-Codes von Chien, Choy (1975), die Goppa-Codes und die verallgemeinerten Srivastava-Codes ohne Erhöhung der Komplexität wie BCH-Codes decodierbar. Für die verallgemeinerten BCH-Codes wurde dies bereits von Chien, Choy (1975) und für die Goppa-Codes von Retter (1975) bewiesen.

Wir wenden uns in den folgenden beiden Abschnitten den Klassen der nichtprimitiven und der binären primitiven Helgert-Codes zu, wobei diese Bezeichnungen in Analogie zu den BCH-Codes gewählt wurden.

8.4.1. Nichtprimitive Helgert-Codes

Wir betrachten nun eine Teilklasse der im vorigen Abschnitt untersuchten Codes, die man erhält, indem man die x_i nur aus einem bestimmten echten Unterkörper von $GF(q^m)$ wählt. Sei jetzt $m = \lambda\mu$, wobei λ und μ ganze Zahlen größer als 1 sind. Dann ist $GF(q^\lambda)$ ein echter Unterkörper von $GF(q^m)$. Wir setzen in der Terminologie des vorhergehenden Abschnitts $b = \mu$, $n \leqq q^\lambda$, $x_i \in GF(q^\lambda)$, $z_i \in GF(q^\lambda) \setminus \{0\}$ $(i = 1, 2, \ldots, n)$ und $w_j = w^{q^{\lambda(j-1)}}$ $(j = 1, 2, \ldots, \mu)$, wobei w ein beliebiges Element von $GF(q^m)$ ist, das in keinem echten Unterkörper von $GF(q^m)$ enthalten ist. Damit ist gesichert, daß alle w_j voneinander verschieden und nicht gleich den x_i sind.

Betrachten wir nun einmal das Element $z_i/(x_i - w_1)^l = z_i/(x_i - w)^l$ in der l-ten Zeile und i-ten Spalte von H_1. Bildet man davon die $q^{\lambda(j-1)}$-te Potenz, so ergibt sich

$$(z_i/(x_i - w)^l)^{q^{\lambda(j-1)}} = z_i((x_i - w)^{q^{\lambda(j-1)}})^{-l} = z_i/(x_i - w)^l \text{ für } j = 2, 3, \ldots, \mu.$$

Also ist die l-te Zeile in H_j die $q^{\lambda(j-1)}$-te Potenz der l-ten Zeile in H_1 und damit redundant für $l = 1, 2, \ldots, r$ und $j = 2, 3, \ldots, \mu$.

Definition 8.10. Sei $m = \lambda\mu$, wobei λ und μ ganze Zahlen größer als 1 sind. Sei

$$H = \begin{pmatrix} \dfrac{z_1}{x_1 - w} & \dfrac{z_2}{x_2 - w} & \cdots & \dfrac{z_n}{x_n - w} \\ \vdots & & & \vdots \\ \dfrac{z_1}{(x_1 - w)^r} & \dfrac{z_2}{(x_2 - w)^r} & \cdots & \dfrac{z_n}{(x_n - w)^r} \end{pmatrix},$$

wobei $n \leqq q^\lambda$ ist, die x_i voneinander verschiedene Elemente von $GF(q^\lambda)$ sind, die $z_i \in GF(q^\lambda) \setminus \{0\}$ sind ($i = 1, \ldots, n$) und w ein beliebiges Element von $GF(q^m)$ ist, das in keinem echten Unterkörper von $GF(q^m)$ enthalten ist. Dann wird der lineare $[n, k, d; q]$-Code, für den H Prüfmatrix ist als *nichtprimitiver Helgert-Code* bezeichnet.

Als unmittelbare Folgerung gilt

Satz 8.32 (HELGERT (1974)). *Für jeden nichtprimitiven $[n, k, d; q]$-Helgert-Code mit $n \leqq q^\lambda$ gilt $d \geqq \mu r + 1$ und $n - k \leqq mr$.*

Wenden wir uns nun dem Fall $n = q^\lambda$ und $z_i = z$ für $i = 1, \ldots, n$ zu. Dann können wir jede der Zeilen von H mit z^{-1} multiplizieren, ohne den Zeilenraum von H zu verändern. Also können wir o.B.d.A. $z = 1$ setzen. Sei weiterhin $r = tq$, wobei t eine positive ganze Zahl ist. Dann ist jeweils die (lq)-te Zeile von H gleich der q-ten Potenz der l-ten Zeile und damit redundant (für $l = 1, 2, \ldots, t$). Damit gilt:

Satz 8.33 (HELGERT (1974)). *Für jeden solchen nichtprimitiven $[n, k, d; q]$-Helgert-Code mit $n = q^\lambda$, $z_i = 1$ ($i = 1, 2, \ldots, n$) und $t = r/q$ eine beliebige positive ganze Zahl, gilt*

$$d \geqq \mu t q + 1 \text{ und } n - k \leqq (q - 1)\, tm.$$

Für festgehaltene Werte der Zahlen q, m, t und λ sind die nichtprimitiven Helgert-Codes vollständig durch den Parameter w bestimmt. Da $GF(q^\lambda)$ invariant bezüglich Addition und Multiplikation mit einem von 0 verschiedenen Element sowie bezüglich der q^l-ten Potenzbildung ($l = 1, 2, \ldots, \lambda$) ist, gilt:

Satz 8.34 (HELGERT (1974)). *Für festgehaltene Parameterwerte q, m, t und λ sind die durch $w = w_0$, $w = w_0 + \beta$, $w = w_0\beta$ und $w = w_0^{q^l}$ für $l = 1, 2, \ldots, \lambda$ und beliebiges $\beta \in GF(q^\lambda) \setminus \{0\}$ bestimmten nichtprimitiven Helgert-Codes äquivalent.*

Weiterhin gelten die folgenden von HELGERT (1974) bewiesenen Sätze.

Satz 8.35. *Für festgehaltene Parameterwerte q, m, t und $q = 2$ sind alle mit diesen Parametern gebildeten nichtprimitiven Helgert-Codes äquivalent.*

Satz 8.36. *Für festgehaltene Parameterwerte q, m und t und $\mu = 2$ sind die erweiterten Codes aller mit diesen Parameterwerten gebildeten nichtprimitiven Helgert-Codes invariant bezüglich einer transitiven Permutationsgruppe.*

Satz 8.37. *Für festgehaltene Parameterwerte m und t und $\mu = q = 2$ gilt für jeden damit gebildeten nichtprimitiven $[n, k, d; q]$-Helgert-Code: d ist ungerade. Im Fall $t = 1$ gilt $d = 5$ und $n - k = 2\lambda$, was der kleinste mögliche Wert ist.*

Satz 8.38. *Für festgehaltene Parameterwerte q, m und t und $\mu = 3$ sind die erweiterten Codes aller mit diesen Parametern gebildeten nichtprimitiven Helgert-Codes äquivalent.*

HELGERT (1974) gab die Parameter einer Reihe von nichtprimitiven Helgert-Codes an. Einige dieser Codes liefern bessere Parameter als die bis dahin bekannten besten (SLOANE (1972a)) Codes.

8.4.2. Binäre Helgert-Codes

Sei wieder H eine Matrix der Form

$$H = \begin{pmatrix} H_1 \\ H_2 \\ \vdots \\ H_b \end{pmatrix} \quad \text{mit} \quad H_i = \begin{pmatrix} \dfrac{z_1}{(x_1 - y_i)^1} & \dfrac{z_2}{(x_2 - y_i)^1} & \cdots & \dfrac{z_n}{(x_n - y_i)^1} \\ \vdots & & & \vdots \\ \dfrac{z_1}{(x_1 - y_i)^r} & \dfrac{z_2}{(x_2 - y_i)^r} & \cdots & \dfrac{z_n}{(x_n - y_i)^r} \end{pmatrix}$$

für $i = 1, 2, \ldots, b$. Dabei sind alle Elemente von H_i jeweils aus $GF(2^m)$. Es gelte weiterhin $z_i \neq 0$, die x_i seien paarweise voneinander verschieden, und die y_i seien paarweise voneinander und von den x_i verschieden.

Mit Hilfe des üblichen Isomorphismus zwischen den Elementen von $GF(2^m)$ und der Menge aller binären m-Tupel kann H in eine Matrix mit n Spalten und brm Zeilen mit Elementen aus $GF(2)$ entwickelt werden. Wir haben durch H also wieder einen $[n, k, d; 2]$-Helgert-Code bestimmt. HELGERT (1972) zeigte, daß $d \geqq 2rb + 1$ gilt. Da alle x_i voneinander verschieden und ungleich der y_i sein müssen, gilt $n \leqq 2^m - b$. In Analogie zur Terminologie der BCH-Codes bezeichnen wir Codes mit $z_i = 1$ und $n = 2^m - b$ als *primitive* (binäre) *Helgert-Codes.*

Sei jetzt $b = 1$. Da $x_i = x_j$ aus $(x_i - y_1)^{-1} = (x_j - y_1)^{-1}$ folgt, muß die erste Zeile von H_1 unabhängig von y_1 aus den $2^m - 1$ von 0 verschiedenen Elementen von $GF(2^m)$ bestehen. Damit sind alle entsprechenden Helgert-Codes äquivalent, und die Elemente der ersten Zeile von H_1 sind die Wurzeln von $z^n - 1$ in $GF(2^m)$. Wählt man $y_1 = 0$ und $x_i = \alpha^{1-i}$, wobei α ein primitives Element von $GF(2^m)$ ist, dann erhalten wir die Klasse der primitiven BCH-Codes.

Sei $b = 2$. Man kann leicht zeigen, daß die ersten Zeilen von H_1 und H_2 aus allen Elementen von $GF(2^m)$ außer 0 und $(y_2 - y_1)^{-1}$ bestehen. Folglich gibt es für jedes Element der ersten Zeile von H_1 ein gleiches Element in der ersten Zeile von H_2. Daraus folgt, daß man H durch Permutationen in eine Matrix der Form

$$H' = \left(\begin{array}{c|c} A & B \\ \hline B & A \end{array}\right)$$

überführen kann. Man erhält:

Satz 8.39 (HELGERT (1975)). *Für $b = 2$ sind alle binären primitiven Helgert-Codes zueinandern und zu den entsprechenden durch eine Prüfmatrix der Form*

$$H' = \left(\begin{array}{c|c} A & B \\ \hline B & A \end{array}\right)$$

beschriebenen Codes äquivalent.

Satz 8.40 (Helgert (1975)). *Für $b = 2$ sind alle erweiterten binären primitiven Helgert-Codes invariant bezüglich einer transitiven Permutationsgruppe.*

Dieser Satz ist eine Verallgemeinerung des Resultats, daß die erweiterten primitiven BCH-Codes invariant bezüglich der affinen Permutationsgruppe sind. Einen elementaren Beweis dafür findet man z.B. bei Helgert (1975).

Für $b = 2$ haben die primitiven binären Helgert-Codes ungerades Minimalgewicht, und die Summe der minimalen und maximalen Gewichte des dualen Codes ist gleich $2^m - 1$. Die Koeffizienten des Gewichtsspektrums eines binären primitiven Helgert Codes $\mathcal{C}$ erfüllen die Gleichungen

$$A_i(\mathcal{C}) = \left(\frac{n+1-i}{i}\right) A_{i-1}(\mathcal{C})$$

für gerade i. Die Koeffizienten des Gewichtsspektrums seines dualen Codes $\mathcal{C}^\perp$ erfüllen die Gleichungen

$$A_i(\mathcal{C}^\perp) = \left(\frac{n+1-i}{i}\right) A_{n+1-i}(\mathcal{C}^\perp) \quad \text{für} \quad i = 1, 2, \ldots, n.$$

Dabei ist $A_i(\mathcal{C})$ jeweils die Anzahl der Codewörter mit dem Gewicht i im Code $\mathcal{C}$.

Für $r = 2$ sind die primitiven $[n, k, d; 2]$-Helgert-Codes (im wesentlichen) äquivalent zu der Klasse der Srivastava-Codes. Hierbei gilt für die Parameter

$$n = 2^m - b,\ k = 2^m - mb \text{ und } d \geqq 2b + 1.$$

8.5. Selbstduale Codes

In diesem Abschnitt schränken wir uns auf den Fall ein, daß q Primzahlpotenz ist. Damit hat X^n die Struktur eines linearen Vektorraums über GF(q).

Definition 8.11. Sei $\mathcal{C} \subsetneqq X^n$ ein beliebiger Code. $\mathcal{C}$ heißt *selbstdual* genau dann, wenn $\mathcal{C} = \mathcal{C}^\perp = \{v \mid v \in X^n, \langle u, v\rangle = 0, u \in \mathcal{C}\}$ gilt.

$\mathcal{C}$ ist hier stets ein linearer Code. Die Dimension jedes einem selbstdualen Code entsprechenden linearen Unterraums von X^n ist $n/2$. Folglich muß die Blocklänge n eines solchen Codes stets eine gerade Zahl sein. Im Fall $q = 2$ ist das Gewicht jedes Codeworts gerade, da ein Wort mit ungeradem Gewicht nicht zu sich selbst orthogonal sein kann. Damit ist das Wort **1** in jedem selbstdualen Codes über GF(2) enthalten. Eine notwendige und hinreichende Existenzbedingung für selbstduale Codes gab Pless (1968) an.

Satz 8.41. *Wenn $q \not\equiv -1 \pmod 4$ ist, dann existieren selbstduale $(n, N, d; q)$-Codes genau dann, wenn n gerade ist.*

Wenn $q \equiv -1 \pmod 4$ ist, dann existieren selbstduale $(n, N, d; q)$-Codes genau dann. wenn n durch 4 teilbar ist.

8.5.1. Gewichtsspektren und Schranken für selbstduale Codes

Sei $\mathcal{C}$ ein $(n, N, d; q)$-Code, und sei A_i jeweils die Anzahl der Codewörter in $\mathcal{C}$ mit dem Gewicht i $(0 \leqq i \leqq n)$. Ist $\mathcal{C}$ ein selbstdualer Code, dann gilt entsprechend der MacWilliams-Gleichung (MacWilliams (1963), vgl. Abschnitt 7.5)

$$\sum_{i=0}^{n} A_i x^{n-i} y^i = \sum_{i=0}^{n} A_i \left(\frac{x + (q-1)\,y}{\sqrt{q}}\right)^{n-i} \left(\frac{x-y}{\sqrt{q}}\right)^i.$$

Dies ist gleichbedeutend damit, daß für sein Gewichtsspektrum $W(x, y)$ gilt

$$W(x, y) = W\left(\frac{x + (q - 1)\,y}{q}, \frac{x - y}{q}\right). \qquad (*)$$

Definition 8.12. Ein beliebiges Polynom $W(x, y) = \sum_{i=0}^{n} A_i x^{n-i} y^i$, das die Bedingung (*) erfüllt, heißt *formal selbstduales Gewichtsspektrum* über GF(q).

Es ist klar, daß das Gewichtsspektrum eines selbstdualen Codes auch formal selbstdual ist. Die Umkehrung gilt nicht. So gibt es z. B. keinen Code, der das Gewichtsspektrum $x^2y^2(x^2 - y^2)^2$ besitzt.

Gleason (1970) zeigte folgenden Satz, für den Berlekamp, MacWilliams und Sloane (1972) einen weiteren Beweis lieferten, siehe auch MacWilliams, Mallows, Sloane (1972).

Satz 8.42. *Sei*

$$W(x, y) = \sum_{i=0}^{n} A_i x^{n-i} y^i$$

ein formal selbstduales Gewichtsspektrum über GF(q), *in dem jedes Gewicht A_i durch eine ganze Zahl c teilbar ist.*

1. *Wenn $q = 2$ und $c = 2$ ist, dann gilt $W(x, y) = W(y, x)$, n ist eine gerade Zahl, und $A_{n-i} = A_i$ für alle i, $0 \leqq i \leqq n$. Für diesen Fall sei*

$$f(x, y) = x^2 + y^2 \text{ und } g(x, y) = x^2y^2(x^2 - y^2)^2 \text{ und } n = 2r + 8s.$$

2. *Wenn $q = 2$ und $c = 4$ ist, dann ist n durch 8 teilbar. Für diesen Fall sei*

$$f(x, y) = x^8 + 14x^4y^4 + y^8,\ g(x, y) = x^4y^4(x^4 - y^4)^4$$

und $n = 8r + 24s$.

3. *Wenn $q = 3$ und $c = 4$ ist, dann ist n durch 4 teilbar. Für diesen Fall sei*

$$f(x, y) = x^4 + 8xy^3 \text{ und } g(x, y) = y^3(x^3 - y^3)^3$$

und $n = 4r + 12s$.

Dann gilt in jedem dieser drei Fälle:

$$W(x, y) = \sum_{r,s} k_{r,s} f(x, y)^r\, g(x, y)^s,$$

wobei r und s nichtnegative ganze Zahlen, die die gegebenen Bedingungen erfüllen und die $k_{r,s}$ komplexe Zahlen sind.

Zur Illustration dieses Satzes geben wir nun einige Beispiele selbstdualer Codes mit den zugehörigen Gewichtsspektren an.

1. $\mathscr{C} = \{00, 11\}$. Dies ist offensichtlich ein (2, 2, 2; 2)-Code mit dem Gewichtsspektrum $W(x, y) = x^2 + y^2$.

2. Der von der Basis {11000000, 00110000, 00001100, 00000011} erzeugte (8, 16, 2; 2)-Code hat das Gewichtsspektrum $(x^2 + y^2)^4$.

3. Der erweiterte (8, 16, 4; 2)-Hamming-Code hat das Gewichtsspektrum $w(x, y) = x^8 + 14x^4y^4 + y^8$.

Die unter 2. und 3. genannten Codes sind die einzigen selbstdualen binären Codes der Blocklänge 8 (Pless (1972a)).

4. Der erweiterte binäre $(24, 2^{12}, 8; 2)$-Golay-Code hat das Gewichtsspektrum $W(x, y) = x^{24} + 759x^{16}y^8 + 2576x^{12}y^{12} + 759x^8y^{16} + y^{24}$. Dies ist übrigens der einzige selbstduale Code der Länge 24 mit dem Minimalgewicht 8 (Pless (1968)).

Weitere Beispiele binärer selbstdualer Codes findet man vor allem in der Arbeit von Pless (1972a).

5. Der von $\{+1\ 0\ -1\ +1,\ 0\ +1\ +1\ +1\}$ erzeugte $(4, 9, 3; 3)$-Code hat das Gewichtsspektrum $W(x, y) = x^4 + 8xy^3$.

6. Der erweiterte ternäre $(12, 3^6, 6; 3)$-Golay-Code hat das Gewichtsspektrum $W(x, y) = x^{12} + 264x^6y^6 + 440x^3y^9 + 24y^{12}$.

Sei $\mathscr{C}$ ein selbstdualer $(n, q^{n/2}, d; q)$-Code. Wir unterscheiden nun drei Fälle:

1. $q = 2$ und alle Gewichte der Codewörter von $\mathscr{C}$ sind durch 2 teilbar,
2. $q = 2$ und alle Gewichte der Codewörter von $\mathscr{C}$ sind durch 4 teilbar und
3. $q = 3$ und alle Gewichte der Codewörter von $\mathscr{C}$ sind durch 3 teilbar.

Es gelte jeweils
im Fall 1: $w = 2$, $R = 4$, $S = 2$, $\alpha = 1$, $f = 1 + \alpha y$, $g = y(1 - y)^w$,
im Fall 2: $w = 4$, $R = 3$, $S = 8$, $\alpha = 14$, $f = 1 + \alpha y + y^2$, $g = y(1 - y)^w$ und
im Fall 3: $w = 3$, $R = 3$, $S = 4$, $\alpha = 8$, $f = 1 + \alpha y$, $g = y(1 - y)^w$.

Setzt man im Satz von Gleason (Satz 8.42) $x = 1$ und $y^w = y$, dann kommt man in allen drei Fällen zur Darstellung des Gewichtsspektrums von $\mathscr{C}$ in der Form

$$W(y) = \sum_{k=0}^{m} a_k f^{j-Rk} g^k = \sum_{k=0}^{n/w} A_{wk} y^k,$$

wobei $n = Sj$, $m = [j/R] = [n/RS]$ ist, die a_k ganze Zahlen sind und A_i jeweils die Zahl der Codewörter vom Gewicht i ist.

Seien nun die ganzen Zahlen a_k so gewählt, daß $A_0 = 1$ und $A_1 = A_2 = \ldots = A_r = 0$ gilt, wobei r der maximal mögliche Wert ist. Das entsprechende Polynom $W(y)$ bezeichnen wir als *extremales Gewichtsspektrum*. Wenn ein Code mit diesem Gewichtsspektrum existiert, dann hat er die maximal mögliche Minimaldistanz. Mallows, Sloane (1973) zeigten:

Satz 8.43. *Das extremale Gewichtsspektrum*

$$W(y) = \sum_{k=0}^{m} a_k f^{j-Rk} g^k$$

mit $a_0 = 1$ *und* a_k, $1 \leqq k \leqq m$, *ist im Fall* 1 und 3 *gleich*

$$\frac{j}{k} \sum_{r=0}^{k-1} (-\alpha)^{r+1} \binom{j - Rk + r}{r} \binom{(w+1)k - r - 2}{k - r - 1}$$

und im Fall 2 *gleich*

$$\frac{j}{k} \sum_{r=0}^{k-1} (r+1) \binom{5k - r - 2}{k - r - 1} \sum_{i=0}^{[(r+1)/2]} \frac{(-1)^i (-14)^{r+1-2i} (j - 3k + r - i)!}{(j - 3k)!\,(r + 1 - 2i)!\,i!}$$

Satz 8.44. *Für die Zahlen* $A_{w(m+1)}$ *(die Anzahl der Codewörter mit minimalem von Null verschiedenem Gewicht) gilt im Fall* 2

$$A_{w(m+1)} = \begin{cases} \binom{n}{5}\binom{5m-2}{m-1} \Big/ \binom{4m+4}{5}, & \text{wenn } n = 24m, \\ \dfrac{1}{4}\, n\,(n-1)\,(n-2)\,(n-4)\, \dfrac{(5m)!}{m!\,(4m+4)!}, & \text{wenn } n = 24m + 8, \\ \dfrac{3}{2}\, n\,(n-2)\, \dfrac{(5m+2)!}{m!\,(4m+4)!}, & \text{wenn } n = 24m + 16 \end{cases}$$

und im Fall 3

$$A_{w(m+1)} = \begin{cases} 2\binom{n}{5}\binom{4m-2}{m-1}\Big/\binom{3m+3}{5}, & \textit{wenn } n = 12m, \\ 2n(n-1)(n-2)\dfrac{(4m)!}{m!\,(3m+3)!}, & \textit{wenn } n = 12m+4, \\ 6n\,\dfrac{(4m+2)!}{m!\,(3m+3)!}, & \textit{wenn } n = 12m+8. \end{cases}$$

Aus diesem Satz ergeben sich die folgenden Schranken (Mallows, Sloane (1973)): Für jeden selbstdualen $(n, N, d; q)$-Code gilt
im Fall 1: $d \leqq 2[n/8] + 2$,
im Fall 2: $d \leqq 4[n/24] + 4$ und
im Fall 3: $d \leqq 3[n/12] + 3$.
Allgemeiner zeigten Mallows, Odlyzko, Sloane (1975):

Satz 8.45. *Sei b eine beliebige Konstante. Dann existiert für hinreichend großes n kein selbstdualer* $[n, \frac{n}{2}, d; 2]$*-Code mit* $d \geqq 4\left[\frac{n}{24}\right] + 4 - 4b$.

Satz 8.46. *Sei b eine beliebige Konstante. Dann existiert für alle hinreichend großen n kein selbstdualer* $[n, \frac{n}{2}, d; 3]$*-Code mit* $d \geqq 3\left[\frac{n}{12}\right] + 3 - 3b$.

Eine Antwort auf die Frage nach der Existenz von Codes mit extremalem Gewichtsspektrum gibt der folgende Satz von Mallows, Sloane (1973).

Satz 8.47. *In den Fällen* 1 *und* 3 *existiert für hinreichend großes n kein selbstdualer Code mit dem entsprechenden extremalen Gewichtsspektrum.*

Außerdem gilt

Satz 8.48 (Mallows, Sloane (1973)). *Im Fall* 2 *gilt für den selbstdualen Code mit der größtmöglichen Minimaldistanz d* $0{,}1100 < \frac{d}{n} \leqq \frac{1}{6} + \frac{4}{n}$ *für alle hinreichend großen n.*

Für den selbstdualen Code der Länge n über GF(3) *mit der größtmöglichen Minimaldistanz d gilt* $0{,}1595 < \frac{d}{n} \leqq \frac{1}{4}$ *für alle hinreichend großen n.*

Die Elias-Schranke liefert hier für die Rate 1/2 nur $d/n \leqq 0{,}196$ bzw. $d/n \leqq 0{,}281$.

Aus Satz 4.2 von Assmus, Mattson (1969c) folgt, daß im Fall 2, wenn n ein Vielfaches von 24 ist, die Codewörter mit festem Gewicht i für jedes $i \neq 0$ einen t-Blockplan bilden. Weiterhin folgt, daß, wenn im Fall 3 die Codewortlänge n ein Vielfaches von 12 ist und $\frac{1}{4}n + 3 \leqq v \leqq \frac{1}{2}n + 3$ gilt, die von Null verschiedenen Koordinaten der Codewörter mit dem Gewicht v einen 5-Blockplan bilden.

Für die größte mögliche Minimaldistanz d eines binären selbstdualen Codes, dessen Blocklänge ein Vielfaches von 24 ist und dessen Gewichte alle durch 4 teilbar sind, gilt $d \leqq \frac{1}{6}n + 4$. Für die ersten zwei Werte von n existieren Codes, die diese Schranke erreichen, nämlich der $(24, 2^{12}, 8; 2)$-Golay-Code und der $(48, 2^{24}, 12; 2)$-QR-Code.

Sloane (1973) stellte die Frage nach der Existenz eines selbstdualen $(72, 2^{36}, 16; 2)$-Codes. Das Gewichtsspektrum eines solchen Codes wurde bereits von Mallows, Sloane (1973) angegeben. Entsprechend einem Satz von Assmus, Mattson (1969c) bilden die Codewörter mit einem bestimmten Gewicht i in dieser Familie von Codes jeweils einen 5-(n, i, λ)-Blockplan mit $\lambda = A_i\binom{i}{5}\Big/\binom{n}{5}$, wobei A_i die Anzahl der Codewörter vom Gewicht i im betrachteten Code ist. So würden z.B. die Codewörter vom Gewicht 16 in einem selbstdualen $(72, 2^{36}, 16; 2)$-Code einen 5-(72, 16, 78)-Blockplan bilden.

Für $n \leqq 200$ und $n = 256$ gaben Mallows, Sloane (1973) eine Tafel der extremalen Gewichtsspektren an. Von dort stammt auch die folgende Übersicht über Codes mit extremalem Gewichtsspektrum.

Im Fall 1 existieren für $n = 2, 4, 6, 8, 12, 14, 22$ (Goethals) und 24 selbstduale Codes mit extremalem Gewichtsspektrum (Pless (1972a)). Für $n = 10, 16, 18, 20$ und 26 (Goethals) existieren keine solchen (linearen) Codes. Allerdings hat für $n = 16$ der nichtlineare Nordstrom-Robinson-Code das entsprechende extremale Gewichtsspektrum.

Im Fall 2 existieren selbstduale Codes mit extremalem Gewichtsspektrum für $n = 8$, 16, 24 (Golay-Code), 32, 40, 48 (ein QR-Code, Pless (1963)), 56, 64, 80, 88 und 104 (ein QR-Code (Karlin (1969))).

Im Fall 3 existieren selbstduale Codes mit extremalem Gewichtsspektrum für $n = 4$, 8 und 12 (Golay-Code), sowie für $n = 24, 36, 48$ und 60 (Symmetrie-Codes, Pless (1969, 1972a, 1972b)).

8.5.2. Symmetrie-Codes

Sei q Potenz einer ungeraden Primzahl mit $q \equiv -1 \pmod 3$. Sei $a(\cdot)$ eine beliebige aber feste Abbildung der Menge $\{\infty, 0, 1, \ldots, q-1\}$ auf $GF(q) \cup \{\infty\}$, die die Bedingungen $a(0) = 0$, $a(1) = 1$ und $a(\infty) = \infty$ erfüllt. Man bezeichne die Zeilen und Spalten einer Matrix $S_q = (s_{i,j})$ jeweils mit $\infty, 0, 1, \ldots, q-1$. Sei $\psi(\cdot)$ die wie folgt auf $GF(q)$ definierte Funktion:

$$\psi(x) = \begin{cases} 0, & \text{wenn } x = 0 \text{ ist,} \\ 1, & \text{wenn } x \neq 0 \text{ eine Quadratzahl modulo } q \text{ ist,} \\ -1, & \text{wenn } x \text{ keine Quadratzahl modulo } q \text{ ist.} \end{cases}$$

Sei $s_{\infty,\infty} = 0$, $s_{i,\infty} = \psi(-1)$, $s_{\infty,i} = 1$ und $s_{i,j} = \psi(a(j) - a(i))$ für $i, j = 0, 1, \ldots, q-1$.

Definition 8.13. Sei I_{q+1} die Einheitsmatrix der Ordnung $q + 1$. Der lineare Code $\mathscr{C}(q)$, dessen Basismatrix (I_{q+1}, S_q) ist, heißt *Symmetrie-Code*.

Für diese Symmetrie-Codes gilt

Satz 8.49. (Pless (1969, 1972b)). *Jeder Symmetrie-Code $\mathscr{C}(q)$ ist selbstdual. Das Gewicht jedes Codeworts in $\mathscr{C}(q)$ ist durch 3 teilbar.*

Daraus folgt, daß $\mathscr{C}(q)$ jeweils ein $(2q + 2, 3^{q+1} d; 3)$-Code mit $d \geqq 3$ ist. Weiterhin gilt

Folgerung 8.50. *Wenn $q \equiv 1 \pmod 4$ ist, dann ist auch $G' = (-S_q, S_{q+1})$ eine Basis von $\mathscr{C}(q)$. Ist $q \equiv 3 \pmod 4$, dann ist auch $G'' = (S_q, I_{q+1})$ eine Basis von $\mathscr{C}(q)$.*

Bezüglich des Minimalgewichts von $\mathscr{C}(q)$ gilt

Satz 8.51 (Pless (1972b)). 1. *Das Gewicht jedes Vektors der Basis (I_{q+1}, S_q) ist gleich $q + 1$.*

2. *Das Gewicht jeder nichttrivialen Linearkombination zweier Vektoren der Basis* (I_{q+1}, S_q) *ist gleich* $(q + 7)/2$.
3. *Das Gewicht jeder nichttrivialen Linearkombination von drei Vektoren der Basis* (I_{q+1}, S_q) *ist nicht kleiner als* $(q + 7)/2$.

Für die ersten fünf möglichen Werte von q ist die Minimaldistanz von $\mathscr{C}(q)$ gleich $(q + 7)/2$. Dies gilt aber nicht allgemein, So ist für $\mathscr{C}(47)$ die Minimaldistanz wesentlich kleiner (vgl. z.B. Blake, Mullin (1975)).

Pless (1969, 1972b) untersuchte die durch eine Reihe von Symmetrie-Codes definierten 5-Blockpläne sowie Gruppen, bezüglich derer die Symmetrie-Codes invariant sind.

Blake (1975) verallgemeinerte die Konstruktion der Symmetrie-Codes auf die folgende Weise. Sei G eine $(k, (q^k - 1))$-Matrix, deren Spalten alle nicht nur aus Nullen bestehenden k-Tupel über GF(q) sind. Der Zeilenraum ist dann äquivalent zu einem zyklischen Maximallängen-Code. Das Gewicht jedes nicht nur aus Nullen bestehenden Wortes dieses Codes ist gleich $(q - 1)\, q^{k-1}$ (Stiffler (1971)). Sei H eine (k, n)-Untermatrix von G mit der Eigenschaft, daß je zwei beliebige ihrer Spalten linear unabhängig sind. H habe noch die Eigenschaft, daß das erste von Null verschiedene Element jeder Spalte Eins ist. Sei nun A eine (n, n)-Matrix, deren Zeilen vom Nullvektor verschiedene Elemente des Zeilenraums von H sind, die die Eigenschaft haben, daß je zwei beliebige verschiedene Zeilen linear unabhängig sind. Die ersten k Zeilen von A seien o.B.d.A Zeilen von H. Jede Zeile von A hat das Gewicht q^{k-1}. Ist H' die Matrix, die man aus H erhält, indem man jedes von Null verschiedene Element durch 1 ersetzt, dann sind die Zeilen von H' die Inzidenzvektoren der Komplemente der Hyperebenen der projektiven Geometrie PG$(k - 1, q)$. Sei q Potenz einer ungeraden Primzahl. Die Matrix $S(q^{k-1})$ erhalten wir dadurch, daß wir in A jeweils die $\alpha \in$ GF(q) durch $\psi(\alpha)$ ersetzen. Dann gilt

Satz 8.52 (Blake (1975)). *Über dem Körper der reellen Zahlen ist*

$$S(q^{k-1})\, S(q^{k-1})^T = q^{k-1} I_n.$$

Die Matrizen $S(q)$ der Symmetrie-Codes können für $k = 2$ auf die hier angegebene Art konstruiert werden. Faßt man die Matrix $S(q^{k-1})$ als Matrix über GF(3) auf, dann gilt über GF(3)

$$S(q^{k-1})\, S(q^{k-1})^T = -I_n$$

genau dann, wenn $q \equiv -1 \pmod 3$ und k gerade ist.

Definition 8.14. Der *verallgemeinerte Symmetrie-Code* $\mathscr{C}(q^{k-1})$ ist der lineare Code mit der Basismatrix $(I_n, S(q^{k-1}))$ für $q \equiv -1 \pmod 3$ und k gerade.

Die verallgemeinerten Symmetrie-Codes sind selbstdual, und das Gewicht jedes Codeworts ist durch 3 teilbar. Wendet man die Beweismethode des entsprechenden Satzes von Pless (1972b) an, so ergibt sich

Satz 8.53 (Blake (1975)). 1. *Das Gewicht jedes Vektors der Basis* $(I_n, S(q^{j-1}))$ *ist* $q^{k-1} + 1$.
2. *Das Gewicht jeder nichttrivialen Linearkombinaton von zwei Vektoren der Basis* $(I_n, S(q^{k-1}))$ *ist* $2q^{k-2} + q^{k-2}(q - 1)/2 + 2$.
3. *Das Gewicht jeder nichttrivialen Linearkombination von drei Vektoren der Basis* $(I_n, S(q^{k-1}))$ *ist nicht kleiner als* $q^{k-2}(q - 3)/2 + 5$.

Im Fall $k = 2$ und $q \equiv -1 \pmod 3$ ist der entsprechende verallgemeinerte Symmetrie-Code äquivalent zu einem der üblichen Symmetrie-Codes. Es kann übrigens stets erreicht werden, daß $S(q^{k-1})$ eine symmetrische Matrix ist.

9. Volumenschranke und perfekte Codes

Die Untersuchung perfekter Codes hat ihren Ursprung in der Frage nach der Existenz und den Eigenschaften von Codes, deren Parameter die Volumenschranke erreichen, bei denen also die paarweise disjunkten „Kugeln" mit dem Radius e um die Codewörter den gesamten Grundraum X^n überdecken. Das vorliegende umfangreiche Material und die erzielten mathematisch interessanten Ergebnisse rechtfertigen eine ausführliche Darstellung der perfekten Codes auch in diesem Rahmen. Für den Fall der Hamming-Metrik werden neben der Untersuchung der Existenzproblematik perfekte 1-Fehler-Codes, die Hamming- und die Golay-Codes ausführlicher behandelt. Außerdem werden kombinatorische Eigenschaften perfekter Codes betrachtet. Interessant sind auch die Beziehungen zu den Mathieu-Gruppen. Abschließend werden Aussagen über perfekte Codes in der Lee-Metrik und über weitere mögliche Verallgemeinerungen gemacht.

Da bei einem e-Fehler-Code die Mengen der Wörter, die jeweils von einem Codewort einen Abstand nicht größer als e haben, disjunkt sein müssen, kann die Anzahl dieser Wörter insgesamt nicht größer als q^n sein. Daher gilt (für jede der hier betrachteten Metriken)

Satz 9.1 (Volumenschranke, Hamming-Schranke). *Für jeden $(n, N, d; q)$-e-Fehler-Code ist $NV_e \leqq q^n$, wobei $V_e = |K(u, e)|$ für alle $u \in X^n$ ist.*

Geht man von der Forderung nach minimaler Codewortlänge n bei vorgegebener Fehlerkorrekturfähigkeit e und Codewortanzahl aus, so ist diese sicher erfüllt, wenn jedes Wort der Länge n von genau einem Codewort einen Abstand nicht größer als e hat. Dies bedeutet, daß die Kugeln mit dem Radius e um die Codewörter paarweise disjunkt sind und den ganzen Raum X^n ausschöpfen. Einen solchen Code wollen wir als perfekt bezeichnen.

Definition 9.1. $\mathscr{C} \subseteq X^n$ heißt *perfekter e-Fehler-Code* genau dann, wenn

(1) $K(u, e) \cap K(v, e) = \emptyset$ für alle $u, v \in \mathscr{C}$ und $u \neq v$ und

(2) $\bigcup_{u \in \mathscr{C}} K(u, e) = X^n$ gilt.

Offensichtlich gilt für jeden perfekten $(n, N, d; q)$-e-Fehler-Code

$$q^n = NV_e.$$

Perfekte Codes erreichen also gerade die entsprechend der Volumenschranke maximal möglichen Parameterwerte.

Damit ist klar, daß eine notwendige Bedingung für die Existenz eines perfekten e-Fehler-Codes ist, daß V_e ein Teiler von q^n ist.

Daraus ergibt sich bereits, daß nicht für alle Parameterwerte perfekte Codes existieren können.

Die Frage nach der Existenz perfekter e-Fehler-Codes in der Hamming-Metrik kann man fast als „klassisches" Problem der algebraischen Codierungstheorie bezeichnen. Es geht bereits auf Golay

(1949) zurück (s. auch GOLAY (1954, 1958)). Die in dieser Arbeit gefundenen perfekten Codes sind die einzigen nichttrivialen perfekten 2- bzw. 3-Fehler-Codes über endlichen Körpern. Dies konnte aber erst wesentlich später gezeigt werden.

Perfekte Codes lassen sich leicht allgemein in der Gruppenalgebra $\mathfrak{G}(X^n)$ charakterisieren.

Satz 9.2. (vgl z.B. GOETHALS, VAN TILBORG (1975)). *Sei $\mathscr{C} \subsetneqq X^n$ ein beliebiger Code. $\mathscr{C}$ ist ein perfekter e-Fehler-Code genau dann, wenn $\boldsymbol{S}_e * \boldsymbol{C} = \boldsymbol{S}_n$ ist.*

Beweis. Allgemein gilt $\boldsymbol{S}_e * \boldsymbol{C} = \sum_{u \in X^n} g_e(u, \mathscr{C})\, \boldsymbol{e}(u)$. Nun ist $g_e(u, \mathscr{C}) = 1$ für alle $u \in X^n$ genau dann, wenn $\mathscr{C}$ perfekter e-Fehler-Code ist. Die $\boldsymbol{e}(u)$ bilden eine Basis von $\mathfrak{G}(X^n)$. Also gilt $\boldsymbol{S}_e * \boldsymbol{C} = \sum_{u \in X^n} \boldsymbol{e}(u) = \boldsymbol{S}_n$ genau dann, wenn $\mathscr{C}$ perfekter e-Fehler-Code ist. □

Dies gilt bei entsprechender Übertragung der Definitionen auch für die Lee-Metrik. Wenden wir uns nun dem Fall der Hamming-Metrik zu.

9.1. Perfekte Codes in der Hamming-Metrik

In der Hamming-Metrik ist $V_e = \sum_{i=0}^{e} \binom{n}{i} (q-1)^i$. Damit gilt also für jeden $(n, N, d; q)$-e-Fehler-Code in der Hamming-Metrik (Volumenschranke).

$$N \leqq q^n \Big/ \left(\sum_{i=0}^{e} \binom{n}{i} (q-1)^i \right).$$

Für perfekte Codes gilt hier also das Gleichheitszeichen.

Bevor wir uns dem Existenzproblem für perfekte Codes zuwenden, werden wir auf den Satz von LLOYD, eine notwendige Bedingung für die Existenz perfekter Codes in der Hamming-Metrik, und Verallgemeinerungen und Verschärfungen dieses Satzes eingehen. Nach dem Abschnitt über die Existenz perfekter Codes werden wir uns eingehender mit perfekten 1-Fehler-Codes, Hamming-Codes, Golay-Codes und kombinatorischen Eigenschaften perfekter Codes befassen.

9.1.1. Der Satz von Lloyd

Wir geben hier nun eine notwendige Bedingung für die Existenz perfekter Codes an und verweisen auf Verallgemeinerungen und Verschärfungen. Der Satz von LLOYD spielt vor allem beim Nichtexistenzbeweis für perfekte Codes eine Rolle.

Definition 9.2. Sei $0 \leqq e \leqq n$, und sei $P_k(x)$ für $0 \leqq k \leqq e$ jeweils das Kravtchouk-Polynom vom Grad k. Das Polynom

$$L_e(x) =_{\mathrm{Df}} \sum_{i=0}^{e} P_i(x)$$

heißt *Lloyd-Polynom* vom Grad e.

Satz 9.3. (GOETHALS, VAN TILBORG (1975)). *Sei $\mathscr{C} \subsetneqq X^n$ ein perfekter e-Fehler-Code. Dann ist das Lloyd-Polynom $L_e(x)$ das charakteristische Polynom $F_{\mathscr{C}}(x)$ von $\mathscr{C}$, d.h. $F_{\mathscr{C}}(x) = L_e(x)$.*

Beweis. Nach Satz 9.2 gilt $S_n = S_e * C = \left(\sum_{i=0}^{e} Y_i\right) * C$. Für jeden Code $\mathscr{C}$ gilt nach Satz 7.3

$$\left(\sum_{i=0}^{n} \alpha_i Y_i\right) * C = S_n,$$

wobei die α_i $(i = 0, 1, \ldots, n)$ die Koeffizienten der Kravtchouk-Entwicklung des charakteristischen Polynoms $F_{\mathscr{C}}(x)$ von $\mathscr{C}$ sind. Da die Y_i eine Basis einer $(n + 1)$-dimensionalen Unteralgebra von $\mathfrak{G}(X^n)$ bilden, muß $\alpha_0 = \ldots = \alpha_e = 1$ und $\alpha_{e+1} = \ldots = \alpha_n = 0$ gelten. Also ist $F_{\mathscr{C}}(x) = \sum_{i=0}^{e} P_i(x) = L_e(x)$.

Es ergibt sich unmittelbar

Satz 9.4. *Ein e-Fehler-Code mit der externen Distanz s ist perfekt genau dann, wenn $s = e$ ist.*

Aus Satz 7.8 erhält man:

Folgerung 9.5. *Jeder perfekte Code ist vollständig regulär.*

Auf dem hier beschrittenem Wege folgt aus Satz 9.3 und der Definition des charakteristischen Polynoms $F_{\mathscr{C}}(x)$ sofort

Satz 9.6 (Satz von Lloyd). *Wenn ein perfekter $(n, N, d; q)$-e-Fehler-Code existiert, dann hat das Lloyd-Polynom $L_e(x)$ genau e verschiedene ganzzahlige Nullstellen in der Menge $\{1, \ldots, n\}$.*

Lloyd (1957) bewies diesen Satz im Fall $q = 2$ durch Rückführung auf eine Differentialgleichung. J. E. Roos (1965) lieferte mit rein algebraischen Methoden einen Beweis für den Fall, daß q Primzahl ist. Für beliebige q wurde dieser Satz dann unabhängig voneinander durch Bassalygo (1973), Delsarte (1971) und Lenstra (1972) bewiesen. Einen elementaren Beweis gaben Cvetković und van Lint (1977). Biggs (1973) fand bei der Untersuchung von Codes in distanz-transitiven Graphen ein Kriterium für die Existenz eines perfekten Codes in einem solchen Graphen. Im klassischen Fall folgt aus diesem Kriterium der Satz von Lloyd. Smith (1976) gab für eine spezielle Klasse von distanz-transitiven Graphen eine gegenüber dem Resultat von Biggs verbesserte Lösung an. Er konnte weiterhin zeigen, daß im Fall der Existenz eines binären perfekten e-Fehler-Codes alle Nullstellen des Lloyd-Polynoms $L_e(x)$ gerade ganze Zahlen sein müssen.

Die folgende notwendige Bedingung für die Existenz perfekter e-Fehler-Codes gaben C. Roos, de Vroedt (1977) an. Sei $x \in X^n$ ein beliebiges Wort mit $w(x) = k$. Sei

$$p_{i,j}^{(k)} =_{\mathrm{Df}} |\{y \mid y \in X^n, w(y) = i, d(x, y) = j\}|.$$

Es läßt sich zeigen, daß diese Zahl nicht von x abhängt.

Satz 9.7. *Wenn ein perfekter $(n, N, d; q)$-e-Fehler-Code existiert, dann hat das lineare Gleichungssystem*

$$\sum_{k=0}^{n} \sum_{j=0}^{e} p_{i,j}^{(k)} a_k = (q-1)^i \binom{n}{i} \quad (i = 0, 1, \ldots, n) \tag{9.1}$$

eine (nichtnegative) ganzzahlige Lösung $(a_0, a_1, \ldots, a_n)$ mit

$$a_1 = a_2 = \ldots = a_e = 0. \tag{9.2}$$

Für jede Lösung von (9.1) mit (9.2) ist $a_0 = 1$ und $a_{e+1} = \ldots = a_{2e} = 0$. Es gilt nun (C. ROOS, DE VROEDT (1977)).

Satz 9.8. *Die allgemeine Lösung des linearen Gleichungssystems* (9.1) *hat die Form*

$$a_k = (P_k(0) + \sum_{\alpha \in M} b_\alpha P_k(\alpha))/L_e(0)$$

mit $M =_{\mathrm{Df}} \{\alpha \mid L_e(\alpha) = 0\}$ *und* b_α *reelle Zahlen.*

Daß diese Bedingung schärfer als der Satz von LLOYD ist, zeigt

Satz 9.9. (C. ROOS, DE VROEDT (1977)). *Das lineare Gleichungssystem* (9.1) *besitzt genau dann eine Lösung, die der Bedingung* (9.2) *genügt, wenn das Lloyd-Polynom* $L_e(x)$ *e verschiedene ganzzahlige Nullstellen in der Menge* $\{1, 2, \ldots, n\}$ *hat. Wenn dies der Fall ist, ist diese Lösung eindeutig bestimmt, aber nicht notwendig ganzzahlig.*

9.1.2. Existenz perfekter Codes in der Hamming-Metrik

Wir wollen hier alle Codes, die nur ein bzw. zwei Codewörter enthalten, als trivial ausschließen. So existiert stets ein perfekter $(n, 1, n; q)$-Code. Für ungerades n und $q = 2$ existiert jeweils ein $(n, 2, \frac{1}{2}(n - 1); 2)$-Code, der Wiederholungscode, der ebenfalls perfekt ist. Dieser Code besteht nur aus den Wörtern **0** und **1**.

Generell müssen wir hier zwei Fälle unterscheiden. Für den Fall, daß q eine Primzahlpotenz ist, liegen bereits abgeschlossene Ergebnisse vor. Im Fall, daß q keine Primzahlpotenz ist, wurden bis jetzt lediglich Teilresultate erreicht. Bevor wir uns diesen beiden Fällen gesondert zuwenden, werden wir noch zwei allgemeinere Nichtexistenzaussagen angeben.

Satz 9.10 (REUVERS (1974)). *Es gibt keine nichttrivialen perfekten q-adischen 3-Fehler-Codes in der Hamming-Metrik für* $q > 2$.

Der folgende Satz von BANNAI (1977) zeigt, daß es in den meisten Fällen keine unendlichen Klassen perfekter Codes gibt, was z.B. für $e = 1$ und $q = 2$ der Fall ist.

Satz 9.11. *Für jede ganze Zahl* $e \geqq 3$ *und für* $q > 2$ *gibt es höchstens endlich viele perfekte q-adische e-Fehler-Codes in der Hamming-Metrik.*

9.1.2.1. *Alphabete von Primzahlpotenzordnung*

Es ist bekannt, daß neben trivialen perfekten Codes im betrachteten Fall auch perfekte 1-Fehler-Codes existieren. (Siehe z.B. HAMMING (1950), SCHÖNHEIM (1968), B. LINDSTRÖM (1969), WASSILJEW (1962), SEMAKOW, SINOWJEW, SAIZEW (1971)). Wir werden uns mit diesen Codes in einem gesonderten Abschnitt (s. Abschnitt 9.1.3) befassen. Weiterhin sind der binäre und der ternäre Golay-Code, ein [23, 12, 7; 2]- bzw. [11, 16, 5; 3]-Code, bekannt. Diesen Codes ist Abschnitt 9.1.5 gewidmet.

Nachdem u.a. durch ALTER (1968a, 1968b, 1971), COHEN (1964), JOHNSON (1962a, 1962b), VAN LINT (1970a, 1970b, 1971a, 1971b), TIETÄVÄINEN (1970) und TIETÄVÄINEN, PERKO (1971) eine Reihe von Teilergebnissen erreicht wurde, konnten schließlich unabhängig voneinander TIETÄVÄINEN (1973) und SINOWJEW, LEONTJEW (1973) den folgenden Satz beweisen.

Satz 9.12. *Für* $e \geqq 2$ *existieren außer dem binären und dem ternären Golay-Code (bzw. zu ihnen äquivalenten Codes) keine nichttrivialen perfekten e-Fehler-Codes über Alphabeten von Primzahlpotenzordnung.*

Recht einfache Beweise findet man z.B. für den binären Fall bei SMITH (1976) und bei TIETÄVÄINEN (1974) für den Fall $q > 2$.

9.1.2.2. *Alphabete von Nichtprimzahlpotenzordnung*

In diesem Fall wurden bis jetzt nur Teilergebnisse erzielt. Zumindest konnten einige die Existenz solcher Codes widerlegende bzw. einschränkende Aussagen gewonnen werden. Schon recht früh konnten GOLOMB, POSNER (1964) das folgende recht spezielle Resultat beweisen. Grundlage dafür ist die Nichtexistenz orthogonaler Lateinischer Quadrate der Ordnung 6.

Satz 9.13. *Es existiert kein perfekter* $(7, N, d; 6)$*-1-Fehler-Code.*

B. LINDSTRÖM (1969) zeigte, daß ein perfekter 1-Fehler-Code über einem Alphabet, dessen Mächtigkeit keine Primzahlpotenz ist, kein Gruppencode ist. Eine Verallgemeinerung dieser Aussage stellt der folgende Satz von LENSTRA (1972) dar.

Satz 9.14. *Sei* G_i $(1 \leqq i \leqq n)$ *jeweils eine Gruppe mit der Trägermenge* X*. Angenommen, es existiert eine Untergruppe* $\mathscr{C} \subset \prod_{i=1}^{n} G_i$*, deren Trägermenge ein nichttrivialer perfekter* $(n, N, d; q)$*-e-Fehler-Code über* X *mit* $e < n$ *ist. Dann ist* q *Potenz einer Primzahl* p*, und jede Gruppe* G_i *ist Abelsch vom Typ* $(p, p, \ldots, p)$.

Für spezielle Alphabete q konnten dann auch Nichtexistenzaussagen gewonnen werden. So gilt

Satz 9.15 (BASSALYGO, SINOWJEW, LEONTJEW, FELDMAN (1975)). *Es existiert kein nichttrivialer perfekter* $(n, N, d; q)$*-e-Fehler-Code mit* $q = 2^r 3^s$ $(r, s \geqq 1)$ *und* $e \geqq 2$.

Und allgemeiner gilt:

Satz 9.16 (TIETÄVÄINEN (1977)). *Es gibt keine nichttrivialen perfekten* $(n, N, d; q)$*-e-Fehler-Codes für* $e \geqq 3$ *und* $q = p_1^r p_2^s$*, wobei* p_1 *und* p_2 *verschiedene Primzahlen und* r *und* s *positive ganze Zahlen sind.*

9.1.3. Perfekte 1-Fehler-Codes

Perfekte 1-Fehler-Codes sind für alle Fälle, in denen q eine Primzahlpotenz ist, bekannt. Als wesentliche Klasse linearer perfekter 1-Fehler-Codes werden die Hamming-Codes im folgenden noch gesondert betrachtet. Die folgenden Sätze von SCHÖNHEIM (1968) bzw. VAN LINT (1975) sichern die Existenz auch nichtlinearer perfekter 1-Fehler-Codes, s. auch B. LINDSTRÖM (1969) und WASSILJEW (1965).

Satz 9.17. *Wenn* q *eine Primzahlpotenz und* m *eine ganze Zahl mit* $m > 2$ *ist, dann existieren für jedes*

$$n = \frac{q^m - 1}{q - 1}$$

lineare und nichtlineare perfekte 1-Fehler-Codes.

Satz 9.18. *Sei* q *Primzahlpotenz und*

$$n = \frac{q^{m+1} - 1}{q - 1}$$

mit $m \geqq 3$ für $q = 2$ und $m \geqq 2$ für $q \geqq 3$. Dann existiert ein perfekter $(n, N, 3; q)$-1-Fehler-Code, der zu keinem linearen Code äquivalent ist.

Sei $\mathscr{C}$ ein perfekter $(n, N, 3; q)$-1-Fehler-Code mit dem Gewichtsspektrum $W(z)$, und sei $\mathbf{0} \in \mathscr{C}$. Dann gilt (vgl. VAN LINT (1971/73))

$$W(z) = \frac{1}{n(q-1)+1}\left((1+(q-1)\,z)^n + n(q-1)\,(1-(q-1)\,z)^{\frac{n-1}{q}}\,(1-z)^{\frac{n(q-1)+1}{q}}\right).$$

Perfekte 1-Fehler-Codes stehen in enger Beziehung zu einer Reihe von anschaulichen Problemen. Ein Beispiel ist das (sicher nur theoretisch interessante) Problem, wie man mit Sicherheit bei minimalem Einsatz im Fußball-Toto einen zweiten Rang erreichen kann, man also mit Sicherheit maximal nur ein Spiel falsch tippt. Wir haben hier für jedes Spiel drei mögliche Ausgänge (Sieg für die Heimmannschaft, Unentschieden, Niederlage für die Heimmannschaft). Also haben wir ein Grundalphabet mit drei Elementen. Wenn n Spiele berücksichtigt werden, dann wäre ein perfekter $(n, N, 3; 3)$-1-Fehler-Code für diese Zwecke ideal. Für $n = \frac{1}{2}(3^m - 1)$ existiert jeweils gerade ein ternärer Hamming-Code. Wenn z.B. 13 Spiele zu tippen sind, dann können wir den $[13, 10, 3; 3]$-Hamming-Code verwenden. Wir würden also mit 3^{10} statt, wie man vermuten würde, mit 3^{12} Wettscheinen auskommen. Hier ist ein mathematisch ernsterer Hintergrund enthalten. So wurden z.B. TAUSSKY und TODD (1948) dadurch auf das Problem der Gruppenüberdeckungen geführt. Dieses Problem kann man wie folgt formulieren.

Sei G eine Abelsche Gruppe mit den Basiselementen $g_1, g_2, \ldots, g_n$ (jeweils von der Ordnung q). Sei $S =_{\mathrm{Df}} \{g_j^i \mid i = 1, \ldots, n;\ 0 \leqq j < q\}$. Eine Teilmenge H von G heißt *Gruppenüberdeckung*, wenn für jedes Element g von G Elemente h und s mit $h \in H$ und $s \in S$ existieren, so daß $g = hs$ ist. Derartige Probleme wurden auch von MATTIOLI (1950), MAULDON (1950), ZAREMBA (1950, 1952), GOLAY (1958), COCKE (1959), MACWILLIAMS (1968), LOSEY (1969) und STANTON (1969) untersucht. Stellt man die Frage, wann eine Teilmenge H von G existiert, so daß die Zerlegung von G in H und S eindeutig ist, dann entspricht die Lösung dieses Problems dem Auffinden von perfekten 1-Fehler-Codes.

Ein anderes anschauliches Problem, das auf die Betrachtung von perfekten 1-Fehler-Codes führt, ist das folgende. Es sei eine Anzahl von Münzen gegeben, von denen eine leichter oder schwerer als die anderen ist. Es soll eine determinierte, von den Versuchsausgängen unabhängige Strategie angegeben werden, die es ermöglicht, mit Hilfe einer Waage, die nur den Vergleich von Münzen zuläßt, und möglichst wenig Wägungen diese abweichende Münze zu bestimmen. Für Einzelheiten vergleiche man z.B. ASSMUS, MATTSON (1969b), GOLAY (1958) oder VAN LINT (1969).

9.1.4. Hamming-Codes

Die Hamming-Codes sind die ersten algebraischen Codes, die explizit in der Literatur auftauchen. Der von SHANNON (1948) angegebene und HAMMING zugeschriebene Code würde heute als $[7, 4, 3; 2]$-Hamming-Code bezeichnet werden. Die heute unter diesem Namen bekannte Klasse von Codes basiert auf Verallgemeinerungen von GOLAY (1949) und HAMMING (1950). Es handelt sich dabei um eine unendliche Familie perfekter linearer 1-Fehler-Codes, die wie folgt beschrieben werden kann.

Sei X^n linearer Vektorraum über GF(q). Sei m eine ganze Zahl größer als 1. Wir betrachten nun alle von $\mathbf{0}$ verschiedenen n-Tupel von Elementen von GF(q), in denen das erste von 0 verschiedene Element gleich 1 ist. Es gibt genau $n = (q^m - 1)/(q - 1)$ solcher m-Tupel. Diese m-Tupel wählen wir als Spalten einer (m, n)-Matrix H.

Definition 9.3. Der lineare Code $\mathscr{C}$, für den die oben beschriebene Matrix H Prüfmatrix ist, bezeichnen wir als (q-adischen) *Hamming-Code*.

Da jeweils zwei Spalten von H linear unabhängig voneinander sind, gilt $w(u) \geqq 3$ für jedes $u \in X^n$ mit $uH^\top = \mathbf{0}$. $\mathscr{C}$ ist also ein linearer 1-Fehler-Code. $\mathscr{C}$ hat als linearer Unterraum von X^n die Dimension $n - m$. Also ist $\mathscr{C}$ ein $[n, n - m, 3; q]$-Code. Hier gilt $V_e = 1 + n(q - 1) = 1 + q^m - 1 = q^m$, und da $|\mathscr{C}| = N = q^{n-m}$ ist, gilt $NV_e = q^{n-m}q^m = q^n$. Der Code $\mathscr{C}$ ist also perfekt.

Eine andere Möglichkeit, die Hamming-Codes zu beschreiben, ist die, den m-dimensionalen Vektorraum X^m über GF(q) als Modell einer endlichen affinen Geometrie AG(m, q) zu interpretieren. Es gibt hier genau $n = (q^m - 1)/(q - 1)$ Geraden durch den Ursprung $\mathbf{0}$. Wenn wir auf jeder dieser Geraden einen von $\mathbf{0}$ verschiedenen Vektor wählen und diese Vektoren als Spalten einer Matrix H verwenden, dann ist H wieder Prüfmatrix des entsprechenden Hamming-Codes.

Man kann zeigen, daß binäre Hamming-Codes äquivalent zu zyklischen Codes sind. Im q-adischen Fall ist dies nicht immer richtig. So ist der $[4, 2, 3; 3]$-Hamming-Code zu keinem zyklischen Code äquivalent. Wie sich zeigen wird, ist dies aber für $n = (q^m - 1)/(q - 1)$ mit $(n, q - 1) = (m, q - 1) = 1$ stets der Fall. Sei also $n = (q^m - 1)/(q - 1)$, und sei α ein primitives Element von GF(q^m). Dann ist $\beta = \alpha^{q-1}$ eine primitive n-te Einheitswurzel in GF(q^m). Sei $g(z)$ das Minimalpolynom von β und $\mathscr{C}$ der zyklische Code mit dem Basispolynom $g(z)$. Der Grad von $g(z)$ ist nicht größer als m, also ist die Dimension von $\mathscr{C}$ größer oder gleich $n - m$. Wenn $\mathscr{C}$ ein 1-Fehler-Code ist, dann folgt daraus, daß $\mathscr{C}$ perfekt ist. Um zu beweisen, daß $d(\mathscr{C}) \geqq 3$ ist, muß man zeigen, daß für $0 < e < n$ und $a \in$ GF(q) dann $g(z)$ kein Teiler von $z^e - a$ ist. Dies ist für $\beta^e \notin$ GF(q) mit $0 < e < n$, d.h. für $\beta^{e(q-1)} \neq 1$ mit $0 < e < n$, der Fall. Das erhält man genau dann, wenn $(n, q - 1) = 1$ ist, was genau dann gilt, wenn $(m, q - 1) = 1$ ist. Die Prüfmatrix H von $\mathscr{C}$ hat dann die Form

$$H = (1, \beta, \beta^2, \ldots, \beta^{n-1}),$$

und wir können in H die Elemente aus GF(q^m) durch die Spaltenvektoren ihrer Darstellung als m-Tupel in GF(q) ersetzen. Für diese Betrachtungen vergleiche van Lint (1971/73).

9.1.5. Die Golay-Codes

Wie bereits erwähnt, handelt es sich bei den Golay-Codes um einen $[23, 12, 7; 2]$- bzw. einen $[11, 6, 5; 3]$ Code. Offensichtlich sind Codes mit diesen Parametern perfekt. Sie wurden bereits von Golay (1949) beschrieben.

Es gibt verschiedene Möglichkeiten, die Golay-Codes darzustellen (z.B. als Quadrat-Residuum-Codes, als zyklische Codes, durch ihre Basispolynome oder, da sie linear sind, einfach durch ihre Basismatrizen). Wir geben hier ihre Basispolynome an. Sie haben die Form

$$x^{11} + x^9 + x^7 + x^6 + x^5 + x + 1 \text{ im binären Fall und}$$

$$x^5 + x^4 - x^3 + x^2 - 1 \text{ im ternären Fall.}$$

Für eine Beschreibung der Golay-Codes durch ihre Basismatrizen vgl. z.B. Karlin (1969), van Lint (1971/73, 1975). Für die Bestimmung ihrer Minimaldistanz vgl. z.B. van Lint (1971/73). Es gilt

Satz 9.19 (vgl. van Lint (1975)). *Das Gewichtsspektrum $W(z)$ des binären Golay-Codes hat die Form*

$$W(z) = 1 + 253z^7 + 506z^8 + 1288z^{12} + 506z^{15} + 253z^{16} + z^{23}.$$

Das Gewichtsspektrum $W(z)$ des ternären Golay-Codes hat die Form

$$W(z) = 1 + 132z^5 + 132z^6 + 330z^8 + 110z^9 + 24z^{11}.$$

Im Fall $e = 1$ ist bekannt, daß jeweils für ein entsprechendes Parametertupel mehrere nichtäquivalente perfekte Codes existieren. Wie sieht dies nun im Fall $e \geqq 2$ aus? Als einzige nichttriviale perfekte e-Fehler-Codes sind hier der binäre und der ternäre Golay-Code bekannt. Diese beiden Codes sind linear, und PLESS (1968) konnte zeigen, daß jeder lineare Code mit den Parametern der Golay-Codes zu diesen äquivalent ist. SNOVER (1973) konnte zeigen, daß der binäre Golay-Code auch ohne Annahme der Linearität bis auf Äquivalenz der einzige e-Fehler-Code mit diesen Parametern ist. Schließlich zeigten DELSARTE und GOETHALS (1975), daß dies auch für den ternären Golay-Code der Fall ist. Es gilt also:

Satz 9.20. *Jeder perfekte* $(23, N, 7; 2)$-*3-Fehler-Code, der* $\mathbf{0}$ *enthält, ist äquivalent zum binären Golay-Code, und jeder perfekte* $(11, N, 5; 3)$-*2-Fehler-Code, der* $\mathbf{0}$ *enthält, ist äquivalent zum ternären Golay-Code.*

Dies kann auf die entsprechenden erweiterten Codes übertragen werden.

Satz 9.21. (SNOVER (1973), DELSARTE, GOETHALS (1975)). *Sei* $\mathscr{C}$ *ein* $(24, N, d; 2)$-*Code, der* $\mathbf{0}$ *enthält. Wenn* $\mathscr{C}$ *ein erweiterter perfekter 3-Fehler-Code ist, dann ist* $\mathscr{C}$ *äquivalent zum erweiterten binären Golay-Code.*

Satz 9.22 (DELSARTE, GOETHALS (1975)). *Sei* $\mathscr{C}$ *ein* $(12, N, d; 3)$-*Code, der* $\mathbf{0}$ *enthält. Wenn* $\mathscr{C}$ *ein erweiterter perfekter 2-Fehler-Code ist, dann ist* $\mathscr{C}$ *äquivalent zum erweiterten ternären Golay-Code.*

Weiterhin gilt (PLESS (1968), VAN LINT (1971/73)):

Satz 9.23. *Die erweiterten Golay-Codes sind (bei geeigneter Darstellung der Ausgangscodes) selbstdual.*

GOETHALS (1971) gab auf der Grundlage dieser Eigenschaft ein einfaches Decodierverfahren für den erweiterten binären Golay-Code an. Für weitere Decodierverfahren s. z.B. ASSMUS, MATTSON (1969a, 1969b) und CHIEN (1966).

Sei $\mathscr{C}$ der erweiterte binäre $[24, 12, 8; 2]$-Golay-Code. Auch $\mathscr{C}$ kann auf mehrere verschiedene Weisen eingeführt werden. So gibt es die Möglichkeit, $\mathscr{C}$ als Quadrat-Residuum-Code, als BCH-Code oder auch durch Kombination zweier Versionen des erweiterten $[8, 4, 4; 2]$-Hamming-Codes zu erhalten (ASSMUS, MATTSON (1967)). $\mathscr{C}$ hat die Basismatrix (PAIGE (1956), LEECH (1966), KARLIN (1969))

$$\begin{bmatrix}
1\,1\,0\,0\,0\,0\,0\,0\,0\,0\,0\,0\,0\,1\,1\,0\,1\,1\,1\,0\,0\,0\,1\,0 \\
1\,0\,1\,0\,0\,0\,0\,0\,0\,0\,0\,0\,0\,0\,1\,1\,0\,1\,1\,1\,0\,0\,0\,1 \\
1\,0\,0\,1\,0\,0\,0\,0\,0\,0\,0\,0\,0\,1\,0\,1\,1\,0\,1\,1\,1\,0\,0\,0 \\
1\,0\,0\,0\,1\,0\,0\,0\,0\,0\,0\,0\,0\,0\,1\,0\,1\,1\,0\,1\,1\,1\,0\,0 \\
1\,0\,0\,0\,0\,1\,0\,0\,0\,0\,0\,0\,0\,0\,0\,1\,0\,1\,1\,0\,1\,1\,1\,0 \\
1\,0\,0\,0\,0\,0\,1\,0\,0\,0\,0\,0\,0\,0\,0\,0\,1\,0\,1\,1\,0\,1\,1\,1 \\
1\,0\,0\,0\,0\,0\,0\,1\,0\,0\,0\,0\,0\,1\,0\,0\,0\,1\,0\,1\,1\,0\,1\,1 \\
1\,0\,0\,0\,0\,0\,0\,0\,1\,0\,0\,0\,0\,1\,1\,0\,0\,0\,1\,0\,1\,1\,0\,1 \\
1\,0\,0\,0\,0\,0\,0\,0\,0\,1\,0\,0\,0\,1\,1\,1\,0\,0\,0\,1\,0\,1\,1\,0 \\
1\,0\,0\,0\,0\,0\,0\,0\,0\,0\,1\,0\,0\,0\,1\,1\,1\,0\,0\,0\,1\,0\,1\,1 \\
1\,0\,0\,0\,0\,0\,0\,0\,0\,0\,0\,1\,0\,1\,0\,1\,1\,1\,0\,0\,0\,1\,0\,1 \\
0\,0\,0\,0\,0\,0\,0\,0\,0\,0\,0\,0\,1\,1\,1\,1\,1\,1\,1\,1\,1\,1\,1\,1
\end{bmatrix}$$

Das Gewicht jedes Codeworts in $\mathscr{C}$ ist durch 4 teilbar, und **1** ist Element von $\mathscr{C}$. Außerdem ist $\mathscr{C}$ invariant bezüglich der Vertauschung der ersten und zweiten Hälfte der Codewörter miteinander. Sein Gewichtsspektrum hat die Form

$$W(x, y) = x^{24} + 759x^{16}y^8 + 2576x^{12}y^{12} + 759\, x^8y^{16} + y^{24}.$$

Assmus und Mattson (1966) befaßten sich mit dem Problem der Bestimmung der Automorphismengruppen der erweiterten Golay-Codes (s.a. Berlekamp (1971)). Dazu geben wir zuerst einige Definitionen.

Eine Permutationsgruppe $\boldsymbol{P}$ auf einer Menge M heißt k-fach transitiv auf M, wenn es zu je zwei geordneten k-Tupeln $a_1, a_2, \ldots, a_k$ und $b_1, b_2, \ldots, b_k$ von M stets eine Permutation $P \in \boldsymbol{P}$ mit $Pa_i = b_i$ für $i = 1, \ldots, k$ gibt. Die symmetrische Gruppe vom Grad $n \geqq 1$ ist trivialerweise stets n-fach transitiv, und die alternierende Gruppe A_n ist ebenfalls trivialerweise stets $(n - 2)$-fach transitiv. Als Mathieu-Gruppen bezeichnet man die (nichttriviale) fünffach transitive Gruppe M_{12} vom Grad 12 mit der Ordnung 95040 und die (nichttriviale) fünffach transitive Gruppe M_{24} vom Grad 24 mit der Ordnung 244823040 sowie ihre drei Untergruppen M_{11} vom Grad 11 bzw. M_{22} und M_{23} vom Grad 22 bzw. 23. Die Gruppen M_{12} und M_{24} sind die einzigen bekannten nichttrivialen fünffach transitiven Gruppen, und die Gruppen M_{11} und M_{23} sind die einzigen bekannten nichttrivialen vierfach transitiven Gruppen.

Prange (1959) zeigte schon, daß der binäre Golay-Code invariant bezüglich der Mathieu-Gruppe M_{24} ist (vgl. Peterson, Weldon (1972)). Assmus und Mattson (1966) bewiesen

Satz 9.24. *Die Automorphismengruppe des erweiterten binären Golay-Codes ist die Mathieu-Gruppe* M_{24}. *Die Automorphismengruppe des erweiterten ternären Golay-Codes ist die Mathieu-Gruppe* M_{12}.

Die Mathieu-Gruppen M_{11}, M_{22} und M_{23} sind die Automorphismengruppen bestimmter aus den Golay-Codes abgeleiteter Steiner-Systeme (vgl. van Lint (1975)).

Goethals (1971) leitete aus dem erweiterten binären Golay-Code einen interessanten nichtlinearen Code ab.

Satz 9.25. *Der erweiterte* [24, 12; 2]*-Golay-Code enthält einen* (16, 256, 6; 2)*-Code.*

Goethals (1971) gab die Gewichtsverteilung dieses Codes an. Entsprechend Satz 7.26 (Calabi, Myrvaagnes (1964)) kann ein solcher Code nicht linear sein. Wir wollen jetzt diesen (16, 256, 6; 2)-Code mit $\mathscr{C}_0$ bezeichnen. $\mathscr{C}_0$ hat eine dreifach transitive Automorphismengruppe, ist formal selbstdual und durch ihn wird die Existenz

eines 3-(16, 6, 4)-Blockplans,
eines 3-(16, 8, 3)-Blockplans und
eines 3-(16, 10, 24)-Blockplans impliziert.

Bildet man von $\mathscr{C}_0$ den punktierten Code, so erhält man einen nichtlinearen (15, 256, 5; 2)-Code, der äquivalent zum Nordstrom-Robinson-Code (Nordstrom, Robinson (1967) ist. Für diesen Code gab Robinson (1968) ein Decodierverfahren an. Für den hier betrachteten Code $\mathscr{C}_0$ und einige in enger Beziehung zu ihm stehende Codes gab Goethals (1971) ein Mehrheitsdecodierungsverfahren an, das der Threshold-Decodierung von Massey (1963) ähnlich ist. Die Distanzstruktur des Nordstrom-Robinson-Codes wurde von Preparata (1968a) untersucht. Preparata (1970) zeigte auch, daß der binäre Golay-Code eine Erweiterung des nichtlinearen Nordstrom-Robinson-Codes darstellt.

Leech (1967) benutzte den binären Golay-Code zur Konstruktion einer sehr dichten Kugelpackung im 24-dimensionalen Euklidischen Raum. Conway (1968, 1969a, 1969b, 1971) untersuchte die Symmetrie-Gruppe dieser Kugelpackung. Übrigens betrachteten Leech, Sloane (1970a, 1970b, 1971) eine Reihe weiterer Kugelpackungen, die auf Codes basieren.

Goethals, Seidel (1970) leiteten aus dem erweiterten binären [24, 12; 2]-Golay-Code einen stark regulären Graphen der Ordnung 2048 ab, s. auch Berlekamp, van Lint, Seidel (1973).

9.1.6. Kombinatorische Eigenschaften perfekter Codes

Hier soll nur auf wenige zusätzliche Aspekte, die nicht an anderer Stelle erfaßt werden, hingewiesen werden.

Durch bestimmte perfekte Codes werden spezielle Steiner-Systeme bestimmt. Man erhält (vgl. z.B. MACWILLIAMS, SLOANE (1976))

Satz 9.26. *Sei $\mathscr{C}$ ein perfekter $(n, N, d; 2)$-e-Fehler-Code, und sei e ungerade. Sei $\mathscr{C}'$ der aus $\mathscr{C}$ durch Hinzufügen einer Paritätsteststelle erhaltene erweiterte Code. Dann bestimmen die Codewörter vom Gewicht $2e + 1$ in $\mathscr{C}$ ein Steiner-System $S(e + 1, 2e + 1, n)$, und die Codewörter vom Gewicht $2e + 2$ in $\mathscr{C}'$ bestimmen ein Steiner-System $S(e + 2, 2e + 2, n + 1)$.*

Damit liefern uns die binären $[2^m - 1, 2^m - 1 - m, 3; 2]$-Hamming-Codes die beiden Familien von Steiner-Systemen

$$S(2, 3, 2^m - 1) \quad \text{und} \quad S(3, 4, 2^m).$$

Aus dem binären Golay-Code ($e = 3$) erhält man so die beiden Steiner-Systeme

$$S(4, 6, 23) \quad \text{und} \quad S(5, 8, 24).$$

Auch der erweiterte binäre Golay-Code liefert wieder eine Reihe von kombinatorischen Konfigurationen. Seine Gewichtsverteilung ist bekannt. Er enthält genau

759 Wörter vom Gewicht 8,
2576 Wörter vom Gewicht 12,
759 Wörter vom Gewicht 16,
je ein Wort vom Gewicht 0 und vom Gewicht 24.

Damit enthält dieser $[24, 12; 2]$-Code drei nichttriviale 5-Blockpläne, nämlich

einen 5-(24, 8, 1)-Blockplan,
einen 5-(24, 12, 48)-Blockplan und
einen 5-(24, 16, 78)-Blockplan.

Mit dem 5-(24, 8, 1)-Blockplan haben wir wieder das Steiner-System $S(5, 8, 24)$, dessen Automorphismengruppe die Mathieu-Gruppe M_{24} ist (WITT (1938a, 1938b)). Der oben betrachtete $[24, 12; 2]$-Code und damit jeder der angegebenen 5-Blockpläne hat M_{24} als Automorphismengruppe (ASSMUS, MATTSON (1966)).

Es sei noch erwähnt, daß die perfekten Codes Spezialfälle der fast perfekten und der gleichmäßig gepackten Codes sind. Es sei deshalb auch auf die entsprechenden Sätze im Kapitel 10 verwiesen. Außerdem werden sie auch bei anderen entsprechenden Codeklassen mit behandelt.

9.2. Perfekte Codes in der Lee-Metrik

Perfekte Codes in der Lee-Metrik sind bei weitem noch nicht so ausführlich untersucht wie perfekte Codes in der Hamming-Metrik. Wir können aber auch hier eine Reihe von Existenz- bzw. Nichtexistenzaussagen angeben und auf notwendige Bedingungen für die Existenz perfekter Codes in der Lee-Metrik verweisen.

Wenn $q \geqq 2e + 1$ ist, dann gilt hier $V_e = \sum_{i=0}^{e} 2^i \binom{n}{i} \binom{e}{i}$. Also besagt die Volumenschranke in diesem Fall, daß für jeden $(n, N, d; q)$-e-Fehler-Code in der Lee-Metrik

$$N \leqq q^n \Big/ \left(\sum_{i=0}^{e} 2^i \binom{n}{i} \binom{e}{i} \right)$$

gilt. Für perfekte Codes gilt dann die Gleichheit.

BASSALYGO (1974) konnte ein Analogon zum Satz von LLOYD beweisen. Wir wollen aber darauf verzichten, diesen Satz hier explizit anzugeben. Auch LENSTRA (1975) gab eine Reihe von notwendigen Bedingungen für die Existenz perfekter Codes in der Lee-Metrik an.

GOLOMB und WELCH (1968) vermuteten, daß für $e > 1$, $n > 2$ und $q > 3$ keine perfekten $(n, N, d; q)$-e-Fehler-Codes in der Lee-Metrik existieren. Es ist noch unklar, ob diese Vermutung richtig ist.

Da für $q = 2$ und $q = 3$ Hamming- und Lee-Metrik zusammenfallen, erhält man die entsprechenden perfekten Codes in der Hamming-Metrik auch hier als Lösung. Abgesehen von trivialen, hier nicht interessierenden Codes sind nur wenige perfekte Codes in der Lee-Metrik bekannt. So gilt (GOLOMB, WELCH (1968))

Satz 9.27. *Es existieren perfekte $(n, N, d; q)$-e-Fehler-Codes in der Lee-Metrik für $n = 2$, $q = 2e^2 + 2e + 1$ und alle $e \geqq 1$ und für $e = 1$, $q = 2n - 1$ und alle $n \geqq 2$.*

Sei p eine Primzahl. Für den Fall, daß q die Form $q = 2p + 1$ hat, gab BASSALYGO (1974) das Gewichtsspektrum für lineare perfekte 1-Fehler-Codes in der Lee-Metrik an. Weiter konnte er zeigen:

Satz 9.28. *Für $q = 4$ und $q = 5$ existieren keine nichttrivialen perfekten $(n, N, d; q)$-2-Fehler-Codes in der Lee-Metrik.*

ASTOLA (1975) bewies

Satz 9.29. *Für $q = 4$ existiert kein nichttrivialer perfekter $(n, N, d; q)$-e-Fehler-Code in der Lee-Metrik.*

Weiterhin konnten folgende Nichtexistenzsätze bewiesen werden:

Satz 9.30. (GOLOMB, WELCH (1968)). *Es existieren keine nichttrivialen perfekten $(n, N, d; q)$-e-Fehler-Codes in der Lee-Metrik für $n = 3$ und $e = 2$ und für $n \geqq 3$ und $e \geqq g(n)$, wobei g eine nicht explizit gegebene Funktion von n ist.*

Satz 9.31 (POST (1975a, 1975b)). *Es existieren keine nichttrivialen perfekten $(n, N, d; q)$-e-Fehler-Codes in der Lee-Metrik für $3 \leqq n \leqq 6$, $e \geqq 2$ und $q \geqq 2e + 1$.*

Satz 9.32. (ASTOLA (1975)). *Sei $q \geqq 5$. Wenn q nicht durch eine Primzahl der Form $4m + 1$ teilbar ist, dann existieren keine nichttrivialen perfekten q-adischen 2-Fehler-Codes in der Lee-Metrik.*

Satz 9.33 (ASTOLA (1975)). *Die einzigen nichttrivialen perfekten $(n, N, d; q)$-3-Fehler-Codes in der Lee-Metrik über einem endlichen Körper (q Primzahlpotenz) haben die Parameter $q = 2$ und $n = 23$ (binärer Golay-Code) und $q = 5^k$ $(k > 1)$ und $n = 2$.*

Satz 9.35. (ASTOLA (1975)). *Wenn n und e ungerade Zahlen sind und $q \geqq 2e + 1$ nicht durch eine Primzahl der Form $4m - 1$ teilbar ist, dann existieren keine perfekten $(n, N, d; q)$-e-Fehler-Codes in der Lee-Metrik.*

Die Beweise dieser Nichtexistenzsätze basieren im wesentlichen auf der Untersuchung von Kugel- und Polytoppackungen, wobei das Analogon zum Satz von LLOYD und die von LENSTRA (1975) angegebenen notwendigen Existenzbedingungen einbezogen wurden.

9.3. Verallgemeinerungen

Einen möglichen Weg zur Verallgemeinerung beschritten HERZOG, SCHONHEIM (1971). Sie wählten als Grundraum nicht $X^n = \prod_{i=1}^{n} X$, sondern einen Raum $\boldsymbol{X} = \prod_{i=1}^{n} X_i$, wobei die X_i voneinander verschiedene endliche Körper sein können. Wir wollen hier das folgende Beispiel (s. auch VAN LINT (1975)) angeben:

Als Grundraum wählen wir GF(4)×GF(2)×GF(2)×GF(2)×GF(2). Sei $\{0, 1\} = \mathrm{GF}(2)$ und $\{0, 1, a, b\} = \mathrm{GF}(4)$. Dann ist

$$\mathscr{C} = \{(0, 0, 0, 0, 0), (b, 1, 1, 0, 0)\ (a, 1, 0, 1, 0), (1, 1, 0, 0, 1), \\ (1, 0, 1, 1, 0), (a, 0, 1, 0, 1), (b, 0, 0, 1, 1), (0, 1, 1, 1, 1)\}$$

ein perfekter 1-Fehler-Code in der Hamming-Metrik.

Eine weitere Möglichkeit der Verallgemeinerung besteht darin, die Bedingung $\bigcup_{n \in \mathscr{C}} K(u, e) = X^n$ wie folgt abzuschwächen.

Definition 9.4. Sei $\mathscr{C} \subseteqq X^n$ ein e-Fehler-Code. $\mathscr{C}$ heißt *quasiperfekt* genau dann, wenn

$$\bigcup_{u \in \mathscr{C}} K(u, e + 1) = X^n$$

gilt.

Für quasiperfekte Codes gilt also $\varrho(\mathscr{C}) \leqq e + 1$. Solche Codes wurden z.B. von Wagner (1966a, 1966b) betrachtet. Diese Klasse von Codes scheint aber doch so weit gefaßt zu sein, daß man nur wenige spezifische Resultate erhält. So wurden wieder Teilklassen der quasiperfekten Codes, wie die fast perfekten Codes und die daraus verallgemeinerten gleichmäßig gepackten Codes, untersucht, siehe dafür Kapitel 10.

Für eine Übersicht über perfekte Codes sei noch einmal allgemein auf die Arbeit von van Lint (1975) verwiesen.

Eine sicherlich auch in Zukunft vielversprechende Richtung besteht in der Untersuchung von perfekten (oder auch fast perfekten) Codes in bestimmten Graphen. Wir wollen dafür hier nur einige Literaturstellen angeben. Man vergleiche also z.B. Biggs (1973), Heden (1974), Smith (1976) und Hammond (1976). Zu verweisen ist auch noch auf die Arbeiten von Heden (1975a, 1975b).

10. Gleichmäßig gepackte Codes

Unter dem Begriff der gleichmäßig gepackten Codes fassen wir hier die Klassen der fast perfekten, der quasiperfekten gleichmäßig gepackten, der regelmäßig gepackten und der gleichmäßig gepackten Codes j-ter Ordnung zusammen. Die fast perfekten Codes sind in Analogie zu den perfekten Codes dadurch bestimmt, daß ihre Parameter die Johnson-Schranke erreichen. Diese Codes wurden in bezug auf ihre Existenz und ihre Eigenschaften untersucht. Aus Eigenschaften der fast perfekten Codes wurde der Ansatz für den allgemeineren Begriff des gleichmäßig gepackten quasiperfekten Codes abgeleitet. Eigenschaften dieser Codes ergaben wiederum den Ansatzpunkt zur Bildung der allgemeineren Begriffe des gleichmäßig gepackten Codes j-ter Ordnung und des regelmäßig gepackten Codes. Wesentlich für alle diese Begriffe ist, daß eine „regelmäßige" Verteilung der Codewörter im Grundraum gefordert wird, der Code also gewisse Regularitätsbedingungen erfüllen muß. Insgesamt stehen in diesem Kapitel Existenzfragen und kombinatorische Eigenschaften der betrachteten Codes im Mittelpunkt. Mit wachsendem Verallgemeinerungsgrad sinkt natürlich die Abgeschlossenheit der Resultate.

10.1. Fast perfekte Codes

Ausgehend von einer speziellen Form der Johnson-Schranke untersuchten Goethals, Snover (1972) diejenigen binären Codes, die entsprechend dieser Schranke die maximal mögliche Anzahl von Codewörtern haben. Allgemein zeigte Johnson (1962a):

Satz 10.1. *Für jeden* $(n, N, 2e + 1; 2)$*-Code* $\mathscr{C}$ *gilt*

$$N\left(\sum_{i=0}^{e}\binom{n}{i} + \frac{1}{[n/(e+1)]}\binom{n}{e}\left(\frac{n-e}{e+1} - \left[\frac{n-e}{e+1}\right]\right)\right) \leqq 2^n.$$

Ähnlich wie im Fall der perfekten Codes, die gerade die Volumen-Schranke erreichen, definierten Goethals, Snover (1972) die fast perfekten (nearly perfect) Codes wie folgt.

Definition 10.1. Ein $(n, N, 2e + 1; 2)$-Code heißt *fast perfekt* genau dann, wenn

$$N = 2^n\Big/\left(\sum_{i=0}^{e}\binom{n}{i} + \frac{1}{[n/(e+1)]}\binom{n}{e}\left(\frac{n-e}{e+1} - \left[\frac{n-e}{e+1}\right]\right)\right)$$

ist.

Es gilt nun:

Satz 10.2. (Goethals, Snover (1972)) *Jeder fast perfekte binäre e-Fehler-Code* $\mathscr{C}$ *ist quasiperfekt. Also gilt* $\varrho(\mathscr{C}) \leqq e + 1$.

Durch die beiden folgenden Sätze von Goethals und Snover (1972) werden die fast perfekten Codes weiter charakterisiert.

Satz 10.3. *Sei* $\mathscr{C}$ *ein fast perfekter* 2*-Fehler-Code der Länge* $n = 4^m - 1$. *Sei* $\mathscr{D}$ *die*

Menge aller $v \in X^n$ mit $\varrho(v, \mathscr{C}) > 2$. Dann ist $\mathscr{C}$ nichtlinear, und $\mathscr{C} \cup \mathscr{D}$ ist ein perfekter 1-Fehler-Code.

Satz 10.4. *Wenn der punktierte Code $\mathscr{C}$ eines $(n + 1, N, 2e + 2; 2)$-Codes $\mathscr{C}'$, der $\mathbf{0}$ enthält, ein fast perfekter e-Fehler-Code ist, dann ist $\mathscr{C}'$ ein erweiterter Code von $\mathscr{C}$, den man durch Hinzufügen einer Paritätsteststelle erhält.*

Unter kombinatorischen Gesichtspunkten sind die durch fast perfekte Codes bestimmten t-Blockpläne von Interesse. GOETHALS und SNOVER (1972) wiesen eine Reihe solcher t-Blockpläne nach:

Satz 10.5. *In jedem fast perfekten binären e-Fehler-Code mit der Blocklänge n bestimmen die Codewörter, die von einem gegebenen Codewort u den Abstand $2e + 1$ haben, einen e-$(n, 2e + 1, \lambda)$-Blockplan mit $\lambda = [(n - e)/(e + 1)]$.*

Satz 10.6. *Für jeden fast perfekten binären e-Fehler-Code mit der Blocklänge n bestimmen die Wörter $v \in X^n$ mit $\varrho(v, \mathscr{C}) = e + 1$, die von einem gegebenen Codewort u den Abstand $e + 1$ haben, einen e-$(n, e + 1, \lambda)$-Blockplan mit $\lambda = (n - e) - (e + 1)\,[(n - e)/(e + 1)]$.* Im übrigen sind fast perfekte binäre e-Fehlercodes mit der Blocklänge $n \equiv -1 \pmod{(e + 1)}$ perfekt.

Satz 10.7. *Wenn der punktierte Code $\mathscr{C}$ eines $(n + 1, N, d; 2)$-Codes $\mathscr{C}'$ ein fast perfekter e-Fehler-Code ist, dann bestimmen die Wörter $v \in X^n$, die von einem gegebenen Codewort $u \in \mathscr{C}'$ den Abstand $2e + 2$ haben, einen $(e + 1) - (n + 1, 2e + 2, \lambda)$-Blockplan mit $\lambda = [(n - e)/(e + 1)]$.*

Folgerung 10.8. *In jedem fast perfekten $(n, N, d; 2)$-e-Fehler-Code bestimmen die Wörter $v \in X^n$, die von einem gegebenen Codewort u den Abstand $2e + 2$ haben, einen e-$(n, 2e + 2, \lambda)$-Blockplan mit $\lambda = [(n - e)/(e + 1)]\,(n - 2e - 1)/(e + 2)$.*

Als Elemente der Gruppenalgebra $\mathfrak{G}(X^n)$ haben die fast perfekten Codes folgende Eigenschaft:

Satz 10.9 (GOETHALS, SNOVER (1972)). *Sei $\mathscr{C}$ ein fast perfekter $(n, N, d; 2)$-e-Fehler-Code. Dann gilt*

$$\left(S_e - \frac{1}{[n/(e+1)]}\left(\left[\frac{n-e}{e+1}\right] Y_e - Y_{e+1}\right)\right) * C = S_n .$$

Es gilt auch ein Analogon zum Satz von LLOYD. Der Beweis dieser Sätze basiert im wesentlichen auf der folgenden Eigenschaft fast perfekter Codes.

Satz 10.10 (GOETHALS, SNOVER (1972)). *Sei $\mathscr{C}$ ein fast perfekter $(n, N, d; 2)$-e-Fehler-Code. Dann gilt:*

Für alle $v \in X^n$ mit $\varrho(v, \mathscr{C}) > e$ ist $f_{e+1}(v, \mathscr{C}) = [n/(e + 1)]$, und

für alle $v \in X^n$ mit $\varrho(v, \mathscr{C}) = e$ ist $f_{e+1}(v, \mathscr{C}) = [(n - e)/(e + 1)]$.

Sei nun q Primzahlpotenz.

Satz 10.11 (VAN TILBORG (1976)). *Sei $\mathscr{C}$ ein $(n, N, d; q)$-e-Fehler-Code. Dann gilt für alle $v \in X^n$: Wenn $\varrho(v, \mathscr{C}) = e + 1$, dann ist $f_{e+1}(v, \mathscr{C}) \leqq \dfrac{(n - e)(q - 1)}{e + 1}$, und wenn $\varrho(v, \mathscr{C}) = e$, dann ist $f_{e+1}(v, \mathscr{C}) \leqq \dfrac{n(q - 1)}{e + 1}$.*

Binäre fast perfekte Codes erreichen hier also die maximal möglichen Werte. Umgekehrt kann man auch zeigen, daß jeder binäre Code, der hier die maximalen Werte annimmt, fast perfekt ist. Das rechtfertigt die folgende Verallgemeinerung des Begriffs des fast perfekten Codes auf den q-adischen Fall durch GOETHALS und VAN TILBORG (1975).

Definition 10.2. Sei $\mathscr{C}$ ein quasiperfekter $(n, N, d; q)$-e-Fehler-Code. $\mathscr{C}$ heißt *fast perfekt* genau dann, wenn für alle $v \in X^n$ mit $\varrho(v, \mathscr{C}) = e$

$$f_{e+1}(v, \mathscr{C}) = \left[\frac{(n-e)(q-1)}{e+1}\right]$$

und für alle $v \in X^n$ mit $\varrho(v, \mathscr{C}) = e + 1$

$$f_{e+1}(v, \mathscr{C}) = \left[\frac{n(q-1)}{e+1}\right]$$

gilt.

Wenden wir uns nun der Frage nach der Existenz fast perfekter Codes zu. Dieses Problem ist bereits zu einem großen Teil gelöst, wie die folgenden Sätze zeigen.

Satz 10.12 (GOETHALS, SNOVER (1972), SEMAKOW, SINOWJEW, SAIZEW (1971)). *Es existieren fast perfekte $(n, N, d; 2)$-e-Fehler-Codes mit den Parametern*

$$e = 1\ n = 2^r - 2,\ N = 2^{n-r} \quad \textit{und}$$

$$e = 2,\ n = 4^m - 1,\ N = 2^{n-r}\ \textit{mit}\ r = 4m - 1$$

und $m \geqq 2$ (Preparata-Codes, siehe PREPARATA (1968b)). *Für $e = 1, 2, 3$ und 4 existieren keine weiteren fast perfekten binären e-Fehler-Codes, die nicht perfekt sind.*

Satz 10.13 (VAN LINT (1974a)). *Es existieren keine fast perfekten binären e-Fehler-Codes für $e = 5$.*

Satz 10.14 (K. LINDSTRÖM (1975)). *Es gibt bis auf die für $e = 1$ und $e = 2$ angegebenen Parameter keine binären fast perfekten e-Fehler-Codes, die nicht perfekt sind.*

Satz 10.15 (K. LINDSTRÖM (1976)). *Sei q eine Primzahlpotenz mit $q > 2$. Dann existiert kein fast perfekter $(n, N, d; q)$-Code, der nicht perfekt ist.*

Vergleiche dafür auch K. LINDSTRÖM, AALTONEN (1976).

10.2. Gleichmäßig gepackte quasiperfekte Codes

Wurde für die fast perfekten q-adischen Codes gefordert, daß $f_{e+1}(v, \mathscr{C})$ für alle $v \in X^n$ mit $\varrho(v, \mathscr{C}) = e$ oder $\varrho(v, \mathscr{C}) = e + 1$ konstant den jeweils hier möglichen maximalen Wert annimmt, so wollen wir hier nur noch fordern, daß $f_{e+1}(v, \mathscr{C})$ jeweils einen konstanten Wert λ bzw. μ annimmt. Die Begriffsbildung geht in dieser Form auf GOETHALS und VAN TILBORG (1975) zurück. SEMAKOW, SINOWJEW und SAIZEW (1971) führten eine speziellere Klasse von Codes ein, für die sie ebenfalls die Bezeichnung gleichmäßig gepackt verwendeten. Wir wollen hier aber VAN TILBORG (1976) folgen und diese Klasse von Codes als stark gleichmäßig gepackt bezeichnen.

Definition 10.3. Sei $\mathscr{C} \subsetneqq X^n$ ein e-Fehler-Code. $\mathscr{C}$ heißt *stark gleichmäßig gepackt* mit dem Parameter μ genau dann, wenn für alle $v \in X^n$ mit $\varrho(v, \mathscr{C}) \geqq e$

$$f_e(v, \mathscr{C}) + f_{e+1}(v, \mathscr{C}) = \mu$$

ist.

Aus dieser Definition folgt unmittelbar, daß ein stark gleichmäßig gepackter Code quasiperfekt ist. VAN TILBORG (1975) konnte zeigen, daß die Parameter aller stark gleichmäßig gepackten binären Codes bekannt sind.

Satz 10.16. (GOETHALS, VAN TILBORG (1975), VAN TILBORG (1976)). *Sei $\mathscr{C}$ ein binärer stark gleichmäßig gepackter $(n, N, d; 2)$-e-Fehler-Code. Wenn $e \leqq 2$ ist, dann gilt*

1. $e = 1$, $n = 2^m - 2$ *und* $\mu = \frac{n}{2}$

oder

2. $e = 1$, $n = 2^{2m-1} + 2^{m-1} - 1$ *und* $\mu = \binom{2^{m-1}+1}{2}$

oder

3. $e = 1$, $n = 2^{2m-1} - 2^{m-1} - 1$ *und* $\mu = \binom{2^{m-1}}{2}$

oder

4. $e = 2$, $n = 11$ *und* $\mu = 3$

oder

5. $e = 2$, $n = 2^{2m} - 1$ *und* $\mu = \frac{n}{3}$ *(fast perfekter Preparata-Code)*

oder

6. $e = 2$, $n = 2^{2m+1} - 1$ *und* $\mu = \frac{n-1}{6}$ *(BCH-Code).*

Allgemeiner gaben GOETHALS und VAN TILBORG (1975)

Definition 10.4. Sei $\mathscr{C} \subsetneqq X^n$ eine e-Fehler-Code. $\mathscr{C}$ heißt *gleichmäßig gepackt* mit den Parametern λ und μ genau dann, wenn $f_{e+1}(v, \mathscr{C}) = \lambda$ für alle $v \in X^n$ mit $\varrho(v, \mathscr{C}) = e$ und $f_{e+1}(v, \mathscr{C}) = \mu$ für alle $v \in X^n$ mit $\varrho(v, \mathscr{C}) \geqq e + 1$ gilt.

Auch aus dieser Definition folgt unmittelbar, daß ein gleichmäßig gepackter Code quasiperfekt ist. Offensichtlich ist ein stark gleichmäßig gepackter Code mit dem Parameter μ gleichmäßig gepackt mit den Parametern $\lambda = \mu - 1$ und μ.

Satz 10.17. *Sei $\mathscr{C}$ ein gleichmäßig gepackter e-Fehler-Code mit den Parametern λ und μ und der Minimaldistanz $d(\mathscr{C})$. Dann ist $d(\mathscr{C}) = 2e + 2$ genau dann, wenn $\lambda = 0$ ist.*

Die Mächtigkeit eines gleichmäßig gepackten Codes läßt sich exakt bestimmen.

Satz 10.18. (siehe z. B. VAN TILBORG (1976)). *Sei $\mathscr{C}$ ein gleichmäßig gepackter $(n, N, d; q)$-e-Fehler-Code mit den Parametern λ und μ. Dann gilt*

$$N = q^n \Big/ \left(\sum_{i=0}^{e-1} \binom{n}{i} (q-1)^i + \left(1 - \frac{\lambda}{\mu}\right) \binom{n}{e} (q-1)^e + \frac{1}{\mu} \binom{n}{e+1} (q-1)^{e+1} \right).$$

GOETHALS, VAN TILBORG (1975) charakterisierten die gleichmäßig gepackten Codes als Elemente der Gruppenalgebra $\mathfrak{G}(X^n)$ wie folgt.

Satz 10.19. *Sei $\mathscr{C} \subsetneqq X^n$ ein e-Fehler-Code. $\mathscr{C}$ ist gleichmäßig gepackt mit den Parametern λ und μ genau dann, wenn in $\mathfrak{G}(X^n)$*

$$(\mu \boldsymbol{S}_e - \lambda \boldsymbol{Y}_e + \boldsymbol{Y}_{e+1}) * \boldsymbol{C} = \mu \boldsymbol{S}_n$$

gilt.

Satz 10.20. (VAN TILBORG (1976)). *Ein nicht perfekter e-Fehler-Code ist gleichmäßig gepackt genau dann, wenn seine externe Distanz $s = e + 1$ ist.*

Eine Möglichkeit, leicht nachzuprüfen, ob ein linearer Code gleichmäßig gepackt ist, liefert

Satz 10.21. (VAN TILBORG (1976)). *Sei $\mathscr{C}$ ein nicht perfekter linearer e-Fehler-Code. $\mathscr{C}$ ist gleichmäßig gepackt genau dann, wenn sein dualer Code $\mathscr{C}^\perp$ aus Codewörtern mit genau $e + 1$ verschiedenen von 0 verschiedenen Gewichten besteht.*

Zwischen dem charakteristischen Polynom $F_{\mathscr{C}}(x)$ eines Codes $\mathscr{C}$ und der Eigenschaft, gleichmäßig gepackt zu sein, besteht folgender Zusammenhang (GOETHALS, VAN TILBORG (1975)):

Satz 10.22. *Ein e-Fehler-Code $\mathscr{C}$ ist gleichmäßig gepackt mit den Parametern λ und μ genau dann, wenn sein charakteristisches Polynom $F_{\mathscr{C}}(x)$ die Form*

$$F_{\mathscr{C}}(x) = \sum_{i=0}^{e+1} \alpha_i P_i(x)$$

mit $\alpha_i = 1$ für $0 \leqq i \leqq e - 1$, $\alpha_e = 1 - \frac{\lambda}{\mu}$ und $\alpha_{e+1} = \frac{1}{\mu}$ hat.

Daraus ergeben sich folgende Sätze als Folgerungen.

Satz 10.23. *Jeder gleichmäßig gepackte e-Fehler-Code ist vollständig regulär.*

Satz 10.24. *Sei $\mathscr{C}$ ein q-adischer gleichmäßig gepackter e-Fehler-Code mit der Minimaldistanz $d(\mathscr{C})$, der $\mathbf{0}$ enthält. Für jedes $k > 0$, für das Codewörter vom Gewicht k in $\mathscr{C}$ existieren, bestimmen diese Codewörter einen q-adischen t-Blockplan mit $t = e$, wenn $d(\mathscr{C}) = 2e + 1$ ist, oder $t = e + 1$, wenn $d(\mathscr{C}) = 2e + 2$ ist.*

Für stark gleichmäßig gepackte Codes gilt (VAN TILBORG (1976))

Satz 10.25. *Sei $\mathscr{C}$ ein binärer stark gleichmäßig gepackter Code, der $\mathbf{0}$ enthält. Sei $d(\mathscr{C}) = 2e + 1$. Sei $\mathscr{C}'$ der erweiterte Code von $\mathscr{C}$. Dann bestimmen für jedes $k > 0$, für das Codewörter mit dem Gewicht k in $\mathscr{C}'$ existieren, diese Codewörter einen $(e + 1)$-Blockplan.*

Auch für gleichmäßig gepackte Codes gilt ein Analogon zum Satz von LLOYD (GOETHALS, VAN TILBORG (1975)).

Satz 10.26. *Wenn ein gleichmäßig gepackter $(n, N, d; q)$-e-Fehler-Code mit den Parametern λ und μ existiert, dann hat das Polynom*

$$\sum_{i=0}^{e-1} P_i(x) + \left(1 - \frac{\lambda}{\mu} P_e(x)\right) + \frac{1}{\mu} P_{e+1}(x)$$

$e + 1$ verschiedene ganzzahlige Nullstellen in der Menge $\{1, \ldots, n\}$.

Wir wollen nun zeigen, daß sich die Eigenschaft, gleichmäßig gepackt zu sein, für 1-Fehler-Codes auch auf deren komplementäre Codes überträgt.

Definition 10.5. Sei H eine $\left(m, \frac{q^m - 1}{q - 1}\right)$-Matrix, deren Spalten alle Punkte der projektiven Geometrie PG$(m - 1, q)$ sind. H heißt dann *Hamming-Matrix.*

Diese Bezeichnung ist gerechtfertigt, da H dann gerade die Prüfmatrix eines entsprechenden Hamming-Codes ist.

Definition 10.6 Sei $\mathscr{C}$ ein linearer $[n, k; q]$-1-Fehler-Code mit der Prüfmatrix H. Sei H' eine Matrix, mit der $(H \mid H')$ eine Hamming-Matrix ist. Der lineare Code $\mathscr{C}'$, dessen Prüfmatrix H' ist, wird, wenn $\mathscr{C}$ kein perfekter Code ist, als *komplementärer Code* von $\mathscr{C}$ bezeichnet.

Offensichtlich ist dann auch $\mathscr{C}'$ ein linearer 1-Fehler-Code. Es gilt nun (VAN TILBORG (1976)):

Satz 10.27. *Sei $\mathscr{C}$ ein linearer gleichmäßig gepackter 1-Fehler-Code. Dann ist auch sein komplementärer Code $\mathscr{C}'$ ein linearer gleichmäßig gepackter 1-Fehler-Code.*

VAN TILBORG (1976) stellte unter Verwendung von Resultaten von DELSARTE (1972a) eine Verbindung zwischen linearen gleichmäßig gepackten 1-Fehler-Codes und stark regulären Graphen her. Sei $\mathscr{C}$ ein linearer gleichmäßig gepackter $[n, n - m; q]$-1-Fehler-Code. Seien w_1 und w_2 die beiden in $\mathscr{C}^\perp$ vorkommenden und von 0 verschiedenen Gewichte von Codewörtern, und sei $w_1 < w_2$. $\Gamma(\mathscr{C}^\perp)$ sei der wie folgt definierte Graph. Die Knoten von $\Gamma(\mathscr{C}^\perp)$ seien die q^m Elemente von $\mathscr{C}^\perp$. Zwei Knoten von $\Gamma(\mathscr{C}^\perp)$ seien adjazent genau dann, wenn die beiden entsprechenden Codewörter in $\mathscr{C}^\perp$ die Distanz w_1 voneinander haben. Offensichtlich enthält die Automorphismengruppe von $\Gamma(\mathscr{C}^\perp)$ eine Untergruppe, die isomorph zur elementaren Abelschen Gruppe der Ordnung q^m ist.

Satz 10.28. *Sei $\mathscr{C}$ ein linearer gleichmäßig gepackter $[n, n - m; q]$-1-Fehler-Code. Seien w_1 und w_2 die von 0 verschiedenen Gewichte von Codewörtern in $\mathscr{C}^\perp$, und sei $w_1 < w_2$. Dann ist der Graph $\Gamma(\mathscr{C}^\perp)$ stark regulär, und seine Eigenwerte ϱ_0, ϱ_1 und ϱ_2 genügen den Gleichungen*

$$(w_2 - w_1)\,\varrho_0 = 2n(q - 1)\,q^{m-1} - (w_1 + w_2)\,(q^m - 1) \text{ und}$$

$$(w_2 - w_1)\,\varrho_i = w_1 + w_2 - (1 + (-1)^i)\,q^{m-1} \text{ für } i = 1, 2.$$

Umgekehrt gilt

Satz 10.29. *Sei p eine Primzahl, und sei Γ ein stark regulärer Graph mit p^m Knoten, dessen Adjazenzmatrix die ganzzahligen Eigenwerte ϱ_0, ϱ_1 und ϱ_2 mit $|\varrho_0| < p^m - 1$, $\varrho_1 > 1$ und $\varrho_2 < 0$ besitzt. Die Automorphismengruppe von Γ enthalte eine reguläre Untergruppe, die isomorph zur elementaren Abelschen Gruppe der Ordnung p^m ist. Dann existiert ein linearer gleichmäßig gepackter $[n, n - m; q]$-1-Fehler-Code $\mathscr{C}$, dessen zugehöriger Graph $\Gamma(\mathscr{C}^\perp)$ isomorph zu Γ ist. Die Blocklänge n und die beiden in $\mathscr{C}^\perp$ vorkommenden und von 0 verschiedenen Gewichte von Codewörtern sind dann durch die Gleichungen*

$$(\varrho_1 - \varrho_2)\,(p - 1)\,n = \varrho_0 + \varrho_1(p^m - 1]) \text{ und}$$

$$(\varrho_1 - \varrho_2)\,w_i = (\varrho_1 + (-1)^i)\,p^{m-1} \text{ für } i = 1, 2$$

bestimmt.

Bezüglich der Existenz gleichmäßig gepackter Codes konnte VAN TILBORG (1976) zeigen:

Satz 10.30. *Der einzige gleichmäßig gepackte nicht perfekte binäre 3-Fehler-Code ist der erweiterte* $[24, 12; 2]$*-Golay-Code.*

Satz 10.31. *Sei q Primzahlpotenz. Für $e \geqq 4$ existieren keine gleichmäßig gepackten q-adischen e-Fehler-Codes.*

Für Beispiele gleichmäßig gepackter Codes siehe GOETHALS, VAN TILBORG (1975), VAN TILBORG (1976).

10.3. Gleichmäßig gepackte Codes j-ter Ordnung und regelmäßig gepackte Codes

Wenn man sich von der (implizit enthaltenen) Forderung nach der Eigenschaft der Quasiperfektheit lösen will, dann gibt es mehrere Möglichkeiten, den Begriff des gleichmäßig gepackten Codes zu verallgemeinern. Eine Möglichkeit wurde von Bassalygo, Saizew und Sinowjew (1974) untersucht, während Goethals und van Tilborg (1975) eine andere Möglichkeit vorschlugen. Bassalygo, Saizew und Sinowjew (1974) bezeichneten die von ihnen untersuchte Klasse von Codes ebenfalls als gleichmäßig gepackt. Zur besseren Unterscheidung wollen wir hier aber dafür den Begriff regelmäßig gepackt verwenden.

Definition 10.7. Sei $\mathscr{C}$ ein e-Fehler-Code mit der Minimaldistanz $d(\mathscr{C})$ und sei $d(\mathscr{C}) = 2e + 1$ oder $d(\mathscr{C}) = 2e + 2$. Sei $1 \leqq j \leqq d(\mathscr{C}) - 1 - e$. Der Code $\mathscr{C}$ ist ein *gleichmäßig gepackter Code j-ter Ordnung* mit den Parametern λ und μ genau dann, wenn für alle $v \in X^n$ mit $d(\mathscr{C}) - e - j \leqq \varrho(v, \mathscr{C}) \leqq e$

$$\sum_{i=1}^{j} f_{e+i}(v, \mathscr{C}) = \lambda$$

und für alle $v \in X^n$ mit $\varrho(v, \mathscr{C}) \geqq e + 1$

$$\sum_{i=1}^{j} f_{e+i}(v, \mathscr{C}) = \mu$$

gilt.

Offensichtlich muß $e \leqq \varrho(\mathscr{C}) \leqq e + j$ gelten. Auch diese Codes lassen sich wieder in der Gruppenalgebra $\mathfrak{G}(X^n)$ charakterisieren (Goethals, van Tilborg (1975)).

Satz 10.32. *Ein e-Fehler-Code $\mathscr{C}$ mit der Minimaldistanz $d(\mathscr{C}) = d$ ist gleichmäßig gepackt j-ter Ordnung mit den Parametern λ und μ genau dann, wenn $\mathscr{C}$ als Element von $\mathfrak{G}(X^n)$ die Gleichung*

$$(\mu S_e - \lambda(S_{d-e-j-1}) + S_{e+j} - S_e) * C = \mu S_n$$

erfüllt.

Daraus ergeben sich wieder einige Sätze als Folgerungen.

Satz 10.33. *Sei $\mathscr{C}$ ein gleichmäßig gepackter $(n, N, d; q)$-e-Fehler-Code j-ter Ordnung mit den Parametern λ und μ und der Minimaldistanz $d(\mathscr{C}) = d$. Sei*

$$F(x) =_{\mathrm{Df}} \sum_{i=0}^{e+j} \alpha_i P_i(x)$$

$$\text{mit } \alpha_i = \frac{1}{\mu} \text{ für } e + 1 \leqq i \leqq e + j,$$

$$\alpha_i = 1 - \frac{\lambda}{\mu} \text{ für } d - e - j \leqq i \leqq e \text{ und}$$

$$\alpha_i = 1 \text{ für } 0 \leqq i \leqq d - e - j - 1.$$

Dann ist $F(x)$ durch das charakteristische Polynom $F_{\mathscr{C}}(x)$ von $\mathscr{C}$ teilbar, und es gilt $F(0) = q^n/N$.

Ist umgekehrt $F(x)$ das charakteristische Polynom eines e-Fehler-Codes $\mathscr{C}$, dann ist $\mathscr{C}$ ein gleichmäßig gepackter Code j-ter Ordnung mit den Parametern λ und μ.

Satz 10.34. *Jeder gleichmäßig gepackte e-Fehler-Code $\mathscr{C}$ j-ter Ordnung ist t-regulär mit* $t = d(\mathscr{C}) - e - j$.

Satz 10.35. *Sei $\mathscr{C}$ ein q-adischer gleichmäßig gepackter e-Fehler-Code j-ter Ordnung mit der Minimaldistanz $d(\mathscr{C})$. Sei **0** Element von $\mathscr{C}$. Für jedes $k > 0$, für das in $\mathscr{C}$ Codewörter vom Gewicht k existieren, bestimmen diese Codewörter einen q-adischen t-Blockplan mit $t = e + 1 - j$, wenn $d(\mathscr{C}) = 2e + 1$ ist, und mit $t = e + 2 - j$, wenn $d(\mathscr{C}) = 2e + 2$ ist.*

Goethals, van Tilborg (1975) gaben folgende Parameterwerte als Beispiele für gleichmäßig gepackte $(n, N, d; q)$-Codes j-ter Ordnung mit den Parametern λ und μ an:

1. $q = 2,\ d = 7,\ j = 2,\ n = 2^{2m+1} - 1,\ \lambda = \mu + 1,\ \mu = 2\,(2^{2m} - 1)\,(2^{2m-2} - 1)/15$;

2. $q = 2,\ d = 7,\ j = 2,\ n = 2^{2m} - 1,\ \lambda = (2^{2m+1} - 17)\,(2^{2m-2} - 1)/15$,
$\mu = 2(2^{2m} - 1)\,(2^{2m-2} - 1)/15$;

3. $q = 2,\ d = 5,\ j = 2,\ n = 17,\ \lambda = 10,\ \mu = 15$;

4. $q = 2,\ d = 11,\ j = 2,\ n = 47,\ \lambda = 8,\ \mu = 9$;

5. $q = 3,\ d = 8,\ j = 2,\ n = 23,\ \lambda = 6,\ \mu = 7$;

6. $q = 3,\ d = 11,\ j = 3,\ n = 35,\ \lambda = 45,\ \mu = 55$.

Wenden wir uns nun den regelmäßig gepackten Codes zu. Dieser Begriff basiert auf der in Satz 10.22 angegebenen Eigenschaft gleichmäßig gepackter Codes und auf Folgerung 7.4.

Definition 10.8. Sei $\mathscr{C} \subsetneqq X^n$ ein e-Fehler-Code mit dem Überdeckungsradius $\varrho(\mathscr{C})$. $\mathscr{C}$ heißt *regelmäßig gepackt* mit den Parametern $\alpha_0, \alpha_1, \ldots, \alpha_{\varrho(\mathscr{C})}$ genau dann, wenn reelle Zahlen $\alpha_0, \ldots, \alpha_{\varrho(\mathscr{C})}$ existieren, so daß

$$\sum_{i=0}^{\varrho(\mathscr{C})} \alpha_i f_i(v, \mathscr{C}) = 1$$

für alle $v \in X^n$ gilt.

Offensichtlich gilt:

Satz 10.36. *Sei $\mathscr{C}$ ein e-Fehler-Code mit der externen Distanz $s = \varrho(\mathscr{C})$. Dann ist $\mathscr{C}$ regelmäßig gepackt.*

Für regelmäßig gepackte Codes läßt sich wieder ein Analogon zum Satz von Lloyd zeigen (Bassalygo, Saizew, Sinowjew (1974)).

Satz 10.37. *Wenn ein regelmäßig gepackter Code $\mathscr{C}$ mit den Parametern $\alpha_0, \alpha_1, \ldots, \alpha_{\varrho(\mathscr{C})}$ existiert, dann hat das Polynom*

$$\sum_{i=0}^{\varrho(\mathscr{C})} \alpha_i P_i(x)$$

genau $\varrho(\mathscr{C})$ verschiedene ganzzahlige Nullstellen in der Menge $\{1, \ldots, n\}$.

Zwischen den gleichmäßig gepackten Codes j-ter Ordnung und den regelmäßig gepackten Codes besteht folgender Zusammenhang.

Satz 10.38. *Sei $\mathscr{C}$ ein e-Fehler-Code mit dem Überdeckungsradius $\varrho(\mathscr{C}) \geqq e + 1$. Dann ist $\mathscr{C}$ gleichmäßig gepackter Code $(\varrho(\mathscr{C}) - e)$-ter Ordnung mit den Parametern λ und μ*

genau dann, wenn $\mathscr{C}$ regelmäßig gepackter Code mit den Parametern $\alpha_0 = \ldots = \alpha_{d(\mathscr{C})-\varrho(\mathscr{C})-1} = 1, \alpha_{d(\mathscr{C})-\varrho(\mathscr{C})} = \ldots = \alpha_e = 1 - \dfrac{\lambda}{\mu}$ *und* $\alpha_{e+1} = \ldots = \alpha_{\varrho(\mathscr{C})} = \dfrac{1}{\mu}$ *ist.*

Abschließend wollen wir noch einen Satz angeben, der zeigt, daß beide Begriffe Verallgemeinerungen des Begriffs des gleichmäßig gepackten Codes sind und für den Fall quasiperfekter Codes zusammenfallen.

Satz 10.39. *Sei $\mathscr{C}$ ein quasiperfekter e-Fehler-Code. Dann sind folgende Aussagen äquivalent:*

1. *$\mathscr{C}$ ist gleichmäßig gepackt mit den Parametern λ und μ;*

2. *$\mathscr{C}$ ist gleichmäßig gepackt* 1. *Ordnung mit den Parametern λ und μ;*

3. *$\mathscr{C}$ ist regelmäßig gepackt mit den Parametern* $\alpha_0 = \ldots = \alpha_{e-1} = 1, \alpha_e = 1 - \dfrac{\lambda}{\mu}$ *und* $\alpha_{e+1} = \dfrac{1}{\mu}$.

11. Arithmetische Codes

Nicht nur bei der Übertragung von Nachrichten über gestörte Kanäle entstehen Fehler. Auch bei der Verarbeitung von Daten in einem Rechner treten Störungen auf, können bei der Ausführung der arithmetischen und logischen Operationen Fehler vorkommen.

Mit dem Problem der Korrektur von Fehlern bei logischen Operationen in Rechnern befaßten sich u.a. ELIAS (1958), PETERSON, RABIN (1959), EDEN (1959) und GARCIA, RAO (1968). Wir werden hier nicht weiter darauf eingehen.

Zweck der arithmetischen Codes ist es, die zu verarbeitenden Zahlenwerte so zu codieren, daß beim Auftreten von Fehlern bei der Ausführung spezieller arithmetischer Operationen mit Hilfe möglichst einfacher Verfahren die Fehlerhaftigkeit des Ergebnisses erkannt und diese Fehler nach Möglichkeit korrigiert werden können. Sicherlich sind die Auswirkungen von Fehlern bei arithmetischen Operationen andere als die bei der Nachrichtenübertragung. Deshalb muß man die Prinzipien der Codierung so modifizieren, daß sie den entsprechenden Verhältnissen angepaßt sind. Es wird sich aber zeigen, daß es trotzdem eine ganze Reihe von Gemeinsamkeiten zwischen arithmetischen Codes und den in den übrigen Kapiteln behandelten algebraischen Codes gibt. Auch über arithmetische Codes gibt es eine Vielzahl von Veröffentlichungen und Resultaten. Im Rahmen dieses Buches können wir jedoch dies alles nicht ausführlich behandeln. Wir werden daher nur kurz auf grundlegende Probleme eingehen und nur einige wenige Punkte etwas detaillierter betrachten. Für Übersichten über arithmetische Codes sei auf PETERSON (1961, chapter 13), WINOGRAD, COWEN (1963), MASSEY (1964b), GARCIA (1971), MASSEY, GARCIA (1972) und PETERSON, WELDON (1972, chapter 15) sowie RAO (1974) verwiesen.

Es ist offensichtlich, daß das Zahlsystem, in dem gerechnet wird, und die Art der Darstellung in diesem Zahlsystem eine Rolle bei der Fehlerkorrektur spielen werden. Weiterhin besteht das Problem, für jede Zahl zu einer eindeutigen Darstellung in diesem Zahlsystem zu kommen. Will man das Konzept der algebraischen Codes auch hier anwenden, also als Codewörter voneinander hinreichend weit entfernte Elemente des Grundraums wählen, dann muß man der speziellen Problemstellung angepaßte Distanzmaße finden. Deshalb befaßt sich der erste Abschnit dieses Kapitels mit Zahldarstellungen und Distanzmaßen.

Arithmetische Codes wurden wohl zuerst von DIAMOND (1955) untersucht. Grundlegend war auch die Arbeit von BROWN (1960). Von den weiteren frühen Arbeiten seien hier nur noch PETERSON (1958), REITWIESNER (1960a, 1960b) und GARNER (1959a, 1959b) genannt.

Im zweiten Abschnitt dieses Kapitels werden im wesentlichen AN-Codes betrachtet. Dabei wird auch kurz auf zyklische AN-Codes und auf Multiresiduencodes eingegangen.

Im letzten Abschnitt wird die spezielle Klasse der perfekten 1-Fehler-AN-Codes betrachtet, und es wird eine Reihe von Existenz- bzw. Nichtexistenzaussagen angegeben.

Auf das Problem der Korrektur von Fehlerbündeln (bursts) mit Hilfe arithmetischer Codes, mit dem sich z.B. CHIEN (1963, 1964a) und MANDELBAUM (1966) beschäftigten, werden wir hier nicht eingehen.

Es sei noch darauf hingewiesen, daß die in diesem Kapitel verwendete Terminologie etwas von der der vorherigen Kapitel abweicht.

11.1. Zahldarstellungen

Eine wesentliche Rolle für die Möglichkeit der Korrektur von Fehlern spielt hier die Art der Darstellung der Zahlen. Seien N und $r > 1$ positive ganze Zahlen.

Definition 11.1. Die Darstellung $N = \sum_{i=0}^{n} a_i r^i$, wobei die a_i ganze Zahlen mit $0 \leqq a_i < r$ für $i = 0, \ldots, n$ sind, heißt *r-adische Darstellung der Länge n* von N. Wir werden dafür die Bezeichnung *n–r-Darstellung* verwenden.

Ist r bekannt, so reicht es aus, die Folge der Koeffizienten $(a_n, a_{n-1}, \ldots, a_0)$ anzugeben. Wir werden auch für diese Folge von Koeffizienten die Bezeichnung n–r-Darstellung von N verwenden. Dabei ist zu beachten, daß eine n–r-Darstellung einem $(n + 1)$-Tupel entspricht. Eine weitere Möglichkeit der Darstellung erhalten wir mit

Definition 11.2. Die Darstellung $N = \sum_{i=0}^{n} a_i r^i$, wobei die a_i ganze Zahlen mit $-r < a_i < r$ für $i = 0, 1, \ldots, n$ sind, heißt *modifizierte r-adische-Darstellung der Länge n* von N (*modifizierte n–r-Darstellung* von N).

Im allgemeinen ist diese Darstellung nicht eindeutig. Auch hier können wir eine entsprechende Gewichts- und Distanzfunktion einführen.

Definition 11.3. Das *arithmetische Gewicht* einer positiven ganzen Zahl N (bezüglich der Basis r) $w^{(r)}(N)$ ist die kleinste Anzahl von 0 verschiedener Koeffizienten in einer modifizierten r-adischen Darstellung von N.

Das arithmetische Gewicht hat die Eigenschaften einer Norm.

Definition 11.4. Die *arithmetische Distanz* zweier positiver ganzer Zahlen N_1 und N_2 (bezüglich der Basis r) wird als das arithmetische Gewicht bezüglich der Basis r des Betrags ihrer Differenz definiert, d.h. $d^{(r)}(N_1, N_2) =_{\mathrm{Df}} w^{(r)}(|N_1 - N_2|)$.

Die arithmetische Distanz ist hier besser angepaßt als die Hamming-Distanz. Ein Fehler in einem Adder oder ein Übertragfehler kann bei der Ausführung der arithmetischen Operation zu einer ganzen Reihe von Folgefehlern führen. Bei Verwendung der arithmetischen Distanz ergibt sich bei nur einem Fehler dann auch nur die arithmetische Distanz 1. Wird z.B. die i-te Stelle gestört, so wird aus einer Zahl N die Zahl $N + kr^i$, und es gilt $d^{(r)}(N, N + kr^i) = w^{(r)}(|N + kr^i - N|) = w^{(r)}(|kr^i|) = 1$.

Für spezielle Darstellungen (auf die wir hier nicht weiter eingehen wollen) untersuchte z.B. Weeg (1960) die Frage, wann die entsprechenden Darstellungen eindeutig sind. Preparata (1971) untersuchte Darstellungen im Falle, daß Zahlen N aus dem Ring der ganzen Zahlen modulo $2^n - 1$ betrachtet werden.

Wenden wir uns nun modifizierten n–2-Darstellungen zu.

Definition 11.5. Sei $(b_n, b_{n-1}, \ldots, b_0)$ eine modifizierte n–2-Darstellung von N. Wenn $b_i b_{i+1} = 0$ für $i = 0, 1, \ldots, a - 1$ gilt, dann heißt diese Darstellung *binäre Normalform* von N.

Reitwiesner (1960a) untersuchte als erster solche Darstellungen. Da hier keine zwei benachbarten Koeffizienten gleichzeitig gleich 1 sein können, wird diese Darstellung in der englischsprachigen Literatur auch als *nonadjacent form* bezeichnet.

Definition 11.6. Eine modifizierte n–r-Darstellung von N heißt *minimal*, wenn die Anzahl der von 0 verschiedenen Koeffizienten in dieser Darstellung gleich dem arithmetischen Gewicht von N bezüglich der Basis r, also minimal ist.

Reitwiesner (1960a) zeigte nun:

Satz 11.1. *Für jede positive ganze Zahl N ist die binäre Normalform von N minimal.*

Weiterhin gilt: Jede positive ganze Zahl N hat höchstens eine binäre Normalform der Länge n. Schließlich zeigten Tsao-Wu und Chang (1969) die Existenz der binären Normalform und gaben einen Algorithmus für ihre Berechnung an. Es gilt also:

Satz 11.2. *Für jede positive ganze Zahl N und jedes hinreichend große n gibt es genau eine binäre Normalform der Länge n.*

Eine Verallgemeinerung auf den r-adischen Fall erfolgte durch Clark und Liang (1973).

Definition 11.7. Sei N eine positive ganze Zahl, und sei $(b_n, b_{n-1}, \ldots, b_0)$ eine modifizierte n–r-Darstellung von N. Diese Darstellung heißt *n–r-Normalform* von N, wenn die b_i die beiden folgenden Bedingungen erfüllen:

1. $|b_i + b_{i+1}| < r$ für $i = 0, 1, \ldots, n-1$,
2. wenn $b_i b_{i+1} < 0$ ist, dann gilt $|b_i| < |b_{i+1}|$.

Clark und Liang (1973) zeigten:

Satz 11.3. *Eine modifizierte n–2-Darstellung ist eine n–2-Normalform genau dann, wenn sie eine binäre Normalform ist.*

Satz 11.4. *Für jede positive ganze Zahl N und alle positiven ganzen Zahlen r > 1 ist die n–r-Normalform minimal bezüglich der Basis r. Für alle positiven ganzen Zahlen n und r > 1 besitzt N höchstens eine n–r-Normalform.*

Clark, Liang (1973) gaben einen Algorithmus zur Konstruktion der n–r-Normalform an.

Eine andere Gewichtsfunktion führten Rao, Garcia (1971) ein.

Definition 11.8. Seien m und $r < 1$ positive ganze Zahlen, und sei N eine nichtnegative ganze Zahl. Sei $0 \leqq N < m$.

$$w_m^{(r)*}(N) =_{\mathrm{Df}} \min \{w^{(r)}(N), w^{(r)}(m-N)\}$$

heißt dann *modulares r-Gewicht* von N bezüglich m. Die *modulare r-Distanz* bezüglich m zweier nichtnegativer ganzer Zahlen N_1 und N_2, die kleiner als m sind, ist das modulare r-Gewicht bezüglich m des Betrags ihrer Differenz, d.h.

$$d_m^{(r)*}(N_1, N_2) =_{\mathrm{Df}} w_m^{(r)*}(|N_1 - N_2|)$$

Die modulare r-Distanz ist nicht immer eine Metrik, da für bestimmte Werte von m die Dreiecksungleichung nicht erfüllt ist (Massey, Garcia (1972)). Deshalb führten Clark und Liang (1974) die folgende Gewichtsfunktion ein.

Definition 11.9. Seien m und $r > 1$ positive ganze Zahlen, und sei N eine beliebige ganze Zahl.

$$w_m^{(r)}(N) =_{\mathrm{Df}} \min \{w^{(r)}(x) \mid x \equiv N \pmod{m}\}$$

heißt *m-modulares r-Gewicht* von N. Seien N_1 und N_2 beliebige ganze Zahlen.

$$d_m^{(r)}(N_1, N_2) =_{\mathrm{Df}} w_m^{(r)}(N_1 - N_2)$$

heißt *m-modulare r-Distanz* von N_1 und N_2.

Das wie üblich aus dieser Gewichtsfunktion definierte Abstandsmaß ist eine Metrik. Für einige Werte von m fällt das modulare r-Gewicht mit dem m-modularen r-Gewicht zusammen. CLARK, LIANG (1974) zeigten

Satz 11.5. *Wenn $m = r^n$, $r^n + 1$ oder $r^n - 1$ ist, dann gilt für alle ganzen Zahlen N mit $0 \leqq N < m$ stets $w_m^{(r)*}(N) = w_m^{(r)}(N)$. Sei $m = r^n - 1$ oder $m = r^n + 1$. Dann gilt für alle ganzen Zahlen N:*

$$w_m^{(r)}(rN) = w_m^{(r)}(N).$$

Weiter gilt (CLARK, LIANG (1974))

Satz 11.6. *Bezeichne $R_m(N)$ für jede ganze Zahl N diejenige nichtnegative ganze Zahl x mit $x \equiv N \pmod m$ und $x < m$. Sei $m = r^n - 1$. Dann gilt für alle nichtnegativen ganzen Zahlen $N \leqq m$*

$$w_m^{(r)*}(N) = w_m^{(r)*}(R_m(rN)).$$

Definition 11.10. (CLARK, LIANG (1974)). Sei $m = r^n - 1$, und sei N eine ganze Zahl mit $|N| < m$. Die n–r-Normalform $(b_n, \ldots, b_1, b_0)$ heißt *zyklisch* genau dann, wenn $(b_{n-1}, \ldots, b_1, b_0, b_n)$ ebenfalls eine n–r-Normalform ist.

Damit ist dann natürlich auch $(b_{n-1}, \ldots, b_1, b_0, b_n)$ ebenfalls eine zyklische n–r-Normalform. Ähnliche Begriffe wurden von HARTMAN (1970) und PREPARATA (1971) betrachtet.

Definition 11.11. Sei N eine beliebige ganze Zahl. Wenn eine zyklische n–r-Normalform $(b_n, \ldots, b_0)$ existiert, so daß $N \equiv b_n r^n + \ldots + b_1 r + b_0 \pmod m$ ist, dann heißt $(b_n, \ldots, b_0)$ *m-modulare n–r-Normalform* von N.

Diese Begriffsbildung und die folgenden Resultate stammen von CLARK, LIANG (1974).

Satz 11.7. *Sei $m = r^n - 1$, und sei N eine nichtnegative ganze Zahl kleiner als m. N und $m - N$ haben eine zyklische n–r-Normalform genau dann, wenn die r-adische Darstellung der Länge m von N eine der folgenden Formen hat (wobei wir N mit seiner n–r-Darstellung identifizieren).*

1. *$N = (x, y, x, y, \ldots, x, y)$ mit $x + y = r - 1$ und n gerade oder*

2. *$N = (x, x, \ldots, x)$ mit $x = \dfrac{r-1}{2}$ und n und r ungerade.*

Satz 11.8. *Sei $0 \leqq N < m$ mit $m = r^n - 1$. Sei $N \equiv (b_{n-1}, \ldots, b_0) \pmod m$, wobei $(b_{n-1}, \ldots, b_0)$ eine zyklische n–r-Normalform ist. Dann ist das m-modulare r-Gewicht von N gleich der Anzahl der von 0 verschiedenen b_i. Wenn N selbst eine zyklische n–r-Normalform besitzt, dann gilt $w_m^{(r)}(N) = w^{(r)}(N)$.*

Seien n und r beliebige positive ganze Zahlen, $r > 1$, und sei

$$U = \left[\frac{r^{n+1}}{(r+1)}, r^n\right), \quad M = \left[\frac{r^n}{(r+1)}, \frac{r^{n+1}}{(r+1)}\right) \quad \text{und} \quad L = \left[0, \frac{r^n}{(r+1)}\right).$$

Dann ergibt sich in Abhängigkeit davon, in welchem der Intervalle N liegt, für die n–r-Normalform von N:

Satz 11.9. *Sei N eine nichtnegative ganze Zahl kleiner als* r^n *und sei* $(b_n, b_{n-1}, \ldots, b_0)$ *die n-r-Normalform von N. Dann gilt:*

1. $(b_n, b_{n-1}) = (0, 0)$ *genau dann, wenn* $N \in L$;
2. $(b_n, b_{n-1}) = (0, x)$ *mit* $x > 0$ *genau dann, wenn* $N \in M$;
3. $(b_n, b_{n-1}) = (1, 0)$ *genau dann, wenn* $N \in U$.

Satz 11.10. *Sei N eine positive ganze Zahl kleiner als* $m = r^n - 1$. *Dann gilt:*

1. *Wenn* $N \in U$ *ist, dann ist* $m - N \in L$;
2. *Wenn* $N \in L$ *ist, dann ist* $m - N \in U$ *oder eine der beiden folgenden Beziehungen gilt:*

a) $N = (0, 0, r-1, 0, r-1, \ldots, 0, r-1)$ *und n gerade,*

b) $N = (0, 0, r-1, 0, r-1, \ldots, 0, r-1, 0)$ *und n ungerade;*

3. *Wenn* $N \in M$ *ist, dann ist* $m - N \in M$ *oder eine der folgenden Beziehungen gilt:*

a) $N = (0, r-1, 0, r-1, \ldots, 0, r-1, 0)$ *und n gerade,*

b) $N = (0, r-1, 0, r-1, \ldots, 0, r-1)$ *und n ungerade.*

Satz 11.11. *Sei* $0 \leqq N < m$ *mit* $m = r^n - 1$. *Wenn N eine zyklische n-r-Normalform hat, dann ist* $w^{(r)}(N)$ *(und folglich auch* $w_m^{(r)}(N)$*) gleich der Anzahl der Residuen* $R_m(r^iN)$ $(i = 0, 1, \ldots, n-1)$, *die im Intervall* $[r^n/(r+1), r^{n+1}/(r+1))$ *liegen. Sei* $m = r^n - 1$, *und sei* $AB = r^n - 1$ *und* $A > r$. *Wenn AN eine zyklische n-r-Normalform für* $0 < N < B$ *hat, dann ist* $w_m^{(r)}(AN)$ *gleich der Anzahl der Residuen* $R_B(r^iN)$ $(i = 0, \ldots, n-1)$, *die im Intervall* $(B/(r+1), rB/(r+1)]$ *liegen.*

11.2. *AN*-Codes und Multiresiduencodes

Wir wollen uns jetzt mit dem Problem der Konstruktion von zur Korrektur arithmetischer Fehler geeigneten Codes und deren Eigenschaften befassen.

Der grundlegende Gedanke bei den *AN*-Codes, die auch als Residuenklassen-Codes oder lineare Residuen-Codes bezeichnet werden, besteht darin, die Menge der zu codierenden ganzen Zahlen mit einer konstanten positiven ganzen Zahl *A* zu multiplizieren und dann als Codewörter die entsprechenden Darstellungen dieser Produkte im jeweiligen Zahlsystem zu betrachten. Es kommt nun darauf an, diese Zahl *A* in Abhängigkeit von der Zahlbasis *r* und der Menge der zu codierenden Zahlen möglichst geschickt zu wählen.

Definition 11.12. Seien *A* und *B* positive ganze Zahlen. Der von *A* erzeugte *AN-Code* der Mächtigkeit *B* ist die Menge aller ganzen Zahlen *AN* mit $0 \leqq N < B$.

Mit diesem Codebegriff können wir zunächst relativ wenig anfangen, da wir stets in einem bestimmten Zahlsystem zu rechnen haben, die Elemente des *AN*-Codes dazu in diesem Zahlsystem dargestellt werden müssen und dieses Zahlsystem Einfluß auf das Fehlerverhalten hat. Deshalb werden wir zuerst die *r*-Länge eines solchen Codes einführen. Bei vorgegebener Mächtigkeit *B* des *AN*-Codes und vorgegebener Zahlenbasis *r* können wir leicht bestimmen, wie viele Stellen zur Darstellung der größten vorkommenden Codezahl in der Zahlenbasis *r* benötigt werden.

Definition 11.13. Die *r-Länge* eines *AN*-Codes der Mächtigkeit *B* ist das kleinste *n*, so daß eine *n*-*r*-Darstellung von *AB* existiert.

Bei festem *r* können wir jetzt einen *AN*-Code mit der *r*-Länge *n* auch mit der Menge der $(n+1)$-Tupel der Koeffizienten der *n*-*r*-Darstellung seiner Elemente identifizieren. Nur für diese $(n+1)$-Tupel werden wir hier den Begriff Codewörter verwenden.

Sei ein AN-Code $\mathscr{C}$ der Mächtigkeit B mit der r-Länge $n - 1$ gegeben. Sei d die minimale arithmetische r-Distanz zwischen verschiedenen Elementen von $\mathscr{C}$. Dann bezeichnen wir $\mathscr{C}$ auch als $(n, B, d; r)$-*AN-Code* oder auch nur kurz als $(n, d; r)$-*AN-Code*.

Man sagt, daß A den entsprechenden AN-Code erzeugt. Es gilt dann offensichtlich

Satz 11.12. *Mit Hilfe eines $(n, d; r)$-AN-Codes $\mathscr{C}$ können alle Fehler mit einem arithmetischen r-Gewicht kleiner oder gleich e genau dann korrigiert werden, wenn $d \geqq 2e + 1$ ist.*

Die folgenden drei Sätze von Jerosch und Jerosch (1967) sollen zeigen, wie im binären Fall aus verschiedenen AN-Codes mit bestimmten Eigenschaften neue AN-Codes erzeugt werden können.

Satz 11.13. *Seien ein $(n_1, d_1; 2)$-A_1N-Code und ein $(n_2, d_2; 2)$-A_2N-Code mit $n_2 \geqq n_1$ und $d_2 = [(d_1 + 1)/2]$ gegeben. Weiterhin gelte $2^{n_1} \equiv 1 \bmod A_1$ und $(2^{n_1} - 1, A_2) = 1$ oder $2^{n_1} \equiv -1 \bmod A$ und $(2^{n_1} + 1, A_2) = 1$. Dann gilt für den von $A = A_1A_2$ erzeugten $(n, d; 2)$-AN-Code $d = d_1$ und $n \geqq 2n_1$.*

Satz 11.14. *Seien A_1, A_2 und A_3 positive ganze Zahlen. A_1 erzeuge einen $(n_1, 5; 2)$-A_1N-Code, A_2 erzeuge einen $(n_2, 3; 2)$-A_2N-Code, und A_2A_3 erzeuge einen $(n_{2,3}, 3; 2)$-$(A_2A_3)N$-Code mit $n_2 \geqq n_1$ und $n_{2,3} \geqq 2n_1$. Weiterhin gelte $2^{n_1} \equiv 1 \bmod A_1$ und $(2^{n_1} \pm 1, A_2) = 1$ und $A_3 \mid (2^{n_1} + 1)$ oder $2^{n_1} \equiv -1 \bmod A_1$ und $(2^{n_1} \pm 1, A_2) = 1$ und $A_3 \mid (2^{n_1} - 1)$. Dann erzeugt $A = A_1A_2A_3$ einen $(n, 5; 2)$-AN-Code mit $n \geqq 3n_1$.*

Satz 11.15. *Seien A_1, A_2, A_3 und A_4 positive ganze Zahlen. Erzeuge A_1 und A_2 jeweils einen $(n_0, 5; 2)$-A_iN-Code $(i = 1, 2)$, und sei $2^{n_0} \equiv 1 \bmod A_1$ und $2^{n_0} \equiv -1 \bmod A_2$. A_3 erzeuge einen $(n_3, 3; 2)$-A_3N-Code mit $n_3 \geqq 4n_0$, und es sei $(2^{2n_0} \pm 1, A_3) = 1$. A_4 sei ein beliebiger Teiler von $2^{2n_0} + 1$. Dann erzeugt $A = A_1A_2A_3A_4$ einen $(n, 5; 2)$-AN-Code mit $n \geqq 6n_0$.*

Wie in Kapitel 8 können wir den Begriff des zyklischen AN-Codes einführen.

Definition 11.14. Sei $\mathscr{C}$ ein $(n, d; r)$-AN-Code. $\mathscr{C}$ heißt *zyklisch* genau dann, wenn für jedes Codewort $x = (x_1, x_2, \ldots, x_n) \in \mathscr{C}$ auch $y = (x_2, \ldots, x_n, x_1) \in \mathscr{C}$ gilt.

Analog zu Satz 8.5 gilt hier

Satz 11.16 (Garcia (1969), Dadajew (1970b)). *Ein $(n, d; r)$-AN-Code ist zyklisch genau dann, wenn A ein Ideal im Ring der ganzen Zahlen modulo $2^n - 1$ erzeugt.*

Für zyklische AN-Codes erhält man weiter:

Satz 11.17 (Clark, Liang (1974)). *Wenn $m = AB = r^n - 1$ ist, dann wird in dem von A erzeugten zyklischen AN-Code der Mächtigkeit B das m-modulare r-Gewicht von einer Codezahl mit einer zyklischen n-r-Normalform angenommen. Wenn B größer als r ist, dann kann weiter gezeigt werden, daß eine Codezahl $AN \in \left[0, \frac{r^n}{r+1}\right)$ existiert, die das minimale m-modulare r-Gewicht annimmt.*

Dieses Resultat ist eine Verallgemeinerung von Ergebnissen von Massey, Garcia (1972), Goto, Fukumura (1968) und Chien, Hong und Preparata (1971).

Die durch den folgenden Satz beschriebenen Codes werden auch als Mandelbaum-Barrows-Codes bezeichnet.

Satz 11.18 (Barrows (1966), Mandelbaum (1967)). *Sei p eine Primzahl größer als 3, für die 2 primitives Element ist, und sei $A = (2^{p-1} - 1)/p$. Das arithmetische 2-Gewicht jedes Codeworts im von A erzeugten AN-Code ist $(p-1)/3$ bzw. $(p+1)/3$, je nachdem, welche dieser Zahlen eine ganze Zahl ist. Dies ist auch die arithmetische 2-Distanz zwischen jedem Paar von Codezahlen und gleichzeitig auch die minimale Hamming-Distanz zwischen den verschiedenen Codewörtern.*

Allgemeiner bewiesen Clark, Liang (1974):

Satz 11.19. *Sei p eine Primzahl, und sei r primitiv modulo p. Sei $n = p - 1$ und $A = \frac{r^n - 1}{p}$. Wenn $A > r$ ist, dann erzeugt A einen äquidistanten zyklischen $(n, d; r)$-AN-Code mit*

$$d = \left[\frac{rp}{r+1}\right] - \left[\frac{p}{r+1}\right].$$

Ein wesentliches Problem ist natürlich die Bestimmung der Minimaldistanz von AN-Codes. Hier bewiesen z.B. Hwang und Hartmann (1976) in Verallgemeinerung eines Resultats von Hartmann und Tzeng (1972c):

Satz 11.20. *Sei $\mathscr{C}$ ein $(n, B, d; 2)$-AN-Code mit $n = n_1 n_2$ und $1 < n_1 < n$. Wenn B entweder durch $2^{n_1} + 1$ oder durch $2^{n_1} - 1$ teilbar ist, dann gilt $d \leqq n_2$. Wenn $B = 2^{n_1} + 1$ oder $B = 2^{n_1} - 1$ ist, dann gilt $d = n/n_1 = n_2$.*

Unter anderem befaßten sich auch Dadajew (1974) und Bojarinow (1975) mit dem Problem der Bestimmung der Minimaldistanz arithmetischer Codes.

Zyklische AN-Codes wurden auch noch von Dadajew (1970a) und Tenengolz und Dynkin (1970) untersucht. Für Probleme der Realisierung von AN-Codes mit Hilfe von Schieberegistern siehe z.B. Mykkeltveit (1977).

Welche Eigenschaften ein zu verwendender Code haben muß, hängt auch davon ab, bei welchen arithmetischen Operationen er eingesetzt werden soll. So sind die von Dadajew (1965) eingeführten Multiresiduencodes der Verwendung bei multiplikativen Operationen besser angepaßt als die AN-Codes.

Für jede positive ganze Zahl m und jede nichtnegative ganze Zahl N sei $R_m(N)$ wieder die eindeutig bestimmte nichtnegative ganze Zahl M mit $M \equiv N \bmod m$ und $M < m$.

Definition 11.15. Sei m eine positive ganze Zahl. Seien $m_1, m_2, \ldots, m_k$ positive ganze Zahlen, die Teiler von m sind. Dann heißt die Menge der $(k+1)$-Tupel $(N, R_{m_1}(N), \ldots, \ldots, R_{m_k}(N))$ mit $0 \leqq N < m$ der von $m, m_1, \ldots, m_k$ erzeugte *Multiresiduencode*. Sei A das kleinste gemeinsame Vielfache von $m_1, m_2, \ldots, m_k$. Für den durch $m, m_1, \ldots, m_k$ erzeugten Multiresiduencode $\mathscr{C}$ heißt der durch A erzeugte AN-Code der Mächtigkeit $B = m/A$ der zu $\mathscr{C}$ gehörige AN-Code.

Für jede ganze Zahl N mit $0 \leqq N < m$ sind in dem durch $m, m_1, \ldots, m_k$ erzeugten Multiresiduencode die Zahlen $R_{m_1}(N), \ldots, R_{m_k}(N)$ eindeutig durch das Residuum $R_A(N)$ bestimmt und umgekehrt, wobei A den zugehörigen AN-Code erzeugt.

Eine spezielle Klasse der Multiresiduencodes, die (BN modulo A)-Codes, untersuchten z.B. Chiang und Reed (1972).

Wir wollen hier nicht weiter auf die Multiresiduencodes eingehen. Ergebnisse dazu findet man z.B. bei Massey, Garcia (1972), Rao, Garcia (1971), Rao (1970) und Rao, Trehan (1970).

Abschließend sei noch, ohne Anspruch auf Vollständigkeit oder Aktualität erheben zu wollen, eine Reihe von Arbeiten zur Problematik der arithmetischen Codes genannt: Mirontschikow, Kolesnik (1963), Kolesnik, Mirontschikow (1965), Watson, Hastings (1966), Dadajew (1966, 1967, 1968), Sokolow, Jenikejew (1967), Grizenko (1969, 1974), Mandelbaum (1972), Barsi, Maestrini (1973, 1974), Dynkin, Kimelfeld (1973), Goto, Fukumura (1973), Ziskaridse (1974).

11.3. Perfekte arithmetische 1-Fehler-Codes

Im folgenden sei $AB = r^n \pm 1$. Als Distanzfunktion betrachten wir die B-modulare r-Distanz. Auch hier können wir nun eine Schranke für die Codeparameter angeben.

Satz 11.21. *Wenn A einen $(n, 3; r)$-AN-Code erzeugt, dann gilt* $A \geqq 2n(r-1)+1$.

Ähnlich wie bei der Volumenschranke kommt man zu

Definition 11.16. Erzeugt A einen $(n, 3; r)$-AN-Code und gilt $A = 2n(r-1)+1$, dann heißt dieser AN-Code *perfekt.*

Es gilt nun (Goto, Fukumura (1975)):

Satz 11.22. *Keine zusammengesetzte Zahl A erzeugt einen perfekten 1-Fehler-AN-Code.*

Sei $e(r, p) =_{\mathrm{Df}} \min\{k \mid k \text{ positive ganze Zahl und } r^k \equiv 1 \pmod p\}$, $G(p) =_{\mathrm{Df}} \{1, 2, \ldots p-1\}$, $\langle r, p\rangle =_{\mathrm{Df}} \{k_i \mid k_i \in G(p) \text{ und } k_i \equiv r^i \pmod p\}$. Für Primzahlen p ist $G(p)$ eine zyklische Gruppe mit der Operation Multiplikation modulo p, und $\langle r, p\rangle$ ist eine ihrer Untergruppen. $G(p)$ kann in Comengen (Nebenklassen) von $\langle r, p\rangle$ entwickelt werden:

$$G(p)/\langle r, p\rangle = a_1\langle r, p\rangle + a_2\langle r, p\rangle + \ldots + a_q\langle r, p\rangle,$$

wobei für die Anzahl q der Comengen $q = \dfrac{p-1}{e(r, p)}$ gilt.

Definition 11.17. Ein perfekter $(n, 3; r)$-AN-Code heißt vom *Typ I*, wenn $e(r, A) = \dfrac{A-1}{r-1}$ gilt, $e(r, A)$ gerade ist und

$$G(A)/\langle r, A\rangle = 1\langle r, A\rangle + 2\langle r, A\rangle + \ldots + (r-1)\langle r, A\rangle$$

gilt, und vom *Typ* II, wenn $e(r, A) = \dfrac{A-1}{r-1}$ gilt, $e(r, A)$ ungerade ist und

$$G(A)/\langle r, A\rangle = 1\langle r, A\rangle + 2\langle r, A\rangle + \ldots + (r-1)\langle r, a\rangle + (-1)\langle r, A\rangle + (-2)\langle r, A\rangle + \ldots + (1-r)\langle r, A\rangle$$

gilt.

Bezüglich der Existenz perfekter arithmetischer 1-Fehler-AN-Codes in Abhängigkeit von der Basis r gibt es eine Reihe von Resultaten, von denen hier einige angegeben werden sollen.

Satz 11.23. (Peterson (1961)). *Jede ungerade Primzahl A mit $e(2, A) = A-1$ erzeugt einen perfekten linearen AN-Code vom Typ* I.

Jede ungerade Primzahl A mit $e(2, A) = \dfrac{A-1}{2}$ und $e(2, A)$ ungerade, erzeugt einen perfekten linearen AN-Code vom Typ II.

Satz 11.24 (Grizenko (1969)). *Sei A eine Primzahl der Form $24k + 13$. Wenn $e(3, A) = \dfrac{A-1}{2}$ ist, dann erzeugt A einen perfekten ternären AN-Code vom Typ* I. *Wenn $e(3, A) = \dfrac{A-1}{4}$ ist, dann erzeugt A einen perfekten ternären AN-Code vom Typ* II.

Satz 11.25 (Bojarinow, Kabatjanski (1976)). *Sei $r = r_0^s$. Für die Existenz eines perfekten $(n, 3; r)$-AN-Codes ist es notwendig, daß s die Differenz $r_0^s - 1$ teilt.*

Damit ergibt sich

Folgerung 11.26. *Für $r = r_0^v$, p Primzahl, die $r_0^s - 1$ nicht teilt, existiert kein perfekter $(n, 3; r)$-AN-Code.*

Es gilt weiter

Satz 11.27. *Es existiert kein perfekter $(n, 3; r)$-AN-Code für*

$r = 2^b$ $(b > 1)$ (Bojarinow, Kabatjanski (1976)),
$r = 4k^2$, $r = 5$ *und* $r = 9$ (Goto, Fukumura (1975)) *und*
$r = 10$ (Goto (1975)).

Es existiert kein perfekter $(n, 3; r)$-AN-Code vom Typ II *für $r = k^2$.*

Satz 11.28 (Goto, Fukumura (1975)). *Sei d der größte gemeinsame Teiler von t und $e(k, A)$.*
Wenn $d = 1$ ist, existiert kein perfekter $(n, 3; k^t)$-AN-Code. Sei $d \neq 1$. Wenn d die Differenz $k^t - 1$ nicht teilt, existiert kein perfekter $(n, 3; k^t)$-AN-Code vom Typ I. *Wenn d die Zahl $2(k^t - 1)$ nicht teilt, existiert kein perfekter $(n, 3; k^t)$-AN-Code vom Typ* II.

Goto und Fukumura (1975) zeigten die Existenz von perfekten $(n, 3; r)$-AN-Codes für $r = 6$ und 7 und gaben einige Beispiele an.

Seien a und p relativ prim, p Primzahl. a heißt quadratisches Residuum (QR) modulo p genau dann, wenn die Kongruenz $x^2 \equiv a \pmod p$ lösbar ist. Sonst heißt a quadratisches Nichtresiduum (QNR) modulo p. Sei p eine ungerade Primzahl,

$$\left(\frac{a}{p}\right) =_{\mathrm{Df}} \begin{cases} 1, & \text{wenn } a \text{ QR modulo } p \text{ ist,} \\ -1, & \text{wenn } a \text{ QNR modulo } p \text{ ist.} \end{cases}$$

Die folgenden Tabellen stammen von Goto und Fukumura (1975).

Tabelle 11.1. Notwendige Bedingungen für perfekte $(3; r)$-AN-Codes

	Typ I	Typ II
A	$2k'(r-1)+1$	$2(2k''+1)(r-1)+1$
$e(r, A)$	$\frac{A-1}{r-1}$, gerade	$\frac{A-1}{(r-1)}$, ungerade
n	$\frac{e(r, A)}{2}$	$e(r, A)$
$\left(\frac{r}{A}\right)$	$(-1)^{r-1}$	1

Für ungerade r gilt: Die Hälfte der Zahlen $2, 3, \ldots, r$ sind QR und die andere Hälfte QNR modulo p.

Tabelle 11.2. Beispiele von perfekten $(n, 3; r)$-AN-Codes

r	A	n	Typ
6	7741	774	I
	10831	1083	I
	18191	1819	II
	20611	2061	II
7	19237	1603	II
	30013	2501	II
	56053	4671	I
	67453	5621	I

12. Codierungssätze für algebraische Codes

Es stellt sich die Frage, in welchem Maße die in diesem Teil betrachteten algebraischen Codes die durch die Codierungssätze der klassischen Informationstheorie nachgewiesenen prinzipiellen Übertragungsmöglichkeiten bestimmter Kanalklassen ausnutzen können. Einerseits können diese Codes eine bestimmte algebraische Struktur besitzen, und andererseits ist die (prinzipielle) Art der Decodierung generell vorgegeben. So ist es möglich, daß mit Hilfe allgemeinerer Codes unter Umständen bessere Übertragungsergebnisse im Sinne einer geringeren Fehlerwahrscheinlichkeit erzielt werden können. Wir werden nun entsprechend modifizierte Kanalkapazitäten für endliche Kanäle bei speziellen Klassen von Codes einführen und ihre Relationen zur allgemeinen Kanalkapazität für diese Kanäle betrachten. Dabei stützen wir uns im wesentlichen auf die Arbeit von AHLSWEDE (1971).

Die Problemstellung dieses Kapitels weicht etwas von der sonst in diesem Teil betrachteten ab. Es ist daher sinnvoll, hier die Begriffe und Bezeichnungen in einem angepaßten Sinne zu verwenden. So werden einige Begriffe noch einmal in modifizierter Form eingeführt.

Wir betrachten jetzt endliche Kanäle (im Sinne z.B. von WOLFOWITZ (1961)) mit dem Eingabe- bzw. Ausgabealphabet $X = Y = \{1, \ldots, q\}$. Sei S eine abzählbare Indexmenge, und sei $K =_{\mathrm{Df}} \{w(\cdot \mid \cdot \mid s) \mid s \in S\}$ eine Familie von stochastischen (q, q)-Matrizen. Bei festgehaltenem Ein- und Ausgabealphabet ist ein Kanal durch die Übergangswahrscheinlichkeiten eindeutig bestimmt.

Definition 12.1. Für jedes $s \in S$ ist der *endliche diskrete gedächtnislose* (unabhängige) *Kanal* $k^{(n)}(\cdot \mid \cdot \mid s)$ durch die Übergangswahrscheinlichkeiten

$$k^{(n)}(y \mid x \mid s) =_{\mathrm{Df}} \prod_{i=1}^{n} w(y_i \mid x_i \mid s)$$

für alle $x = (x_1, \ldots, x_n) \in X^n$ und $y = (y_1, \ldots, y_n) \in Y^n$ definiert.

Wir führen nun noch zwei allgemeinere Kanalbegriffe, nämlich den Verbundkanal (compound channel, siehe z.B. WOLFOWITZ (1961)) und den gemittelten Kanal (averaged channel, siehe z.B. AHLSWEDE (1967, 1968)) ein.

Definition 12.2. Die Klasse $K^{(n)} =_{\mathrm{Df}} \{k^{(n)} (\cdot \mid \cdot \mid s) \mid s \in S\}$ von Kanälen heißt *Verbundkanal.*

Definition 12.3. Sei eine Wahrscheinlichkeitsverteilung σ über S gegeben. Dann heißt der durch

$$\bar{k}^{(n)}(y \mid x) =_{\mathrm{Df}} \sum_{s \in S} \sigma(s)\, k^{(n)}(y \mid x \mid s)$$

für alle $x \in X^n$ und alle $y \in Y^n$ definierte Kanal $\bar{k}^{(n)}(\cdot \mid \cdot)$ *gemittelter* (diskreter) *Kanal.*

Um den Begriff des Codes allgemeiner zu fassen, betrachten wir jetzt nicht mehr nur eine Menge von Eingabewörtern als Code, sondern ordnen jedem dieser Eingabewörter noch eine Menge von Ausgabewörtern zu, bei deren Empfang in das entsprechende Eingabewort decodiert wird.

Definition 12.4. Ein (n, N)-Code ist ein System $\{(u_i, A_i) \mid i = 1, \ldots, N\}$ mit $u_i \in X^n$ und $A_i \subseteq Y^n$ und $A_i \cap A_j = \emptyset$ für $i \neq j$, $i, j = 1, \ldots, N$.

Wenn wir e-Fehler-Codes betrachten, dann ist stets $A_i = K(u_i, e)$ für alle $i = 1, \ldots, N$. Um einen Code sinnvoll zur Übertragung über einen gegebenen Kanal verwenden zu können, muß die Fehlerwahrscheinlichkeit in einem bestimmten Rahmen bleiben. Dabei spielt der Kanaltyp eine Rolle.

Definition 12.5. Ein (n, N)-Code heißt (n, N, λ)-*Code*

1. für den endlichen diskreten gedächtnislosen Kanal $k^{(n)}(\cdot \mid \cdot \mid s)$, wenn

$$k^{(n)}(A_i \mid u_i \mid s) \geqq 1 - \lambda$$

für $i = 1, \ldots, N$ ist;

2. für den Verbundkanal $K^{(n)} = \{k^{(n)}(\cdot \mid \cdot \mid s) \mid s \in S\}$, *wenn*

$$k^{(n)}(A_i \mid u_i \mid s) \geqq 1 - \lambda$$

für $i = 1, \ldots, N$ und alle $s \in S$ ist;

3. für den gemittelten Kanal $\bar{k}^{(n)}(\cdot \mid \cdot)$, wenn

$$\bar{k}^{(n)}(A_i \mid u_i) \geqq 1 - \lambda$$

für $i = 1, \ldots, N$ ist.

Man kann auch fordern, daß statt der Fehlerwahrscheinlichkeit nur die mittlere Fehlerwahrscheinlichkeit in einem bestimmten Rahmen bleibt, und kommt dann zu den folgenden Begriffsbildungen.

Definition 12.6. Ein (n, N)-Code heißt $(n, N, \bar{\lambda})^*$-*Code*

1. für den endlichen diskreten gedächtnislosen Kanal $k^{(n)}(\cdot \mid \cdot \mid s)$, wenn

$$\frac{1}{N} \sum_{i=1}^{N} k^{(n)} (A_i \mid u_i \mid s) \geqq 1 - \bar{\lambda}$$

ist;

2. für den Verbundkanal $K^{(n)} = \{k^{(n)}(\cdot \mid \cdot \mid s) \mid s \in S\}$, wenn

$$\inf_{s \in S} \frac{1}{N} \sum_{i=1}^{N} k^{(n)} (A_i \mid u_i \mid s) \geqq 1 - \bar{\lambda}$$

ist;

3. für den gemittelten Kanal $\bar{k}^{(n)}(\cdot \mid \cdot)$, wenn

$$\frac{1}{N} \sum_{i=1}^{N} \bar{k}^{(n)} (A_i \mid u_i) \geqq 1 - \bar{\lambda}$$

ist.

Wir folgen hier der Definition der Kanalkapazität, wie sie z. B. Ahlswede (1971) verwendet. Die Äquivalenz dieser Definition zu anderen ist durch Resultate der Informationstheorie (Codierungssatz, schwache und starke Umkehrung des Codierungssatzes) gerechtfertigt (vgl. z. B. Wolfowitz (1961)). Sei jetzt jeweils ein entsprechender Kanal $k^{(n)}(\cdot \mid \cdot \mid s)$, $K^{(n)}$ und $\bar{k}^{(n)}(\cdot \mid \cdot)$ festgehalten.

Definition 12.7. Eine Zahl $C > 0$ heißt (Shannonsche) *Kanalkapazität* für den entsprechenden Kanal, wenn

1. für jedes $\delta > 0$ und jedes λ $(0 < \lambda < 1)$ für alle hinreichend großen n ein $(n, 2^{n(C-\delta)}, \lambda)$-Code existiert und
2. für jedes $\delta > 0$ ein $\lambda = \lambda(\delta)$ existiert, so daß für alle hinreichend großen n kein $(n, 2^{n(C+\delta)}, \lambda)$-Code existiert.

Eine Zahl $C > 0$ heißt *starke* (oder Wolfowitzsche) *Kanalkapazität*, wenn für den entsprechenden Kanal neben Bedingung 1 gilt:

3. für jedes $\delta > 0$ und jedes λ $(0 < \lambda < 1)$ existiert für alle hinreichend großen n kein $(n, 2^{n(C+\delta)}, \lambda)$-Code.

Analoge Definitionen können für $(n, N, \bar{\lambda})^*$-Codes gegeben werden. Die Bedingung 1 entspricht dem Codierungssatz (coding theorem), die Bedingung 2 entspricht der schwachen und die Bedingung 3 der starken Umkehrung des Codierungssatzes (weak converse bzw. strong converse). Offensichtlich ist jede starke Kanalkapazität auch Kanalkapazität.

Definition 12.8. Sei jeweils für den entsprechenden Kanal

$$N(n, \lambda) =_{\mathrm{Df}} \max \{N \mid \text{es existiert ein } (n, N, \lambda)\text{-Code}\}$$

und

$$\bar{N}(n, \bar{\lambda}) =_{\mathrm{Df}} \max \{N \mid \text{es existiert ein } (n, N, \bar{\lambda})^*\text{-Code}\}.$$

Zwischen den hier definierten Größen und der Kanalkapazität besteht folgender Zusammenhang.

Satz 12.1. *Sei C Kanalkapazität für den entsprechenden Kanal. Dann gilt*

$$\inf_{\lambda>0} \liminf_{n\to\infty} n^{-1} \log N(n, \lambda) = \inf_{\lambda>0} \limsup_{n\to\infty} n^{-1} \log N(n, \lambda) = C.$$

Ist C starke Kanalkapazität, so gilt

$$\liminf_{n\to\infty} n^{-1} \log N(n, \lambda) = \limsup_{n\to\infty} n^{-1} \log N(n, \lambda) = C$$

für alle λ $(0 < \lambda < 1)$.

Existiert für einen gegebenen Kanal keine Zahl $C > 0$, die die Bedingungen 1 und 3 erfüllt, existiert also keine starke Kanalkapazität, dann stellt sich die Frage, ob

$$C(\lambda) =_{\mathrm{Df}} \lim_{n\to\infty} n^{-1} \log N(n, \lambda)$$

wenigstens für bestimmte Werte λ existiert. Diese Größe $C(\lambda)$ wurde von Wolfowitz (1963) für Verbundkanäle eingeführt. Ahlswede und Wolfowitz (1969) zeigten:

Satz 12.2. *Für Verbundkanäle existiert mit Ausnahme von endlich vielen Werten $\bar{\lambda}$*

$$\bar{C}(\bar{\lambda}) =_{\mathrm{Df}} \lim_{n\to\infty} n^{-1} \log \bar{N}(n, \bar{\lambda}).$$

Für Verbundkanäle gilt außerdem für bestimmte Werte $\bar{\lambda}_1$ und $\bar{\lambda}_2$ $\bar{C}(\bar{\lambda}_1) \neq \bar{C}(\bar{\lambda}_2)$, während stets $C(\lambda) = C$ ist (Wolfowitz 1960)).

Wir wollen nun eine Verbindung zwischen den algebraischen Codes und den hier eingeführten Begriffen herstellen. Zentrale Frage ist, ob sich die Kanalkapazität bereits durch algebraische Codes erreichen läßt, d.h. ob durch algebraische Codes die Übertragungsmöglichkeiten des Kanals voll ausgeschöpft werden können.

Sei im folgenden $X = Y = \mathrm{GF}(q)$ mit $q = p^m$, p Primzahl. Wir identifizieren nun X^n und Y^n mit den Vektorräumen der Dimension n über den endlichen Körpern X und Y.

Definition 12.9. Ein (n, N)-Code $\{(u_i, A_i) \mid i = 1, \ldots, N\}$ heißt *Pseudo-Gruppencode* genau dann, wenn $(\{u_1, \ldots, u_N\}, +)$ eine Untergruppe der additiven Gruppe $(X^n, +)$ bildet.

Wir bezeichnen mit φ den kanonischen Isomorphismus zwischen X^n und Y^n, d.h., $\varphi((x_1, \ldots, x_n)) = (y_1, \ldots, y_n)$ mit $x_i = y_i$ für $i = 1, \ldots, n$.

Definition 12.10. Ein Pseudo-Gruppencode $\{(u_i, A_i) \mid i = 1, \ldots, N\}$ heißt *Gruppencode* genau dann, wenn eine Menge $\{v_1, \ldots, v_L\} \subseteq Y^n$ existiert, so daß $A_i = \{v_1 + \varphi(u_i), \ldots, v_L + \varphi(u_i)\}$ für $i = 1, \ldots, N$ ist.

Betrachten wir die üblichen algebraischen Codes, dann können wir für jeden e-Fehler-Code $\{v_1, \ldots, v_L\} = K(\mathbf{0}, e)$ setzen. Damit ist in diesem Fall jeder Pseudo-Gruppencode auch Gruppencode.

Definition 12.11. Ein Pseudo-Gruppencode bzw. Gruppencode $\{(u_i, A_i) \mid i = 1, \ldots, N\}$ heißt *Pseudo-Linearcode* bzw. *Linearcode* genau dann, wenn $\{u_1, \ldots, u_N\}$ ein linearer Unterraum von X^n ist.

Wenn q Primzahl ist, dann ist jeder Gruppencode auch Linearcode.

Definition 12.12. Sei

$$N_P(n, \lambda) =_{\mathrm{Df}} \max \{N \mid \text{es existiert ein } (n, N, \lambda)\text{-Pseudo-Gruppencode}\} \text{ und}$$

$$\overline{N}_P(n, \overline{\lambda}) =_{\mathrm{Df}} \max \{N \mid \text{es existiert ein } (n, N, \overline{\lambda})^*\text{-Pseudo-Gruppencode}\}.$$

Analog können wir die Größen $N_G(n, \lambda)$, $\overline{N}_G(n, \overline{\lambda})$, $N_L(n, \lambda)$, $\overline{N}_L(n, \overline{\lambda})$, $N_{PL}(n, \lambda)$ und $\overline{N}_{PL}(n, \overline{\lambda})$ für Gruppen-, Linear- und Pseudo-Linearcodes definieren. Damit kann man jetzt eine Reihe von Kanalkapazitäten für diese Klassen von Codes einführen.

Definition 12.13.

$$C_P^+ =_{\mathrm{Df}} \inf_{\lambda>0} \limsup_{n\to\infty} n^{-1} \log N_P(n, \lambda), \quad C_P^- =_{\mathrm{Df}} \inf_{\lambda>0} \liminf_{n\to\infty} n^{-1} \log N_P(n, \lambda),$$

$$\overline{C}_P^+ =_{\mathrm{Df}} \inf_{\overline{\lambda}>0} \limsup_{n\to\infty} n^{-1} \log \overline{N}_P(n, \overline{\lambda}), \quad \overline{C}_P^- =_{\mathrm{Df}} \inf_{\overline{\lambda}>0} \liminf_{n\to\infty} n^{-1} \log \overline{N}_P(n, \overline{\lambda}).$$

Auf analoge Weise erhält man die Kanalkapazitäten C_G^+, C_G^-, $\overline{C}_G^+$, $\overline{C}_G^-$, C_{PL}^+, C_{PL}^-, $\overline{C}_{PL}^+$, $\overline{C}_{PL}^-$, C_L^+, C_L^-, $\overline{C}_L^+$ und $\overline{C}_L^-$.

Definition 12.14. Wenn $C_P^+ = C_P^- = C_P$ gilt, dann heißt C_P *Pseudo-Gruppencodekapazität für maximale Fehler*. Gilt $\overline{C}_P^+ = \overline{C}_P^- = \overline{C}_P$, dann heißt $\overline{C}_P$ *Pseudo-Gruppencodekapazität für mittlere Fehler.*

Wieder kann man analog die jeweiligen Gruppencode-, Pseudo-Linearcode- und Linearcodekapazitäten C_G, $\overline{C}_G$, C_{PL}, $\overline{C}_{PL}$, C_L und $\overline{C}_L$ definieren.

ELIAS (1955) zeigte:

Satz 12.3. *Für binäre symmetrische Kanäle gilt* $C = C_G = \overline{C}_G$.

Definition 12.15. Wenn für die stochastische Matrix $w(\cdot \mid \cdot \mid s)$ der Übergangswahrscheinlichkeiten des endlichen diskreten gedächtnislosen Kanals $k^{(n)}(\cdot \mid \cdot \mid s)$

$$w(j \mid i \mid s) = w(j + k \mid i + k \mid s)$$

für alle $i, j, k \in \{0, 1, \ldots, q - 1\}$ und Addition modulo q gilt, dann heißt $k^{(n)}(\cdot \mid \cdot \mid s)$ *Kanal mit translationsinvarianten Übergangswahrscheinlichkeiten.*

Dobruschin (1963) bewies.

Satz 12.4. *Für Kanäle mit translationsinvarianten Übergangswahrscheinlichkeiten gilt* $C_G = \overline{C}_G = C$.

Schärfer konnte Drygas (1965) zeigen:

Satz 12.5. *Für Kanäle mit translationsinvarianten Übergangswahrscheinlichkeiten gilt* $C_L = \overline{C}_L = C$.

Offensichtlich folgt aus diesem Satz das Resultat von Dobruschin.

Definition 12.16. Eine stochastische Matrix $(w(j \mid i), \mid i, j = 0, \ldots, q-1)$ heißt *q-adisch-ε-symmetrisch* $(q > 1)$ genau dann, wenn

$$w(j \mid i) = \begin{cases} 1 - \varepsilon \text{ für } i = j, \\ \dfrac{\varepsilon}{q-1} \text{ für } i \neq j \end{cases}$$

und alle $i, j \in \{0, 1, \ldots, q-1\}$ gilt. Dieser Begriff überträgt sich auf den durch $w(\cdot \mid \cdot)$ erzeugten endlichen diskreten gedächtnislosen Kanal.

Sei

$$R(\pi, w(\cdot \mid \cdot \mid s)) =_{\mathrm{Df}} H(\pi'(s)) - \sum_{i=1}^{q} \pi_i H(w(\cdot \mid \cdot \mid s)),$$

wobei $\pi = (\pi_1, \ldots, \pi_q)$ Wahrscheinlichkeitsverteilung und $\pi'(s) = \pi w(\cdot \mid \cdot \mid s)$ ist. Es gilt (Wolfowitz (1960)):

Satz 12.6. *Die Kapazität des q-adisch-ε-symmetrischen Kanals ist*

$$C = \max_{\pi} R(\pi, w(\cdot \mid \cdot)) = \log q + (1 - \varepsilon) \log (1 - \varepsilon) + \log \frac{\varepsilon}{q-1}.$$

Für den Verbundkanal $K^{(n)}$ *gilt* $C = \max\limits_{\pi} \inf\limits_{s \in S} R(\pi, w(\cdot \mid \cdot \mid s))$.

Ahlswede (1968) zeigte

Satz 12.7. *Es sei* $\sigma(s) > 0$ *für alle* $s \in S$. *Dann gilt für den gemittelten diskreten Kanal* $C = \max\limits_{\pi} \inf\limits_{s \in S} R(\pi, w(\cdot \mid \cdot \mid s))$.

Satz 12.8. (Ahlswede (1971)). *Für jeden endlichen diskreten gedächtnislosen Kanal ist* $C_G^- = C_G^+ = C_G$. *Weiterhin gilt* $C_P^- = C_P^+ = C_P$. *Für den Verbundkanal* $K^{(n)} = \{k^{(n)}(\cdot \mid \cdot \mid s) \mid s \in S\}$ *gilt ebenfalls* $C_G^- = C_G^+ = C_G$.

Ohne Beschränkung der Allgemeinheit sei jetzt S die Menge der natürlichen Zahlen. Die Gruppencodekapazität des Verbundkanals $\{k^{(n)}(\cdot \mid \cdot \mid s) \mid s = 1, \ldots, m\}$ bzw. des entsprechenden gemittelten Kanals bezeichnen wir mit $C_G(m)$. Sei $\sigma(s) > 0$ für alle $s = 1, 2, \ldots$ Dann gilt $C_G^- = C_G^+ = C_G = \inf\limits_{m} C_G(m)$.

Die Kanalkapazität kann von einer günstigen Auswahl der zugrunde liegenden Körperstuktur abhängen. Mit einem * bezeichnen wir im folgenden die jeweilige Kanalkapazität, die man bei optimaler Auswahl der zugrunde liegenden Körperstruktur erhält.

Satz 12.9. (Ahlswede, Gemma (1971)). *Sei* $q = 2$, *und enthalte* $\{k^{(n)}(\cdot \mid \cdot \mid s) \mid s \in S\}$ *nur binäre symmetrische endliche gedächtnislose Kanäle.*

1. *Für den entsprechenden Verbundkanal gilt*

$$\overline{C}_G^* = \overline{C}_G = C = \max_{\pi} \inf_{s \in S} R(\pi, w(\cdot \mid \cdot \mid s)).$$

2. *Sei $\sigma(s) > 0$ für alle $s \in S$. Dann gilt für den gemittelten diskreten Kanal.*

$$\overline{C}_G^* = \overline{C}_G = C.$$

Schließlich zeigte Ahlswede (1971) (vgl. auch Gallager (1968))

Satz 12.10. *Sei $\pi^* = \left(\frac{1}{q}, \ldots, \frac{1}{q}\right)$. Für den durch $w(\cdot \mid \cdot)$ definierten endlichen diskreten gedächtnislosen Kanal gilt*

$$C_L^* \leqq C_{PL}^* \leqq R(\pi^*, w(\cdot \mid \cdot)).$$

Weiterhin gilt

$$\overline{C}_L^* \leqq \overline{C}_{PL}^* \leqq R(\pi^*, w(\cdot \mid \cdot)).$$

Da im allgemeinen $R(\pi^*, w(\cdot \mid \cdot))$ kleiner als $C = \max_{\pi} R(\pi, w(\cdot \mid \cdot))$ gilt, ist damit gezeigt, daß bereits durch Pseudo-Linearcodes die theoretischen Übertragungsmöglichkeiten des Kanals nicht in allen Fällen ausgeschöpft werden können.

Literatur

Literatur zu Teil I

Aczél, J., and Z. Daróczy (1975): On Measures of Information and Their Characterizations. Academic Press, New York 1975.

Adler, R. L.: Ergodic and mixing properties of infinite memory channels. Proc. Amer. Math. Soc. **12** (1961) 5, 924–930.

Adler, R. L., A. G. Konheim, and M. H. McAndrew (1965): Topological entropy. Trans. Amer. Math. Soc. **114** (1965), 309–319.

Aggarwal, N. L., Y. Cesari et C. F. Picard (1972): Propriétés de branchement liées aux questionnaires de Campbell et à l'information de Rényi. C. R. Acad. Sci. Paris, Sér. A **275** (1972), 437–440.

Ahlswede, R. (1968): Beiträge zur Shannonschen Informationstheorie im Falle nichtstationärer Kanäle. Z. Wth. **10** (1968), 1–42.

Ahlswede, R. (1971): Group codes do not achieve Shannon's channel capacity for general discrete channels. Ann. Math. Stat. **42** (1971) 1, 224–240.

Ball, A. H., and L. J. Cummings (1976): Extremal digraphs and comma-free codes. Ars Combinatoria **1** (1976), 239–251.

Banerji, R. B. (1964): An extension of the Kraft inequality. IT-**10** (1964), 387–388.

Baranyai, Z. (1974): On the optimality of a simple prefix code. Acta Math. Acad. Sci. Hung. **25** (1974), 443–448.

Bar-Hillel, Y., and R. Carnap (1953): Semantic information. Brit. J. Philos. of Sci. **4** (1953) 14, 147–157.

Bauer, H. (1974): Wahrscheinlichkeitstheorie und Grundzüge der Maßtheorie. 2. Aufl., Walter de Gruyter, Berlin 1974.

Behara, M., and P. Nath (1973): Additive and non-additive entropies of finite measurable partitions. In: Behara, M., et al. (eds.): Probability and Information Theory II. Lecture Notes in Math., vol. 296, Springer-Verlag, Berlin-Heidelberg-New York 1973, 102–138.

Belinskaja, R. M. (1973) – Белинская, Р. М.: Энтропия косого произведения. Известия высчи. учебн. Завед., Мат. **128** (1973) 1, 3–14.

Beliş, M., and S. Guiaşu (1968): A quantitative-qualitative measure of information in cybernetic systems. IT-**14** (1968), 593–594.

Berger, T. (1968): Rate distortion theory for sources with abstract alphabets and memory. Inform. Contr. **13** (1968), 254–273.

Berger, T. (1971): Rate Distortion Theory – A Mathematical Basis for Data Compression. Prentice-Hall, Englewood Cliffs (New Jersey) 1971.

Besicovitch, A. S. (1935): On the sum of digits of real numbers represented in the dyadic system. Math. Ann. **110** (1935), 321–330.

Billingsley, P. (1960): Hausdorff-dimension in probability theory. I, II. Illinois J. Math. **4** (1960), 187–209; **5** (1961), 291–298.

Billingsley, P. (1965): Ergodic Theory and Information. John Wiley, New York 1965.

Blackwell, D. (1962): Exponential error bounds for finite state channels. Proc. Fourth Berkeley Symp. Math. Stat. and Prob. 1960, 1, University of California Press, Berkeley (Calif.) 1962, 57–63.

Blackwell, D., L. Breiman, and A. J. Thomasian (1958): Proof of Shannon's transmission theorem for finite-state indecomposable channels. Ann. Math. Stat. **29** (1958) 3/4, 1209–1220.

BLACKWELL, D., L. BREIMAN, and A. J. THOMASIAN (1959): The capacity of a class of channels. Ann. Math. Stat. **30** (1959), 1229–1241.

BLAHUT, R. E. (1972): Computation of information measures. Ph. D. Diss., Cornell Univ., Ithaca (New York) 1972.

BONGARD, M. M. (1963): Über den Begriff der nützlichen Information. Probleme der Kybernetik 6, Akademie-Verlag, Berlin 1966, 91–130 (1963 russ.).

BORGES, R. (1967): Zur Herleitung der Shannonschen Information. Math. Z. **96** (1967), 282–287.

BOWEN, R. (1970): Topological entropy and axiom A. Proc. Symp. Pure Math. **14** (1970), 23–41.

BOWEN, R. (1971a): Entropy for group endomorphisms and homogeneous spaces. Trans. Amer. Math. Soc. **153** (1971), 401–413.

BOWEN, R. (1971b): Periodic points and measures for axiom-A-diffeomorphisms. Trans. Amer. Math. Soc. **154** (1971), 377–397.

BOWEN, R. (1972): Entropy-expansive maps. Trans. Amer. Math. Soc. **164** (1972), 323–333.

BOWEN, R. (1973): Topological entropy for noncompact sets. Trans. Amer. Math. Soc. **184** (1973), 125–136.

BOWEN, R. (1974): Some systems with unique equilibrium states. Math. Syst. Theory **8** (1974), 193–202.

BOWEN, R. (1975): Equilibrium States and the Ergodic Theory of Anosov Diffeomorphisms. Lecture Notes in Math., vol. 470, Springer-Verlag, Berlin-Heidelberg-New York 1975.

BOWEN, R. (1979): Entropy versus homology for certain diffeomorphisms (ersch. demnächst).

BREIMAN, L. (1957): The individual ergodic theorem of information theory. Ann. Math. Stat. **28** (1957), 809–811. Korrekturen: Ann. Math. Stat. **31** (1960), 809–810.

BREIMAN, L. (1960): Finite-state channels. Trans. 2nd Prague Conf. Inf. Theory, Statistical Decision Functions, and Random Processes, Prague 1960, 49–60.

CAMPBELL, L. L. (1965): A coding theorem and Rényi's entropy. Inform. Contr. **8** (1965), 423–429.

CAMPBELL, L. L. (1966): Definition of entropy by means of a coding problem. Z. Wth. **6** (1966), 113–118.

CARLSON, A. B. (1975): Communication Systems. 2nd ed., McGraw-Hill, New York 1975.

CAYLEY, A. (1857/59): On the theory of the analytical forms called trees. I, II. Philos. Magazine **13** (1857), 172–176; **18** (1859), 374–378.

CAYLEY, A. (1889): A theorem on trees. Quarterly J. of Pure and Appl. Math. **23** (1889), 376–378.

ČERNY, J. (1970): Approximation in the space of information channels. Inform. Contr. **16** (1970), 384–395.

CESARI, Y. (1968): Questionnaire, codage et tris. Centre Nat. de la Rech. Sci., Inst. Blaise Pascal. N°AMT/1.12.7.AII (Octobre 1968).

CHA, Y. B., and H. J. SHYR (1973): Some algebraic properties of prefix codes. Nanta Math. **6** (1973) 2, 60–64.

CHERNOFF, H. (1956): Large-sample theory: parametric case. Ann. Math. Stat. **27** (1956), 1–22.

CHERRY, C. (1967): Kommunikationsforschung – eine neue Wissenschaft. 2. Aufl., S. Fischer Verlag, Stuttgart 1967.

CHINTSCHIN, A. J. (1953): Der Begriff der Entropie in der Wahrscheinlichkeitsrechnung. In: Arbeiten zur Informationstheorie 1, VEB Deutscher Verlag der Wissenschaften, Berlin 1967, 7–25 (1953 russ.).

CHINTSCHIN, A. J. (1956): Über grundlegende Sätze der Informationstheorie. In: Arbeiten zur Informationstheorie 1, VEB Deutscher Verlag der Wissenschaften, Berlin 1963, 26–85 (1956 russ.).

CHORNEYKO, I. Z., and S. G. MOHANTY (1972): On the enumeration of pseudosearch codes. Stud. Sci. Math. Hung. **7** (1972), 47–54.

CHOU, C.-S. (1972): Φ-Pseudo-entropie du processus et régularité des martingales. C. R. Acad. Sci. Paris, Sér. A, **274** (1972), 104–107; 206–207; 263–266.

CHUNG, K. L. (1961): A note on the ergodic theorem of information theory. Ann. Math. Stat. **32** (1961), 612–614.

Colebrook, C. M. (1970): The Hausdorff dimension of certain sets of nonnormal numbers. Michigan Math. J. **17** (1970) 2, 103–116.

Conant, R. C. (1968): Channel capacity of Moore Automata. Inform. Control **12** (1968), 453–465.

Conner, W. M. (1970): The capacity and ambiguity of a transducer. Ann. Math. Stat. **41** (1970), 2093–2104.

Conze, J. P. (1972): Entropie d'un groupe abélien de transformations. Z. Wth. **25** (1972), 11–30.

Csiszár, I. (1967): On topological properties of f-divergences. Stud. Sci. Math. Hung. **2** (1967), 329–339.

Csiszár, I., and G. Longo (1971): On the error exponent for source coding and for testing simple statistical hvpotheses. Stud. Sci. Math. Hung. **6** (1971), 181–191.

Csiszár, I., and J. Körner (1981): Information Theory – Coding Theorems for Memoryless Systems. Academic Press (ersch. demnächst).

Cummings, L. J. (1977): Maximum comma-free codes as cosets of linear codes. Ars Combinatoria **3** (1977), 115–122.

Daróczy, Z. (1963): Über die gemeinsame Charakterisierung der zu den nicht vollständigen Verteilungen gehörigen Entropien von Shannon und von Rényi. Z. Wth. **1** (1963), 381–388.

Daróczy, Z. (1969): On the Shannon measure of information. Magyar Tud. Akad. Fiz. Oszt. Közl. **19** (1969), 9–24.

Daróczy, Z., und I. Katai (1970): Additive zahlentheoretische Funktionen und das Maß der Information. Ann. Univ. Sci. Budapest Eötvös Sect. Math. **13** (1970), 83–88.

Davisson, L. D. (1973): Universal noiseless coding. IT-**19** (1973), 783–795.

Denker, M. (1972): Une démonstration nouvelle du théorème de Goodwyn. C. R. Acad. Sci. Paris, Sér. A, **275** (1972), 735–738.

Denker, M. (1979): Measures with maximal entropy. In: Journées Ergodiques. Lecture Notes in Math., vol. 729, Springer-Verlag, Berlin-Heidelberg-New York 1979.

Denker, M., C. Grillenberger, and K. Sigmund (1976): Ergodic Theory on Compact Spaces. Springer-Verlag, Berlin-Heidelberg-New York 1976.

Diderrich, G. T. (1975a): The role of boundedness in characterizing Shannon entropy. Inform. Control **29** (1975), 149–161.

Diderrich, G. T. (1975b): Local boundedness and the Shannon entropy. Rep. Univ. Waterloo, Dept. Pure Math., Ontario 1975.

Dinaburg, E. I. (1970) – Динабург, Е. И.: Соотношение между топологической энтропией и метрической энтропией. Докл. Акад. Наук СССР **190** (1970) 1, 19–22.

Dobruschin, R. L. (1959) – Добрушин, Р. Л.: Общая формулировка основной теоремы Шеннона в теории информации. Успехи Мат. Наук **14** (**90**) (1959), 3–104.

Dowker, Y. N. (1950): A new proof of the general ergodic theorem. Acta Sci. Math., Szeged, B **12** (1950), 162–166.

Dutta, M., and M. Sen (1967): On application of information theoretic notions in the theory of numbers. Proc. Nat. Inst. Sci. India **33** (1967) 1/2, 66–73.

Dym, H. (1968): On a class of monotone functions generated by ergodic sequences. Amer. Math. Monthly **75** (1968), 594–601.

Eastman, W. L. (1965): On the construction of comma-free codes. IT-**11** (1965), 263–267.

Eggleston, H. G. (1949): The fractional dimension of a set defined by decimal properties. Quart. J. Math. Oxford **20** (1949), 31–36.

Eggleston, H. G. (1952): Sets of fractional dimension which occur in some problems of number theory. Proc. London Math. Soc. **54** (1952), 42–93.

Einstein, A. (1905): Über einen die Erzeugung und Verwandlung des Lichts betreffenden heuristischen Gesichtspunkt. Neudruck in: ter Haar, D.: Quantentheorie. 2. Aufl., Akademie-Verlag, Berlin 1970, 118–132.

Faddejew, D. K. (1956) – Фаддеев, Д. К.: К понятию энтропии конечной вероятностной схемы. Успехи Мат. Наук **11** (1956) 1, 227–231.

Fano, R. M. (1963): Transmission of Information. MIT Press and John Wiley, New York 1961.

FEINSTEIN, A. (1958): Foundations of Information Theory. McGraw-Hill, New York 1958.

FEY, P. (1968): Informationstheorie. 3. ber. Aufl., Akademie-Verlag, Berlin 1968.

FISCHER, R. (1973): Mischungsgeschwindigkeit für Ziffernentwicklungen nach reellen Matrizen. Acta Arithmetica **23** (1973), 5–12.

FISCHER, T. R. M. (1976): Über Verallgemeinerungen der Bongard-Entropie und Kodierungssätze für Quellen mit unbekanntem statistischem Verhalten. EIK **13** (1977), 125–135.

FRITZ, J. (1970): Generalization of McMillan's theorem to random set functions. Stud. Sci. Math. Hung. **5** (1970), 369–394.

GALLAGER, R. G. (1965): A simple derivation of the coding theorem and some applications. IT-**11** (1965), 3–18.

GALLAGER, R. G. (1968): Information Theory and Reliable Communication. John Wiley, New York 1968.

GANTMACHER, F. R. (1959): Matrizenrechnung I, II. VEB Deutscher Verlag der Wissenschaften, Berlin 1958, 1959.

GAWURIN, M. K. (1969) – ГАВУРИН, М. К.: О планировании разведочных опытов. Кибернетика **5** (1969) 5, 90–94.

GEÇKINLI, N. C. (1975): Two corollaries to the Huffman coding procedure. IT-**21** (1975), 342–344.

GILBERT, E. N. (1971): Codes based on inaccurate source probabilities. IT-**17** (1971), 304–314.

GOBLICK, T. J. (1962): Coding for a discrete information source with a distortion measure. Ph. D. Diss., Dept. Elec. Eng., MIT Cambridge (Mass.) 1962.

GOLOMB, S. (1961): Efficient coding for the desoxyribonucleic channel. Proc. Symp. Appl. Math., Math. Probl. in the Biol. Sci., Amer. Math. Soc. **14** (1961), 87–100.

GOLOMB, S. W., B. GORDON, and L. R. WELCH (1958): Comma-free codes. Canad. J. Math. **10** (1958), 202–209.

GOODMAN, T. N. T. (1971): Relating topological entropy with measure theoretic entropy. Bull. London Math. Soc. **3** (1971), 176–180.

GOODMAN, T. N. T. (1972): Maximal measures for expansive homeomorphisms. J. London Math. Soc. (2) **5** (1972), 439–444.

GOODWYN, L. (1969): Topological entropy bounds measure theoretic entropy. Proc. Amer. Math. Soc. **23** (1969), 679–688.

GOODWYN, L. (1970): A characterization of symbolic cascades in terms of expansiveness and entropy. Math. Syst. Theory **4** (1970), 157–159.

GOODWYN, L. (1971): The product theorem for topological entropy. Trans. Amer. Math. Soc. **158** (1971), 445–452.

GOODWYN, L. (1972): Comparing topological entropy with measure theoretic entropy. Amer. J. Math. **94** (1972), 366–388.

GOTTSCHALK, W.H., and G. HEDLUND (1955): Topological Dynamics. Amer. Math. Coll. Publ. **36** (1955).

GRAY, R. M., and L. D. DAVISSON (1974): Source coding theorems without the ergodic assumption. IT-**20** (1974), 502–516.

GRAY, R. M., D. L. NEUHOFF, and P. C. SHIELDS (1975): A generalization of Ornstein's $\bar{d}$ distance with applications to information theory. Ann. Prob. **3** (1975), 315–328.

GRAY, R. M., and D. S. ORNSTEIN (1978): Block coding for discrete stationary $\bar{d}$-continuous noisy channels. (Fourth draft) Univ. of California, Sept. 1978.

GRILLENBERGER, C. (1980): Ensembles minimaux sans mesure d'entropie maximale. Monatsh. für Math. (ersch. demnächst).

GUIAŞU, S. (1967): Informational model for the learning theory. Proc. Coll. Inform. Theory, Debrecen 1967, 219–241.

GUIAŞU, S. (1971): Weighted entropy. Rep. Math. Phys. **2** (1971), 165–179.

GUREWITSCH, B. M. (1969): Topological entropy of a countable Markov chain. Dokl. Akad. Nauk SSSR **187** (1969) 4, 4–7.

HARARY, F. (1960): Unsolved problems in the enumeration of graphs. Publ. Math. Inst. Hung. Acad. Sci. **5** (1960), 63–95.

HARARY, F. (1967): Graphical Enumeration Problems. In: F. HARARY (ed.): Graph Theory and Theoretical Physics. Academic Press, New York-London 1967, 1–41.

HARARY, F., and E. M. PALMER (1973): Graphical Enumeration. Academic Press, New York-London 1973.

HARDY, G. H., and E. M. WRIGHT (1960): Introduction to the Theory of Numbers. 4th ed., Oxford University Press, London 1960.

HENDRIX, J. (1971): All along the tower of Hanoi problem. IT-**17** (1971), 315–326.

HINTIKKA, J., and P. SUPPES (1970): Information and Inference. Reidel, Dordrecht 1970.

HUFFMAN, D. A. (1952): A method for the construction of minimum redundancy codes. Proc. of the IRE **40** (1952), 1098–1101.

HUNG, N.-T. (1972): Measures d'information, capacités positives et sous-mesures. C. R. Acad. Sci. Paris, Sér. A, **275** (1972), 441–443.

HUREWICZ, W. (1944): Ergodic theorem without invariant measure. Ann. Math. **45** (1944), 192–206.

INGARDEN, R. S. (1963): A simplified axiomatic definition of information. Bull. Acad. Polon. Sci., Ser. Sci. Math. Astr. Phys., **11** (1963), 209–212.

INGARDEN, R. S. (1964): Information theory and the thermodynamics of light. Fortschritte der Physik **12** (1964), 567–594.

INGARDEN, R. S. (1965): Simplified axiomatics for information without probability. Prace Mat. **9** (1965), 273–282.

INGARDEN, R. S., and K. URBANIK (1962): Information without probability. Coll. Math. **9** (1962), 1–12.

IONESCU-TULCEA, A. (1961): Contributions to information theory for abstract alphabets. Ark. för Mat. **4** (1961), 235–247.

IOSIFESCU, M., and R. THEODORESCU (1969): Random Processes and Learning. Springer-Verlag, Berlin-Heidelberg-New York 1969.

JACOBS, I. M., and E. R. BERLEKAMP (1967): A lower bound to the distribution of computation for sequential decoding. IT-**13** (1967), 167–195.

JACOBS, K. (1959): Die Übertragung diskreter Informationen durch periodische und fastperiodische Kanäle. Math. Ann. **137** (1959), 125–135.

JACOBS, K. (1960): Neuere Methoden und Ergebnisse der Ergodentheorie. Springer-Verlag, Berlin-Göttingen-Heidelberg 1960.

JACOBS, K. (1962): Über die Struktur der mittleren Entropie. Math. Z. **78** (1962), 33–43.

JACOBS, K. (1962/63): Lecture Notes on Ergodic Theory. Aarhus Univ., Matematisk Institut 1962/63.

JACOBS, K. (1965): Einige neuere Ergebnisse der Ergodentheorie. Jahresber. der Deutsch. Math.-Vereinigung 1965.

JACOBS, K. (1974): Recent developments in ergodic theory. 1974 European Meeting of Statisticians and Seventh Prague Conf. on Inform. Theory, Statistical Decision Functions, and Random Processes, vol. A, Prague 1977, 283–308.

JACOBS, K. (1976): Some recent results in ergodic theory. 4th Int. Symp. Inform. Theory, Repino 1976.

JELINEK, F. (1968): Probabilistic Information Theory. McGraw-Hill, New York 1958.

KATONA, G. O. H., and T. O. H. NEMETZ (1980): Huffman-codes and Fibonacci-numbers.IT (ersch. demnächst).

KAWADA, Y. (1943): Über die maßtreuen Abbildungen in Produkträumen. Proc. of the Imperial Academy of Tokyo **19** (1943), 525–527.

KAMPÉ DE FERIET, J., et B. FORTE (1967): Information et probabilité. C. R. Acad. Sci. Paris **265** (1967), 110–114; 142–146; 350–353.

KAMPÉ DE FERIET, J., et N.-T. HUNG (1973): Mesure de l'information, temps d'entrée et dimension de Hausdorff. C. R. Acad. Sci. Paris, Sér. A, **276** (1973), 807–811.

KAMPÉ DE FERIET, J., et C. PICARD (1974): Théories de l'Information. Lecture Notes in Math. 398, Springer-Verlag, Berlin-Heidelberg-New York 1974.

Kannappan, P., and P. N. Rathie (1973): An axiomatic characterization of generalized directed-divergence. Kybernetika 9 (1973), 330–337.

Katznelson, Y., and B. Weiss (1972): Commuting measure-preserving transformations. Israel J. Math. 12 (1972), 161–173.

Kendall, D. G. (1963): Functional equations in information theory. Z. Wth. 2 (1963), 225–229.

Kerridge, D. F. (1961): Inaccuracy and inference. J. Royal Stat. Soc., Ser. B 23 (1961), 184–194.

Kieffer, J. C. (1973): A counterexample to Perez's generalization of the Shannon-McMillan theorem. Ann. Prob. 1 (1973), 362–364.

Kieffer, J. C. (1974): A general formula for the capacity of stationary nonanticipatory channels. Inform. Control 26 (1974), 381–391.

Kieffer, J. C. (1976): Correction to "A counterexample to Perez's generalization of the Shannon-McMillan theorem". Ann. Prob. 4 (1976), 153–154.

Kinney, J. R. (1958): Singular functions associated with Markov chains. Proc. Amer. Math. Soc. 9 (1958), 603–608.

Kinney, J. R., and T. S. Pitcher (1966): The dimension of some sets defined in terms of f-expansions. Z. Wth. 4 (1966), 293–315.

Kislizyn, S. S. (1962) – Кислицын, С. С.: Средняя длина двоичного кода с минимальной избыточностью в случае, когда вероятности кодируемых символов близки друг к другу. Теория Вер. Прим. 7 (1962) 3, 342–343.

Kislizyn, S. S. (1965) – Кислицын, С. С.: О средней длине кода Хаффмана. Усп. Мат. Наук 20 (1965) 6, 105–109.

Körner, J. (1971): Coding of an information source having ambiguous alphabet and the entropy of graphs. Trans. Sixth Prague Conf. Inform. Theory, Statistical Decision Functions, and Random Processes, Prague 1973, 411–426.

Körner, J., and G. Longo (1973): Two-step encoding for finite sources. IT-19 (1973), 778–781.

Kolmogorow, A. N., und W. M. Tichomirow (1959) – Колмогоров, А. Н., и В. М. Тихомиров: ε-энтропия и ε-емкость множеств в функциональных пространствах. Успехи Мат. Наук 14 (86) (1959), 3–83.

Kornfeld, I. P. (1972) – Корнфелд, И. П.: О инвариантных мерах минимальных динамических системов. Сов. Мат. Докл. 13 (1972), 87–90.

Krieger, W. (1970): On entropy and generators of measure-preserving transformations. Trans. Amer. Math. Soc. 149 (1970), 453–464.

Krieger, W. (1974): On the uniqueness of the equilibrium state. Math. Syst. Theory 8 (1974), 97–104.

Kritschewski, R. E. (1966) – Кричевский, Р. Е.: Длина блока, необходимая для получення заданной избыточности. Докл. Акад. Наук 171 (1966) 1, 37–40.

Kryloff, N., et N. Bogoljuboff (1937): La théorie générale de la mesure dans son application à l'etude des systèmes dynamiques de la mécanique non linéaire. Ann. Math. 38 (1937), 65–113.

Kullback, S. (1959): Information Theory and Statistics. John Wiley, New York 1959.

Kuschnirenko, G. (1967): Upper bound of the entropy of a classical dynamical system. Dokl. Akad. Nauk SSSR 22 (1967), 57–59.

Langrand, C. (1972): Construction de $\mathfrak{m}$-précapacités. C. R. Acad. Sci. Paris 275 (1972), 1243–1246.

Lee, P. M. (1964): On the axioms of information theory. Ann. Math. Stat. 35 (1964), 415–418.

Liese, F. (1972): Zur Anwendung der Informationstheorie beim Beweis von Grenzwertsätzen der Wahrscheinlichkeitstheorie. Math. Operationsforsch. und Stat. 3 (1972), 113–128.

Markow, Al. A. (1965): Nicht rekurrente Codierungen. Probleme der Kybernetik 8, Akademie-Verlag, Berlin 1965, 154–175.

Marton, K. (1976): Error exponent for coding of weakly dependent sources with a fidelity criterion. (unveröff.).

McMillan, B. (1953): The basic theorems of information theory. Ann. Math. Stat. 24 (1953), 196–219.

McMillan, B. (1956): Two inequalities implied by unique decipherability. IRE IT-2 (1956) 4, 115–116.

MEYER-EPPLER, W. (1970): Grundlagen und Anwendungen der Informationstheorie. 2. Aufl., Springer-Verlag, Berlin-Heidelberg-New York 1970.

MISIUREWICZ, M. (1970): On expanding maps of compact manifolds and local homeomorphisms of a circle. Bull. Acad. Polon. Sci. **18** (1970), 725–732.

MISIUREWICZ, M. (1971): On non-continuity of topological entropy. Bull. Acad. Polon. Sci. **19** (1971), 319–320.

MISIUREWICZ, M. (1977): A short proof of the variational principle for a Z_+^N action on a compact space. Preprint 1977.

MISIUREWICZ, M. (1979): Topological conditional entropy. Studia Math. (ersch. demnächst).

MORRIS, C. W. (1938): Foundations of the Theory of Signs. International Encyclopedia of Unified Science 1, part 2, Chicago 1938.

NAKAMURA, Y. (1969): A measure-theoretic construction for information theory. Kōdai Math. Sem Rep. **21** (1969), 133–150.

NAKAMURA, Y. (1970): A non-ergodic compound source with a mixing input source and an Adler-ergodic channel. Kōdai Math. Sem. Rep. **22** (1970), 159–165.

NAKAMURA, Y. (1973): On the channel capacity of a state machine. Proc. Japan Acad., Math. Papers **49** (1973), 420–424.

NEUHOFF, D. L., R. M. GRAY, and L. DAVISSON (1975): Fixed rate universal source coding with a fidelity criterion. IT-**21** (1975), 511–523.

v. NEUMANN, J. (1932): Zur Operatorenmethode in der klassischen Mechanik. Ann. Math. **33** (1932), 587–642, 789–791.

v. NEUMANN, J., und O. MORGENSTERN (1961): Spieltheorie und optimales Verhalten. Würzburg 1961.

NIVAT, M. (1966): Éléments de la théorie générale des codes. In: CAIANILLO, E. R. (ed.): Automata Theory. Academic Press, New York 1966, 278–294.

OMURA, J. K. (1973): A coding theorem for discrete-time sources. IT-**19** (1973), 490–498.

ORNSTEIN, D. S. (1974): Ergodic Theory, Randomness, and Dynamical Systems. Yale University Press, New Haven (Conn.) 1974.

OXTOBY, J. C. (1952): Ergodic sets. Bull. Amer. Math. Soc. **58** (1952), 116–136.

PARRY, W. (1963): On the ergodic theorem of information theory without invariant measure. Proc. London Math. Soc. III **13** (1963), 605–612.

PARRY, W. (1964): Intrinsic Markov chains. Trans. Amer. Math. Soc. **112** (1964), 55–66.

PARRY, W. (1966): Symbolic dynamics and transformations of the unit interval. Trans. Amer. Math. Soc. **122** (1966), 368–378.

PARTHASARATHY, K. R. (1961a): On the integral representation of the rate of transmission of a stationary channel. Ill. J. Math. **5** (1961), 299–305.

PARTHASARATHY, K. R. (1961b): On the category of ergodic measures. Ill. J. Math. **5** (1961), 648–656.

PARTHASARATHY, K. R. (1967): Probability Measures on Metric Spaces. Academic Press, New York 1967.

PERROT, J. F. (1969): Endliche Automaten und Prefixcodes. Tagungsber. Math. Forsch. Inst. Oberwolfach, Bibliographisches Institut, Mannheim 1969.

PERROT, J. F. (1970): On the relationship between finite automata, finite monoids, and prefix codes. Sec. Annual ACM Symp. on Theory of Computing 1970, 217–220.

PEREZ, A. (1966): Extensions of Shannon-McMillan's limit theorem to more general stochastic processes. Trans. Third Prague Conf. on Inform. Theory, Statistical Decision Functions, and Random Processes 1962, Prague 1964, 545–574.

PEREZ, A. (1974): Some precisions and applications of the Shannon-McMillan limit theorem for pairs of random processes. Seventh Prague Conf. Information Theory, Statistical Decision Functions, and Random Processes 1974, Prague 1977.

PFAFFELHUBER, E. (1971): Channels with asymptotically decreasing memory and anticipation. IT-**17** (1971), 379–385.

PFAFFELHUBER, E. (1972): Learning and information theory. Int. J. Neuroscience **3** (1972), 83–88.

PICARD, C. F. (1972): Graphes et Questionnaires. I, II. Gauthier-Villars, Paris 1972.

PICARD, C. F. (1973): Theorie der Fragebogen. Akademie-Verlag, Berlin 1973.

PÖTSCHKE, D. (1970): Zum pragmatischen Entropiebegriff. Dipl.-Arbeit, Sekt. Math., Humboldt-Univ. zu Berlin 1970.

PÖTSCHKE, D. (1973): Ein Beweis für den 1. und 2. Shannonschen Satz für unabhängige, nicht notwendig identisch verteilte Quellen und Kanäle (unveröffentlicht).

PÖTSCHKE, D. (1974a): A statistical interpretation of the B-rate of information theory. Trans. 1974 European Meeting of Statisticians and of the Seventh Prague Conf. on Inform. Theory, Statistical Decision Functions, and Random Processes, vol. A, Prague 1977, 409–418.

PÖTSCHKE, D. (1974b): Zur Anwendung der von Neumannschen Dekompositionsmethode in der Informationsmethorie. Wiss. Haupttagung der Math. Gesellschaft, Halle, Mai 1974.

PÖTSCHKE, D. (1975): Klassische und nichtklassische Entropiebegriffe als Kompliziertheitsmaße. In: Kompliziertheit von Lern- und Erkennungsprozessen. Hrsg. Sekt. Math., Friedr.-Schiller-Univ. Jena 1975, 115–133.

PÖTSCHKE, D. (1977a): Untersuchungen zu einigen Erweiterungen der Shannonschen Informationstheorie. Diss., Akad. Wiss., Forschungsbereich Mathematik/Kybernetik, Berlin 1977.

PÖTSCHKE, D. (1977b): On the classical approach to the Shannon transmission problem. In: CSISZÁR, I., and P. ELIAS (eds.): Topics in Information Theory. North Holland, Amsterdam 1977, 527–538.

PÖTSCHKE, D. (1977c): Konstruktions- und Abzählungsprobleme längenvariabler Codes und entsprechender Suchalgorithmen. Sem. Codierungstheorie und Theorie der Suchalgorithmen, TU Dresden, Weißig 1977.

PÖTSCHKE, D. (1977d): Asymptotische Abschätzungen in der Theorie der statistischen Tests mit Methoden der diskreten Informationstheorie. Mitt. Math. Ges. DDR (1977) 2/3, 67–68.

PÖTSCHKE, D. (1978a): Über die mittlere Länge und die Anzahl optimaler regulärer Suchcodes. Rostocker Math. Koll. **12** (1979), 113–120.

PÖTSCHKE, D. (1978b): On the termination property of a generalized Sequential Probability Ratio Test (S.P.R.T.) proved by means of information theory. Eighth Prague Conference on Information Theory, Statistical Decision Functions, and Random Processes, Prague, August 1978.

PURSLEY, M. B., and L. D. DAVISSON (1980): Variable rate coding for nonergodic sources and classes of ergodic sources subject to a fidelity criterion. IT (ersch. demnächst).

REHME, S. (1958): On the saving pig coding problem. J. Pure Comb. **27** (1958), 8–20.

RÉNYI, A. (1959): On a theorem of P. Erdös and its application in information theory. Mathematica (Cluj) **1** (1959), 341–344.

RÉNYI, A. (1961): On measures of entropy and information. Proc. Fourth Berkeley Symp. Math. Stat. and Prob. 1960, 1, University of California Press, Berkeley (Calif.) 1961, 547–561.

RÉNYI, A. (1970): On the enumeration of search trees. Acta Math. Acad. Sci. Hung. **21** (1970), 27–33.

RÉNYI, A. (1973): Uniform flows in cascade graphs. In: BEHARA, M., et al. (eds.): Probability and Information Theory II. Lecture Notes in Math., vol. 296, Berlin-Heidelberg-New York 1973, 1–18.

ROBERTSON, J. B., and H. B. KEYNES (1969): Generators for topological entropy and expansiveness. Math. Syst. Theory **3** (1969), 51–59.

ROCHLIN, V. A. (1949): On the fundamental ideas of measure theory. Mat. Sb. **25** (67) (1949), 107–150 (engl. Übers.: Amer. Math. Soc. Transl. **71** (1952), 1–54).

RUELLE, D. (1973): Statistical mechanics on a compact set with Z^ν action satisfying expansiveness and specification. Trans. Amer. Math. Soc. **185** (1973), 237–251.

SAKRISON, D. J. (1969): The rate distortion function for a class of sources. Inform. Control **15** (1969), 165–195.

SALLANTIN, J. (1972): Systèmes de propositions et informations. C. R. Acad. Sci. Paris **274** (1972), 986–988.

SANDELIUS, M. (1961): On an optimal search procedure. Amer. Math. Monthly **68** (1961), 138–154.

SCHNEEWEISS, W. G.: Zufallsprozesse in dynamischen Systemen. Springer-Verlag, Berlin-Heidelberg-New York 1974.

SCHREJDER, JU. A. (1963) – ШРЕЙДЕР, Ю. А.: О количественных характеристиках семантической информации. Лингвистические Пробл. НТИ **10** (1963), 33–38.

SCHREJDER, JU. A. (1965) – ШРЕЙДЕР, Ю. А.: Об одной модели семантической теории информации. Пробл. Киб. **13** (1965), 233–240.

SCHÜTZENBERGER, M. P. (1954): Contribution aux applications statistiques de la théorie de l'information. Publ. Inst. Statist., Univ. Paris **3** (1954), 3–117.

ŠUJAN, Š. (1977): A generalized coding problem for discrete information sources. Kybernetika **13** (1977) Suppl., 1–95.

ŠUJAN, Š. (1978): On a characteristic property of the asymptotic rate. Kybernetika **14** (1978) 4, 285–291.

ŠUJAN, Š. (1980a): On the integral representation of the entropy rate. Stud. Sci. Math. Hung. (ersch. demnächst).

ŠUJAN, Š. (1980b): On the asymptotic *B*-rate. Stud. Sci. Math. Hung. (ersch. demnächst).

ŠUJAN, Š. (1980c): Epsilon-quantiles, epsilon-rates and source coding theorems. EIK. (ersch. demnächst).

SHANNON, C. E. (1948): A mathematical theory of communication. Bell. Syst. Techn. J. **27** (1948), 379–423; 623–658.

SHANNON, C. E. (1959): Coding theorems for a discrete source with a fidelity criterion. IRE Nat. Conv. Rec. (1959) **4**, 142–163. Auch in: MACHOL, R. E. (ed.): Information and Decision Processes. McGraw-Hill, New York 1960, 93–126.

SHANNON, C. E., R. G. GALLAGER, and E. R. BERLEKAMP (1967): Lower bounds to error probability for coding an discrete memoryless channel. I, II. Inform. Control **10** (1967), 65–103; 522–552.

SHANNON, C., and W. WEAVER (1976): Mathematische Grundlagen der Informationstheorie. Oldenburg Verlag, München-Wien 1976 (Übersetzung der Arbeit von 1948).

SHTILMAN, M. S. (1971): Number of invariant measures with maximal entropy for translations in the space of sequences. Mat. Zametki **9** (1971), 291–298.

SHYR, H. J. (1974): Some free submonoids of the free monoid of prefix codes. Rep. Dept. Math., Univ. Western Ontario, London (Canada) 1974.

SHYR, H. J., and G. THIERRIN (1974): Hypercodes. Inform. Control **24** (1974), 45–54.

SIGMUND, K. (1970): Generic properties of invariant measures for axiom-A-diffeomorphisms. Invent. Math. **11** (1970), 99–109.

SIGMUND, K. (1971): On the prevalence of zero entropy. Israel J. Math. **10** (1971), 281–288.

SMALE, S. (1967): Differentiable dynamical systems. Bull. Amer. Math. Soc. **73** (1967), 747–817.

SMORODINSKY, M. (1968): The capacity of a general noiseless channel and its connection with Hausdorff dimension. Proc. Amer. Math. Soc. **19** (1968), 1247–1254.

SMORODINSDY, M. (1971): Ergodic Theory, Entropy. Lecture Notes in Math., vol. 214. Springer-Verlag, Berlin-Heidelberg-New York 1971.

SOLODOW, A. W. (1972): Theorie der Informationsübertragung in automatischen Systemen. Akademie-Verlag, Berlin 1972.

STARKE, P. H. (1974): Abstract Automata. North Holland, Amsterdam 1974.

STIFFLER, J. J. (1965): Comma-free error-correcting codes. IT-**11** (1965), 107–112.

TAKANO, K. (1958): On the basis theorems of information theory. Ann. Inst. Stat. Math. **9** (1958), 53–77.

THOMASIAN, A. J. (1960): An elementary proof of the AEP of information theory. Ann. Math. Stat. **31** (1960), 452–456.

THOUVENOT, J.-P. (1972): Convergence en moyenne de l'information pour l'action de $\boldsymbol{Z}^2$. Z. Wth. **24** (1972), 135–137.

TVERBERG, H. (1958): A new derivation of the information function. Math. Scand. **6** (1958), 297–298.

ULAM, S. M., and J. v. NEUMANN (1945): Random ergodic theorems. Bull. Amer. Math. Soc. **51** (1945), 660–661.

UMEGAKI, H. (1968): Representations and extremal properties of averaging operators and their application to information channels. J. Math. Anal. Appl. **24** (1968), 41–73.

URBANIK, K. (1972): On the concept of information. Bull. Acad. Polon. Sci., Sér. Sci. Math. Astr. Phys. **20** (1972), 887–890.

URBANIK, K. (1973): On the definition of information. Rep. Math. Phys. **4** (1973), 289–301.

UTZ, W. R. (1950): Unstable homeomorphisms. Proc. Amer. Math. Soc. **1** (1950), 769–774.

WALTERS, P. (1973): A variational principle for the pressure of continuous transformations. Math. Inst. Univ. Warwick, Coventry 1973.

WATERMAN, M. S. (1970): Some ergodic properties of multidimensional F-expansions. Z. Wth. **16** (1970), 77–103.

WEISS, B. (1970): Intrinsically ergodic systems. Bull. Amer. Math. Soc. **76** (1970), 1266–1269.

WEISS, B. (1971): Topological transitivity and ergodic measures. Math. Syst. Theory **5** (1971), 71–75.

WEISS, B. (1973): Subshifts of finite type and sofic systems. Monatsh. Math. **77** (1973), 462–474.

WEISS, M. (1974): Restricted topological entropy and expanding mappings. Math. Syst. Theory **7** (1974), 318–322.

v. WEIZSÄCKER, E., und C. v. WEIZSÄCKER (1972): Wiederaufnahme der begrifflichen Frage; Was ist Information? Nova Acta Leopoldina NF **37**/1 (1972), 206, 535–556.

WINKELBAUER, K. (1970): On the asymptotic rate of non-ergodic information sources. Kybernetika **6** (1970), 127–148.

WINKELBAUER, K. (1971): On the coding theorem for decomposable discrete information channels. Kybernetika **7** (1971), 109–124; 230–255.

WINKELBAUER, K. (1972): On discrete channels decomposable into memoryless components. Kybernetika **8** (1972), 114–132.

WINKELBAUER, K. (1973): On the capacity of decomposable channels. Sixth Prague Conf. on Inform. Theory, Statistical Decision Functions, and Random Processes, Prague 1971 (1973), 903–914.

WOLFOWITZ, J. (1978): Coding Theorems of Information Theory. 3rd ed., Springer-Verlag, Berlin-Heidelberg-New York 1978.

YOSIDA, K. (1974): Functional Analysis. 4th ed., Springer-Verlag, Berlin-Heidelberg-New York 1974.

ZAREGRADSKI, I. P. (1958) – ЦАРЕГРАДСКИЙ, И. П.: Замечание о пропускной способности стационарного канала с конечной памятью. Теория вер. прим. **3** (1958) 1, 84–96.

ZIV, J. (1968): Necessary and sufficient conditions for the existence of the ε-property (A.E.P.). Inform. Control **12** (1968), 173–192.

ZIV, J. (1972): Coding of sources with unknown statistics. IT-**18** (1972), 384–394.

ZVÁROVÁ, J. (1973): On asymptotic behaviour of a sample estimator of Rényi's information of order α. Sixth Prague Conf. on Inform. Theory, Statistical Decision Functions, and Random Processes, Prague 1973, 919–924.

Literatur zu Teil II

ABRAMSON, N. (1970) – АБРАМСОН, Н.: Кодирование и декодирование группы циклических кодов. Пробл. Перед. Инф. **6** (1970) 2, 73–81.

AHLSWEDE, R. (1967): Certain results in coding theory for compound channels. In: RÉNYI, A. (ed.): Proc. Coll. Inform. Theory Debrecen 1967. János Bolyai Math. Soc., Budapest 1968, 35–60.

AHLSWEDE, R. (1968): The weak capacity of averaged channels. Z. Wth. **11** (1968), 61–73.

AHLSWEDE, R. (1971): Group codes do not achieve Shannon's channel capacity for general discrete channels. Ann. Math. Stat. **42** (1971), 224–240.

AHLSWEDE, R., and J. GEMMA (1971): Bounds on algebraic code capacities for noisy channels I, II. Inform. Control **19** (1971), 124–145; 146–158.

AHLSWEDE, R., and J. WOLFOWITZ (1969): The structure of capacity functions for compound channels. In: BEHARA, M., et al. (eds.): Probability and Information Theory. Lecture Notes in Math., vol. 89. Springer-Verlag, Berlin-Heidelberg-New York 1969, 12–54.

ALLARD, P. E., S. G. S. SHIVA, and S. E. TAVARES (1973): A note on the decomposition of cyclic codes into cyclic classes. Inform. Control **22** (1973), 100–106.

ALTER, R. (1968a): On the nonexistence of close-packed double Hamming-error-correcting codes on $q = 7$ symbols. J. Comp. Syst. Sci. **2** (1968), 169–176.

ALTER, R. (1968b): On the nonexistence of perfect double Hamming-error-correcting codes on $q = 8$ and $q = 9$ symbols. Inform. Control **13** (1968), 619–627.

ALTER, R. (1971): On a diophantine equation related to perfect codes. Math. Comp. **25** (1971), 621–624.

v. AMMON, U., und K. TRÖNDLE (1974): Mathematische Grundlagen der Codierung. Oldenbourg-Verlag, München-Wien 1974.

ANDERSON, D. R. (1968): A new class of cyclic codes. SIAM J. Appl. Math. **61** (1968), 181–197.

ASSMUS, E. F., Jr., and H. F. MATTSON, Jr. (1966): Perfect codes and the Mathieu groups. Archiv der Math. **17** (1966), 121–135.

ASSMUS, E. F., Jr., and H. F. MATTSON, Jr. (1967): A simple construction of the binary Golay code. Rep. AFCRL-67-0365 of the Applied Res. Lab. of Sylvania Electronic Systems, part IV 1967.

ASSMUS, E. F., Jr., and H. F. MATTSON, Jr. (1969a): Majority decoding of the (24, 12) binary Golay code. G. E. T. Sylvania, Rep. Contract F-19628-69-C-0068 1969.

ASSMUS, E. F., Jr., and H. F. MATTSON, Jr. (1969b): Algebraic theory of codes. II. Report AFCRL-69-0461 of the Applied Res. Lab. of Sylvania Electronic Systems 1969.

ASSMUS, E. F., Jr., and H. F. MATTSON, Jr. (1969c): New 5-designs. J. Combinat. Theory **6** (1969), 122–151.

ASSMUS, E. F., Jr., and H. F. MATTSON, Jr. (1974): Coding and combinatorics. SIAM Review **16** (1974), 349–388.

ASSMUS, E. F., Jr., and H. F. MATTSON, Jr. (1976): Some 3-error-correcting BCH codes have covering radius 5. IT-**22** (1976), 348–349.

ASTOLA, J. (1975): On the non-existence of certain perfect Lee-error-correcting codes. Ann. Univ. Turku,. Ser. A. I. **167** (1975).

BAMBAH, R. P., D. D. JOSHI, and I. S. LUTHAR (1961): Some lower bounds on the number of code points in a minimum distance binary code. Inform. Control **4** (1961), 313–323.

BANNAI, E. (1977): On perfect codes in the Hamming schemes $H(n, q)$ with q-arbitrary. J. Combinat. Theory (A) **23** (1977), 52–67.

BARROWS, J. T., Jr. (1966): A new method for constructing multiple error correcting linear residue codes. Coordinated Science Lab., Univ. of Illinois, Rep. R-277 1966.

BARSI, F., and P. MAESTRINI (1973): Error correcting properties of redundant residue number systems. IEEE Trans. Computers C-**22** (1973), 307–315.

BARSI, F., and P. MAESTRINI (1974): Error detection and correction by product codes in residue number systems. IEEE Trans. Computers C-**23** (1974), 915–924.

BARTOW, J. E. (1963a): A reduced upper bound on the error correction ability of codes. IT-**9** (1963), 46.

BARTOW, J. E. (1963b): An upper bound on the error correction ability of codes. IT-**9** (1963), 290.

BASSALYGO, L. A. (1965) – БАССАЛЫГО, Л. А.: Новые верхние границы для кодов, исправляющих ошибки. Пробл. Перед. Инф. **1** (1965) 4, 41–44.

BASSALYGO, L. A. (1973) – БАССАЛЫГО, Л. А.: Обобщение теоремы Ллойда на случай произвольного алфавита. Probl. Control and Inform. Theory **2** (1973), 133–137.

BASSALYGO, L. A. (1974) – БАССАЛЫГО, Л. А.: Необходимое условие существования совершенных кодов в метрике Ли. Матем. заметки **15** (1974), 313–320.

BASSALYGO, L. A., G. W. SAIZEW und W. A. SINOWJEW (1974) – БАССАЛЫГО, Л. А., Г. В. ЗАЙЦЕВ и В. А. ЗИНОВЬЕВ: О равномерно упакованных кодах. Пробл. Перед. Инф. **10** (1974) 1, 9–14.

BASSALYGO, L. A., W. A. SINOWJEW, W. K. LEONTJEW und N. I. FELDMAN (1975) – БАССАЛЫГО, Л. А., В. А. ЗИНОВЬЕВ, В. К. ЛЕОНТЬЕВ и Н. И. ФЕЛЬДМАН: Несуществование совершенных кодов для некоторых составных алфавитов. Пробл. Перед. Инф. **11** (1975) 3, 3–13.

BAUMERT, L. D., and R. J. MCELIECE (1972): Weights of irreducible cyclic codes. Inform. Control **20** (1972), 158–175.

BAUMERT, L. D., and R. J. MCELIECE (1973): A note on the Griesmer bound. IT-**19** (1973), 134–135.

BERGER, T., and J. A. VAN DER HORST (1976): Complete decoding of triple error-correcting binary BCH codes. IT-**22** (1976), 138–147.

BERLEKAMP, E. R. (1965): On decoding binary Bose-Chaudhuri-Hocquenghem codes. IT-**11** (1965), 577–580.

BERLEKAMP, E. R. (1968): Algebraic Coding Theory. McGraw-Hill, New York 1968.

BERLEKAMP, E. R. (1971): Coding theory and the Mathieu groups. Inform. Control **18** (1971), 40–64.

BERLEKAMP, E. R. (1972): Long primitive binary BCH codes have distance $d \sim 2n \ln R^{-1}/\log n \ldots$ IT-**18** (1972), 415–426.

BERLEKAMP, E. R. (1973): Goppa codes. IT-**19** (1973), 590–592.

BERLEKAMP, E. R., and J. JUSTESEN (1974): Some long cyclic linear binary codes are not so bad. IT-**20** (1974), 351–356.

BERLEKAMP, E. R., F. J. MACWILLIAMS, and N. J. A. SLOANE (1972): Gleason's theorem on self-dual codes. IT-**18** (1972), 409–414.

BERLEKAMP, E. R., and O. MORENO (1973): Extended double-error-correcting binary Goppa codes are cyclic. IT-**19** (1973), 817–818.

BERLEKAMP, E. R., J. H. VAN LINT, and J. J. SEIDEL (1973): A strongly regular graph derived from the perfect ternary Golay code. In: Bose Anniversary Volume. North Holland, Amsterdam 1973.

BERMAN, S. D. (1967) – БЕРМАН, С. Д.: Полупростые циклические и Абелевые коды. I, II. Кибернетика **3** (1967) 1, 31–39; 3, 21–30.

BEST, M. R., and A. E. BROUWER (1977): The triply shortened binary Hamming code is optimal. Discrete Math. **17** (1977), 235–245.

BHARGAVA, V. K., and J. M. STEIN (1975): (v, k, λ)-configurations and self-dual codes. Inform. Control **28** (1975), 352–355.

BHARGAVA, V. K., S. E. TAVARES, and S. G. S. SHIVA (1974): Difference sets of the Hadamard type and quasi-cyclic codes. Inform. Control **26** (1974), 341–350.

BIGGS, N. (1973): Perfect codes in graphs. J. Combinat. Theory (B) **15** (1973), 289–296.

BLAKE, I. F. (ed.) (1973): Algebraic Coding Theory: History and Development. Dowden, Hutchington & Ross, Stroudsburg (Pennsylvania) 1973.

BLAKE, I. F. (1975): On a generalization of the Pless symmetry codes. Inform. Control **27** (1975), 369–373.

BLAKE, I. F., and R. C. MULLIN (1975): The Mathematical Theory of Coding. Academic Press, New York–San Francisco–London 1975.

BLOCH, E. L. (1965) – Блох, Э. Л.: Исправление ошибок и стирании кодами Боуза-Чоудхури. Пробл. Перед. Инф. **1** (1965) 3, 12–19.

BOBROW, L. S., and B. M. FRANASZCUK (1973): On cyclic codes generated by graphs. Inform. Control **22** (1973), 296–301.

BOJARINOW, I. M. (1975) – БОЯРИНОВ, И. М.: Недвоичные арифметические коды с большим минимальным расстоянием. Пробл. Перед. Инф. **11** (1975) 1, 57–63.

BOJARINOW, I. M., und G. A. KABATJANSKI (1976) – БОЯРИНОВ, И. М., и Г. А. КАБАТЯНСКИЙ: Совершенные арифметические AN-коды исправляющие одиночные ошибки. Пробл. Перед. Инф. **12** (1976) 1, 16–23.

BORODIN, L. F. (1972): Einführung in die Theorie der störsicheren Kodierung. Geest & Portig, Leipzig 1972.

BOSE, R. C., and D. K. RAY-CHAUDHURI (1960a): On a class of error correcting binary group codes. Inform. Control **3** (1960), 68–79.

BOSE, R. C., and D. K. RAY-CHAUDHURI (1960b): Further results on error correcting binary group codes. Inform. Control **3** (1960), 279–290.

Bose, R. C., and S. S. Shrikhande (1959): A note on a result in the theory of code construction. Inform. Control **2** (1959), 183–194.

Brown, D. T. (1960): Error detecting and correcting binary codes for arithmetic operations. IRE Trans. Electron. Computers EC-**9** (1960), 333–337.

Burton, H. O. (1971): Inversionless decoding of binary BCH codes. IT-**17** (1971), 464–466.

Calabi, L., and E. Myrvaagnes (1964): On the minimal weight of binary group codes. IT-**10** (1964), 385–387.

Camion, P. (1970): Abelian codes. Inst. of Stat. Mimeo Ser. No. 600.32, Univ. of North Carolina, Chapel Hill 1970.

Chen, C. L., and S. Lin (1969): Further results on polynomial codes. Inform. Control **15** (1969), 38–60.

Chiang, A. C. L., and I. S. Reed (1972): Notes on the arithmetic *BN* modulo *A* codes. IEEE Trans. Computers C-**21** (1972), 891–894.

Chien, R. T. (1963): Linear codes for burst-error-correction in binary arithmetic and transmission. IEEE Nat. Conv. Rec. (1963) 4, 133–138.

Chien, R. T. (1964a): Linear residue codes for burst-error-correction. IT-**10** (1964), 127–133.

Chien, R. T. (1964b): Cyclic decoding procedures for Bose-Chaudhuri-Hocquenghem codes. IT-**10** (1964), 357–363.

Chien, R. T. (1966): On Golay's perfect codes and step by step decoding. IT-**12** (1966), 403–404.

Chien, R. T. (1972): A new proof of the BCH bound. IT-**18** (1972), 541.

Chien, R. T., and D. M. Choy (1975): Algebraic generalization of BCH-Goppa-Helgert codes. IT-**21** (1975), 70–79.

Chien, R. T., S. J. Hong, and F. P. Preparata (1971): Some results in the theory of arithmetic codes. Inform. Control **19** (1971), 246–264.

Clark, W. E., and J. J. Liang (1973): On arithmetic weight for a general radix representation of integers. IT-**19** (1973), 823–826.

Clark, W. E., and J. J. Liang (1974): On modular weight and cyclic nonandjacent forms for arithmetic codes. IT-**20** (1974), 767–770.

Cocke, J. (1959): Lossless symbol coding with nonprimes. IT-**5** (1959), 33–34.

Cohen, E. L. (1964): A note on perfect double error-correcting codes on *q* symbols. Inform. Control **7** (1964), 381–384.

Conway, J. H. (1968): A perfect group of order 8315553613086720000 and the sporadic simple groups. Proc. Nat. Acad. Sci. USA **61** (1968), 398–400.

Conway, J. H. (1969a): A characterization of Leech's lattice. Invent. Math. **7** (1969), 137–142.

Conway, J. H. (1969b): A group of order 8315553613086720000. Bull. London Math. Soc. **1** (1969), 79–88.

Conway, J. H. (1971): Three lectures on exceptional groups. In: Powell, M. B., and G. Higman (eds.): Finite Simple Groups. Academic Press, New York 1971, 215–247.

Cvetković, D. M., and J. H. van Lint (1977): An elementary proof of Lloyd's theorem. Proc. Kon. Ned. Akad. Wet. A **75** (1977), 6–10.

Dadajew, Ju. G. (1965) – Дадаев, Ю. Г.: Арифметические разделимые коды с исправлением независимых ошибок. Изв. Акад. Наук СССР Техн. Киберн. **6** (1965), 84–93.

Dadajew, Ju. G. (1966) – Дадаев, Ю. Г.: Арифметические коды с определением места ошибок. Пробл. Перед. Инф. **2** (1966) 2, 39–42.

Dadajew, Ju. G. (1967) – Дадаев, Ю. Г.: О структуре разделимых *AN*-кодов. Пробл. Перед. Инф. **3** (1967) 3, 3–7.

Dadajew, Ju. G. (1968) – Дадаев, Ю. Г.: Арифметические композиционные коды с исправлением ошибок. Пробл. Перед. Инф. **4** (1968) 2, 38–45.

Dadajew, Ju. G. (1970a) – Дадаев, Ю. Г.: К теории циклических арифметических кодов. Пробл. Перед. Инф. **6** (1970) 1, 45–51.

Dadajew, Ju. G. (1970b) – Дадаев, Ю. Г.: Циклическая структура *AN*-кодов. Пробл. Перед. Инф. **6** (1970) 4, 16–26.

DADAJEW, JU. G. (1974) – ДАДАЕВ, Ю. Г.: К задаче определения минимальных расстояний циклических AN-кодов. Пробл. Перед. Инф. **10** (1974) 1, 29–32.

DAVIDA, G. I., and J. W. COWLES (1975): A new error-locating polynomial for decoding of BCH codes. IT-**21** (1975), 235–236.

DELSARTE, P. (1970): Automorphisms of Abelian codes. Philips Res. Repts. **25** (1970), 389–403.

DELSARTE, P. (1971): Linear programming associated with coding theory. MBLE Res. Lab. Rep. R 182, Bruxelles 1971.

DELSARTE, P. (1972a): Weights of linear codes and strongly regular normed spaces. Discrete Math. **3** (1972), 47–64.

DELSARTE, P. (1972b): Bounds for unrestricted codes by linear programming. Philips Res. Repts. **27** (1972), 272–289.

DELSARTE, P. (1973a): Four fundamental parameters of a code and their combinatorial significance. Inform. Control **23** (1973), 407–438.

DELSARTE, P. (1973b): An algebraic approach to the association schemes of coding theory. Philips Res. Repts. Supplements **10** (1973).

DELSARTE, P. (1975): On subfield subcodes of modified Reed-Solomon codes. IT-**21** (1975), 575–576.

DELSARTE, P., and J. M. GOETHALS (1975): Unrestricted codes with the Golay parameters are unique. Discrete Math. **12** (1975), 211–224.

DEZA, M., and F. HOFFMAN (1977): Some results related to generalized Varshamov-Gilbert bounds. IT-**23** (1977), 517–518.

DIAMOND, J. M. (1955): Checking codes for digital computers. Proc. IRE **43** (1955), 487–488.

DMITRIJEW, O. F. (1967) – ДМИТРРИЕВ, О. Ф.: Об одном алгоритме исправления независимых ошибок циклическими кодами. Пробл. Перед. Инф. **3** (1967) 2, 102–104.

DOBRUSCHIN, R. L. (1963) – ДОБРУШИН, Р. Л.: Асимптотическая оптимальность групповых и систематических кодов для некоторых каналов. Теория Вер. Прим. **8** (1963) 1, 52–65.

DRYGAS, H. (1965): Verschlüsselungstheorie für symmetrische Kanäle. Z. Wth. **4** (1965), 121–143.

DWORK, B. M., and R. M. HELLER (1959): Results of a geometric approach to the theory and construction of non-binary, multiple error and failure correcting codes. IRE Nat. Conv. Rec. (1959) 4, 123–129.

DYNKIN, W. N., und B. N. KIMELFELD (1973) – ДЫНКИН, В. Н., и Б. Н. КИМЕЛЬФЕЛЬД: Построение недвоичных арифметических кодов, исправляющих одиночные ошибки. Пробл. Перед. Инф. **9** (1973) 1, 22–25.

DYNKIN, W. N., und W. A. TOGONIDSE (1974) – ДЫНКИН, В. Н., и В. А. ТОГОНИДЗЕ: О циклических кодах исправляющих многократные несимметричные ошибки. Сообщ. Акад. Наук Груз. ССР **73** (1974) 1, 33–35.

EDEN, M. (1959): A note on error detection in noisy logical computers. Inform. Control **2** (1959), 310–313.

ELIAS, P. (1955): Coding for noisy channels. IRE Conv. Rec. (1955) 4, 37–46.

ELIAS, P. (1958): Computation in the presence of noise. IBM J. Res. and Developm. **2** (1958), 346–353.

ENGELMAN, C. (1961): On close-packed double error-correcting codes on p symbols. IT-**7** (1961), 51–52.

FEY, P. (1968): Informationstheorie. 3., ber. Aufl., Akademie-Verlag, Berlin 1968.

FREIMAN, C. V. (1964): Upper bounds for fixed-weight codes of specified minimum distance. IT-**10** (1964), 246–248.

GABIDULIN, E. M. (1967) – ГАБИДУЛИН, Э. М.: Декодирование максимальных кодов. Труды III. конф. по теории передачи и кодирования информации. Москва – Ужгород, 1967.

GABIDULIN, E. M., und W. R. SIDORENKO (1976) – ГАБИДУЛИН, Э. М., и В. Р. СИДОРЕНКО: Об одной общей границе для объема кода. Пробл. Перед. Инф. **12** (1976) 4, 31–35.

GALLAGER, R. C. (1968): Information Theory and Reliable Communication. John Wiley, New York 1968.

GARCIA, O. N. (1969): Error codes for arithmetic and logical operations. Ph. D. Diss., Dept. of Electrical Engineering, Univ. of Maryland, College Park 1969.

GARCIA, O. N. (1971): Notes on arithmetic codes. Report TR-EGE-1-71, Dept. of Electrical and Electronic Systems, College of Engineering, Univ. of South Florida, Tampa (Florida) 1971.

GARCIA, O. N., and T. R. N. RAO (1968): On the methods of checking logical operations. Proc. Second Annual Princeton Conf. on Inform. Sciences and Systems, Princeton (N. J.) 1968, 89–95.

GARNER, H. L. (1959a): A ring model for the study of multiplication for complement codes. IRE Trans. Electronic Computers EC-8 (1959), 25–30.

GARNER, H. L. (1959b): The residue number system. IRE Trans. Electronic Computers EC-8 (1959), 140–147.

GILBERT, E. N. (1952): A comparison of signalling alphabets. Bell System Techn. J. **31** (1952), 504–522.

GLEASON, A. M. (1970): Weight polynomials of self-dual codes and the MacWilliams identities. Act. Congr. Int. Math. 1970, 3, Gauthier-Villars, Paris 1971, 211–215.

GOETHALS, J. M. (1966): Analysis of weight distribution in binary cyclic codes. IT-**12** (1966), 401.

GOETHALS, J. M. (1969): A polynomial approach to linear codes. Philips Res. Repts. **24** (1969), 145–159.

GOETHALS, J. M. (1971): On the Golay perfect binary code. J. Combinat. Theory **11** (1971), 178–186.

GOETHALS, J. M. (1973): Some combinatorial aspects of coding theory. In: SRIVASTAVA, J. N.; et al. (eds.): A Survey of Combinatorial Theory. North Holland, Amsterdam–London 1973, 189–208.

GOETHALS, J. M. (1974): Two dual families of nonlinear binary codes. Electronic Letters **10** (14th Nov. 1974), 23.

GOETHALS, J. M. (1976): Nonlinear codes defined by quadratic forms over GF(2). Inform. Control **31** (1976), 43–74.

GOETHALS, J. M., and J. J. SEIDEL (1970): Strongly regular graphs derived from combinatorial designs. Canad. J. Math. **22** (1970), 597–614.

GOETHALS, J. M., and S. L. SNOVER (1972): Nearly perfect binary codes. Discrete Math. **3** (1972), 65–88.

GOETHALS, J. M., and H. C. A. VAN TILBORG (1975): Uniformly packed codes. Philips Res. Repts. **30** (1975), 9–36.

GOLAY, M. J. E. (1949): Notes on digital coding. Proc. IRE **37** (1949), 657.

GOLAY, M. J. E. (1954): Binary coding. IRE Trans. Inform. Theory PGIT-**4** (1954), 23–28.

GOLAY, M. J. E. (1958): Notes on the penny-weighing problem, lossless symbol coding with nonprimes, etc. IT-**4** (1958), 103–109.

GOLOMB, S. W., and E. C. POSNER (1964): Rook domains, Latin squares, affine planes and error distributing codes. IT-**10** (1964), 196–208.

GOLOMB, S. W., and L. R. WELCH (1968): Algebraic coding and the Lee metric. In: MANN, H. B. (ed.): Error-Correcting Codes. John Wiley, New York 1968, 175–194.

GOPPA, W. D. (1970) – ГОППА, В. Д.: Новый класс линейных корректирующих кодов. Пробл. Перед. Инф. **6** (1970) 3, 24–30.

GOPPA, W. D. (1971) – ГОППА, В. Д.: Рациональное представление кодов и (L, g)-коды. Пробл. Перед. Инф. **7** (1971) 3, 41–49.

GOPPA, W. D. (1972) – ГОППА, В. Д.: Некоторые коды, построенные на базе (L, g)-кодов. Пробл. Перед. Инф. **8** (1972) 2, 107–109.

GOPPA, W. D. (1975) – ГОППА, В. Д.: О декодировании (L, g)-кодов. Докл. Акад. Наук СССР **222** (1975) 6, 1309–1310.

GOPPA, W. D. (1976) – ГОППА, В. Д.: Декодирование и диофантовы приближения. Probl. Control and Inform. Theory **5** (1976), 195–206.

GORENSTEIN, D., W. W. PETERSON, and N. T. ZIERLER (1960): Two-error correcting Bose-Chaudhuri codes are quasi-perfect. Inform. Control **3** (1960), 291–294.

GORENSTEIN, D., and N. ZIERLER (1961): A class of error-correcting codes in p^m symbols. J. SIAM **9** (1961), 207–214.

GOTO, M. (1975): A note on perfect decimal AN codes. Inform. Control **29** (1975), 385–387.

GOTO, M., and T. FUKUMURA (1968): The distance of arithmetic codes. Memoirs Faculty of Engineering, Nagoya Univ. **20** (1968), 474–482.

GOTO, M., and T. FUKUMURA (1973): Nonbinary *AN* codes with distance not less than five. IT-**19** (1973), 129–134.

GOTO, M., and T. FUKUMURA (1975): Perfect nonbinary *AN* codes with distance three. Inform. Control **27** (1975), 336–348.

GRAHAM, R. L., and F. J. MACWILLIAMS (1966): On the number of information symbols in difference-set cyclic codes. Bell System Techn. J. **45** (1966), 1057–1070.

GREY, L. D. (1962): Some bounds for error-correcting codes. IT-**8** (1962), 200–202.

GRIESMER, J. H. (1960): A bound for error-correcting codes. IBM J. Res. and Developm. **4** (1960), 532–542.

GRIZENKO, W. M. (1969) – Гриценко, В. М.: Недвоичные арифметические корректирующие коды. Пробл. Перед. Инф. **5** (1969) 4, 19–27.

GRIZENKO, W. M. (1974) – Гриценко, В. М.: Полуарифметические коды, исправляющие ошибки сумматора. Пробл. Перед. Инф. **10** (1974) 4, 30–39.

HALL, M., Jr. (1967): Combinatorial Theory. Blaisdell, Waltham (Mass.) 1967.

HAMMING, R. W. (1950): Error-detecting and error-correcting codes. Bell System Techn. J. **29** (1950), 147–160.

HAMMOND, P. (1976): Nearly perfect codes in distance-regular graphs. Discrete Math. **14** (1976), 41–56.

HARTMAN, W. F. (1970): Note on arithmetic codes and arithmetic distance. Technical Report EE-705, Dept. of Electrical Engineering, Univ. of Notre Dame (Indiana) 1970.

HARTMANN, C. R. P., and T.-Y. HWANG (1976): Some results on the weight structure of cyclic codes of composite length. IT-**22** (1976), 340–348.

HARTMANN, C. R. P., J. R. RIEK, Jr., and R. J. LONGOBARDI (1975): Weight distributions of some classes of binary cyclic codes. IT-**21** (1975), 345–351.

HARTMAN, C. R. P., and K. K. TZENG (1972a): Generalizations of the BCH bound. Inform. Control **20** (1972), 189–198.

HARTMAN, C. R. P., and K. K. TZENG (1972b): A bound for cyclic codes of composite length. IT-**18** (1972), 307.

HARTMANN, C. R. P., and K. K. TZENG (1972c): A bound for arithmetic codes of composite length. IT-**18** (1972), 308.

HARTMANN, C. R. P., and K. K. TZENG (1972d): A bound for cyclic codes and arithmetic codes of composite length. Proc. 5th Hawaii Conf. on Systems Sci. 1972. Western Periodicals Corp., North Hollywood (Calif.) 1972, 500–502.

HARTMANN, C. R. P., K. K. TZENG, and R. T. CHIEN (1972): Some results on the minimum distance structure of cyclic codes. IT-**18** (1972), 402–409.

HEDEN, O. (1974): Perfect codes in antipodal distance-transitive graphs. Math. Scand. **35** (1974), 29–37.

HEDEN, O. (1975a): A generalized Lloyd theorem and mixed perfect codes. Math. Scand. **37** (1975), 13–26.

HEDEN, O. (1975b): A new construction of group and nongroup perfect codes. Rep. 2, Mat. Institut., Stockholm Univ. 1975.

HELGERT, J. H. (1972): Noncyclic generalizations of BCH and Srivastava codes. Inform. Control **21** (1972), 280–290.

HELGERT, H. J. (1974): Alternant codes. Inform. Control **26** (1974), 369–380.

HELGERT, H. J. (1975): Binary primitive alternant codes. Inform. Control **27** (1975), 101–108.

HELGERT, H. J. (1977): Decoding of alternant codes. IT-**23** (1977), 513–514.

HELGERT, H. J., and R. D. STINAFF (1973): Minimum-distance bounds for binary linear codes. IT-**19** (1973), 344–356.

HENZE, E., und H. H. HOMUTH (1974): Einführung in die Codierungstheorie. Vieweg-Verlag, Braunschweig 1974.

HERZOG, M., and J. SCHONHEIM (1971): Linear and nonlinear single-error-correcting perfect mixed codes. Inform. Control **18** (1971), 364–368.

HOCQUENGHEM, A. (1959): Codes correcteurs d'erreurs. Chiffres **2** (1959), 147–156.

HSU, H. T. (1971): Some properties of cyclic codes. Int. J. Control **13** (1971), 473–478.

HWANG, T.-Y., and C. R. P. HARTMANN (1976): Some results on arithmetic codes of composite length. Rep. 5–76, School of Computer and Inform. Sci., Syracuse Univ., Syracuse (N. Y.) 1976.

JEROSCH, I. L., und S. L. JEROSCH (1967) – Ерош, И. Л., и С. Л. Ерош: Арифметические коды с исправлением многократных ошибок. Пробл. Перед. Инф. **3** (1967) 4, 72–80.

JOHNSON, S. M. (1962a): A new upper bound for error-correcting codes. IT-**8** (1962), 203–207.

JOHNSON, S. M. (1962b): On perfect error-correcting codes. Memorandum RM-3403-PR, Rand Corp., Santa Monica (Calif.) 1962.

JOHNSON, S. M. (1963): Improved asymptotic bounds for error-correcting codes. IT-**9** (1963), 198–205.

JOHNSON, S. M. (1971): On upper bounds for unrestricted binary error-correcting codes. IT-**17** (1971), 466–478.

JOHNSON, S. M. (1972): Upper bounds for constant weight error correcting codes. Discrete Math. **3** (1972), 109–124.

JOSHI, D. D. (1958): A note on upper bounds for minimum distance codes. Inform. Control **1** (1958), 289–295.

KALBFLEISCH, J. G., R. G. STANTON, and J. D. HORTON (1971): On covering sets and error-correcting codes. J. Combinat. Theory **11** (1971), 233–250.

KAMEDA, T., und K. WEIHRAUCH (1973): Einführung in die Codierungstheorie. I. Bibliographisches Institut, Mannheim–Wien–Zürich 1973.

KARLIN, M. (1969): New binary coding results by circulants. IT-**15** (1969), 81–92.

KASAHARA, M., Y. SUGIYAMA, S. HIRASAWA, and T. NAMEKAWA (1975): A new class of binary codes constructed on the basis of BCH codes. IT-**21** (1975), 582–585.

KASAMI, T. (1960): Systematic codes using binary shiftregister sequences. J. Inform. Processing Soc. Japan **1** (1960), 198–200.

KASAMI, T. (1967): Weight distributions of Bose-Chaudhuri-Hocquenghem-codes. In: BOSE, R. C., and T. A. DOWLING (eds.): Combinat. Math. and its Applications. Proc. Conf. Chapel Hill 1967, University of North Carolina Press, Chapel Hill (N. C.), 1969, 335–357.

KASAMI, T. (1968): Some lower bounds on the minimum weight of cyclic codes of composite length. IT-**14** (1968), 814–818.

KASAMI, T. (1974): Construction and decomposition of cyclic codes of composite length. IT-**20** (1974), 680–683.

KASAMI, T., S. LIN, and W. W. PETERSON (1967): On the minimum weights of BCH codes. J. Inst. Electr. Communication Eng. (Japan) **50** (1967), 1617–1622.

KASAMI, T., S. LIN, and W. W. PETERSON (1968): Polynomial codes. IT-**14** (1968), 807–814.

KASAMI, T., and N. TOKURA (1969): Some remarks on BCH bounds and minimum weights of binary primitive BCH codes. IT-**15** (1969), 408–413.

KIYASU, Z. (1953): Research and Development Data. No. 4. Electrical Communication Lab., Nippon Tele. Corp. Tokyo 1953.

KOLESNIK, W. D., und E. T. MIRONTSCHIKOW (1967) – Колесник, В. Л., и Е. Т. Мирончиков: Коды с исправлением ошибок при арифметических операциях. Пробл. Перед. Инф. **3** (1967) 4, 72–80.

KOLESNIK, W. D., und E. T. MIRONTSCHIKOW (1968) – Колесник, В. Д., и Е. Т. Мирончиков: Декодирование циклических кодов. Связь, Москва 1968.

KORSHIK, W. I. (1966) – Коржик, В. И.: Одна оценка $d_{\min}$ для циклических кодов. Пробл. Перед. Инф. **2** (1966) 2, 78.

LEE, C. Y. (1958): Some properties of nonbinary error-correcting codes. IT-**4** (1958), 77–82.

LEECH, J. (1964): Some sphere packings in higher space. Cand. J. Math. **16** (1964), 657–682.

LEECH, J. (1967): Notes on sphere packings. Canad. J. Math. **19** (1967), 251–267.

LEECH, J., and N. J. A. SLOANE (1970a): New sphere packings in dimensions 9–15. Bull. Amer. Math. Soc. **76** (1970), 1006–1010.

LEECH, J., and N. J. A. SLOANE (1970b): New sphere packings in more than 32 dimensions. In: BOSE, R. C., et al. (eds.): Proc. Second Chapel Hill Conf. on Combinat. Math. and its Appl., Chapel Hill (North Carolina) 1970, 345–355.

LEECH, J., and N. J. A. SLOANE (1971): Sphere packings and error-correcting codes. Canad. J. Math. **23** (1971), 718–745.

LENSTRA, H. W., Jr. (1972): Two theorems on perfect codes. Discrete Math. **3** (1972), 125–132.

LENSTRA, H. W., Jr. (1975): Necessary conditions for the existence of perfect Lee codes. Mathematisch Centrum Amsterdam, Afdeling Zuivere Wiskunde, Rep. ZN 59/75, 1975.

LEONTJEW, W. K. (1968) – ЛЕОНТЬЕВ, В. К.: Об одной гипотезе о кодах Боуза-Чоудхури. Пробл. Перед. Инф. **4** (1968) 1, 83–85.

LEVY. J. E. (1968): A weight-distribution bound for linear codes. IT-**14** (1968), 487–490.

LIN, S. (1968): On a class of cyclic codes. In: MANN, H. B. (ed.): Error-Correcting Codes. John Wiley, New York 1968, 131–148.

LIN, S. (1970): Introduction to Error-Correcting Codes. Prentice Hall, Englewood Cliffs (N. J.) 1970.

LIN, S., and E. J. WELDON (1967): Long BCH codes are bad. Inform. Control **11** (1967), 445–451.

LIN, S., and E. J. WELDON (1970): Further results on ccylic product codes. IT-**16** (1970), 452–459.

LINDNER, R., und L. STAIGER (1977): Algebraische Codierungstheorie. Akademie-Verlag, Berlin 1977.

LINDSTRÖM, B. (1969): On group and nongroup perfect codes in q symbols. Math. Scand. **25** (1969), 149–158.

LINDSTRÖM, K. (1975): The nonexistence of unknown nearly perfect binary codes. Ann. Univ. Turku., Ser. A. I., **169** (1975).

LINDSTRÖM, K. (1976): All nearly perfect codes are known. Preprint Series, Department of Math., Univ. of Turku, No. 6 1976.

LINDSTRÖM, K., and M. AALTONEN (1976): The nonexistence of nearly perfect nonbinary codes for $1 < e \leqq 10$. Ann. Univ. Turku., Ser. A. I., **172** (1976).

LIPP. J. P. (1960): Upper bounds for error detecting and correcting codes. IT-**6** (1960), 557–558.

LLOYD, S. P. (1957): Binary block coding. Bell System Techn. J. **36** (1957), 517–535.

LOSEY, G. (1969): Note on a theorem of Zaremba. J. Combinat. Theory **6** (1969), 208–209.

LUM. V., and R. T. CHIEN (1968): On the minimum distance of Bose-Chaudhuri-Hocquenghem codes. SIAM J. Appl. Math. **16** (1968), 1325–1337.

MACDONALD, J. E. (1960): Design methods for maximum minimum-distance error-correcting codes. IBM J. Res. and Developm. **4** (1960), 43–57.

MACWILLIAMS, F. J. (1963): A theorem on the distribution of weights in a systematic code. Bell System Techn. J. **42** (1963), 79–94.

MACWILLIAMS, F. J. (1968): Error correcting codes – a historical survey. In: MANN, H. B. (ed.): Error-Correcting Codes. John Wiley, New York 1968, 3–13.

MACWILLIAMS, F. J. (1970): Binary codes which are ideals in the group algebra of an Abelian group. Bell System Techn. J. **49** (1970), 987–1011.

MACWILLIAMS, F. J., C. L. MALLOWS, and N. J. A. SLOANE (1972): Generalization of Gleason's theorem on weight enumeratiors of self-dual codes. IT-**18** (1972), 794–805.

MACWILLIAMS, F. J., and N. J. A. SLOANE (1977): The Theory of Error-Correcting Codes. I, II. North Holland, Amsterdam-New York-Oxford 1977.

MACWILLIAMS, F. J., N. J. A. SLOANE, and J. M. GOETHALS (1972): The MacWilliams identities for nonlinear codes. Bell System Techn. J. **51** (1972), 803–819.

MACWILLIAMS, F. J., N. J. A. SLOANE, and J. G. THOMPSON (1972): Good self dual codes exist. Discrete Math. **3** (1972), 153–162.

MAHLER, K. (1961): Lectures on Diophantine Approximations. Part I: g-adic Numbers and Roth's Theorem. University of Notre Dame, Indiana 1961.

MALLOWS, C. L., A. M. ODLYZKO, and N. J. A. SLOANE (1975): Upper bounds for modular forms, lattices, and codes. J. Algebra **36** (1975), 68–76.

MALLOWS, C. L., and N. J. A. SLOANE (1973): An upper bound for self-dual codes. Inform. Control **22** (1973), 188–200.

MANDELBAUM, D. (1966): Multivalued arithmetic burst error codes. IEEE Internat. Conv. Rec. **14** (1966) 7, 54–59.

MANDELBAUM, D. (1967): Arithmetic codes with large distance. IT-**13** (1967), 237–242.

MANDELBAUM, D. (1972): Error correction in residue arithmetic. IEEE Trans. Computers C-**21** (1972), 538–545.

MANDELBAUM, D. (1975): On the derivation of Goppa codes. IT-**21** (1975), 110–111.

MANN, H. B. (ed.) (1968): Error-Correcting Codes. John Wiley, New York 1968.

MASSEY, J. L. (1963): Threshold Decoding. M. I. T. Press, Cambridge (Mass.) 1963.

MASSEY, J. L. (1964a): Reversible codes. Inform. Control **7** (1964), 369–380.

MASSEY, J. L. (1964b): Survey of residue coding for arithmetic error. Internat. Computation Center, Bull. 3, UNESCO, Rome 1964.

MASSEY, J. L. (1969): Shift-register synthesis and BCH decoding. IT-**15** (1969), 122–127.

MASSEY, J. L., and O. N. GARCIA (1972): Error correcting codes in computer arithmetic. In: TOU, J. (ed.): Advances in Information Systems Science. Plenum Press, New York 1972, 273–326.

MATTIOLI, E. (1950): Sopra una particolare proprietà dei gruppi abeliani finiti. Ann. Scuola Norm. Super. Pisa **3** (1950) 3, 59–65.

MATTSON, H. F., Jr., and G. SOLOMON (1961): A new treatment of Bose-Chaudhuri codes. J. SIAM **9** (1961), 654–669.

MATWEJEWA, M. W. (1968) – МАТВЕЕВА, М. В.: Об исправлении троичных ошибок в кодах Боуза-Чоудхури над полем GF(3). Пробл. Перед. Инф. **4** (1968) 1, 20–27.

MAULDON, J. G. (1950): Covering theorems for groups. Quart. J. Math. **1** (1950), 284–287.

MCELIECE, R. J. (1967): Linear recurring sequences over finite fields. Ph. D. Diss. Dept. of Math., California Inst. of Technology, Pasadena (Calif.) 1967.

MCELIECE, R. J. (1972): Weight congruences for p-ary cyclic codes. Discrete Math. **3** (1972), 177–192.

MCELICE, R. J. (1974): Irreducible cyclic codes and Gauss sums. In: HALL, M., Jr., and J. H. VAN LINT (eds.): Combinatorics. Proc. NATO Advanced Study Inst. Nijenrode Castle, Breukelen 1974. Reidel, Dordrecht-Boston/Math. Center Amsterdam 1975, 185–202.

MCELIECE, R. J., E. R. RODEMICH, H. RUMSEY, Jr., and L. R. WELCH (1977): New upper bounds on the rate of a code via the Delsarte-MacWilliams inequalities. IT-**23** (1977), 157–166.

MCELIECE, R. J., and H. C. RUMSEY, Jr. (1969): Sphere-packing in the Hamming metric. Bull. Amer. Math. Soc. **75** (1969), 32–34.

MCELIECE, R. J., and H. C. RUMSEY, Jr. (1972): Euler products, cyclotomy, and coding. J. Number Theory **4** (1972), 302–311.

MCELIECE, R. J., and G. SOLOMON (1966): Weights of cyclic codes. J. Combinat. Theory **1** (1966), 459–475.

MIRONTSCHIKOW, E. T., und W. D. KOLESNIK (1963) – Мирончиков, Е. Т., и В. Д. Колесник: Об арифметических корректирующих кодах. Радиотехника и Электроника **8** (1963)1, 8–15.

MYKKELTVEIT, J. (1977): Nonlinear recurrences and arithmetic codes. Inform. Control **33** (1977), 193–209.

MYRVAAGNES, E. (1963): On maximum-weight codes. IT-**9** (1963), 289–290.

MYRVAAGNES, E. (1965): The weight distribution of two cyclic codes of length 73. IT-**11** (1965), 316.

NADLER, M. (1962): A 32-point, $n = 12$, $d = 5$ code. IT-8 (1962), 58.

NORDSTROM, A. W., and J. P. ROBINSON (1967): An optimum nonlinear code. Inform. Control **11** (1967), 613–616.

NORWOOD, L. (1962): Upper bounds for error-detecting and error-correcting codes. IT-8 (1962), 58.

OGANESJAN, S. SCH., und W. G. JAGDSHJAN (1970). – Оганесян, С. Ш., и В. Г. Ягджян: Весовой спектр для некоторых классов корректирующих циклических кодов. Пробл. Перед. Инф. **6** (1970) 3, 31–37.

Oganesyan, S. Sh., V. G. Yagdzyan, and V. I. Tairyan (1971): On a class of optimal cyclic codes. Second Internat. Symp. Inform. Theory, Tsahkadsor, Armenia, USSR, 1971, Budapest 1973, 219–224.

Omura, J. (1973): On general Gilbert bounds. IT-**19** (1973), 661–666.

Paige, L. J. (1956): A note on the Mathieu groups. Can. J. Math. **9** (1956), 15–18.

Parthasarathy, K. R. (1971): Combinatorics, graph theory and computers. Part I. Some applications of graph theory to coding theory. The Math. Student **34** (1971), 425–439.

Patterson, N. J. (1975): The algebraic decoding of Goppa codes. IT-**21** (1975), 203–207.

Peterson, W. W. (1958): On checking an adder. IBM J. Res. and Developm. **2** (1958), 166–168.

Peterson, W. W. (1960): Encoding and error-correcting procedures for the Bose-Chaudhuri codes. IT-**6** (1960), 459–470.

Peterson, W. W. (1961): Error-Correcting Codes. M. I. T. Press, Cambridge (Mass.) 1961.

Peterson, W. W. (1962): Bounds for error-correcting codes. IT-**8** (1962), 60.

Peterson, W. W. (1967): On the weight structure and symmetry of BCH codes. J. Inst. Electr. Communication Eng. (Japan) **50** (1967), 1183–1190.

Peterson, W. W., and M. O. Rabin (1959): On codes for checking logical operations. IBM J. Res. and Developm. **3** (1959), 163–168.

Peterson, W. W., and E. J. Weldon, Jr. (1972): Error Correcting Codes. 2nd ed., M. I. T. Press, Cambridge (Mass.) 1972.

Piret, P. (1974): Good block codes derived from cyclic codes. Electronic Letters **10** (1974), 391–392.

Pless, V. (1963): Power moment identities on weight distributions in error-correcting codes. Inform. Control **6** (1963), 147–152.

Pless, V. (1968): On the uniqueness of the Golay code. J. Combinat. Theory **5** (1968), 215–228.

Pless, V. (1959): On a new family of symmetry codes and related new five-designs. Bull. Amer. Math. Soc. **75** (1969), 1339–1342.

Pless, V. (1972a): A classification of self-orthogonal codes over GF(2). Discrete Math. **3** (1972), 209–246.

Pless, V. (1972b): Symmetry codes over GF(3) and new five-designs. J. Combinat. Theory **12** (1972), 119–142.

Pless, V., and N. J. A. Sloane (1975): On the classification and enumeration of self-dual codes. J. Combinat. Theory (A) **18** (1975), 313–335.

Plotkin, M. (1960): Binary codes with specified minimum distance. IT-**6** (1960), 445–450.

Post, K. A. (1975a): Perfect 2-Lee error correcting codes over alphabets of size 5 ore more do not exist for word length 5 and 6. Technol. Univ. Eindhoven, Dept. of Math., Memorandum 1975–10 1975.

Post, K. A. (1975b): Nonexistence theorems on perfect Lee codes over large alphabets. Inform. Control **29** (1975), 369–380.

Prange, E. (1957): Cyclic error-correcting codes in two symbols. Rep. AFCRC-TN-57-103, Air Force Cambridge Res. Labs., Bedford (Mass.) 1957.

Prange, E. (1959): The use of coset equivalence in the analysis and decoding of group codes. Rep. AFCRC-TR-59-164, Air Force Res. Center, Cambridge (Mass.) 1959.

Preparata, F. P. (1968a): Weight and distance structure of Nordstrom-Robinson quadratic code. Inform. Control **12** (1968), 466–473.

Preparata, F. P. (1968b): A class of optimum nonlinear double-error correcting codes. Inform. Control **13** (1968), 378–400.

Preparata, F. P. (1970): A new look at the Golay (23, 12) code. IT-**16** (1970), 510–511.

Preparata, F. P. (1971): On the representation of integers in non-adjacent form. SIAM J. Appl. Math. **21** (1971), 630–635.

Presnjakowa, G. W., und E. T. Mirontschikow (1969) – Преснякова, Г. В., и Е. Т. Мирончиков: О циклических $M(n, k)$ кодах. Пробл. Перед. Инф. **5** (1969) 2, 19–22.

RAO, T. R. N. (1970): Biresidue error correcting codes for computer arithmetic. IEEE Trans. Computers C-**19** (1970), 398–402.

RAO, T. R. N. (1974): Error Coding for Arithmetic Processors. Academic Press, New York 1974.

RAO, T. R. N., and O. N. GARCIA (1971): Cyclic and multiresidue codes for arithmetic operations. IT-**17** (1971), 85–91.

RAO, T. R. N., and A. K. TREHAN (1970): Single-error-correcting non-binary arithmetic codes. IT-**16** (1970), 604–608.

REED, I. S., and G. SOLOMON (1960): Polynomial codes over certain finite fields. J. SIAM **8** (1960), 300–304.

REITWIESNER, G. H. (1960a): Binary arithmetic. In: ALT, F. L. (ed.): Advances in Computers. 1. Academic Press, New York 1960.

REITWIESNER, G. H. (1960b): The determination of carry propagation length for binary addition. IRE Trans. Electronic Computers EC-**9** (1960), 35–38; 261.

RETTER, C. T. (1975): Decoding Goppa codes with a BCH decoder. IT-**21** (1975), 112.

RETTER, C. T. (1976): Correcting bursts and random errors with Goppa codes. IT-**22** (1976), 84.

REUVERS, H. (1974): A nonexistence proof for 3-error-correcting codes. Mimeographed note. Memorandum No. 1974–13, Eindhoven Univ. of Technology 1974.

ROBINSON, J. P. (1968): Analysis of Nordstrom's optimum quadratic code. Proc. Hawaii Internat. Conf. Systems Sci., Western Periodicals Corp., North Hollywood (Calif.) 1968, 157–161.

ROOS, C., and C. DE VROEDT (1977): A necessary condition for the existence of perfect codes. Delft Progr. Rep. **2** (1977), 297–302.

ROOS, J. E. (1965): An algebraic study of group and nongroup error-correcting codes. Inform. Control **8** (1965), 195–214.

RYSER, H. J. (1963): Combinatorial Mathematics. Carus Math. Monographs. John Wiley, New York 1963.

SACKS, G. E. (1958): Multiple error correction by means of parity checks. IT-**4** (1958), 145–147.

SAGALOWITSCH, JU. L. (1965) – САГАЛОВИЧ, Ю. Л.: Циклические коды, исправляющие равномерные пачки ошибок. Пробл. Перед. Инф. **1** (1965) 1, 118–121.

SARWATE, D. V. (1977): On the complexity of decoding Goppa codes. IT-**23** (1977), 515–516.

SCHTARKOW, JU. M. (1967) – ШТАРЬКОВ, Ю. М.: Метод мажоритарного декодирования укороченных циклических кодов. Пробл. Перед. Инф. **3** (1967) 1, 3–9.

SCHÖNHEIM, J. (1968): On linear and nonlinear single-error-correcting q-nary perfect codes. Inform. Control **12** (1968), 23–26.

SCHÖNHEIM, J. (1969): Semilinear codes and some combinatorial applications of them. Inform. Control **15** (1969), 61–66.

SEMAKOW, N. W., und W. A. SINOWJEW (1968) – СЕМАКОВ, Н. В., и В. А. ЗИНОВЬЕВ: Эквидистантные q-ичные коды с максимальным расстоянием и разрешимые уравновестенные неполные блок-схемы. Пробл. Перед. Инф. **4** (1968) 2, 3–10.

SEMAKOW, N. W., und W. A. SINOWJEW (1969) – СЕМАКОВ, Н. В., и В. А. ЗИНОВЬЕВ: Совершенные и квазисовершенные равновесные коды. Пробл. Перед. Инф. **5** (1969) 2, 14–18.

SEMAKOW, N. W., W. A. SINOWJEW, und G. W. SAIZEW (1971) – СЕМАКОВ, Н. В., В. А. ЗИНОВЬЕВ и Г. В. ЗАЙЦЕВ: Равномерно упакованные коды. Пробл. Перед. Инф. **7** (1971) 1, 38–50.

SHANNON, C. E. (1948): A mathematical theory of communication. Bell System Techn. J. **27** (1948), 379–423; 623–656.

SHAPIRO, H. S., and D. S. SLOTNICK (1959): On the mathematical theory of error-correcting codes. IBM J. Res. and Developm. **3** (1959), 25–34.

SIDELNIKOW, W. M. (1971) – Сидельников, В. М.: О спектре весов двоичных кодов Боуза-Чоудхури-Хоквингема. Пробл. Перед. Инф. **7** (1971) 1, 14–22.

SIDELNIKOW, W. M. (1974) – Сидельников, В. М.: Верхние оценки числа точек двоичного кода с заданным кодовым расстоянием. Пробл. Перед. Инф. **10** (1974) 2, 43–51.

SIDORENKO, W. R. (1975) – Сидоренко, В. Р.: Верхняя граница мощности q-ичных кодов. Пробл. Перед. Инф. **11** (1975) 3, 14–20.

SINGLETON, R. C. (1964): Maximum distance q-nary codes. IT-**10** (1964), 116–118.

SINOWJEW, W. A., und W. K. LEONTJEW (1972) – Зиновьев, В. А., и В. К. Леонтьев: О совершенных кодах. Пробл. Перед. Инф. **8** (1972) 1, 26–35.

SINOWJEW, W. A., und W. K. LEONTJEW (1973) – Зиновьев, В. А., и В. К. Леонтьев: Несуществование совершенных кодов над полям Галуа. Probl. Control and Inform. Theory **2** (1973), 123–132.

SJABLOW, W. W. (1968) – Зяблов, В. В.: Кусочно-циклические коды и схема их декодирования по большинству. Пробл. Перед. Инф. **4** (1968) 2, 31–37.

SLEPIAN, D. (1956a): A class of binary signaling alphabets. Bell System Techn. J. **35** (1956), 203–234.

SLEPIAN, D. (1956b): A note on two binary signaling alphabets. IT-**2** (1956), 84–86.

SLEPIAN, D. (1960): Some further theory of group codes. Bell System Techn. J. **39** (1960), 1219–1252.

SLOANE, N. J. A. (1971): A survey of recent results in constructive coding theory. IEEE NTC Rec. 1971, 218–227.

SLOANE, N. J. A. (1972a): A survey of constructive coding theory and a table of binary codes of highest known rate. Discrete Math. **3** (1972), 265–294.

SLOANE, N. J. A. (1972b): Sphere packings constructed from BCH and Justesen codes. Mathematik **19** (1972), 183–190.

SLOANE, N. J. A. (1973): Is there a (72, 36) $d = 16$ self-dual code? IT-**19** (1973), 251.

SLOANE, N. J. A., S. M. REDDY, and C. L. CHEN (1972): New binary codes. IT-**18** (1972), 503–510.

SMITH, D. H. (1976): An improved version of Lloyd's theorem. Discrete Math. **15** (1976), 175–184.

SNOVER, S. L. (1973): The uniqueness of the Nordstrom-Robinson codes and the Golay binary codes. Ph. D. Diss., Dept. of Math., Michigan State Univ. 1973.

SOBIK, F. (1978): Kombinatorische Aspekte der Codierungstheorie. Rostocker Math. Koll. **10** (1978), 87–96.

SOKOLOW, O. B., und I. I. JENIKEJEW (1967) – Соколов, О. Б., и И. И. Еникеев: Класс арифметических кодов с исправлением нескольких ошибок. Пробл. Перед. Инф. **3** (1967) 3, 73–75.

SOLOMON, G., and J. J. STIFFLER (1965): Algebraically punctured cyclic codes. Inform. Control **8** (1965), 170–179.

STANTON, R. G. (1969): Covering theorems in groups (or: How to win at football pools). In: Recent Progress in Combinatorics, Proc. Third Waterloo Conf. on Combinat., Academic Press, New York 1969, 37–45.

STIFFLER, J. J. (1971): Theory of Synchronous Communications. Prentice Hall, Englewood Cliffs (N. J.) 1971.

STRAIT, P. T. (1961): A lower bound for error-detecting and error-correcting codes. IT-**7** (1961), 114–118.

SUGIYAMA, Y., M. KASAHARA, S. HIRASAWA, and T. NAMEKAWA (1975): A method for solving key equation for decoding Goppa codes. Inform. Control **27** (1975), 87–99.

SUGIYAMA, Y., M. KASAHARA, S. HIRASAWA, and T. NAMEKAWA (1976a): An erasures-and-errors decoding algorithm for Goppa codes. IT-**22** (1976), 238–241; Korrekturen: IT-**22** (1976), 765.

SUGIYAMA, Y., M. KASAHARA, S. HIRASAWA, and T. NAMEKAWA (1976b): Further results on Goppa codes and their applications to constructing efficient binary codes. IT-**22** (1976), 518–526.

SZEGÖ, G. (1959): Orthogonal Polynomials. Amer. Math. Soc. Coll. Publ. **23** (1959).

TANAKA, H., M. KASAHARA, Y. TEZUKA, and Y. KASAHARA (1968): An error-correction procedure for binary Bose-Chaudhuri-Hocquenghem codes. Electronics and Communication in Japan **51**-C (1968) 11, 102–109.

TAUSSKY, O., and J. TODD (1948): Covering theorems for groups. Ann. Soc. Polon. Math. **2** (1948), 303–305.

TAVARES, S. E., V. K. BHARGAVA, and S. G. S. SHIVA (1974): Some rate-$p/(p + 1)$ quasi-cyclic codes. IT-**20** (1974), 133–135.

TAVARES, S. E., and M. FUKADA (1970): Synchronization of a class of codes derived from cyclic codes. Inform. Control **16** (1970), 153–166.

TENENGOLZ, G. M., und W. N. DYNKIN (1970) – ТЕНЕНГОЛЬЦ, Г. М., и В. Н. ДЫНКИН: Циклические коды, исправляющие арифметические ошибки. Пробл. Перед. Инф. **6** (1970) 3, 38–42.

TIETÄVÄINEN, A. (1970): On the nonexistence of perfect 4-Hamming-error-correcting codes. Ann. Acad. Sci. Fennicae, Ser. A. I., **485** (1970).

TIETÄVÄINEN, A. (1973): On the nonexistence of perfect codes over finite fields. SIAM J. Appl. Math. **24** (1973), 88–96.

TIETÄVÄINEN, A. (1974): A short proof for the nonexistence of unknown perfect codes over GF(q), $q > 2$. Ann. Acad. Sci. Fennicae, Ser. A. I., **580** (1974).

TIETÄVÄINEN, A. (1977): Nonexistence of nontrivial perfect codes in case $q = p_1^r p_2^s$, $e \geqq 3$. Discrete Math. **17** (1977), 199–205.

TIETÄVÄINEN, A., and A. PERKO (1971): There are no unknown perfect binary codes. Ann. Univ. Turku., Ser. A. I., **148** (1971).

TSAO-WU, N. T., and S. H. CHANG (1969): On the evaluation of minimum distance of binary arithmetic cyclic codes. IT-**15** (1969), 628–631.

TZENG, K. K., and C. R. P. HARTMANN (1970): On the minimum distance of certain reversible cyclic codes. IT-**16** (1970), 644–646.

TZENG, K. K., and K. ZIMMERMANN (1975): On extending Goppa codes to cyclic codes. IT-**21** (1975), 712–716.

ULRICH, W. (1957): Non binary error correction codes. Bell System Techn. J. **36** (1957), 1341–1388.

VAN DER HORST, J., and T. BERGER (1976): Complete decoding of triple-error-correcting binary BCH codes. IT-**22** (1976), 138–147.

VAN LINT, J. H. (1969): 1967–1969 report of the discrete mathematics group. Rep. 69-WSK-04 Technolog. Univ. Eindhoven 1969.

VAN LINT, J. H. (1970a): On the nonexistence of perfect 2- and 3-Hamming-error-correcting codes over GF(q). Inform. Control **16** (1970), 396–401.

VAN LINT, J. H. (1970b): On the nonexistence of perfect 5-, 6- and 7-Hamming-error-correcting codes over GF(q). Rep. 70-WSK-06. Technolog. Univ. Eindhoven 1970.

VAN LINT, J. H. (1971a): On the nonexistence of certain perfect codes. In: Computers in Number Theory. Academic Press, London-New York 1971, 277–282.

VAN LINT, J. H. (1971b): Nonexistence theorems for perfect error-correcting codes. In: BIRKHOFF, G., and M. HALL, Jr. (eds.): Computers in Algebra and Number Theory. Proc. Symp. Appl. Math. New York City 1970. SIAM-AMS Proc. IV, 1971, Providence (R. I.) 1971, 89–95.

VAN LINT, J. H. (1971/73): Coding Theory. Lecture Notes in Math., vol. 201. 2nd ed., Springer-Verlag, Berlin-Heidelberg-New York 1971, 1973.

VAN LINT, J. H. (1972): A new description of the Nadler code. IT-**18** (1972), 825–826.

VAN LINT, J. H. (1974a): Recent results on perfect codes and related topics. In: HALL, M., Jr., and J. H. VAN LINT (eds.): Combinatorics. Math. Centre Tracts 55, Amsterdam 1974, 158–178.

VAN LINT, J. H. (1974b): Combinatorial Theory Seminar Eindhoven University of Technology Lecture Notes in Math., vol. 382. Springer-Verlag, Berlin-Heidelberg-New York 1974.

VAN LINT, J. H. (1975): A survey of perfect codes. Rocky Mountain J. Math. **5** (1975), 199–224.

VAN TILBORG, H. C. A. (1975): All binary (n, e, r)-uniformly packed codes are known. Techn. Hogeschool Eindhoven, Memorandum 1975-08.

VAN TILBORG, H. C. A. (1976): Uniformly packed codes. Proefschrift, Techn. Hogeschool Eindhoven, Best 1976.

VARSHAMOV, R. R. (WARSCHAMOW, R. R.) (1957) – ВАРШАМОВ, Р. Р.: Оценка числа сигналов в кодах с коррекцией ошибок. Докл. Акад. Наук СССР **117** (1957), 739–741.

WAGNER, T. J. (1966a): A search technique for quasi-perfect codes. Inform. Control **9** (1966), 94–99.

WAGNER, T. J. (1966b): A remark concerning the existence of binary quasi-perfect codes. IT-**12** (1966), 401.

WARSCHAMOW, R. R. – siehe VARSHAMOV, R. R.

WASSILJEW, JU. L. (1962) – Васильев, Ю. Л.: О нелинейных плотно упакованных кодах. Проблемы Кибернетики 8 (1962), Физматгиз, Москва, 337–339.

WATSON, R. W., and C. W. HASTINGS (1966): Self-checked computation using residue arithmetic. Proc. IEEE **54** (1966), 1920–1931.

WAX, N. (1959): On upper bounds for error detecting and correcting codes of finite length. IT-**5** (1959), 168–174.

WEEG, G. P. (1960): Uniqueness of weigthed code representation. IRE Trans. Electronic Computers EC-**9** (1960), 487–489.

WELCH, L. R., R. J. MCELIECE, and H. C. RUMSEY, Jr. (1974): A low-rate improvement of the Elias bound. IT-**20** (1974), 676–678.

WELDON, E. J. (1966): Difference-set cyclic codes. Bell System Techn. J. **45** (1966), 1045–1056.

WINOGRAD, S., and J. D. COWAN (1963): Reliable Computation in the Presence of Noise. M. I. T. Press, Cambridge (Mass.) 1963.

WITT, E. (1938a): Die 5-fach transitiven Gruppen von Mathieu. Abh. Math. Sem. Univ. Hamburg **12** (1938), 256–264.

WITT, E. (1938b): Über Steinersche Systeme. Abh. Math. Sem. Univ. Hamburg **12** (1938), 265–275.

WOLF, J. K. (1973): A survey of coding theory: 1967–1972. IT-**19** (1973), 381–389.

WOLFOWITZ, J. (1960): Simultaneous channels. Arch. Rational Mech. Anal. **4** (1960), 371–386.

WOLFOWITZ, J. (1961): Coding Theorems of Information Theory. Ergebnisse der Mathematik und ihrer Grenzgebiete. Neue Folge. Band 31. Springer-Verlag, Berlin-Göttingen-Heidelberg-New York 1961; 2nd ed. 1964; 3rd ed. 1978.

WOLFOWITZ, J. (1963): On channels without capacity. Inform. Control **6** (1963), 49–54.

ZAREMBA, S. K. (1950): A covering theorem for Abelian groups. J. London Math. Soc. **26** (1950), 71–72.

ZAREMBA, S. K. (1952): Covering problems concerning Abelian groups. J. London Math. Soc. **27** (1952), 242–246.

ZIERLER, N. (1973): On the MacWilliams identity. J. Combinat. Theory (A) **15** (1973), 333–337.

ZISKARIDSE, D. W. (1974) – Цискаридзе, Д. В.: Класс арифметических кодов, исправляющие многократные ошибки. Сообщения Акад. Наук Груз. ССР **76** (1974) 3, 569–571.

IT = IEEE Transactions on Information Theory

Z. Wth. = Zeitschrift für Wahrscheinlichkeitstheorie und verwandte Gebiete

Symbolverzeichnis

Sachverzeichnis

FSC
www.fsc.org
MIX
Papier | Fördert
gute Waldnutzung
FSC® C083411

Zeitfracht Medien GmbH
Ferdinand-Jühlke-Straße 7
99095 Erfurt, Deutschland
produktsicherheit@kolibri360.de